黑　鹳

● 哺育

● 母爱

● 追随

● 直冲云宵

● 归途

● 争先恐后

● 鸟中君子

● 守望

斑羚（青羊）

● 觅食

● 守望

● 雪中

● 丛林深处

● 穿越

● 奔跑

保护区野生动物

● 野猪

● 狍子

● 灰蛇

● 虎斑游蛇

● 阿穆尔隼

● 池鹭

● 大鸨

● 鸳鸯

● 白琵鹭

● 疣鼻天鹅

● 凤头䴙䴘

● 大天鹅

● 黄爪隼

● 大鵟

● 红隼

● 林雕

● 苍鹭

● 雕鸮

● 卷羽鹈鹕

● 秃鹫

● 勺鸡

● 白骨顶

● 黑嘴鸥

● 反嘴鹬

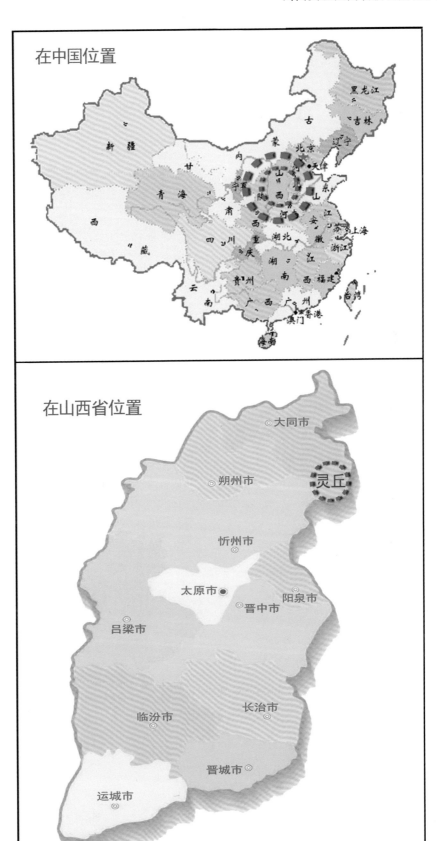

山西省灵丘黑鹳自然保护区位置图

在中国位置

在山西省位置

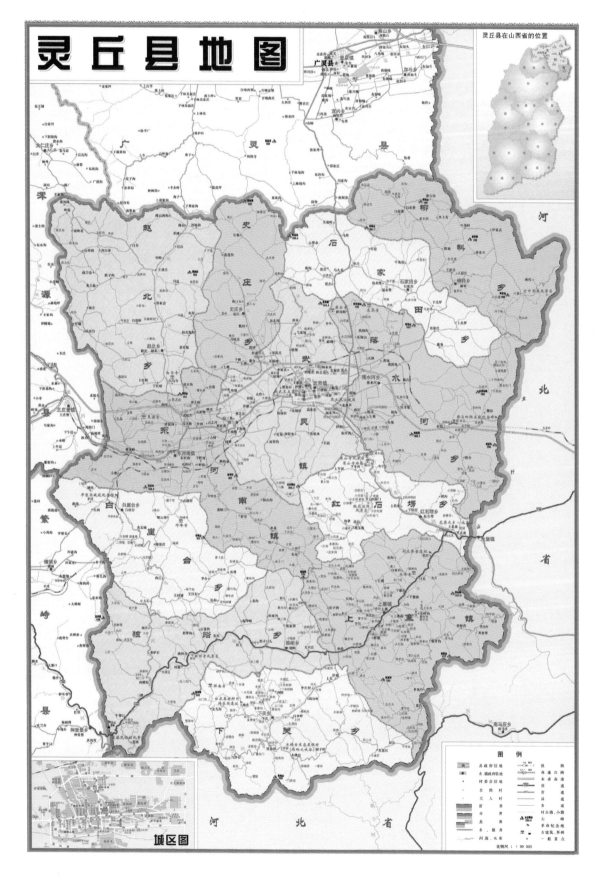

灵丘县地图

灵丘县在山西省的位置

城区图

图例

比例尺 1：90 000

山西灵丘黑鹳省级自然保护区功能区划图

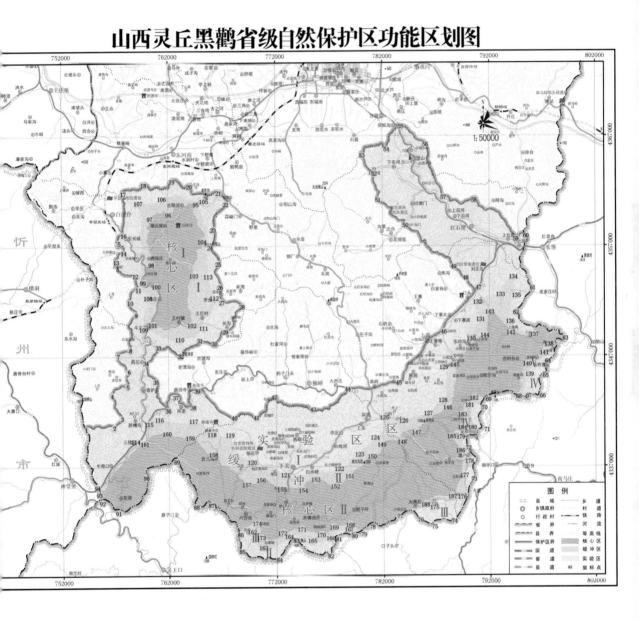

保护区风光

● 倒影

● 静怡

● 展翅飞翔

● 云峰

● 初秋

● 葱茏

保护区植物

● 黄檗（黄波罗、黄柏）

青檀

● 胡桃楸

● 文冠果

● 迎红杜娟

● 杓兰

● 天南星

● 独根草

● 脱皮榆

● 桔梗

● 茶条槭

● 牯岭藜芦

● 野花椒树

● 桷树

● 糠椴树

● 辽东栎

● 槭树

● 水曲柳

● 山丹

● 铁线莲

● 卫矛

● 蔓剪草

● 野玫瑰

● 野茉莉

● 玉竹

保护区药用植物

● 马兜铃

● 麻黄

● 银莲花

● 升麻

● 展枝唐松草

● 细叶小檗

● 山楂

● 山荆子

● 地榆

● 黄芪

● 胡枝子

● 蓝花棘豆

● 苦参

● 地锦草

● 金银忍冬

● 沙枣

● 接骨木

● 薄荷

● 老鹳草

● 车前

● 枸杞

● 红花

● 地丁

● 黄精

开展保护工作

● 12.4普法宣传

● 安装红外相机

● 接地气

● 救助鸬鹚

● 放飞天鹅

● 救助疣鼻天鹅

● 爱鸟周宣传

● 救助黑鹳

● 世界野生动植物日宣传

● 在黑鹳主要觅食地投放食物

山西灵丘黑鹳省级自然保护区

保护区获得的部分荣誉

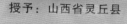

授予：山西省灵丘县

中国黑鹳之乡

中国野生动物保护协会
二〇一〇年七月

先进基层党组织

中共灵丘县委
二〇一六年七月

十佳红旗党组织

中共灵丘县委
二〇一一年七月

2006—2008年度野生动植物保护

先进单位

山西省林业厅
二〇〇八年十二月

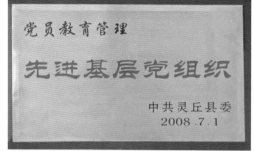

党员教育管理

先进基层党组织

中共灵丘县委
2008.7.1

2011年度农业战线

先进集体

中共灵丘县委
灵丘县人民政府

先进基层党组织

中共灵丘县委
二〇一二年七月

依法治理

示范单位

（2011）

中共灵丘县委依法治县领导组

荣誉证书

灵丘县黑鹳省级
自然保护区管理局 被评为"大同市2008-2009年度
文明和谐单位"，特发此证，予以表
彰。

中共大同市委
大同市人民政府
二〇一一年一月

荣誉证书

灵丘县黑鹳省级自然保护区管理局
被评为"大同市2010-2011年度
文明单位"，特发此证，予以表彰。

中共大同市委
大同市人民政府
二〇一三年三月

20

山西灵丘黑鹳省级自然保护区

山西灵丘黑鹳省级自然保护区管理局　编

中国林业出版社

图书在版编目（CIP）数据

山西灵丘黑鹳省级自然保护区／山西灵丘黑鹳省级
自然保护区管理局编 . —北京：中国林业出版社，2016. 12
ISBN 978-7-5038-8810-6

Ⅰ. ①山…　Ⅱ. ①山…　Ⅲ. ①鹳形目-自然保护区-
介绍-灵丘县　Ⅳ. ①S759. 992. 254

中国版本图书馆 CIP 数据核字（2016）第 299852 号

出　　版：中国林业出版社（100009　北京西城区德内大街刘海胡同 7 号）
E-mail：fwlp@ 163.com　　电话：（010）83143615
发　　行：新华书店北京发行所
印　　刷：三河市祥达印刷包装有限公司
版　　次：2017 年 7 月第 1 版
印　　次：2017 年 7 月第 1 次
开　　本：787mm×1092mm　1/16
印　　张：18. 25
字　　数：490 千字
彩　　插：20
定　　价：75. 00 元

山西灵丘黑鹳省级自然保护区

编委会

策　划	郭尚元
主　编	王　春
副主编	刘伟明　支　福
顾　问	罗菊春
编　委	（以姓氏笔划为序）

马　宁　王　春　支　福　支改英
刘伟明　刘　跃　刘玉珍　齐文宏
李海源　张　智　陈海栋　杨海英
赵　明　赵启红　赵云常　徐　凡
郭颖明

摄　影　赵　明　支　福　李向东

序

一花一世界，一叶一菩提，一本书呢？当读者翻开这本书时，一定会发现自己进入了一个奇异的世界。

这是一本全面介绍山西灵丘黑鹳省级自然保护区的书。正如编者所言，是在保护区管理局工作人员多年来野外考察的基础上，综合他们多年来的科学研究成果编写而成，其价值之高，主要表现在以下方面：

一者，实。字字句句，据实而写，不要半点虚构，不要半句假话、大话、空话。要说的事，要讲的理，实实在在放在那里，你尽管相信，无需怀疑，肯定不受骗，不上当。

二者，全。纵有历史，横有现实；有一般，有特殊。从自然条件到社会环境，从植物到动物，从自然保护区区划到保护区行政机构设置，从地理到人文，等等，一应俱全。可谓一部山西灵丘黑鹳省级自然保护区的百科全书。

三者，美。所书对象美，即山美、水美、人美，历史美，现实美。文笔美，语言朴实，不失华美，情真，理真，读来有趣味可品。丰满。满满的知识，满满的情趣，如一桌丰盛的宴席摆放在眼前，读之令人畅快。

四者，里程碑。读此书，让人觉得山西灵丘黑鹳省级自然保护区的建立，是灵丘县自然环境保护史上的里程碑，它使保护区内的自然保护与管理实现了从未有过的质的飞跃，提升了管理水平和级别。

另外，读过此书还有一个感觉，那就是灵丘黑鹳自然保护区对灵丘县自然环境保护起到了示范作用，它能影响和促进全县的自然环境保护工作。

为灵丘县有这样一本好书而高兴，衷心祝愿灵丘的自然环境越来越美。

赵云常

2016 年 10 月

前　言

　　党的十八大将生态文明建设列入我国的基本国策，十八届三中全会又提出要紧紧围绕建设美丽中国，深化生态文明体制改革，加快建立生态文明制度，对自然保护区事业发展提出了更高地要求，也为自然保护区事业跨越发展带来了难得的发展机遇。随着自然生态保护事业在我国生态文明建设、生态环境保护和可持续发展中的地位和作用越来越突出，自然保护区作为生态文明的前沿阵地，其重要性也越来越凸显。可以说，党和国家对生态文明建设的重视，必将进一步促进自然保护区事业的加速发展。

　　山西灵丘黑鹳省级自然保护区位于山西省东北部与河北省接壤处，也是五台山、恒山、太行山三大山脉的交汇处的灵丘县南山区，总面积71 592.0公顷，是2002年由山西省人民政府批准建立的森林和野生动物类型自然保护区，是山西省目前面积较大、物种较为丰富独特的自然保护区之一，也是太行山系唯一以国家一级重点保护濒危珍禽黑鹳命名的自然保护区，堪称山西乃至华北北部一颗璀璨的绿色明珠，对保护我国太行山脉北部乃至整个华北北部的生物多样性和自然生态环境有着特殊的、重要的意义和地位。

　　山西灵丘黑鹳省级自然保护区从2002年建立至今，在省、市林业主管部门和当地政府的支持下，在全局干部职工和当地群众的共同努力下，不断加强保护区建设，加大生态资源管护力度，提升生态科研监测水平，资源保护、科学研究、内部管理、基础建设、社区共管等各个方面都取得了一定进步。2006~2008年，管理局连续3年被山西省林业厅评为全省野生动植物保护先进单位；2010年7月，山西灵丘县被中国野生动物保护协会授予"中国黑鹳之乡"称号。保护区管理局多次荣获"大同市文明和谐单位"、"依法治理示范单位"、"优秀基层党组织"、"十佳红旗党组织"等荣誉称号。中国林业科学院、北京林业大学、东北林业大学等科研单位和大专院校均与保护区形成了稳定的科研合作关系。在保护生态环境、拯救濒危物种，促进人与自然和谐发展、促进生态文明建设等方面作出了应有的贡献。

　　为了客观、真实、全面反映保护区建立的发展历程，全面总结野生动植物资源管护经验教训，提升生态资源保护管理水平，进一步促进山西灵丘黑鹳自然保护区各项事业的发展，我们组织力量，收集有关资料，经过 3 年多的细致筛选、查证数据、系统整理，编著了《山西灵丘黑鹳省级自然保护区》一书。全书是在综合野外考察资料的基础上，结合保护区历年来对山西灵丘黑鹳省级自然保护区科学考察和科学研究成果，并参考有关专家教授对灵丘黑鹳自然保护区的研究论述、发表的论文以及相关县志、生态史等编撰而成。全书包括蕨类、裸子植物、双子叶植物、单子叶植物、药用植物、鸟类、兽类、两栖爬行类、昆虫等野生动植物资源以及当地自然环境概论、社会经济状况、资源变迁及现状、生态旅游资源、保护区发展历程、大事记、前景展望等，特别是对保护区的自然资源科研成果和建设成就有一个全面的、较为客观的记载。期望进一步加深全社会对保护区的了解、关心和支持，促进我国生态保护事业发展、促进生态文明建设。

本书编写过程中，由于资料的收集整理尚需完善，加之编者时间和水平所限，书中疏漏之处在所难免，敬请读者和专家不吝指正。

编　者

2016 年 10 月

目　录

第一章　自然保护区的意义与发展

第一节　自然保护区建设意义

党的十八大报告中提出，大力推进生态文明建设。建设生态文明，是关系人民福祉、关乎民族未来的长远大计。面对资源约束趋紧、环境污染严重、生态系统退化的严峻形势，必须树立尊重自然、顺应自然、保护自然的生态文明理念，把生态文明建设放在突出地位，融入经济建设、政治建设、文化建设、社会建设各方面和全过程，努力建设美丽中国，实现中华民族永续发展。习近平总书记指出："生态环境没有替代品，用之不觉，失之难存。在生态环境保护建设上，一定要树立大局观、长远观、整体观，坚持保护优先，坚持节约资源和保护环境的基本国策，像保护眼睛一样保护生态环境，像对待生命一样对待生态环境，推动形成绿色发展方式和生活方式。中国要实现工业化、城镇化、信息化、农业现代化，必须要走出一条新的发展道路。中国明确把生态环境保护摆在更加突出的位置。我们既要绿水青山，也要金山银山。宁要绿水青山，不要金山银山，而且绿水青山就是金山银山。我们绝不能以牺牲生态环境为代价换取经济的一时发展。"

坚持节约资源和保护环境的基本国策，坚持节约优先、保护优先、自然恢复为主的方针，着力推进绿色发展、循环发展、低碳发展，形成节约资源和保护环境的空间格局、产业结构、生产方式、生活方式，从源头上扭转生态环境恶化趋势，为人民创造良好生产生活环境，为全球生态安全作出贡献。

可持续发展，是当今世界的时代特征。谁能够实现经济发展、人口资源与环境的协调，统筹人与自然和谐发展，谁就拥有可持续发展的条件和竞争优势。维护生态安全，加强生态建设，是21世纪人类面临的共同主题。自然保护区建设在生态保护中处于关键地位，是生态建设的重要组成部分，它为人类社会可持续发展提供了物质基础。

一、自然保护区的概念及作用

自然资源和自然环境是人类赖以生存和促进社会发展的最基础的物质条件。自然保护区的建立和有效管理，是保护自然资源和自然环境的重要措施之一。

自然保护区是指国家对有代表性的自然生态系统、珍稀濒危野生动植物种的天然集中分布区、有特殊意义的自然遗迹等保护对象所在的陆地、陆地水体或者海域，依法划出一定面积予以特殊保护和管理的区域。

发展自然保护事业，科学地开发利用自然资源，对于维护生态平衡、保护生物多样性、开展科学研究和对外合作交流、促进经济发展、丰富人民群众的物质文化生活等具有重要意义。

生物多样性作为自然资源和环境保护的重要组成部分，是人类赖以生存和发展的基础。随着人口的增长和经济的发展，全世界生物多样性资源正以惊人的速度减少。保护生物多样性已经成为社会关注的热点问题。

生物多样性是所有生物种类、种内遗传变异和它们生存环境的总称，包括所有不同种类的动物、植物和微生物，以及它们所拥有的基因、它们与生存环境所组成的生态系统。可分为遗传多样性、物种多样性、生态系统多样性和景观多样性。建立自然保护区是保护生物多样性的有效手段。

自然保护区是自然保护事业中的一项重要方法和手段，它作为保护自然资源特别是生物资源，开展科学研究工作的重要基地，同时也是为了拯救一些濒于灭绝的生物物种，监测人为活动对自然界的影响，研究保持人类生存环境条件和本身的自然演替规律，将这些自然资源和历史遗产保护起来的重要手段。因此，自然保护区的建立对人类认识自然、改造自然、科学研究、教育群众、普及科学知识、保护生物物种的基因库等意义重大。

1. 有利于国家生态安全

自然保护区有森林、灌丛、高山草甸、河流湿地等不同生境类型，为不同类型的野生动植物物种提供了适宜的栖息地和生存环境，蕴藏着丰富的动、植物物种。自然保护区是我国重要的生态屏障，肩负着保存种源、调节气候、涵养水源、水土保持、生物多样性保护等战略任务。在自然条件下生态系统是按照自然界的规律来进行发展、延续和变化的，在受到外界自然因素和人为因素的严重干扰后，将会出现自然演替和人为演替。自然保护区内的野生动植物中有许多种类是反应环境好坏的指示物，它们对空气、水文和植被等污染破坏状况十分敏感，定位定点对自然保护区这些生物指示物受危害的程度进行观察，可起到监测环境的作用。因此可以通过监测自然保护区物种的种类、数量消长变化，进而监测整个区域的自然环境状况。可以说区内自然资源和生态状况好坏，直接关系到众多河流、流域的水土保持和水源涵养。对地区的生态安全有着重要意义。

2. 有利于增强生态功能区自我发展能力

自然保护区所处区域绝大多数属于国家或地方级贫困地区，当地政府财力薄弱，群众物质精神文化发展需求旺盛，均面临着较大的经济发展与生态保护双重压力。加快自然保护区建设发展力度，对探索绿色循环低碳发展的生产、生活方式，对推进当地产业转型升级，探索扶贫攻坚与生态建设相结合的经验做法，对发挥生态优势，坚持扬长避短、取长补短，走特色化、差异化发展的路子，使生态优势更快更好地变成现实的生产力和竞争力，增强自我发展能力，对提升人民群众物质文化生活水平与加速生态文明建设，打造中国经济升级版的支撑带，建设美丽中国等方面具有重要战略作用。

3. 有利于国家生态文明制度创新

自然保护区涉及的地域广，部门多，情况复杂，生态功能定位各有侧重。在制度层面，国家原先的制度、规定均已施行二三十年未进行修订或更新，有的明显已不适应当前生态文明建设和自然保护区发展的要求，也跟不上我国经济社会文化发展的步伐，亟需进行全面修改完善。而且自然保护区作为我国实行最严格保护政策的区域，在制度上的创新，也更能给其他地区生态文明制度建设提供可借鉴的成功经验，凝练有效模式在全国推广。比如对自然保护区的划建与保护、建立科学的决策和责任制度，包括综合评价、目标体系、考核办法、奖惩机制、空间规划、责任追究等；建立有效的执行和管理制度，包括管理制度、有偿使用、赔偿补偿、执法监管等；建立内化的道德和自律制度，包括宣传教育、生态意识、良好风气等。这些制度不仅适用于自然保护区，而且对耕地保护、水资源保护、环境保护等多个领域也具有借鉴意义。

4. 有利于普及生态文化

自然保护区不仅是风景迤逦的天然风景区，而且还保存了具有典型性或特殊性的生态系统、具有特殊保护价值的地质剖面、化石产地或冰川遗迹、岩溶、瀑布、温泉、火山口以及陨石的所在地等。自然保护区是野生动植物的家园，生物物种基因的宝库，是生态地位最重要的陆地生态系统的核心，是保存地球亿万年演变历史的活化石，也是保存人类数千年生态保护、文化积淀的重要载体，是体现人与自然和谐相处最直接、最具体的区域。可以说，自然保护区是具有历史传承和科学价值的生态文化原生地，是没有围墙的生态博物馆，是普及生态文化天然的大课堂。

5. 有利于满足人类健康生活需求

自然保护区内森林繁茂，终年空气湿度大，空气中负氧离子含量高，是很好的天然氧吧。森林同时能吸收有毒气体，具杀菌和阻滞粉尘的作用。林木能在低浓度的范围内吸收各种有毒气体，使污染的空气得到净化。研究证明，许多植物种类能分泌出有强大杀菌力的挥发性物质——杀菌素。林木对大气中的粉尘污染能起到阻滞过滤作用。此外，茂密的森林植物还分泌挥发性的芬多精，人吸入后具有降低血压，减缓心跳，刺激副交感神经，消除紧张疲劳等功能，有很好的保健作用。正如习近平总书记强调的：良好的生态环境是最公平的公共产品，是最普惠的民生福祉。我们推动社会经济发展和改革的根本目的是为了更好地满足人民群众的需求。人的需求既包括物质文化需求，也包括对清新空气、清洁水源、舒适环境、宜人气候等生态产品的需求。生态环境是人类赖以生存和发展的基本条件，随着人民群众总体上温饱无虞、迈向小康，人们对幸福的内涵有了新的认识，对与生命健康息息相关的环境问题越来越关切。满足人民群众日益增长的对生态产品的需求，这是科学发展的内在要求，也是保障和改善民生的基本要求。因此应充分地发挥自然保护区生态功能，为人民群众提供良好的生态环境和生态产品，更好地满足广大人民群众健康生活需求。

二、自然保护区的分类

自 1872 年美国建立了世界上第一个自然保护区——黄石公园以来，全世界各国都陆续建立了各种类型的自然保护区。由于保护对象的不同、管理目标的不同和管理级别的不同，使各国在保护区的名称上也是五花八门，各有特色。为了解决保护区类型各不相同的问题，国际自然和自然保护联盟（IUCN）、保护区与国家公园委员会（CNPPA）于 1978 年提出了保护区的分类、目标和标准。这个报告提出 10 个保护区类型：科研保护区/严格的自然保护区、保护性景观、受管理的自然保护区/野生生物禁猎区、世界自然历史遗产保护地、生物圈保护区、自然资源保护区、国家公园与省立公园、人类学保护区、自然纪念地/自然景物地、多种经营管理区/资源经营管理区。1984 年 CNPPA 指定一个专家组开始修改保护区的分类标准，经过多次的讨论和完善，1993 年 IUCN 形成了一个"保护区管理类型指南"。指南中将保护区类型最后确定为 6 种：自然保护区/荒野区、生境/物种管理区、国家公园、受保护的陆地景观/海洋景观、自然纪念地、受管理的资源保护区。

我国自然保护区根据主要保护对象可分为 3 个类别 9 个类型。

1. 自然生态系统类

分为森林生态系统类型、草原与草甸生态系统类型、荒漠生态系统类型、内陆湿地和水域生态系统类型、海洋和海岸生态系统类型共 5 个类型。

自然生态系统类自然保护区，是指具有一定代表性、典型性和完整性的生物群落和非生物环境共同组成的生态系统作为主要保护对象的一类自然保护区。

2. 野生生物类

分为野生动物类型和野生植物类型两个类型。

野生生物类自然保护区，是指以野生生物物种，尤其是珍稀濒危物种种群及其自然生境为主要保护对象的一类自然保护区。

3. 自然遗迹类

分为地质遗迹类型和古生物遗迹类型。

自然遗迹类自然保护区，是指以特殊意义的地质遗迹和古生物遗迹等作为主要保护对象的一类自然保护区。地球形成经历了漫长而复杂的变化，其内部一直处于不断的运动之中，形成冰川、火山、岩溶、温泉、洞穴等多种多样的自然历史遗迹，这对于人类了解自然界有着极其重要的作用。自然历史遗迹保护区就是对一些因自然原因形成的，有特殊价值而需要采取保护措施的非生物资源地区。如黑龙江五大连池温泉保护区、吉林伊通火山群保护区和天津蓟县地质剖面保护区等。

尽管自然保护区的类型多样，但它们都应当成为一个具有多功能的自然社会经济的复合实体，争取生态效益和社会效益的统一。为此，自然保护区必须协调保护、科研、文化和教育等基本功能。

（1）提供生态系统的天然"本底"。

（2）动、植物和微生物物种及其群体的天然贮存库。

（3）保护生物多样性的基地。

（4）开展科学研究的天然实验室。

（5）进行宣传教育的自然博物馆。

（6）合理开发利用自然资源的示范。

（7）有助于改善环境，保持地区生态平衡。

（8）开展旅游活动。

第二节 自然保护区发展概况

随着经济增长，全球的环境问题却越来越严重，对于自然资源和生物多样性的保护引起了更多地关注。自然保护区发展是保护自然资源和生物多样性努力的一个重要部分。

世界上最早的自然保护区是美国于 1872 年建立的黄石公园，但当时并未有"自然保护区"这一名称。此后，美国、加拿大、澳大利亚、新西兰、南非等国相继建立了国家公园。进入 20 世纪后，自然保护区建设得到迅速发展，多国先后划定自然保护区，设立国家公园，开展自然保护区建设工作。1916 年，美国率先成立了专门的政府机构国家公园管理处，以推动自然保护区工作的发展。20 世纪 80 年代以来，世界保护区事业在世界保护联盟的推动下获得空前的发展。目前世界上有超过 10 万个保护区，覆盖着 11.5% 的地球表面，保护区数量仍在迅速增长，同时其功能也在发生变化。保护区已成为促进人与自然协调、建设和谐社会的基本单元。

自然保护区占国土面积的百分比已成为衡量一个国家自然保护事业发展水平、科学文化水平的标志，世界发达国家的自然保护区面积一般占国土面积的 10% ~ 20%。美国自然保护区总面积占国土面积的 10%，瑞典占国土面积的 8%，英国占 10%，法国占 5%。

亚洲的自然保护区和国家公园以印度、斯里兰卡和印度尼西亚的数量较多，历史较长，其他国家的自然保护区大多是近 30 年开始建立的。日本十分重视自然保护区建设，其自然保护区总面积占国土面积约 20%。

我国自然保护区的建立与发展是在借鉴了国外经验的基础上，结合我国的资源及经济社会条件的实际情况进行的。我国的自然保护区建设起步较晚，从无到有，从弱小到壮大、从幼嫩到成熟，经历了近 60 年的发展历史。

1956 年以来我国相继建立了以保护森林植被和野生生物为主要功能的广东鼎湖山等第一批自然保护区，标志着我国自然保护区建设事业正式启动。1956 年 9 月，在第一届全国人民代表大会第三次会议上，由 5 位科学家提出的 92 号提案建议：在各省（自治区、直辖市）建立大量自然保护区，保护自然景观和生态功能，为科学研究提供基地，为保护、繁衍和广泛利用丰富的动植物资源提供良好条件。同年 10 月，当时的林业部制定出了划定自然保护区的草案。吉林、黑龙江、陕西、甘肃、浙江、广东、四川、云南、贵州等省开始为保护区选址和建设进行筹备工作。当时由于对建立自然保护区的意义的认识尚处于萌芽状态，建设速度不快，至 20 世纪 60 年代初期，全国共建立（或规划）了自然保护区 20 处，保护对象主要为原始森林资源和珍稀野生动植物资源。

"文化大革命"时期，我国自然保护区事业受到严重的摧残，多数自然保护区遭到破坏，自然保护区内捕猎和砍伐活动相当严重，研究工作几近停止。1972 年联合国人类环境大会后，中国对环境问题逐步给予重视，自然保护区的建设进入一个缓慢的发展阶段。青海湖、卧龙等一批自然保护区相继建立。1975 年国务院对自然保护区建设工作作出了重要指示，强调珍稀动物主要栖息、繁殖地区要划建自然保护区，加强自然保护区的建设。此后，浙江、安徽、广东、四川、湖北、青海、贵州等 12 个省份相继建立了 25 个自然保护区，总面积达 70 多万公顷。到 1978 年底，全国共建立自然保护区 45 个，总面积 126.5 万公顷，约占国土面积的 0.13%。

改革开放以后，自然保护区如同雨后春笋般蓬勃发展。《中华人民共和国森林法》的颁布，为建立完善的自然保护区体系铺平了道路。1987 年，国务院环境保护委员会正式发布了《中国自然保护纲要》，并先后颁布了我国的《草原法》、《野生动物保护法》、《森林和野生动物类型自然保护区管理办法》、《中华人民共和国自然保护区条例》（以下简称《条例》）等法律法规，对自然保护区的建设和管理作出了专门规定，为我国自然保护区的建设提供了法律依据，促进了自然保护区的发展。保护区的数量、面积也得到迅速增加和扩大。截至 2016 年 5 月，全国已建立 2740 处自然保护区，总面积 147 万平方千米，其中陆域面积 142 万平方千米，约占我国陆地国土面积的 14.8%。国家级自然保护区 446 处，总面积 97 万平方千米；地方级自然保护区 2294 处，总面积 50 万平方千米。其中，广东鼎湖山等 33 处自然保护区加入联合国"人与生物圈"保护区网络，吉林向海等 46 处自然保护区列入国际重要湿地名录，福建武夷山等 35 处自然保护区同时划入世界自然遗产保护范围；有 200 多处自然保护区被列为生态文明和环境科普方面的教育基地。

第三节　灵丘县概况

灵丘县位于山西省东北部，大同市东南角，地理坐标为东经 113°53′~114°33′，北纬 39°31′~39°38′。东与河北涞源县、蔚县接壤，西与本省繁峙县、浑源县毗邻，南与河北阜平县交界，北与本省广灵县相连。全县南北长 84 千米，东西宽 66 千米，总面积 2732 平方千米，是大同市第一大县，全省第四大县。

"灵丘"之名始于战国时期，汉高祖十一年（公元前 196 年），大将周勃奉命讨伐陈于恒山之阳武灵之丘，是年始置灵丘县，属代郡。赵武灵王，北魏文成帝、孝文帝，辽代萧太后，唐末李存孝，明代张俊，清代武状元李广金等人文遗迹积淀为灵丘悠久厚重的历史。另外，灵丘境内雄伟庄重的北魏觉山寺，规模宏大的曲回寺唐代石佛冢群，在灵丘境内绵延 220 余华里，大量敌楼、墩台、烽火台、关门、瓮城、地窖等遗存的明内长城遗址，"太行八陉"中的第六陉蒲阴陉遗址等大批历史遗迹彰显了灵丘深厚的历史文化底蕴。

在革命战争时期，聂荣臻、罗荣桓、徐海东、罗瑞卿、王震、杨成武、关向应、李天佑、刘澜涛等众多革命先辈，在灵丘这片红色的土地上留下了战斗的足迹。据统计，全县在抗日战争时期属根据地的行政村 173 个，占全县行政村总数的 68.9%，国际共产主义战士白求恩在灵丘县杨庄村创办的特种外科医院旧址及八路军 359 旅旅部旧址、灵丘浑源抗日政府遗址、驿马岭战役遗址以及刘庄惨案遗址等革命旧址遗迹有 270 多处，其中平型关大捷革命遗址纪念地 17 处，形成了独具优势的红色历史文化。另外，灵丘独有的地域文化如"九景十八拗"、罗罗腔剧种、灵丘子母绵掌、大涧道情、红石塄秧歌、白氏剪纸等民间非物质文化遗产，邓峰寺、龙泉寺、白马寺、禅庵寺、天堂寺等古寺名刹的宗教文化、具有悠久历史的黄烧饼及风味独特的苦荞凉粉等系列产品、全国独有别具风味的豆腐、豆腐干等深加工土特产品的饮食文化都独具特色。

　　灵丘地处五台山、恒山、太行山三大山脉交接处，由85.8%的土石山区、8%的丘陵和6.2%的平川三部分构成，境内群峰林立，山峦叠嶂，沟壑纵横，素有"九分山水一分田"之说，独特的地理地貌形成了许多气候独特的小生境。主要河流有唐河、赵北河、三楼河、下关河、华山河五系常流河。灵丘属温带大陆性气候。气候总特点是：春季时间短，昼夜温差大，降雨少，风沙多，往往出现春旱；夏季雨量集中，但分布不均匀，常常遭受伏旱和冰雹的危害；秋季凉爽，降雨时多时少，年季变化大，多雨年常造成大秋作物返青和冰雪霜冻的危害；冬季较长，空气干燥，气候寒冷，对越冬作物不利。全县年平均气温7℃，极端最高气温37.3℃，极端最低气温−30.7℃，平均大于5℃的积温3329.5℃，无霜期一般在150天，最长为189天，最短为120天，南山地区无霜期较长，一般在160天，年平均降水量为432.4毫米，最高年份降水量614.6毫米。由于灵丘境内山大沟深，土地贫瘠，仅有耕地50万亩，所以灵丘还是以农业为主的经济小县，并作为国家级贫困县由团中央派驻扶贫工作队定点帮扶。近年来灵丘县域经济发展步伐明显加快，经济总量实现了大幅跨越，财政实力明显增强，全县人民生活水平普遍提高。据灵丘县统计局发布的《2015年国民经济和社会发展公报》：2014年灵丘县全县总人口246 229人，地区生产总值完成31.7亿元，财政总收入达3.93亿元，农村经济总收入14.8亿元，农村常住居民人均可支配收入5804元。城镇居民人均可支配收入达到15 407元。

第四节　山西灵丘黑鹳省级自然保护区概况

　　2002年，山西省人民政府以晋政函［2002］124号文《关于新建人祖山等省级自然保护区的通知》批准建立了包括山西灵丘黑鹳省级自然保护区在内的多个省级自然保护区。目前，全省已建立各类自然保护区46个，其中国家级自然保护区7个，初步形成了包括重要自然生态系统、野生珍稀动植物物种及其栖息地、重要的地质遗迹及景观等为主要保护对象的自然保护区网络。

　　2002年6月，山西灵丘黑鹳省级自然保护区经山西省人民政府批准建立，为全省目前面积较大的自然保护区之一，也是太行山系唯一以国家一级重点保护野生动物黑鹳命名的自然保护区。保护区物种的丰富性、多样性、独特性，极具科研和保护价值。2006年8月，自然保护区管理局正式组建开展工作。黑鹳是独特的自然资源，珍贵的稀有资源。这里有厚重的人文资源，美丽的景观资源。2010年，山西灵丘被中国野生动物保护协会命名为"中国黑鹳之乡"，成为山西省首家冠名"中国鸟类之乡"的县。

　　黑鹳自然保护区位于晋冀两省接壤处，也是五台山、恒山、太行山三大山脉的交汇处，地理落差大，地质构造复杂。地理坐标为东经113°59′~114°29′，北纬39°02′~39°24′之间，涉及独峪乡、白崖台乡、下关乡、上寨镇和红石塄乡5个乡（镇），51个行政村。为野生动植物和森林生态系统类型自然保护区，总面积为71 592.0公顷，其中核心区25 268.2公顷，占总面积的35.29%；缓冲区11 173公顷，占总面积的15.61%；实验区35 150.8公顷，占总面积的49.1%。区内森林覆盖率为：48.4%。主要保护对象是国家一级重点保护野生动物黑鹳、国家二级重点保护野生动物斑羚（青羊）和稀有树种青檀及森林生态系统。

保护区处于我国晋冀两省交界地带，同时也是五台山、恒山、太行山三大山脉交接处，位于我国寒温带和暖温带交界地带，也是我国候鸟迁徙通道的主要区域，无论是区内地质环境、气候特点、水文土壤、野生动植物资源等在山西省都比较特殊，具有独特的生态优势。

一、生态资源丰富

保护区是大同市主要天然林分布区，在大同市属于生物多样性 I 级区（生物多样性重要区即优先保护区），生态资源优势明显。据初步查明区内野生植物 47 科 400 多种，占山西省野生植物总数（3000 多种）的 13.33%，其中：国家一级重点保护野生植物 2 种，二级保护植物 2 种；国家和省级重点保护植物 10 多种。区内药用植物达到 400 种以上，约占山西省中草药总数（1116 种）的 36%。《大同市植物名录》中所载大同市分布的 1156 种植物中，灵丘独有植物共有 107 种，在大同市各县（区）中位居首位。

区内野生动物 240 多种，占山西省野生动物总数（430 多种）的 54.67%，其中：国家一级重点保护珍稀濒危动物 5 种，二级重点保护珍稀濒危动物 38 种，省级保护动物 19 种。国家保护的"三有"动物* 190 多种。大同市 220 多种野生动物在区内均有分布，其中灵丘独有野生动物 17 种。

无论是物种和植物群落的稀有和珍贵性、生物多样性丰富度还是生态科研价值，在大同市及周边地区的保护区中都具独特优势。

二、生物物种独特

保护区内有国家一二级重点保护珍稀濒危植物杓兰、蔓剪草、水曲柳、黄檗以及脱皮榆、野茉莉、青檀、迎红杜鹃、文冠果、槭树等数十种，其中有很多山西和当地特有种；有许多名贵的中草药材，如党参、天南星、黄芩、柴胡、远志、车前、百里香、射干、知母等；区内珍稀鸟类有黑鹳、大鸨、大天鹅、鹊鹞、猎隼、长耳鸮等，兽类有豹、豹猫、斑羚（青羊）等。区内特色生物物种有以下几种。

黑鹳： 黑鹳是世界性的濒危珍禽，由于种群数量急剧下降，目前国际上已将黑鹳列入濒危野生动植物物种国际贸易公约，在 1989 年被列入我国国家重点保护动物名录，为一级重点保护动物。同时被中国濒危动物红皮书列为濒危种（E）。目前全国约有 350～500 对黑鹳，共约 1000 只，且数量呈逐年下降趋势。灵丘黑鹳自然保护区是黑鹳在我国的主要繁殖栖息越冬地，目前已发现的黑鹳巢穴达 10 多处，种群数量有 50 只，约占全国总数的 6.5%～7.0%，占全球总数的 3.25%～3.5%（红皮书，1998）。可以说保护区是目前调查所知黑鹳在我国华北地区栖息、繁衍种群数量最高的分布区之一。秋、冬季黑鹳一部分迁徙，一部分仍留在保护区集群栖息越冬，候鸟变为了留鸟，2007 年冬季曾观察发现仅在一处集群夜宿的黑鹳就达 32 只。

---

* "三有"动物：指有重要生态、科学、社会价值的陆生野生动物。

青羊：别名斑羚、野山羊、青山羊（即初中语文课本中《斑羚飞渡》中的斑羚），为国家二级保护动物，1996 年被列入中国濒危动物红皮书易危级。目前青羊（斑羚）在山西省已濒于绝迹，极为珍贵。保护区作为青羊（斑羚）在山西省传统分布区，也是目前山西省唯一有青羊（斑羚）分布的地区，据统计保护区内种群数量约在 10 只，极为珍贵。

青檀：青檀是中国特有的单种属稀有树种。是造宣纸的主要原料之一，已被列入《中国稀有濒危植物名录》稀有类 3 级保护植物。山西省重点保护野生植物。山西灵丘黑鹳自然保护区是青檀树种的原生地之一，是青檀在我国华北北部分布的最北端，也是山西省北部的唯一分布区，分布面积约 1 万余亩*，在华北地区极为罕见，极具科研和保护价值。

三、自然景观美丽

保护区地处太行山、五台山、恒山三大山脉交汇处，位于晋东北高原与华北平原过渡地带，气候属于中温带与暖温带之间，独特的地理位置和自然条件培育了独居特色的生态景观：高大巍峨的大山，经过大自然亿万年分化剥蚀雕琢，呈现危崖百丈，劈地摩天，嵯峨崔巍之势，山上青崖怪石，险峻陡峭，沟谷深切，幽邃莫测。如门头峪古称隘门山，山势陡峭险峻，层峦叠嶂、危峰插天，桃花山山势逶迤，草木葱郁，风景秀丽。山上有洞，距今 170 多万年，洞内钟乳林立，钟乳倒挂，石花遍布，且仍处于生长期，为北方罕见；邓峰寺天然林共有松柏 4000 余亩，间有栎树、杨树，还有刺槐等灌木，为山西北部面积最大、最古老、保存最好的天然森林之一。林间百花齐放，植被茂盛，终年空气湿度大，空气负氧离子含量高，是很好的天然氧吧；唐河、上寨河、独峪河、下关河、冉庄河等河流湿地以及遍布全区的溪流滩涂水流潺潺，清澈透明。辽阔锦绣的高山草甸，随山势绵延跌宕，风貌原始而完整，空气新鲜而灵动。山上植被茂盛，多奇花异草和珍禽异兽。是难得的自然天堂，是绚丽多姿的原生态风景乐园。

四、历史人文厚重

保护区历史文化悠久，底蕴深厚，历史人文景观丰富。千百年来，巍巍太白，滔滔滱水，哺育了众多慷慨悲歌之士，赵武灵王、北魏文成帝、孝文帝、北齐司空王峻、唐末武将李存孝、辽代萧太后、明代礼部侍郎张俊、清代武状元李广金、甘肃总兵刘钰以及民国杜上化、白濡青、孟祥祉等人文遗迹积淀为悠久厚重的历史。区内现存国家级重点文物保护单位 1 处，省级文物保护单位 1 处，其余古建筑、古墓葬、古遗址以及红色革命遗址等多达数百处。如雄伟庄重的北魏觉山寺，北魏文成帝南巡御射碑、北魏古栈道遗址形成了浑为一体的北魏文化群。还有在保护区内绵延数百华里，有敌楼遗址，墩台、烽火台、关口遗址、瓮城遗址、长城城墙等遗存的明内长城遗址，"太行八陉"中的第六陉蒲阴陉遗址等大批历史遗迹彰显了深厚的历史文化底蕴。在革命战争时期，聂荣臻、罗荣桓、徐海东、罗瑞卿、王震、杨成武、关向应、李天佑、刘澜涛、白求恩等众多革命先辈在这片红色的土地上留下了战斗的足迹。据统计，仅处于黑鹳保护区内的抗战时期根据地行政村就

---

* 1 亩 = 0.0667 公顷。下同。

有 40 多个。区内各类革命遗址共计达 80 余处。

在省、市主管部门及县委、县人民政府的正确领导下，在社会各界的大力支持下，山西灵丘黑鹳省级自然保护区在困难中发展，在曲折中前进。一方面加强了自然保护区硬件设施建设，建设了下关、上寨等基层保护管理站、点办公用房，配置了科研设施；另一方面加大巡护和执法力度，对核心区、缓冲区采选矿等生产设施进行了净化清理，使区内自然生态环境得到迅速恢复，黑鹳、青羊（斑羚）、青檀等珍稀濒危物种得到有效保护。开展了黑鹳越冬观察、青檀人工育种实验等科研项目，并在学术期刊发表了 10 余篇论文。通过"爱鸟周"宣传，报刊、网络等媒介宣传，使自然生态保护理念逐步深入人心，也逐步扩大了保护区知名度。2007 年保护区管理局党支部被灵丘县委评为先进基层党组织；2006～2008 连续 3 年被山西省林业厅评为全省野生动植物保护先进单位；2011、2013 年分别被大同市委、大同市人民政府评为"2008～2009 年度大同市文明和谐单位"和"2010～2011 年度大同市文明和谐单位"，被灵丘县委依法治县领导组评为"依法治理示范单位"，保护区管理局党支部被灵丘县委评为"十佳红旗党组织"；2012 年被灵丘县委评为"创先争优活动先进基层党组织"；2013 年，保护区管理局党支部被灵丘县委评为"优秀基层党组织"；2016 年被灵丘县委评为"先进基层党组织"。通过 10 年来卓有成效的工作，基本建立起了机构健全、建设布局较为合理、基础设施基本完善的野生动植物保护管理体系，使黑鹳、斑羚（青羊）、青檀等濒危物种得到有效保护，保持了区内生物多样性及自然景观的独特性、完整性，并逐步向资源保护、科研教育、规范建设、发展利用和生物多样性丰富，人与自然和谐的方向发展。

保护区管理局全体工作人员将在党的十八大提出的生态文明建设目标的引领下，以更加饱满的热情，更加昂扬的斗志，努力将山西灵丘黑鹳自然保护区建设成为集资源保护、科学教育、生态旅游为一体的综合型自然保护区。

第五节　山西灵丘黑鹳省级自然保护区区划

一、区划依据和原则

1. 区划依据

实施区划的具体依据如下。

第一，《中华人民共和国自然保护区条例》关于"自然保护区可分为核心区、缓冲区、实验区"的规定。

第二，原林业部《自然保护区工程总体设计标准》关于"保护区内不得区划森林采伐或其它有碍保护的生产活动区"的规定。

第三，自然保护区内科研、旅游事业的开发现状的发展规划，保护区内的社会经济、交通状况。

第四，《森林资源（二类）调查技术细则》有关要求。

2. 区划原则

区划是实施保护、调查、科研和其他经营管理活动的重要措施和有效手段。为把自然保护区建设成为融自然保护、科学研究、合理利用、科普旅游为一体的综合性、多学科、多功能的自然保护区，尽快发挥应有的生态、社会、经济效益，同时使保护区的建设科学化、规范化、系统化，应遵循以下原则进行区划。

第一，坚持实事求是和科学合理的原则，根据自然生态条件、生物群落的特点、地形地貌、交通和社会经济状况等进行区划，着眼于保护区的整体功能，充分考虑各要素之间的影响和制约关系，避免盲目性和远离区域内的实际情况，从而达到科学性和实用性。

第二，坚持多功能、多效益的原则，根据保护、科研、开发、利用多种经营目的，有利于保护区的经营管理和实现生态、社会、经济多种效益进行区划。

第三，坚持维护自然生态系统的完整性和生物多样性原则，有利于协调自然保护区建设及各项事业的发展。

第四，坚持保护、开发和利用相结合的原则，达到有效保护、科学开发、合理利用。

第五，坚持整体性和适宜性相结合的原则，有利于整体保护自然资源和自然环境，拯救濒危物种，积极开展科研教学活动，适当发展旅游及多种经营。

第六，坚持重点和一般相结合的原则，特别突出自然保护这一核心。

二、管理站建设

为了有效实施保护管理，依据自然条件、行政区界，资源状况，站点位置及管护能力，按照县编制委员会、县人事局《关于组建山西省灵丘黑鹳自然保护区管理局及职能配置、内设机构和人员编制方案》中"管理局设置上寨、下关、独峪、红石塄 4 个管理站，下北泉、牛帮口 2 个边卡"，以及省林业厅批复的《山西灵丘黑鹳省级自然保护区总体规划》中"应设立白崖台、下关、独峪、上寨、狼牙沟、谢子坪 6 个管理站"的要求，由于人员不足，先设立了上寨、独峪、下关、白崖台 4 个管理站。各管理站基本情况如下。

1. 上寨管理站

上寨管理站地处灵丘县红石塄乡、上寨镇境内，东临河北省涞源县，西到下关乡界，南接河北省阜平县，北至红石塄乡门头峪口。辖区属温带大陆性气候，区内主要河流有唐河、上寨河等。核心区域主要在狼牙沟、道八、二岭寺、烟墨洞一带，主要保护对象为国家一级重点保护野生动物黑鹳、国家二级重点保护野生动物青羊（斑羚）及森林生态系统。据初步调查，辖区内野生植物主要有核桃、核桃楸、落叶松、油松、迎红杜鹃、黄芪等，野生动物有黑鹳、金雕、大天鹅、苍鹰、豹、青羊（斑羚）等。

2. 下关管理站

下关管理站地处保护区南部下关乡境内，南接河北省阜平县，北邻独峪乡，东至上寨镇道八村，西到本乡青羊口村。辖区属温带大陆性气候，区内主要河流有下关河等。核心区域主要在下关河流域谢子坪、龙堂会、宽草坪、女儿沟一带，主要保护对象为国家一级重点保护野生动物黑鹳、国家二级保护动物青羊（斑羚）及森林生态系统。据初步调查，辖区内野生植物主要有梓树、穗状核桃、皂角等，野生动物有黑鹳、大鸨、豹、大天鹅、鹊鹞、猎隼、游隼、长耳鸮、苍鹭、青羊（斑羚）等。

3. 独峪管理站

独峪管理站地处保护区西南部独峪乡境内，东起下关乡界，西到忻州市繁峙县界，南接河北省阜平县，北至白崖台乡。辖区属温带大陆性气候，最低海拔550米，区内主要河流有独峪河等。核心区域主要在花塔、牛帮口、三楼一带，主要保护对象是国家一级重点保护野生动物黑鹳、国家二级保护动物青羊（斑羚）、国家珍稀濒危植物青檀和区域森林生态系统。据初步调查，辖区内野生植物主要有青檀、玫瑰等，野生动物有黑鹳、金雕、苍鹰、鸢、青羊（斑羚）等。

4. 白崖台管理站

白崖台管理站地处保护区白崖台乡境内，东起本乡东长城，西到本乡大阳坡，南接独峪乡，北至东河南镇。辖区属温带大陆性气候，区内主要河流有冉庄河、古路河等。核心区域主要在古路河、冉庄河流域一带，主要保护对象是国家一级重点保护野生动物黑鹳和区域森林生态系统。区域内国家重点保护野生动物青羊（斑羚）、黑鹳、金雕、大鸨、大天鹅、苍鹰、隼科、雁鸭类等。

三、功能区划

灵丘黑鹳省级自然保护区的功能区划包括核心区、缓冲区和实验区3个功能区。

1. 核心区

核心区主要位于独峪乡、白崖台乡、下关乡、上寨镇等4个乡（镇），地域上分为两大片，核心区面积共25 268.2公顷，占保护区总面积的35.3%。核心区Ⅰ在白崖台乡对维山峰以西，南张庄以东，古路河以北，占地面积4312.3公顷；核心区Ⅱ西以独峪乡花塔村，东至上寨镇荞麦茬一带，占地面积20 955.9公顷，既是黑鹳、青羊（斑羚）主要活动区，也是青檀集中分布区。

核心区是自然保护区内保存完好的天然状态的生态系统以及珍稀、濒危动植物的集中分布地。核心区内禁止任何单位和个人进入。

2. 缓冲区

缓冲区是核心区与实验区的过渡地段，对核心区起保护和缓冲的功能。缓冲区是生态环境有一定程度的破坏或生态系统比较脆弱的地段，也是珍稀野生动物重要的栖息地，因此应尽量减少人为的干扰。缓冲区围绕两片核心区，由环状、带状五部分组成，其中缓冲区Ⅰ在核心区Ⅰ周围，呈环状分布，面积3195.6公顷；缓冲区Ⅱ大部分在核心区Ⅱ的北部，呈狭长带状分布，面积5997.9公顷；缓冲区Ⅲ在核心区Ⅱ的南部，呈带状分布，面积762.7公顷；缓冲区Ⅳ在核心区Ⅱ的东南部，呈带状分布，面积934.1公顷。缓冲区Ⅴ在核心区Ⅱ的东部，呈带状分布，面积282.7公顷。缓冲区涉及白崖台、独峪、下关、上寨等4个乡（镇），基本形成包围或半包围两片核心区态势，保护区东、南端山高岭陡，植被较为稀疏，但黑鹳和青羊（斑羚）也常常出没其中。缓冲区面积共11 173.0公顷，占保护区总面积的 15.6% 。

缓冲区内多分布有阔叶林、针叶林和少许的灌木林和疏林地，缓冲区内禁止开展旅游和生产经营活动。一般只允许从事科学研究及调查观察活动，若因需要进入时，应事先向保护区提出申请，经主管部门批准方可进入。

3. 实验区

实验区是人为活动最频繁的区域，区内可以在国家法律法规允许的范围内开展农业生产、科学试验、教学实习、考察旅游、野生动植物的繁殖驯养，以及其他合理的资源利用。实验区Ⅰ位于缓冲区Ⅰ的周围和缓冲区Ⅱ的北部，呈环状和带状分布，面积 31 677.7 公顷；实验区Ⅱ位于缓冲区Ⅲ的南部，呈带状分布，面积 1223.0 公顷；实验区Ⅲ位于缓冲区Ⅳ的东北部，呈带状分布，面积 590.5 公顷。实验区涉及白崖台乡、独峪乡、下关乡、上寨镇、红石塄乡等 5 个乡（镇），唐河两岸黑鹳仅到此喝水、觅食。实验区面积共 35 150.8 公顷，占保护区总面积的 49.1% 。

四、功能区生物多样性特点

保护区内生物多样性丰富，在我省优势独特。据初步查明区内野生植物约有 47 科 400 多种。保护区是国家濒危树种青檀在华北北部唯一原生地，是青檀在我国地理分布的最北端，也是其在华北分布最北限地区，是山地丘陵松栎林区森林生态系统保护的典型地区。区内乔木林以华北落叶松、油松、柏树、辽东栎、桦树、山杨等为主；小乔木和灌木丛以山杏、绣线菊、照山白、虎榛子、迎红杜鹃等为主。草丛类主要以白羊草、白草、黄背草、鹅观草等为主，区内植物覆盖率为 76.8% 。其中，国家保护的濒危珍稀植物有胡桃楸、青檀、水曲柳、黄檗等 10 多种，占保护区植物种类的 2.5% 。多样化的生态植被，确保了森林生态系统的正向演替。优越的气候地理条件，丰富的植物资源，为黑鹳、金雕、大鸨、豹、青羊（斑羚）等国家一、二级重点保护珍稀动物的栖息繁衍提供了得天独厚的有利条件。保护区是国家一级保护动物黑鹳和国家二级保护动物青羊（斑羚）的主要栖息区和繁殖区，也是国家一级重点保护动物大鸨、豹，国家二级保护动物大天鹅、鹊鹞、猎隼、长耳鸮等的主要分布繁殖栖息区，据初步调查统计：区内有 240 多种野生动物世代在此繁衍栖息，占山西省野生动物总数的 54.67% ，其中鸟类 14 目 37 科 200 余种（其中国家一、二级重点保护鸟类 20 多种），占山西省总数的 62.5% ；兽类 6 目 15 科 30 多种，占山西省总数的 52.86% ；两栖类 1 目 3 科 5 种，占山西省总数的 38.4% ，爬行类 3 目 6 科 13 种，占山西省总数的 37.0% 。其中国家濒危动物 30 多种（黑鹳、金雕、大鸨、豹等），占保护区动物种类的 11.63% ；国家濒危植物 10 多种，占保护区植物种类的 2.5% ；国家一、二级重点保护鸟类 20 多种，占保护区鸟类的 10% ；属于中日合作保护候鸟 80 多种，占保护区鸟类的 40% ；属于中澳合作保护候鸟 20 多种，占保护区鸟类的 10% 。特殊的地理区位和较为优越的自然环境条件，使得保护区内物种和群落的稀有珍贵性、生物多样性的丰富度和生态科研价值都尤为明显。

根据 2012 年 5 月发布的《大同市植物名录》，名录中所载大同市分布的 1156 种植物中，灵丘独有植物共有 107 种，在大同市各县区中位居首位。其中有刺五加、小花火烧兰等国家二级保护植物和青檀等省重点保护植物。《大同市动物名录》中，灵丘独有动物共16 种。以上均表明灵丘生物多样性之丰富在大同市周边是首屈一指的。

表1-1　大同地区灵丘特有种植物名录

植物名	学名	科属	生境（分布）
核桃①	*Juglans regia* L.	胡桃科胡桃属	灵丘县以南山区为主要分布区域
胡桃楸②	*Juglans mandshurica* Maxim.	胡桃科胡桃属	灵丘南山地区
鹅耳枥	*Carpinus turczaninowii* Hance	桦木科鹅耳枥属	灵丘三楼一带
板栗	*Castanea mollissima* Bl.	壳斗科栗属	灵丘南山地区有栽培
柞栎	*Quercus denlata* Thunb.	壳斗科栗属	灵丘南山地区有分布
脱皮榆	*Ulmus lamellosa* T. Wang et S. L. Chang ex L. K. Fu	榆科榆属	灵丘南山地区有分布
刺榆	*Hemiptelea davidii* Planch	榆科刺榆属	灵丘南山地区有零星分布
小叶朴	*Celtis bunge* L.	榆科朴属	灵丘南山地区
青檀③	*Pteroceltis tatarinowii* Maxim.	榆科青檀属	集中分布于灵丘牛帮口
鸡桑	*Morus australis* Poir	桑科桑属	灵丘南山地区有分布
北桑寄生	*Loranthus europaeus* Jacq	桑寄生科桑寄生属	灵丘分布较广，寄生于栎树和榆树上
北马兜铃	*Aristolochia contorta* Bunge	马兜铃科马兜铃属	灵丘南山地区
粘毛蓼	*Polygonum viscoferum* Mak.	蓼科蓼属	灵丘南山地区有分布，生河旁水边、路旁湿地
箭叶蓼	*Polygonum sieboldii* Meisn.	蓼科蓼属	灵丘有分布，生潮湿山谷或水边
翼蓼	*Pteroxygonum giraldii* Damm. et Diels	蓼科蓼属	灵丘南山有分布，生山谷、沟边湿地
无翅猪毛菜	*Salsola komarovii* Iljin	藜科猪毛菜属	灵丘有分布
叶蝇子草	*Silene foliosa* Maxim.	石竹科蝇子草属	灵丘南山
粗齿铁线莲	*Clematis argentilucida* (Lévl. et Vant.) W. T. Wang	毛茛科铁线莲属	灵丘有分布
蝙蝠葛	*Menispermum dauricum* DC.	防己科蝙蝠葛属	灵丘有分布，生于山地、灌木丛
火焰草	*Sedum erythrospermum* Hayata	景天科景天属	灵丘有分布，生潮湿山沟岩石上
长药景天	*Hylotelephium spectabile* (Bor.) H. Ohba	景天科景天属	灵丘有分布
独根草	*Oresitrophe rupifraga* Bunge	虎耳草科独根草属	灵丘南山地区有分布，生背阴山谷岩缝中
互叶金腰	*Chrysosplenium serreanum* Hand. - Mazz.	虎耳草科金腰属	灵丘南山地区有分布，生林下湿地或石崖阴处
细梗栒子	*Cotoneaster tenuipes* Rend et Wils.	蔷薇科栒子属	灵丘有分布

①②中国珍稀濒危种。
③山西省重点保护种。

（续）

植物名	学 名	科 属	生境（分布）
准葛尔荀子	*Cotoneaster soongoricus* Pcpov	蔷薇科栒子属	灵丘有分布
豆梨	*Pyrus calleryana* Dcne.	蔷薇科梨属	灵丘偶有分布
麻梨	*Pyrus serrulata* Rehd.	蔷薇科梨属	灵丘南山地区
桃	*Amygdalus persica* Linn.	蔷薇科桃属	灵丘有栽培
麦李	*Cerasus glandulosa*（Thunb.）Lols.	蔷薇科樱属	灵丘有分布，生山坡
毛叶欧李	*Cerasus dictyoneura*（Diels）Yü	蔷薇科樱属	灵丘有分布，生山坡
皂荚	*Gleditsia sinensis* Lam.	豆科皂荚属	灵丘有野生
苦参	*Sophora flavescens* Alt.	豆科槐属	分布灵丘南山地区
菽麻	*Crotalaria juncea* Linn.	豆科猪屎豆属	灵丘曾有栽培，现已为野生
毛胡枝子	*Lespedeza tomentosa*（Thunb.）Sieb.	豆科胡枝子属	灵丘南山有分布
落花生	*Arachis hypogaea* Linn.	豆科落花生属	灵丘有少量栽培
黄檗	*Phellodendron amurense* Rupr.	芸香科黄檗属	灵丘南山有分布
苦木	*Picrasma quassioides*（D. Don）Benn.	苦木科苦木属	灵丘南山山区，路旁行道树或林旁
香椿	*Toona sinensis*（A. Juss.）Roem.	楝科香椿属	灵丘南山地区，生村边路旁，房前院后
南蛇藤	*Celastrus orbiculatus* Thunb.	卫矛科南蛇藤属	灵丘南山地区有分布，生于石质山坡、灌丛、草丛
八宝茶	*Euonymus przwalskii* Maxim.	卫矛科卫矛属	灵丘南山地区有分布，生山坡林荫处
少脉雀梅藤	*Sageretia paucicostata* Maxim.	鼠李科雀梅藤属	灵丘有分布，生向阳山坡
柳叶鼠李	*Rhamnus erythroxylon* Pall.	鼠李科鼠李属	灵丘南山地区有分布，生山坡灌丛中
冻绿	*Rhamnus utilis* Decne.	鼠李科鼠李属	灵丘有分布，生山坡灌丛或疏林中
桑叶葡萄	*Vitis heyneana* Roem. et Schult *sub-sp. ficifolia*（Bge.）C. L. Li	葡萄科葡萄属	灵丘有分布
三裂叶蛇葡萄	*Ampelopsis delavayana* Planch. ex Franch.	葡萄科蛇葡萄属	灵丘南山地区有分布
葎叶蛇葡萄	*Ampelopsis humulifolia* Bge.	葡萄科蛇葡萄属	灵丘南山地区有分布
掌裂草葡萄	*Ampelopsis aconitifolia* Bge. var. *palmiloba*（Carr.）Rehd.	葡萄科蛇葡萄属	灵丘南山地区有分布
蛇葡萄	*Ampelopsis sinica*（Miq.）W. T. Wang	葡萄科蛇葡萄属	灵丘南山地区有分布
黄蜀葵	*Abelmoschus manihot* L. Medic	锦葵科秋葵属	灵丘下关有栽培，已为野生
球果堇菜	*Viola collina* Bess.	堇菜科堇菜属	灵丘有分布，生山坡、路旁、草地
长萼堇菜	*Viola inconspicua* Blume	堇菜科堇菜属	灵丘南山地区
深山堇菜	*Viola selkirkii* Pursh ex Gold	堇菜科堇菜属	灵丘南山地区
刺五加	*Acanthopanax senticosus*（Rupr. et Maxim.）Harms	五加科五加属	灵丘有分布，生高山灌丛中、林中
糙叶五加	*Acanthopanax henryi*（Oliv.）Harms	五加科五加属	灵丘有分布，生林中、灌丛中

（续）

植物名	学　名	科　属	生境（分布）
棱子芹	*Pleurospermum camtschaticum* Hoffm.	伞形科棱子芹属	灵丘南山地区
珊瑚菜	*Glehnia littoralis* Fr. Schmidt ex Miq.	伞形科珊瑚菜属	灵丘南山地区
紫茎芹	*Nothosmyrnium japonicum* Miq.	伞形科紫茎芹属	灵丘巍山，生林下阴湿地
迎红杜鹃	*Rhododron mucronulatum* Turcz.	杜鹃花科杜鹃花属	灵丘有分布，生山地灌丛
君迁子	*Diospyros lotus* Linn.	柿树科柿树属	灵丘有栽培
柿树	*Diospyros kaki* Thunb.	柿树科柿树属	灵丘有栽培
大叶白蜡	*Fraxinus rhynchophylla* Hance	木犀科白蜡属	灵丘南山有分布，生山坡灌丛
光叶白蜡	*Fraxinus griffithii* C. B. Clarke	木犀科白蜡属	灵丘南山地区有分布，生山坡灌丛
绒毛白蜡	*Fraxinus velutina* Torr.	木犀科白蜡属	九梁洼引种栽培
流苏树	*Chionanthus retusus* Lindl. et Paxt.	木犀科流苏树属	灵丘觉山寺有栽培
杠柳	*Periploca sepium* Bunge	萝藦科杠柳属	灵丘有分布，生河岸沟谷
槭叶莺萝	*Quamoclit sloteri* House	旋花科莺萝属	灵丘有栽培
番薯	*Ipomoea batatas* （Linn.）Lamarck	旋花科莺萝属	灵丘有栽培
荆条	*Vitex negundo* L. var. heterophylla （Franch.）Rehd.	马鞭草科牡荆属	主要分布灵丘南山地区，生山坡、灌丛、沟谷
岩青兰	*Dracocephalum rupestre* Hance	唇形花科青兰属	各县（区）均有分布，生草地、疏林下或沟谷
丹参	*Salvia miltiorrhiza* Bunge	唇形花科鼠尾草属	灵丘南山地区有分布，生山坡、林下、溪旁
木香薷	*Elsholtzia stauntoni* Benth.	唇形花科香薷属	灵丘有分布，生河滩、溪边、草坡和石山上
内折香茶菜	*Rabdosia inflexa* （Thunb.）Hara	唇形花科香茶菜属	灵丘南山地区有分布，生山坡、草丛、林间空地
蓝萼香茶菜	*Rabdosia japonica* （Burm. f.）Hara var. *glaucocalyx* （Maxim.）Hara	唇形花科香茶菜属	灵丘南山地区有分布，生山谷、林下、草丛
溪黄草	*Rabdosia serra* （Maxim.）Hara	唇形花科香茶菜属	灵丘有分布
小米草	*Euphrasia pectinata* Tenore	玄参科小米草属	灵丘甸山有分布，生草地、灌丛
梓树	*Catalpa ovata* G. Don.	紫葳科梓树属	绿化栽培
楸树	*Catalpa bungei* C. A. Mey	紫葳科梓树属	灵丘南山地区有少量分布
牛耳草	*Boea hygrometrica* （Bge.）R Br.	苦苣苔科旋蒴苣苔属	灵丘南山地区有分布，生于低山石崖上或丘陵山地
六月雪	*Serissa japonica* （Thunb.）Thunb. Nov. Gen.	茜草科六月雪属	灵丘巍山有分布，生山坡、灌丛
续断	*Dipsacus japonicus* Miq.	川续断科川续断属	灵丘南山地区去有分布，生山坡草丛、沟谷湿润处
柳叶沙参	*Adenophora gmelinii* （Spreng.）Fisch.	桔梗科沙参属	灵丘南山地区有分布

（续）

植物名	学　名	科　属	生境（分布）
泽兰	*Eupatorium japonicum* Thunb.	菊科泽兰属	灵丘有分布，生草坡、草地、溪旁
异叶泽兰	*Eupatorium heterophyllum* DC.	菊科泽兰属	灵丘有分布，生山坡草丛、灌丛、林缘林下
东风菜	*Doellingeria scaber*（Thunb.）Nees	菊科东风菜属	灵丘南山地区
小白酒草	*Conyza canadensis*（L.）Cronq.	菊科白酒草属	灵丘南山有分布，生田野路旁
腺梗豨莶	*Siegesbeckia pubescens* Makino	菊科豨莶属	灵丘县有分布，生林缘、林下荒野、田间
小花亚菊	*Ajania parviflora*（Grün.）Ling	菊科亚菊属	灵丘南山有分布，生山坡上
大蓟	*Cirsium japonicum* Fisch. ex DC.	菊科蓟属	灵丘有分布，生旷野、草丛、路旁
刺儿菜	*Cirsium setosum*（Willd.）MB.	菊科蓟属	灵丘有分布，生荒地、路旁
山莴苣	*Lagedium sibiricum*（L.）Sojak	菊科莴苣属	灵丘南山，灵丘药源场
中华鹅观草	*Roegneria sinica* Keng	禾本科鹅观草属	灵丘县有分布，生山地沟各草甸
弯穗鹅观草	*Roegneria kamoji* Ohwi	禾本科鹅观草属	分布于灵丘甸山
粟草	*Milium effusum* Linn.	禾本科粟草属	灵丘有分布，多生林下阴湿地
黄颖莎草	*Cyperus microiria* Steud.	莎草科莎草属	灵丘县南山有分布，生水边湿地
旋鳞莎草	*Cyperus michelianus*（Linn.）Link	莎草科莎草属	灵丘县南山有分布，生水边路旁
天南星	*Arisaema heterophyllum* Blume	天南星科天南星属	灵丘南山区有分布，生山沟或阴湿林下
狗爪半夏	*Arisaema formosanum* Hayata var. *stenophyllum* Hayata	天南星科半夏属	灵丘南山区有分布，生沟谷或林荫下
禾叶山麦冬	*Liriope graminifolia*（Linn.）Baker	百合科山麦冬属	灵丘南山，生山坡、临下班、山谷
滩地韭	*Allium oreoprasum* Schrenk	百合科葱属	灵丘有分布，生山坡、滩地
绵枣儿	*Scilla scilloides*（Lindl.）Druce	百合科绵枣儿属	灵丘有分布
小花火烧兰①	*Epipactis helloborine*（L.）Crantz.	兰科火烧兰属	生于海拔800~2000米的山坡林下和草坡上，发现于灵丘龙泉寺林下
大花杓兰②	*Chypripedium macranthum* Sw.	兰科杓兰属	灵丘南山区有分布
绶草③	*Spiranthes sinensis*（Pers.）Ames	兰科绶草属	灵丘花塔有分布

①②③国家二级重点保护种。

表1-2　大同地区灵丘独有种野生动物名录

名　称	学　名	纲	目	科	保护级别	居留类型
饰纹姬蛙	*Microhyla ornata*	两栖纲	无尾目	蟾蜍属		
中华鳖	*Trionyx sinensis*	爬行纲	龟鳖目	鳖科		
南滑蜥	*Leiopisma reevesii*	爬行纲	蜥蜴目	石龙子科		
鹰鹃	*Cuculus sparverioides*	鸟纲	鹃形目	杜鹃科		留鸟
四声杜鹃	*Cuculus micropterus*	鸟纲	鹃形目	杜鹃科		留鸟

（续）

名　称	学　名	纲	目	科	保护级别*	居留类型
红角鸮	*Otus sunia*	鸟纲	鸮形目	鸱鸮科		夏候鸟
红嘴山鸦	*Pyrrhocorax pyrrhocorax*	鸟纲	夜鹰目	夜鹰科		留鸟
秃鼻乌鸦	*Corvus frugilegus*	鸟纲	夜鹰目	夜鹰科		留鸟
寒鸦	*Corvus monedula*	鸟纲	夜鹰目	夜鹰科		留鸟
大嘴乌鸦	*Corvus macrorhynchos*	鸟纲	夜鹰目	夜鹰科	三有种	留鸟
小嘴乌鸦	*Corvus corone*	鸟纲	夜鹰目	夜鹰科	三有种	留鸟
褐河乌	*Cinclus pallasii*	鸟纲	夜鹰目	河乌科		夏候鸟
鹪鹩	*Troglodytes troglodytes*	鸟纲	夜鹰目	鹪鹩科		留鸟
青羊（斑羚）	*Naemorhedus goral*	哺乳纲	偶蹄目	牛科	Ⅱ	
普通刺猬	*Erinaceus europaeus*	哺乳纲	食虫目	猬科	省	
麝鼹	*Scaptochirus moschatus*	哺乳纲	食虫目	鼹鼠科		

* 三有种：指有重要生态、科学、社会价值的陆生野生动物。

Ⅱ：国家二级重点保护野生动物；省：山西省级重点保护野生动物。

第六节　山西灵丘黑鹳省级自然保护区社会经济概况

黑鹳省级自然保护区涉及独峪乡、白崖台乡、下关乡、上寨镇和红石塄乡 5 个乡（镇），51 个行政村，7588 户，26 816 人，大部分为初中以下文化程度，全部为汉族。

保护区内实验区和缓冲区电力、交通与通讯基本能够满足现阶段人民生活水平的要求，核心区位于偏远山区，地广人稀，有些地方交通相对滞后，信息也较闭塞。

保护区内及其周边居民由于教育条件差，文化素质低，科学技术推广有一定难度，农业生产仍处于自然经济状态下的传统农业发展阶段。区内人均耕地面积 2.2 亩，大部分为坡耕地，生产力水平低下。农民生活来源主要靠养殖业、种植经济树和外出打工等，农民收入低而不稳（表 1－3）。

表 1－3　灵丘黑鹳省级自然保护区社会经济情况统计表

（2015 年统计）

乡（镇）名称	耕地面积（亩）	人口（人）	户数（户）	劳力（人）
上寨镇	39 500	18 001	6781	7670
下关乡	13 500	9093	3521	3478
独峪乡	13 800	8941	3525	3932
白崖台乡	15 400	6326	2596	3443
红石塄乡	9400	4453	1911	1809
合计	91 600	46 814	18 334	20 332

第二章 自然环境概论

第一节 地质地貌

灵丘县位于五台山、恒山山脉的交接处，由于各大山脉所处造山构造阶段不同，因而境内地质非常复杂。从太古界最古老地层至新生界全新统最新地层，境内都有出露。主要出露地层有：太古界、上元古界震旦系；古生界奥陶系、寒武系；中生界侏罗系、白垩系；新生界。山西灵丘黑鹳省级自然保护区所处的南山区为石质山区，东部属太行山山脉，南部属五台山山脉，境内群峰林立，山峦叠嶂，沟壑纵横。

一、地质概况

保护区内主要有以下地层。

1. 太古界五台群、阜平群

是保护区最古老的地层。距今约 25 亿年，形成灵丘南山的地层基底。有花岗片麻岩、石灰岩、角闪斜长片麻岩、黑云斜长片麻岩、大理岩。主要分布在下关、上寨、狼牙沟、三楼、独峪一带。

2. 上元古界震旦系

距今约 10 亿年，是灵丘中部山区的地层基底。有灰岩、灰色白云岩、砂岩、含铁质砂岩。主要分布在古路河、云彩岭、龙池山、白石头山、田草沟鞍和岭底南山。

3. 古生界奥陶系、寒武系

距今约 5 亿年。出露地层有页质夹煤层白云质灰岩、白色白云灰岩。主要分布在红石塄等乡村。

4. 新生界第四纪

距今约 200 万年。属地质时期最后一纪，黄土层在本纪形成。分为：

（1）早更新统：午城黄土，主要分布在县境内侵蚀严重的沟壑下部，岩性为棕黄—棕红色黄土状亚粒土；

（2）中更新统：离石黄土，分布于县境侵蚀沟下部，岩性为红黄、浅红—红棕色黄土状亚黏土。深厚的土层中，有受高温、高压形成的红色条带；

（3）晚更新统：马兰黄土，广泛覆盖在全县山坡谷地，是组成黄土地形的主要岩性。按其成因可分为风成黄土，分布于全县丘陵及土石山区，为浅灰棕色粉沙质亚粒土及亚沙土；洪极黄土状土，分布于较大河流两岸，上部为灰棕色亚沙土，下部为沙砾石。全新统：近代河流冲积物，分布于河流地谷，以唐河两岸为多，是构造河流的河漫滩及一级阶地。除一级阶地表层为亚沙土外，其余均为沙砾石。

二、地质条件

境内地质非常复杂，山地都有一定的地质构造基础，全县地层南老北新。由于轴部为前震旦片麻岩系，两翼为古生代和中生代地层，伴随着褶皱运动，使两翼形成逆断层，并使轴部的片麻岩系向两翼的古生代和震旦纪地层逆冲。燕山运动后，全区总体上升遭受长期剥蚀夷平，直到第四纪呈现出褶皱山、断块山、褶皱断块山、单斜山等类型，这些地质构造基础虽然控制着山地的规模、走向和布局，但是经过外营力的长期改造，构造地貌的特征已趋模糊，形成今日独特的灵丘山水。

三、地貌类型

灵丘县地处黄土高原，位于五台、太行、恒山三大山脉余脉的交接之处，由于各大山脉所处造山构造阶段不同，因而境内地质非常复杂。境内山峦重叠，沟壑纵横。整个南山区，地势较高，坡度较陡，流水作用以下蚀为主，谷地以"V"形峡谷居多，深切曲线比较发育，但切割不甚破碎，山体比较庞大，山脊连贯，山脊线方向清晰可见。而灵丘盆地因受流水长期剥蚀，高度较小，地面坡度较缓，线状水流的旁蚀作用比较明显，堆积作用亦较旺盛，形成宽坦的谷地，分隔山地，丘陵较小，每个山丘相对独立，联系性较差，显得分散零乱，山脊线模糊不清，山麓堆积物较厚。

四、主要山峰

1. 安施顶

位于保护区东南部上寨镇二岭寺村西。主峰海拔 1768 米，周长 34.4 千米。属砂石山，有灌木及栎、油松、落叶松等。

2. 镢柄山

位于保护区西南部独峪乡香炉石村西与繁峙县交界处。主峰海拔 1831 米，周长 64 千米。属砂石山，有灌木和油松等。

3. 鸡窝塔

位于保护区南部下关乡刘家坟村西。因山体形状像一座鸡窝，故名。周长 32.5 千米，主峰海拔 1614 米。属土石山，有油松、落叶松和人工林等。

4. 碣石山

位于保护区南部上寨镇串岭村东。主峰海拔 2100 米，属土石山，油松、落叶松等植被茂盛。

第二节　水　文

山西灵丘黑鹳省级自然保护区内河流均属海河水系，整个区域内溪流密布，水源充足。主要河流有唐河（红石塄乡）、上寨河（上寨镇）、冉庄河（白崖台乡）、独峪河（独峪乡）、下关河（下关乡）等 5 条。这些河流均属山溪性河流，具有山地型和夏雨型特征，枯水流量少，洪水流量大，河道纵坡差异很大，流途中各河流均有清泉水补给。唐河是灵丘县第一大河，源于浑源县境内王庄堡，进入灵丘境内后西东走向横贯灵丘盆地。唐河在保护区内主要是从门头峪折向东南方向后，经红石塄乡下北泉村出省界。该段河水基流量 2.41 立方米/秒。上寨河源于县境内上寨镇庄子沟、串岭、石矾及狼牙沟一带，大小支流 17 条，流经上寨、狼牙沟、刘庄等地，于红石塄乡马头关汇入唐河，全长 33.7 千米，流域面积 193.5 平方千米，清水流量 0.29 立方米/秒，比较稳定。冉庄河源于县境内干河沟、东岗岭，流经银厂、冉庄、三楼等地，有大小支流 12 条，全长 46.8 千米，流域面积 547.6 平方千米，清水常年流量 0.34 立方米/秒，枯水年流量 0.21 立方米/秒，汇入河北阜平大砂河。独峪河为冉庄河的主要支流，源于县境南部独峪乡红花沟、杏树沟、杜家河一带，大小支流 6 条，河长 31.2 千米，流域面积 243.1 平方千米，清水常年流量 0.21 立方米/秒，于独峪乡西槽沟村西南汇入大砂河。下关河源于县境南部上寨镇青庄、井上及下关乡刘家坟、西湾一带，有大小支流 21 条，全长 25.2 千米，于下关乡青羊口进入河北省阜平县汇入大砂河，流域面积 233 平方千米。清水流量 0.12 立方米/秒。区内地面水资源丰富，年均达 2.5 亿立方米，泉水资源为 0.63 亿立方米。水质属优质水，既适宜灌溉，又适宜饮用。

1. 唐河

海河水系大清河一级支流，古称寇水、沤夷水，为灵丘县最大的河流。源于浑源县内的枪风岭东北 7.5 千米的东水沟，有大小支流 43 条。由浑源县王庄堡进入灵丘境内，西东走向横贯灵丘盆地，从门头峪折向东南经红石塄乡下北泉村进入河北省涞源县境内，往南注入唐县西大洋水库，汇归大清河。该河县境内干流流经东河南、武灵镇、落水河、红石塄 4 个乡（镇），境内河长 58 千米。包括 6 条支流，境内流域面积 2071 平方千米。河宽 50～200 米。年平均天然经流量为 1.16 亿立方米/年，河水基流量为 2.41 立方米/秒。

2. 上寨河

源于县境南部上寨镇庄子沟、串岭、石矾、狼牙沟一带，大小支流 17 条，流经上寨、红石塄 2 个乡镇，于红石塄乡马头关汇入唐河，全长 33.7 千米，流域面积 193.5 平方千米。河宽 50～10 米，河道纵坡 8.9%，清水流量 0.29 立方米/秒，比较稳定。

3. 下关河

源于县境南部上寨镇青庄、井上及卜关乡刘家坟、西湾一带，有大小支流 21 条，全长 25.2 千米，于下关乡青羊口进入河北省阜平县汇入大沙河。流域面积 233 平方千米。河道纵坡 7.2%，清水流量 0.12 立方米/秒。

4. 冉庄河

源于县境中部东河南镇的干河沟、水泉一带和西部白崖台乡铺西、白崖台一带，流经东河南、白崖台、独峪 3 个所属乡（镇），有大小支流 12 条，全长 46.8 千米，流域面积 547.6 平方千米，清水流量 0.34 立方米/秒，枯水年 0.21 立方米/秒。于独峪乡花塔村南汇入阜平县大沙河。

5. 独峪河

为冉庄河主要支流,源于县境南部独峪乡鹅毛沟、红花沟、杏树沟、杜家河一带,大小支流6条,河长31.2千米,流域面积243.1平方千米,清水流量0.21立方米/秒,河道纵坡41.8%。于西槽沟村西南汇入冉庄河。

第三节 气 候

灵丘属温带大陆性气候。主要气候特征为四季分明,冬长夏短,寒冷期长,雨热同季,季风强盛。春季干旱多风沙;夏季无炎热,雨量较集中;秋季短暂,天气多晴朗;冬季较长,寒冷少雪。境内山峦重叠,地形复杂,海拔高度悬殊,不仅使全县气候分布有差异,而且就在同一区域、同一天内气候也大不相同。

保护区内根据地理位置、海拔高度、地理形势,大致可分为2个气候区。

1. 暖温半湿润区

包括三楼、下关、上寨、红石塄、狼牙沟(岭南部分地区)等乡村。本区气候温和,雨量充足,但平坦地少,坡梁地多,宜于发展林牧业。

2. 亚中温半湿润区

包括独峪、白崖台和狼牙沟的岭东、岭北和上寨镇的西北地带。本区年均气温9.9℃,极端最高气温达37℃,极端最低气温为-30.7℃。平均大于5℃的积温3329.5℃,高10℃的积温为2914.4℃,年均降水量480~560毫米,高于全县年均降水量50~130毫米。历年平均无霜期可达160~180天,长于全县年均无霜期10~30天。年均风速2.5米/秒。历年平均日照时数2928.4小时,每天平均7.3小时,日照百分率为60.3%。本区气候特点是:冬寒夏热,四季分明,冬长夏短,寒冷期长,雨热同季,季风强盛。春季干旱多风沙;夏季炎热,雨量集中;秋季短暂,天气多晴朗;冬季较长,寒冷少雪。在山西北部的特殊地理环境下为少有的小气候特征,素有"塞外小江南"之美称。

第四节 土 壤

一、褐土

暖温带半湿润地区发育于排水良好地形部位的半淋溶型土壤。其成土母质富含石灰,成土过程处于脱钙阶段,是具有黏化和钙质淋移淀积特征的土壤。褐土的表土呈褐色至棕黄色;剖面中、下部有黏粒和钙的积聚;呈中性(表层)至微碱性(心底土层)反应。土壤剖面构型为有机质积聚层—黏化层—钙积层—母质层。多发育于碳酸盐母质上,有明显的黏化作用和钙化作用。呈中性至碱性反应,碳酸钙多为假菌丝体状广泛存在于土层中、下层,有时出现在表土层。

主要的农业土壤。从海拔 800 米开始到 1800 米高处均有分布，褐土又细分为淋溶褐土、山地褐土、淡褐土性土、淡褐土 4 个亚类。

1. 淋溶褐土

主要分布于南部石质山区 1300 ~ 1800 米的山地上。上接山地草甸土和棕壤，下限常与山地褐土呈复域状态存在，总面积 27 万亩，占总土地面积的 6.47%。根据母质类型不同，划分为花岗片麻岩质淋溶褐土、石灰岩质淋溶褐土、砂页岩质淋溶褐土和黄土质淋溶褐土 4 个土属。

（1）花岗片麻岩质淋溶褐土，分布于狼牙沟、上寨、下关、三楼的广大山地，有 2 个土种。

（2）黄土质淋溶褐土，分布于红石塄、上寨的山地，有 3 个土种。

2. 山地褐土

褐土类中面积最大的一个亚类。海拔高度南山为 800 ~ 1500 米。主要发育在花岗片麻岩、石灰岩、砂页岩风化物和黄土母质上。植被以黄刺玫、铁杆蒿、荆条、醋柳、鬼针草、锈线菊等较多。植被覆盖达 70% ~ 80%。山地褐土可分为 9 个土属。

（1）花岗片麻岩质山地褐土，各乡（镇）的山地都有分布。有 3 个土种。

（2）耕作花岗片麻岩质山地褐土，分布于狼牙沟、下关的山地。有 3 个土种。

（3）石灰岩质地褐土，分布于红石塄的山地。有 3 个土种。

（4）耕作石灰岩质山地褐土，分布于红石塄。有 2 个土种。

（5）黄土质山地褐土，全县各地都有分布。有 3 个土种。

（6）耕作黄土质山地褐土，分布于红石塄、白崖台、上寨镇狼牙沟等。土壤质地为轻壤砂壤，疏松多孔。通透性良好，易耕作。但水土易流失，活土层不厚。有 3 个土种。

（7）沟淤山地褐土，分布于三楼。打坝拦洪淤积而成，土壤肥力高，耕性良好，是山区高产田类型。有 2 个土种。

（8）粗骨性山地褐土，零星分布于上寨、红石塄、狼牙沟、冉庄。面积 0.98 万亩，坡度较陡，植被较差，土壤侵蚀较重，水分状况也较差。母岩外露含养分低，群众称"石渣土"。有 2 个土种。宜发展林草，保蓄水土。

3. 淡褐土性土

主要分布于丘陵地带，全县各地都有分布。本土地表覆盖着深厚的黄土，结构疏松。长年累月受雨水和风力的冲刷侵蚀，地表起伏不平。切割强烈，沟壑纵横，有台地、坡地、沟地等多种地形。耕性好，宜耕期长。耐涝不耐旱，吸水快，易蒸发，养分含量贫乏。有 3 个土属。

（1）黄土质淡褐土性土，分布于三楼、下关、狼牙沟、上寨等的梁、峁和沟壑地带。土地基本建设差，水土流失严重。易耕作，但土壤肥力不高。

（2）沟淤褐土性土，主要分布于独峪。发育于黄土丘陵的沟底，由洪水冲刷淤积而成，土壤肥力较高，是丘陵区最好的农业土壤。群众称"沟坝地"。

（3）洪积砾质淡褐土性土，分布于上寨、红石塄、三楼的山前峪口洪积扇上。质地沙壤相间，易耕作，好出苗，但漏水漏肥，产量低。

4. 淡褐土

分布于唐河、上寨河的二、三级阶地上。分黄土状淡褐土和灌淤淡褐土两个土属。

（1）黄土状淡褐土。本土属所处地势低平，为洪积黄土状母质，质地以轻壤为多，块状结构，有利于保水保肥，肥力中等，一般作物产量较高。

（2）灌淤淡褐土。分布于唐河两岸的二级阶地，系洪水灌溉淤积而成。

水利条件优越，肥力较高，产量高，是当地最好的农业土壤，群众称为"淤地"。

二、草甸土

发育于地势低平、受地下水或潜水的直接浸润并生长草甸植物的土壤。属半水成土。其主要特征是有机质含量较高，腐殖质层较厚，土壤团粒结构较好，水分较充分。

分布于唐河两岸及河谷阶地上，该土类所处地势平坦，地下水位在 1.5~2.5 米之间，水源充足，肥力高，是受生物气候影响较小的一种隐域性土壤。成土母质多是近代河流冲积物，因各河流的上游母质的不同、河性的差异，以及河床的远近不同，沉积物错综复杂，质地差异较大。有浅色草甸土、盐化浅色草甸土、沼泽化草甸土。

三、土壤特征

灵丘土壤肥力按全国分级标准为中下等水平。各亚类土壤的有机质、全氮、碱解氮、速效磷、速效钾的含量相差十分悬殊。除速效钾外，其它土壤养分都很低，耕作土壤更低。其中淡褐土性土养分最低，盐化浅色草甸次之，这两个亚类是本县主要低产土壤。在耕地土壤中，以山地褐土养分为最高，其次是浅色草甸土和淡褐土。浅色草甸土和淡褐土是最好的农业土壤。山地褐土养分含量虽高，但因条件所限，不是高产土壤。发育在不同地形上的土壤养分也各不相同，一般是高寒山区高于平川水地，水地高于旱平地，旱平地低于丘陵。原因是高寒区养分分解慢，积累多，支出少。水地尽管养分支出多，但土壤耕作合理，施肥多，有灌溉条件，因而土壤养分也高。旱平地各种条件都差，耕作制度又陈旧，用养失调，土壤养分自然低。丘陵土壤有侵蚀，但耕作合理，养分含量较高。

按地貌类型划分的 4 个土壤养分区：东、南部石山区、中部平川区、北部丘陵区、北部土石山区。

保护区所处的位置为南部石山区，属沙性土壤。由于耕作精细，施肥多，因而土壤养分含量较高。

第三章　生态资源变迁情况

灵丘处于晋东北边缘，原与大同、浑源、广灵、天镇等市县均属于原雁北地区。雁北地区历史悠久，森林起源古老，在漫长的历史时期，曾经遍布森林，野生动植物物种较为丰富，过去记载，鸟类有鹳、鸨、天鹅、鹞、雕、鸢、兔鹘、白鹭、鸳鸯、鹰、隼、勺鸡、角雉、鹧鸪、鷦鷯、水鸭、雉、雁、雀、鸦、鸽、社燕、鹌鹑、沙鸡、莺、画眉、斑鸠、石鸡、野鸡、布谷、黄鹂、叫天儿、种谷鸟等；兽类有虎、豹、熊、麝、青羊（斑羚）、岩羊等；野生植物有脱皮榆、黄檗、梓树（黄金树）、紫椴、青檀、梧（青）桐、楝等；中药材有木贼、文冠果、胡桃楸、北乌头、景天、刺五加、黄连、党参、茯苓等。经过自然环境的沧桑巨变，其生态资源也随之演替。

第一节　地质时期生态资源变迁

当地质历史时期由太古代、元古代，进入到距今约 3.5 亿年的古生代石炭纪时，植物已进化到真蕨、木本石松、芦木、种子蕨、科达树等大量繁殖，从此开始了大森林的繁荣茂盛时期。

在距今约 3.5～2.85 亿年的古生代石炭纪时，灵丘大地满布着十分畅茂的真蕨、木本石松、科达树等。后来，物种继续进化，到距今 2.85～2.3 亿年的古生代二叠纪晚期，上述植物趋于衰落，而裸子植物如银杏、松柏类等却发展起来。那时气候暖热，潮湿多雨，到处遍布着极其茂密的森林，在漫长期间，世世代代自生自灭的自行演替，堆积为极厚的腐殖质层。后来由于地壳变动，大陆下沉，海水漫涨，这些茂密森林的遗骸堆积层被水冲浸，埋于泥沙之下腐朽沉积。在缺氧情况下，经漫长期高压，终究成为石炭，即为第一次全球性大森林造煤期。该期的煤层中，常发现有芦木、松类等化石，在附近天镇县发现有恐龙椎骨化石和大量化石碎块，亦说明该地区在当时有大批爬行动物存在。以上均说明，中生代时该地区系茫茫林海。

到了距今约 6000～4000 万年的始新世时，年平均气温约比现代高 4～9℃，亚热带北界曾达到北纬 42°、山西省北缘外的内蒙古呼和浩特、阴山一线，当时该地区属亚热带气候，那时雨量充沛，气候暖湿，具有海洋性亚热带森林性质。距今约 40 000～2000 万年的中新世，气温又缓慢降低，但仍比现代高 3～7℃。如附近怀仁、繁峙等地的褐煤层中，尚有亚热带的北部枫杨、紫薇、山核桃、栗等树的孢粉。说明那时该地区尚有亚热带树种留存。

到了距今约 2000～500 万年的中新世，气温又缓慢降低，但仍比现代高 2～5℃，湿度仍然很大。从该地区褐煤层中孢粉分析，推测该区域高山上生长着茂密的云杉、松类等稍耐寒的针叶树木，低地有铁杉、雪松、罗汉松、山核桃、鹅耳枥、栎、榆、桦等阔叶树和针叶树混交林。从树种上看，仍有亚热带成分残留。但森林垂直分布带渐趋明显，水平分布由亚热带－暖温带过渡。因为山上已有较耐寒的云杉、松类等温带树种出现，此期草本植物不多，说明该地区仍为茂密的森林所覆盖。到距今约 500 万～200 万年的第 3 纪末上新世，温度又继续降低，亚热带北界又南退至北纬 35°的运城一线。由于温度和湿润度皆降低，故该地区喜暖、喜湿润的树种大减，而耐寒、耐旱的针叶树和温带阔叶树种增加。草本植物也随之增多。

当进入距今约 200 万年的新生代第四纪时，气温继续降低，亚热带北界更向南退至秦岭、淮河一带，干燥度继续增大，该地区属大陆性温带－暖温带气候。第 4 纪更新世时，由于冷期和暖期曾多次回旋交替，山西全省森林树种的水平分布带也随着冷暖期交替而南移或北进，垂直分布带亦随之下降或上升，周而复始。但是在某些地区由于一些特殊原因会偶尔保存下少量亚热带树种；暖温带、温带、寒温带等树种类型在山西也均有保留，成为以后历史时期山西省森林树种的直系祖先。

在距今约 200～80 万年的早更新世时，按冷暖回旋，大体可分为 3 个冷期、3 个暖期，但各期的冷暖程度有所差别。冷期针叶林兴盛，暖期则多为阔叶林。如在第 4 纪早期，气候相当冷湿，约比现代低 5℃。在雁北多为云杉、冷杉等阴暗针叶林，还有些松类。高山有成片草甸，间有雪原。该地区该期桑干河流域湖沼比现代多而广阔，为驰名中外的"古泥河湾湖"的西部。该地区盆地大部分为"大同湖"水面，东接河北省泥河湾古森林。湖滨和山地遍布着茂密的森林，还有毛茛科、十字花科、蕨类的水龙骨科等草本植物。森林随着冷暖回旋而演替。

在距今约 10～1 万年的晚更新世时，该地区据大同时庄钻孔至地下 145～117 米处孢粉分析，冷杉花粉大为减少，仅个别偶尔出现；云山花粉占 23%～28%；松类花粉高达 66.8%～71.9%。后来云山花粉减少到 1%，而松类则增加到 90.7%。表明由耐阴湿的阴暗针叶林向较耐干旱的松林演替，成为以松类为主，并混有一些落叶阔叶树和草本植物。分析距今约 10 万年、晚更新世初、旧石器时代中期的阳高县"许家窑"文化遗址，孢粉分析有松、云杉、冷杉、桦、柳、榆、榛等属树木，伴有麻黄、葎草、唐松草、蓼等属的菊、禾本、藜、伞形、莎草、唇形、水龙骨科等草本植物，推测那时"古大同湖"畔阶地为以松类为主的针阔林，还有不少草本植物。该处还挖出鸵鸟、披毛犀、瑙曼古梭齿象、羚羊、葛氏斑鹿、蒙古马、野驴、原始牛等大型动物化石和用石球猎取的 300 多匹野马化石。后因水流的长期侵蚀，河北省阳原县石闸口被切开，"古大同湖"逐渐消失，森林植被向排干水的湖底推进。因干燥度增大，已演替为旱生性森林植被了。如 1963 年在朔州城区西北发掘距今约 28000 年，旧石器时代晚期早、中阶段的峙峪"新人"遗址，有野马、野驴、披毛犀、普氏羚羊、王氏水牛等动物化石，尤以马、驴最多，可见进而演替为以繁茂草原为主的植被了。

灵丘处于雁北地区东南端，靠近河北省，森林和生物多样性均优于处于雁北地区西北部的阳高，怀仁等地，特别是县境东南端花塔、三楼等地海拔仅 550 米，为华北地区最低。正如前文所述，在新生代第 4 纪更新世冷暖交替期，由于特殊的气候、海拔、位置等因素，灵丘境内除保存了部分第 3 纪亚热带植物外，还发展了暖温带、寒温带树种，形成了当地独特的植物资源体系，为现今大同诸县区生物多样性之最。

第二节　史前及先秦时期

森林是人类赖以生存和社会发展的主要资源。史前时期的旧石器、新石器和炎黄尧舜禹传说时代，灵丘被茫茫林海所覆盖，估测森林约占总面积的 90%或者稍多。

早在一百数十万年前，我们的祖先就已在此生息繁衍，在莽莽林海间过着"穴居野处"、焚烧猎物和采摘野果的猿人群居生活，约相当于古传说的燧人氏时代。距今 20 万~10 万年前的旧石器时代中晚期遗址，在周边均有发现，如阳高东南的许家窑遗址、朔城区西北下团堡乡峙峪遗址等。在距今六七千年前后的新石器时代，气候进而暖湿，温度比如今约高 3~5℃，湿润度亦增大。由于气候温暖，水分充足，森林水平分布带北进，垂直分布带上升，以森林为主体的植被蓬勃发展，森林又一次出现繁茂的高峰。如在邻近的河北省阳原县（亦属雁北桑干河盆地东延部分）挖掘出距今约 4000 余年、相当于新石器时代中原龙山文化的生物化石，有象及河蚌等。其中有厚美带蚌、已氏丽蚌等水生物的现生种，如今主要分布于长江以南地区。说明那时该地区气候暖湿，接近于江淮流域。灵丘处于雁北东南部边缘，应更加温暖湿润，森林也更为茂密。

在炎、黄、尧、舜、禹传说时代，该地区仍然地广人稀，为茫茫林海，如《商子·画策》曰："昔者，昊英之世，以伐木杀兽，人民少而木兽多。"，《孟子》载："当尧之时，天下犹未开，洪水横流，草木畅茂，禽兽繁滋。"人们为了扩展农事、围猎和保障聚居安全，理所当然地焚烧或砍伐附近的一些森林，如舜时聚落附近，森林茂密、野兽逼人，故《孟子》载："舜使益掌火，益烈山泽而焚，禽兽逃匿。"《书经》曰："禹乘四载，随山刊（砍）木。"因那时道路常为树木所阻，须随时砍之。总之，当时除聚落附近、湖泊沼泽等处无林外，其他区域几乎均为森林所覆盖。且该地区当时为寥落、不相统属的诸戎翟（狄）氏族活动之区，人类活动对森林和生态环境影响几乎可忽略不计。

夏、商、周时，该地区仍基本为茂密森林所覆盖。主要是因为当时该地区仍为诸戎翟（狄）氏族活动之区，如雁北林胡戎、雁北东部代戎以及晋西北楼烦戎等势力，他们还处于"无国都处所，俗逐水草，无城郭宫室、就庐帐盟……衣羽毛，有不食黍者"的氏族部落阶段，以游猎为主，迁徙无常，对森林和生态环境变迁几无影响。

春秋战国时期，该地区为"三胡"所占据，如雍正《朔州志·古迹》卷四载："楼烦堡，州东南四十里，楼烦本林胡地。"后晋西北的楼烦强大，林胡退到山阴以北，嶦林更被迫流迁到阳高以东到张家口一带，改称为东胡。"林胡"、"嶦林"都有在林中生活的胡人之意，可见该地区那时森林遍布。战国后期，赵武灵王以灵丘为大本营，从勾注山北征服"三胡"后，在灵丘、左云、广灵等地开始垦殖，烧辟草场，盆地成了林草相间、林多于草，点缀很少农田景象。山丘则茂林遍布，如《山海经·北山经》载："北岳之山，多枳（柘）棘刚木（檀树等杂木），"灵丘三楼等地历经数千年至今仍存留珍稀植物青檀 1 万余亩，可知当时其面积应极为可观。《山海经·北次三经》载："高是（氏）之山（按赫懿行考证，该山位于唐河最上游的滱水和滹沱河最上游的滋水流域，也即灵丘一带及浑源东南部和繁峙东北诸山）……其木多椶（棕榈科）。"《管子》载："齐（国）载金钱之代国，求狐皮。代王闻之，去其农处山林求狐。齐固而伐之。"代国在灵丘东北接壤蔚县、广灵等地，也说明灵丘浑源一带山间盆地的边山上森林和狐等野生动物众多。总之，到战国末，该地仍是林多于草，丘陵和山区则几乎森林满布。

第三节　秦、汉、三国时期

灵丘在秦汉时期属代郡，三国时属冀州常山国，由于处于边境，历经多次战乱，且为西汉在边境大量驻军屯垦的重点区之一，如武帝"边境置典农都尉屯田植谷"。雁门郡东部都尉治大同。代郡西部都尉治阳高。宣帝时继续在边郡大量屯垦。直到西汉末成帝永始三年（前14年），仍"屯缘边诸郡"。后在东汉亦一直延续，直至东汉末年的公元140年前后。塞外的鲜卑、乌恒等部南下入侵，延续300多年的大规模屯垦才基本停止。另外，东汉时在灵丘、广灵、蔚县等地新开了几条州际大道，如将河北涞源至灵丘的谷道，劈恒山，延长至大同一带，与河北大平原联通，为抵御匈奴，筑通蔚县至大同一带的大道。这些都要破坏道路两侧的山林。总之，随着大规模屯垦和开发，本区盆地及平川区基本变为农田，间插些较大草场和丛林，森林面积有所减少。直至东汉中期以后，随着汉族势力几乎退出雁北，农耕萎缩，农田荒芜，才逐渐又变为畅茂草原；丛林也有所扩展，有些变为次生乔木林。而广大山区则茂林遍布。如《水经注·滱水》载，汉时"通涿唐水"，唐河上游"林木交荫，丛柯隐景"，说明唐河上游的浑源、灵丘的广袤山区，森林遍布。直到西晋，程咸的四言古诗描述"奕奕恒山"，即高大美丽，说明雁北灵丘一带，森林众多，仍不失为茫茫林海景观。

第四节　两晋、南北朝时期

西晋十六国北朝前期，尤其是经过"五胡乱华"等长期战乱，农田荒芜，百业颓败，人口锐减，以森林为主体的植被更获得长期恢复之机，明显增多。在雁北以游牧为主的鲜卑拓跋猗卢，传六世偏安于此，盆地及缓坡丘陵变成了疏林草原，至于山区则几乎为森林所覆盖。灵丘由于山势较高峻，山区亦较深远，故森林状况远比西部丘陵山区要多、要好，森林分布范围亦较广阔。如《水经注·滱水》卷十一述灵丘至城东南隘门峪御射台一段是"秀彰分霄"，说明灵丘南山森林不少；该篇又述唐河流过倒马关入涞源县境后，"滱水南山上，起御座于松园"；即山上有大片松林存在。同书湿水卷十三书述桑干河流出雁北东缘外是"林彰深险，路才容轨，朝禽暮兽，寒鸣相和"。《水经注》描述景象系当灵丘直道开通以后两侧山林已遭破坏后的情况，在灵丘直道凿通前，山上森林更为茂密。如前燕砍伐唐河流域的森林，在《水经注·滱水》载，约370年前后，"唐水泛涨，高岸崩颓，（安喜，今定州）城角之下，有大积木，交横如梁柱焉。后燕之初（384年或稍后），此木尚在"。说明在北魏前，唐河两侧山上森林遍布，有很多通直粗大之林木。唐河两岸是平城通往华北大平原的重要大道，两侧山上森林还如此之多，远离道路两侧的深山区，森林当然会更多。如灵丘东南接壤涞源一带其山"甚为崇峻，高峰翼岭，岫壑冲深，含烟罩雾"、"仅通车马、路不容轨"的道旁，"林木交荫，丛柯隐景"。说明沿路两侧山上森林尚属不少。直至北魏天兴二年（398年）道武帝视察平城都址，在大同东郊还"见熊（大熊领着几头小熊），皆擒获"。说明当时各处山林中生活的熊等野生动物不少。

直至北魏建都平城后，划"东至代郡，西及善无，南及阴馆，北尽参合"为畿内地，大致为雁北全境，成为北方的经济、文化中心，着意经营，直至493年孝文帝迁都洛阳雁北方才萧条下来。近百年间，北魏各帝专意充实畿内，忽视森林，致使该地区森林显著减少。如当时拓跋珪重视农耕，将河北、中原等地数十万农民迁入雁北，"内徙人民，计口授田"。还令鲜卑人"分地定居"，从事垦殖。并责成地方官吏劝课农耕，如《魏书·食货志》载："永兴中（411年稍后）有司劝课农桑，由是力农，数岁丰穰，畜牧繁息。"到孝文帝时达到极盛，据《魏书·食货志》和《魏书·孝文帝纪》，太和九年（485）颁布"均田令"、"罢山泽之禁，均给天下民内田"。此期毁林辟田，规模之大，空前未有。平川盆地，已不敷耕种，又向丘陵恳拓，进而到山区扩垦，故而罢山禁。如灵丘一带，山多川少，始有"山田"，使森林向高山退缩。另外，北魏各帝还在雁北大建宫殿陵寝、寺宇道观等，使森林遭到极大破坏。如在浑源东南与灵丘接壤汤头温泉附近建温泉宫，建设宫殿及其附属设施，温泉附近还是北魏著名学者设馆讲学之地，亦是达官贵人疗疾之所，成为一组建筑物群落。除此之外，北魏孝文帝在灵丘南山唐河峡谷兴建了觉山寺及有"七级浮屠，高三百余尺，为天下第一"之称的楼阁式大木塔，在周围建御射台、行宫等，兴建了很多木结构建筑。如灵丘城东南唐河流经隘门口就有御射台遗址，并在该地发现"皇帝南巡御射碑"。我国木结构需木甚多，通常大殿每平方米约消耗原木五立方米，一座木塔约消耗原木万方。灵丘觉山寺修建一方面说明了当地森林之茂，树木之大，但也足可见当时毁林程度之重。

北魏建都平城期间，特别注重道路的开凿。尤其注重五百里恒山直道（又称灵丘道、莎泉道）捷径的开凿，大体按东汉飞狐道走向，加以裁弯取直、拓宽垫平，并向两端延伸，在峡谷还筑栈道。复杂艰巨，工程浩大。398～482年的85年中，常常动用万人有时高达五万人治灵丘道。该直道自初步凿通起，即边修、边用、边改、边扩，成为北魏诸帝20余次从大同到河北定州东南巡幸、征伐，或迁华北大平原之民等充实京畿的主要交通要道，也是京都连接并控制东南方最主要的生命线。开凿该山道动用人力之多，历时之长，规模之大，空前未有。加之沿路附近建筑物的兴建，使用之频繁，对两侧山林破坏较为严重。处于"诸路要冲"的灵丘，由于皇族们去南下巡行征战，对沿线两侧人民骚扰甚重。故孝文帝不得不采取"罢山泽之禁"之类的安抚措施，即除官府砍伐森林外，亦允许人民去山上自行垦拓采捕，又加速了破坏沿线山林进程。

总之，北魏建都于平城，该地区森林因被大肆破坏而明显减少，估算森林覆盖率减少到20%以下，大风等自然灾害开始较多发生。直至493年孝文帝迁都洛阳，将人口、牲畜等迁往洛阳后，雁北急剧萧条。至北朝末近90年间，该地区几经战乱，一派荒凉，林草、植被才自然恢复起来。经过自然恢复，平川盆地和左右丘陵区，再延续到内蒙古和林一带，已成为大片茂盛草原、间杂疏林。山区残林也获得较长期恢复。

第五节　隋、唐、五代时期

隋、唐时期，该地区的森林自493年北魏迁都洛阳后，由于长期人口稀少、大兴土木减少，耕垦规模不大，牧业不发达等因素，数百年来一直处于长期自然恢复状态，人为活动频度很低，生态环境相当好。据《唐书·地理志》载，752年灵丘全县仅1864户、6890口人，全雁北（尚包括晋西北西北部和内蒙古丰镇、和林等地）总共才49 353人，平均每平方千米少于2人。以上系峰值人口，此前、此后还少得多，如640年灵丘仅约2000人。长期人烟极稀，近乎荒僻，森林自然而然大量恢复并扩展起来。平川盆地多恢复为疏林草原。如乾隆《恒山志·诗志》载，唐开元年间李欣沿盆地南缘去恒山下《谒张果先生》曰："青松养身世，车徒遍草木。"隋唐称壶流河小盆地为美良川等。

丘陵区亦多恢复为较好至森林。如雍正《通志·物产》卷四十七说："白雕翎，唐常贡，因朔平地近塞，故多产。"也说明西部丘陵区多林。

山区森林亦恢复良好。如雍正《朔平府志·艺文》卷十二载，唐吕令问《云中古城赋》曰，"阴蔽群山，寒凋众木……伏熊斗虎，腾鹿聚麋，常鸣悍惊，乍鹜啸"。唐云州亦贡雕翎。东南部山区更茂林遍布。如乾隆《恒山志·文志》载，唐太宗《恒岳祭文》说，"苍苍元气……兽啸龙腾……疑烟含翠……松罗挂云……幽涧冬喧，飞泉夏冷"。开元娄虚心《北岳府君庙碑》说，"珍禽异兽……骇不能名，芳草甘木，计莫之数……林岳时间出……气笼翠微，荟蔚朝跻……林麓之富"。雍正《通志·艺文》卷一百九十一载，《祀北岳祠碑》说，"宵宵冥冥，……高柯古干，幽蔚荫翳"；卷二百二十一载贾岛《北岳庙》曰，"（森林深暗而）人来不敢入，祠宇白日黑"。正因为森林众多，所以林中栖息着不少熊虎豹等大型野生动物。据《元和郡县志》载，唐朝蔚州（辖境包括雁北灵丘、广灵等地）"贡熊皮、豹皮、雕翎等"。亦说明灵丘一带森林广布茂密，熊、虎、豹、雕等野生动物众多。直到唐末五代初，晋王李克用还在今灵丘大涧村猎获过老虎。灵丘现仍存掷虎涧，李存孝打虎传说流传至今。

到唐末，该地区生态恢复迅速，森林扩展到60%还多，植被茂盛，物种丰富。五代十国至北宋初山林降到1/3或稍多，生态始劣。

第六节　两宋、辽、金、元时期

该地区在北宋时属契丹、辽地，南宋时为金地。辽升大同为西京，广蓄人口，发展农耕，人口耕地均有增长，在1114年高峰时，雁北及神池、五寨约共35万人，为盛唐时4.9万人的7倍多。辽也学汉法，大量开垦农田，允许人民入山采伐、劈坡造田，同时在当地大兴土木，建造宫室庙宇等，如康熙《灵丘县志·艺文》卷三辽人（逸姓氏）《重修觉山寺碑记》，"辽大安五年八月二十八日，适镇国大王行猎经此，见寺宇摧毁，还朝日奏请皇帝道宗旨敕下重修，更赐山田五处计一百四十余顷为岁时寺众香火赡养之地"。为辽帝建华严寺，其主殿为国内现存最大佛殿等等。灵丘县西南萧家坡有萧太后城，为辽萧太后驻兵此处所筑城垒，至今垒址犹存。但是当时该地区森林还较好，辽建众多庙宇佛塔如应州大木塔（释迦塔）和塔下宝宫寺，几万方落叶松、榆等巨木良材，皆采自附近丘坂。正如朱彝尊在《应州木塔记》考证说，"盖当时成此（取材）不难也"。在灵丘重建规模宏大的觉山寺，木材就地取材。乾隆《大同府志·人物》卷六载，耶律简孟于太康初（1096年稍后）"巡谪磁窑关（浑源南十七里恒岳下）……过林泉胜境，终日忘返"。康熙《灵丘县志·艺文》卷三辽人（逸姓氏）《重修觉山寺碑记》，"觉山岩壑幽胜"。以上均说明当时生态尚优。

金初森林还多，但随人口增长，开始出现"人稠地窄，寸土悉耕"的状况，森林植被又遭砍伐开垦。据雍正《通志·历朝田赋》卷四十四，到1171年或稍后，已是"傍路皆禾稼，殆无牧地"。农耕发展极为迅速，普遍呈现"田垅上山腰"、"远砍山田多种黍"，对森林影响很大。另外金海陵王执政时欲从海道灭宋。据光绪《蔚州志·山川》卷四，从1135年冬起，兴燕云两路夫四十万人，"在蔚州之南（涞源、灵丘）交牙山采木，"由灵丘唐河开创河道，木筏直达河北雄州，霸州，大造海船。周麟立《造海船行》"坐令斩木千山童，民间十室八九空"。汤泰运《金源纪事》"参天拔地蔚州山，四十万人同采木。同采木，木不足"。交牙山在蔚州南部，从木材水运路线看，还在灵丘、涞源甚至广灵一带砍伐。40万人大肆砍伐，木材大量外运，在本区历史上属空前未有，使唐河灵丘和恒山东南侧山林遭到严重破坏。如金后期章宗（1190~1208年）《游龙山》诗曰，"虎啸疏林万壑风"。说明当地山区已被砍伐相当残破。

金末到元初40余年，该地区森林植被获得了一些恢复和扩展，林相也长得较好起来。如刘祁于天兴元年（1232年，距金亡前两年）所著《归潜堂记》记述，浑源东南与灵丘交界柏梯、玉泉、龙山风景曰"桂椒葱蔚兮，松柏青苍……荆榛翳以蒙达兮，野纵其虎豹"。薛元曦《题刘京叔归潜堂》亦述该地是"万壑松风枕上闻"。均说明以松为主的森林植被和榛莽恢复的较好。直至金亡10多年后1244年，元好问《游龙山》中记述该地景观"是时山雨晴，平田绿油油，并山凉气多，况得通深幽。蜿蜒入微行，渐觉藤萝挂衣树打头。恶木拉飒栖，直干比指稠。师门无风白日静，自是林响寒飕飕……苔花万锦石，丹碧烂不收……百花岗头籍草坐，潇洒正值金莲秋……白云何许来，纤丝弄清柔，莲蓬作雾涌，飘飘与烟浮"。真实刻画出龙山的密林、藤萝、高山、花草等，特别是诗中所述藤萝绕穿于林木间，树木侧枝低得连人也不易通过，腐朽枯倒木横七竖八躺在林内，通直高大活立木密密麻麻，推断此处经多年恢复。林相已接近原始林景观。总之，本期400余年，除金末蒙初期40余年森林稍有恢复外，整体系大肆破坏森林而使之显著减少。特别是1271年蒙古改大元，稍前已在北京新建大都城、宫殿等建筑群，规模宏大，历时20余年，仍继续在此地砍伐，经多年采运，即有"西山兀，大都出"之语。元末十几年大混战，交战各方均焚烧山林，光绪《通志·大事记》卷八十五载，"韩林儿贼关先生攻大同，大掠塞外，烽火千里，村落为墟"。有不少人民逃往后山拓坡粗耕，又烧毁山林植被。对山林造成很大破坏，到元末森林覆盖率已降到20%以下，甚至15%。山区森林已被破坏切割较为分散，少有连亘茫茫林海。

第七节　明、清至民国时期

　　明朝该地区山林几近覆灭，灌草植被也大不像样。主要原因是大筑长城及关堡营垒等防御工程，该地区当蒙古后裔入侵首冲。明初就筑造长城等防御工程，后又不断反复增修，关堡营垒口及烽火墩台俱全，规模之浩大、设防体系之完备，空前未有。如明初沿雁北北缘至西北缘筑外长城，后成化、弘治、嘉靖年间又几次大筑大修。明英宗时发生土木堡之变后，1466 年起沿勾注山修筑内长城，从鸦角山到灵丘平型关 800 余里，由此分支沿五台山东缘，再沿太行山东缘至壶关又长 800 余里。以后对鸦角山至平型关段反复重修加固达 11 次之多。外内长城及烽火墩台等，纵深 200 多里。除此之外，还修筑城池营堡等。长期普遍的大筑和增修上述防御工程，当然要大肆摧毁山林。另从明初就在大同建代王府，该藩王代代相传至明末，还有其支系子孙封为灵丘王等二十几个郡王等，均在当地新建造王府、王陵、宅第；官府衙门、邸宅等新建和重修等，也消耗甚多木材。除此之外，还在该地区长期驻军，除城池关堡外，上万烽火墩台每台也常年驻兵 3～5 人。军队及屯户对山林的破坏接连不断。永乐时明成祖在元大都旧址重新建造国都宫殿群等，单紫禁城、皇城就历时 14 年，接着又建内城太庙、外城天坛、众多官署、王公府邸等，用木甚巨，十万众入山辟道路，基本取自远山。如光绪《通志·大事记》卷八十六载，"永乐四年诏，以明年建北京宫殿，分遣大臣采木于山西"。到宣德年间，仍遣官赴山西砍木。正德《大同府志·风俗》卷一引约永乐《浑源州志》（佚）语"近山者采木为生"。以后又不断增建宫殿陵寝等，再延伸采伐，如宣德年（1426～1436）又在"易州、蔚州、九宫口（蔚县东）、美峪（小五台山东北）等地增设木厂"。以上木厂均临近灵丘，也伐及桑干河、唐河等流域山林。除巨木外，其他木材皇室抽取十之三后，余者可随行就市发卖，为官商勾结、乱砍滥伐大开绿灯。如成化年丘浚云"乃以伐木取材、折枝为薪，烧材为炭，致使林木日稀"。到弘治年间已"数百里内山皆空"，万历年间更"数百里内外，林麓都尽"。由于大肆采伐，木材越来越贵，贩木利厚，从成化初已滥伐成风，如恒岳胜地因砍伐过甚，永乐后曾"素禁樵采"。从成化年筑内长城起到万历初期百余年，将校官商勾结，群趋而至，大肆在内长城沿线乱砍滥伐，使该地区山林几近覆灭。灵丘太白山南、三楼河流域银厂一带，地处偏僻，明中叶后采矿业发达，工人众多。嘉靖二十五年（1545 年），矿工宋延贵聚众起义，"被官兵捕获"。数万人烧燃用度，及官兵剿捕起义工人，亦将此最偏僻山区森林摧毁无遗。明末该地区所留不成材残林仅约占总面积的 2%，缺树少材，生态环境严重恶化。灵丘在明初，沿勾注山脊两侧，经恒山、灵丘南山，一直延伸到涞源、阜平等县，尚断断续续保存一条宽窄不等（一般宽约百里）的茂密林带。正如弘治朝大臣马文升所奏："自偏头、雁门、紫荆，历居庸、潮河口、喜峰口，至山海关，延袤数千里，山势高险，林木茂密，人马不通，实为第二藩篱……永乐、宣德、正统年间，边山林木无人敢轻易砍伐，而胡虏也不敢侵犯也。"又"山西边墙一带，树木最多，大者合抱干霄，小者密比如栉"、"林木茂密，虎豹穴藏，人鲜径行，骑不能入"、"国初遍地林木，一望不彻"。说明林相尚好。灵丘由于唐河贯穿，西南部系大沙河上游，往华北平原和京师运输木材方便，且为内长城沿线，元时仅存的片林在明前期已遭皇室沿唐河采伐破坏，从成化年后，又遭大筑内长城而滥伐成风的摧毁，山林破坏明显。清光绪《灵丘补志·艺文》第四卷之九，明进士赵汉于正德五年（1510年）所撰"增修龙兴寺碑记"，还提到县西南九十里、最偏远处个别高峰还有成片林，系："山水甲秀……峰岚叠翠，林木阴翳，珍禽调舌，奇兽奔蹄，"说明当时灵丘尚有林相较好之林，飞禽走兽也较常见。但到清初，据清康熙《灵丘县志·艺文·山川》卷三、卷一，已成"环邑皆山，惜地少繁木，无荫息所"、"鲜修林茂树"的荒凉景象。灵丘由"旧称沃壤"，恶化成"地土沙碛，风霾夜作，黄尘蔽天"、"山荒地瘠"、"土瘠民贫"之县。仅最高太白山峰"多丛林丰草"，邓峰寺有大片油松林保存。总的来说，明时对全境森林摧毁较为严重，仅个别崇山峻岭有少许残林，亦破败不堪。灌草植被也备受摧毁，生态环境日益恶化，灵丘于明中期至清初水旱灾、雹灾等自然灾害日益增多。如清康熙《灵丘县志·武备》卷二述，"正德十六年春大饥，嘉靖二十三年八月大水，万历八年大疫、万历二十八年旱大饥、天启六年闰六月地震、崇祯十七年瘟疫、顺治六年后蝗灾、十二年五月雨雹、康熙十九、二十两年旱疫、二十二年十月地震"等。

清初亦在当地大量屯田，人口一番再翻地增加，却未提倡精耕细作，而是一味垦荒，扩大坡耕，广种薄收。数年后即水土流失，石多土少而弃，再向更陡峭高坡或残留碎部搜索开荒。陡坡开荒，焚烧灌草，"寻株尺蘖，必铲削无遗"，水土流失，岩石裸露，灌草难再生，系摧毁植被主要原因。清时煤炭已成主要燃料，但平民还是多以薪为燃，普遍日久天长地搜索砍伐残杂矮林和较大灌木。清前期仅有片状林。如成化《通志·山川》载："香山在山阴县难三十里，松柏郁葱。"后即无存。康熙《通志·山川》卷五仅载广灵县被四十里最高的桦山"以产桦故名"，也仅数片残林。清康熙《灵丘县志·艺文》卷三载，当时县令宋起风在《游觉山寺记》中还记述"过水陆村长林幽荫，不见日……盖山寺幽落，尘趾希履，其地松涛萝石之次，景与人间异。……松楸榆柳属交荫蔽叶"。说明灵丘城东至唐河峡谷仍有大片林存在。雍正《通志·山川》卷二十八，灵丘最高的太白巍山"樵采殊险"也变的"多樵路"，仅余邓峰寺"两岸松翠浮雾，谓邓峰岚烟"，广灵西南四十里林关峪山"通灵丘，谷深林密"、南二十里榆杏山"两岸松翳，谓圣泉松风"，浑源城南恒山山门东北三里翠雪亭下"万松擺植，一名快活林"、南四十里龙山"秀丽可爱"等少许不成林的片块茅林或风景残林。再加上太白山从明时就因采矿而多矿洞，对山上植被更是摧残。当地植被残破，岩石裸露，森林亦稀。清中后期还不曾长大即被砍伐，"今则斧斤尽矣"，几至荡然无存。清末雁北败破残杂林约共20几万亩，覆盖率约0.66%，几乎都散布于恒山及勾注山等几座高峰，灵丘甸子梁、邓峰寺、北山、南山，广灵白羊峪、桦林背，浑源龙山梁、五观峰等，每处几千至几万亩不等。

民国初至"抗战"前，残林稍有恢复和扩展，加上初具规模的植树造林，覆盖率升到6%或稍多；植被也较好的恢复，生态刚从恶化的低谷始予扭转。但1937年后又明显破坏，覆盖率又降到5%以下，植被也趋劣，生态又跌入近似清末的低谷。

新中国建立后近60多年，天然林明显扩展，加上大力植树造林，植被又渐趋好，生态从恶化低谷中趋向好转，但还未遏制。

第八节　野生动植物资源变迁

一、珍稀动物资源的变迁

地质历史时期，本区曾有恐龙、鸵鸟、披毛犀、象、羚羊、大角鹿等大型动物，由于地壳、气候沧桑变化，它们在先秦前已经灭绝。

先秦至秦汉，本区野生动物广布，甚至还有许多野牛和野马。如《汉书·地理志》载："其民好射猎，雁门亦同俗。"说明还普遍以射猎为业，野生动物众多。北魏时，雁北乃畿内重地，但野生动物众多，帝王们常率大批随从出猎，在史书上有很多记载，还在灵丘等地筑专供皇帝射娱之"御射台"，说明灵丘城附近山丘和较远山区野生动物不少。隋唐，本区野生动物仍很多，如唐长庆（821～824年）："吴生宰县于雁门郡……与雁门部将猎于野，获狐兔甚多。"同期"林景元侨居雁门，以骑射畋猎为己任……得麋鹿狐兔甚多。"还有吕令问《云中古城赋》曰："抵平城……伏熊斗虎，腾鹿聚麋，常鸣惊悍。"唐末，晋王李克用还在灵丘猎到过虎，说明本区野生动物甚多。辽金时本区为西京重地，野生动物仍不少。因之亦常有帝王将校大猎记载，猎风极为盛行，史书中记载了众多帝王"射虎"、"射熊"等事，说明那时尚有大批野生动物可供帝王们率大批随员大猎。经辽金及元明清大肆破坏山林，尤其是向山区扩辟"山田"，森林明显减少，野生动物也随之显著减少，特别是体型高大一些的野生动物越来越稀少，趋于濒危。

1. 熊

熊是林生大型野生动物。中古在山西省南北都有分布，数量不少。如：雍正《通志·山川》卷二十一载，北魏道武帝天兴元年（398）建都平城初，在白登（小白登山，今大同城东马铺山缓坡）"见熊（大熊领几头小熊），皆擒获"。既然城邑附近平缓丘陵还有熊存在，当然偏远山区还会多一些。隋唐辽金，本区熊还不少，如《唐书·地理志》、乾隆《大同府志》载，蔚州（灵丘唐时属蔚州）、兴唐郡"贡熊鞟（去毛之皮）"；《云中古城赋》曰，"伏熊斗虎"；到金代，大同府还贡熊胆。由于它个体高大，行动笨拙，易被捕杀，到元朝已明显减少。明初期，大山中还有少量分布。从明中叶正德《大同府志·物产》卷四来看，还有熊和熊皮，《大明一统志》载"蔚州出熊胆"，大同府（蔚县、广灵、广昌）产"熊皮"；嘉靖《通志》还载有熊。说明还是有熊存在。但是从明正德前成化年间，应州尚贡鹿皮而不提贡熊胆、熊皮，说明本区熊已稀少。实际成书于万历年间的《云中郡志·物产》中，毛属中已无熊，可是药属中有熊胆，说明在明后期至明末，熊在本区已处于濒危状况。清朝前趋于灭绝。《灵丘县志·物产》中，毛属中已无熊，说明熊至少在清初就已在本区灭绝。从整个山西省来说，清初仅朔州、五台、阳曲、黎城、隰县等偶有熊之载；雍正《通志》仅载吉州有熊，"穴处山谷。"清中期已极罕见。如乾隆《潞安府志》提到熊时按曰："不恒有，有则惊之为异，在深山绝□避人迹。"灵丘野熊约在清中期稍后先予绝灭。

2. 虎、豹

虎、豹均为林莽大动物。中古在山西省南北都广泛分布，记载较多。如万历《清凉山志》载，"（东）汉明（帝）以来……（至北魏）虎豹纵横"唐河东道雁门、定襄、马邑、兴唐等郡和朔、代、忻等州"具贡豹尾"，蔚州"贡豹皮"。乾隆《潞安府志·名宦》载，唐贞观长子县令崔珏"遣使追虎杀之"；据康熙《灵丘县志》，唐末晋王李克用在灵丘大涧村围猎遇虎，一牧羊人"徒手搏杀，隔涧掷还"，晋王大喜，收为义子，赐名李存孝；将此地命名为掷虎涧，至今犹存。说明在唐末五代，虎在灵丘包括雁北并不乏见。金朝大同府等"贡虎骨"；金末蒙初，元好问《过石岭关》曰，"厌逢虎豹欲安逃"。虎豹系自然食物链顶级食肉大兽，此前易捕到足够其食之有蹄类等野兽，极少伤害人畜之记载。

明中前期，由于数量明显减少，已不成贡品；因食物不足，也偶伤人畜。如：明中叶稍前弘治时，还记载应州"南山有虎患"；《大明一统志》仅载大同府蔚、广灵、广昌尚产"豹尾"；嘉靖《通志》已不载该产品；从各方志看，明后期万历《应州志》、《马邑县志》及实际成书于万历的《云中郡志》物产栏目中均有虎、豹。但是明末崇祯《山阴县志》等，已不载有虎、豹。说明虎、豹在明后期进而减少，更向深远山退缩。雍正《通志·艺文》载明王稚《登虎苑》云："山西人有善搏虎者，蓄一弓劲，出必自随。"明乾隆《凤台县志·艺文》载明末徐芳《太行虎记》云，县西九十里太行绝顶"天井关……虎……啮人，往来行旅，伤害甚重"。可见已退缩至高山绝顶，因缺乏食物而伤害人畜。

清前期，渐更稀少，但多半山区县还有少许虎、豹。如：在康熙《灵丘县志》中就有多处记载，现摘录如下：《灵丘县志·山川·古迹》中载，"（太白山）缘邑中兵后村落半虚，空谷久无足音，虎狼遂据成穴宅，岁时报啮伤人畜甚伙，坐是无人敢至巅"。"野窝岭，县西南三十里，林麓地多虎突出"。《灵丘县志·艺文》记载，康熙时县令宋起凤《太白山》"常日烟云时覆幔，经年虎豹距（据）为宫"。《邓峰烟岚》："樵苏幽不到，虎豹久成群。"岳宏誉《太白山二首》："烟霞狐兔窟，樵采虎狼居。"汤贻汾《南山有虎行》："南山有叟携童牧，叟骑老牛童带犊。忽闻霹雳人牛奔，一虎当头来食肉。叟离牛背入虎口，手扼虎喉重吐落。两牛全力敌双角，虎欲格牛叟置却。童奉牛鞭助牛气，叟击虎石中虎脚，叟童力尽匿牛后，牛益突前虎惊躩。翻身一啸入深林，难得牛忠离虎虐。"在物产栏目中虎、豹均列入。查周边县方志，康熙《马邑县志》、雍正《朔州志》、雍正《阳高县志》、雍正《朔平府志》物产栏中均有载虎，当然亦会有豹。乾隆《代州志》、《五台县志》，"去台（怀）数十里……曰射虎川"，康熙幸台，御射殪虎而名；五台东北五十里深高山区香域沟"多虎、豹"。说明在灵丘包括周边县仍有虎、豹出没，但数量已极少，如乾隆《大同府志》在提到虎时，注曰："浑源、灵丘山中间有之"。即仅在大山中偶尔有虎，数量已极稀少。看来到清中叶，虎、豹在灵丘已处于濒危状况。清中叶后嘉庆十二年（1807年），"大同城东艾家庄有虎患"，特在灾祥栏目中予以记载，说明饿虎下山是偶然现象。因为随后道光《大同县志》物产中已不载有虎、豹。光绪《通志·物产》也不载虎、豹，仅偶有之。民国初，在五台山南台之南打死一虎。豹比虎小巧灵活，至今在灵丘南山区还偶有。

3. 麋、鹿、麝

麋、鹿、麝为森林草原食草动物。古代关于它们记载很多。如北魏和平二年（461年）有"云中获白鹿"。雍正《通志·人物》卷一百一十五载，北魏道武帝"猎河西……获麋、鹿数千头"。一次围猎能获麋、鹿数千头，说明野生麋、鹿很多。故北魏在平城北郊建有周四十里的鹿苑，放养大量鹿类等动物。隋唐时鹿仍多。隋炀帝率"从骑千余"，在天池猎娱，"大获麋鹿"。吕令问《云中古城赋》曰，"腾鹿聚麋"等。

唐朝，雁门、定襄郡、太原府及岢岚、代、辽、沁等州皆常贡"麝香"等。

金朝，大同府等"贡鹿茸、麝香"，说明那时本区鹿、麝还不少。元朝，其数量显然较少而分散，未见统治阶层大猎之载，但民间还有一些猎户，继续分散而捕杀，忻、岢岚等州还"产麝香"。

明朝进而减少。如万历《应州志·课贡》卷三载："成化年旧志尚贡鹿皮二十三张，万历年已废。"即明中叶前尚可猎获一些鹿，明中叶后因难猎到鹿，只好停贡鹿皮。据成化《通志·土产》，"鹿茸，三府五州（大山中）俱出"、"麝，忻、代、岢岚、辽州、翼城诸山上出"，五台、安邑各"贡麝香等药五十五斤四两"、太平"贡麝香等药十斤四两"；嘉靖《通志》载"土产麝香"的州县同成化，但贡量大减。不少州县还"贡鹿皮"。随后麋已濒危，鹿、麝也锐减，难以再贡。明中叶后，鹿已很稀少，但还不至于濒危。所以正德《大同府志·物产》中，毛属中尚有鹿，药属中尚有鹿茸。实际成书于万历的《云中郡志·物产》中，毛属中也有鹿，药属中还有鹿茸、鹿骨、麝香。明后期则有部分县志中无鹿、麋的记载，说明明末鹿已极为稀少。

麋体型较大，故濒绝的较早。遍查山西省清方志，仅康熙《解州志》载"州五县俱出麋"；康熙《永宁州志》载有"麋"；乾隆《五寨县志》载"南山（芦芽深高山）出麋"。以后皆不见有麋之载，约在清中期在山西省绝灭。

清前期，鹿、麋在本区趋于绝灭或濒于绝灭。如清初顺治《浑源州志·物产》中已无鹿、麋，康熙《马邑县志·土产》中，只说旧志中提到该县有鹿，也即康熙时绝迹。康熙《灵丘县志·物产》中无鹿、麋。清中后期，草坡更加残败，加之少数猎者进而搜寻捕杀，越发稀少，趋于濒绝。如：乾隆《大同府志》等已说"今无"。乾隆《代州志》等也说"麝今无"，但深山区偶有鹿。同期许多州、县也不提有鹿、麝。清中期后仅某些深远山偶有。麝比鹿又小巧灵活，清末至民国，近于濒绝。

4. 珍稀鸟类

中古前，雁北森林众多，水域亦广，鸟类有丰富的食物来源和优越的栖息繁育环境，故鸟类种类和数量众多。史书中记载甚多，不再赘述。由于古今鸟类名称多有不同，而且有的鸟类古代并无确切通用名称，这里不予考证。如唐朝雁门郡和马邑皆"贡白雕翎，"而且是唐常贡之物。据考，雕翎是褐马鸡尾羽，褐马鸡系山西省特有鸟种。"性果勇"、"被侵直往赴斗，虽死不置"，历代多用其"毛饰武士"、"武冠……加双褐尾，竖左右，为褐冠。"即用其尾羽为翎，做将校头饰，以示雄威。雕翎既然为常贡之物，说明那时褐马鸡、白马鸡或白冠长尾雉等鸟类众多。

随着森林减少，鸟类也随之减少。但到明中叶，正德《大同府志·物产》中，羽属中还有褐鸡（即褐马鸡）、鹳、天鹅等。明后期万历《怀仁县志·物产》中记载的部分珍稀鸟类还有乌鹳（黑鹳）、鸳鸯等珍禽异鸟。成书于万历的《云中郡志·物产》中，羽属中有鹳、褐鸡、鸨、天鹅、灰鸢、鹞、雕鸢、兔鹘、雨鸠、白鹭、鸳鸯（蔚州时有之）、鹰、白翎、鹊鸰、半翅、鶺鹩、鹘、水鸭、雉、雁、雀、慈乌、鸦、鸽、玄燕、社燕、鹌鹑、沙鸡、莺、咱腊、黎鸡、画眉、斑鸠、石鸡、野鸡、黄鹊、布谷、杜鹃、黄鹂、蜡咀、叫天儿、种谷鸟、斗呆汉等。说明多数珍禽异鸟尚未绝灭。到清康熙时，查当时地方志，有些鸟已不常见；但到清中叶，褐马鸡、鹳、白鹭、鸳鸯等尚未绝灭，可是数量已很稀少，处于濒危状态。褐马鸡等约在清末迟至民国初在雁北已稀有发现。黑鹳、鸳鸯、金雕等在灵丘至今仍存，但已极为稀少，属濒危物种，亟待保护。

二、珍稀植物资源的变迁

据 1998 年《山西珍稀濒危植物》一书，山西省维管束植物有 197 科 722 属 2731 种。其中裸子植物 6 科 12 属 24 种，被子植物 151 科 724 属 2614 种，蕨类 22 科 36 属 93 种。该书计述濒危植物 126 种，但未述及低等的苔藓、藻类植物。

檀树：榆属，稍喜温和肥沃土壤。先秦分布于恒山以南，尤以中条山众多。如前已述及，《诗经·魏风》有《伐檀》；《山海经·北山经》载"北岳之山，其上多枳棘（柘）刚木（檀）"等。树种材质坚硬细腻，紫檀尤美，向为宫殿、装饰、车辆、高级家具等名贵木料，很早就砍伐过甚。乾隆《蒲州府志·识余》载："河东独山头（中条山西端）多青檀，可为良弓（用幼树干），唐时做弓者多在河东。"说明到唐朝紫檀已少，但还大伐青檀幼树。后更多砍伐，元末明初，分布及数量皆明显缩减。

明朝，显趋大减，有些地区已不产檀木了。如：正德《大同府志》已不载产檀木，但还残存少量檀树。在《云中郡志·物产》及清中叶《大同府志·物产》中均记有檀树。清中前期，更渐趋减少。遍查清各方志，到清中期，浑源、灵丘、繁峙等山区，还有少数檀树。清后期，又在不少州、县绝灭，故光绪《通志》已不再提檀；但还留十数个县的远深山区间有之。因紫檀最美观，约于清后期绝灭。民国时偶有青檀。

20 世纪 80 年代中，在灵丘西南端深山三楼发现的青檀，列为国家三级重点保护植物，在山西省特稀少，几近绝灭，以一级重点保护对待。

楸树：亦系喜湿润较喜肥沃的名贵木材。金末蒙初，本区楸树还不少。明中叶后，本区楸树已很少，故正德《大同府志·物产》中，木属中均不载楸树。清中叶后，楸树在雁北其他县、区已濒于绝灭，仅灵丘三楼附近有为数稀少的楸树，亦属珍稀树木。

椴树：较耐寒而喜肥润，山西省是其分布南线。中古时，中部以北广泛分布，太岳山、太行山南段亦多。材质虽较软，却很细腻，柔复性良好，系细木工、衣箱、柄把等上等材料，亦较名贵而砍伐过甚。到近古，随着气候变干，土壤变瘠，大多山地已不适其繁衍，越渐锐减。正德《大同府志》载有椴。清中叶乾隆《大同府志·物产》以及同期一些州、县志物产栏目中，也提到有椴树，但有的已不再提椴树，可见清中叶，其数量已较稀少，接近濒危。如今，灵丘、广灵、恒山等地还偶有椴树，虽其数量比檀树、楸树稍多，分布亦稍广，但仍系稀有树种。

另：梓（黄金树）、梧（青）桐、楝等喜温湿肥树种，古方志也多有记载，也因历代砍伐过甚和近古生境劣化而大为减少。尤其是竹类更喜湿润。

党参：属桔梗科，由于五加科人参稀少昂贵，渐用药效稍差的党参代之。一段时间曾两者混名，皆称"人参"。如雍正《平阳府志》将党参称"人参"，而将真人参称"紫团参"。后来才逐渐区分。嘉庆吴其浚《植物名实图考》云："党参，今系蔓生……俗以代人参。"才正式命名，并与人参区分开来。如今，在灵丘党参野生者极零散稀少，濒危。现已有较多人工栽培。

茯苓、猪苓：都属多孔菌科，药性类同。茯苓只生于松林根上，较为珍贵，抱根而生者曰"茯神"，尤为名贵。猪苓生于橡类及桦槭木根上，药效较差。中古，山西省南北多有分布，而以中部以北产者"个大味甘"品质佳。乾隆《大同府志》载，金朝"贡茯苓、猪苓"。

明中前期，首先大毁松林，茯苓锐减，已形不成品而只贡猪苓。如成化《通志》载："茯苓，太原迤北、大同俱出。"正德至万历，雁北还产些茯苓（偶有茯神）、猪苓，但已不提进贡。清中后期濒绝。当代，少数县区深远山残杂林区尚有少量零散分布，近于濒绝。

另：乾隆《大同府志》载，"金大同府贡黄连"，并注明"今无"。因它喜湿润，约于明中后期在雁北绝灭。

蕨菜：属凤尾蕨科多年生草本，嫩茎是山野菜上等珍馐，并系高血压、头昏失眠等良药。生于阴凉湿润肥沃的林间空地科林缘。中古，山西省南北多有分布。近古，同样因森林殆尽、气候变干、土壤变瘠而向深远山退缩，加之人们采割过分，逐渐稀少。清前期，北自岢岚州，南至隰州、浮山一带的后远山区，还产一些蕨菜，如清康熙《灵丘县志·山川》载："（太白）山之南面地广衍多平畴，产黄花蕨菜于错薪中。"已近濒危，应予保护，并试验人工培植。

第四章　植物资源

第一节　概　况

灵丘属于温带大陆性气候，是处在由夏绿落叶阔叶林带向温带草原的过渡地带。地貌、气候类型复杂，植物资源比较丰富。但在很长一段历史时间内有不少植物没有被发现或利用，也未进行全面调查。1982 年，林业工程师李日明、高秀英等经过 3 年多辛勤工作，基本查清了全县植物资源，并编撰了《灵丘植物简志》一书。此次调查共查明全县分布植物 107 科 417 属 753 种，其中有代表性、有利用价值、有地域特征的植物 461 种。此后 20 多年未进行过全县植物资源普查。2003 年，山西省林业规划设计院对灵丘黑鹳省级自然保护区内植物资源进行了调查，并收录于《山西灵丘黑鹳省级自然保护区总体规划》之中。此次调查查明自然保护区内有植物约 47 科 375 种，其中，国家二级重点保护植物 2 种：水曲柳、黄檗；国家三级重点保护植物 3 种：核桃、胡桃楸、刺五加；省级保护 15 种：山西乌头、迎红杜鹃、木贼麻黄、党参、青檀、文冠果、山茱萸、桔梗、宁武乌头、脱皮榆、红景天、竹叶椒、匙叶栎、山西械、野茉莉等。2012 年 5 月，大同市林业局发布《大同市植物名录》，通过统计，名录中所载大同市分布的 1156 种植物中，灵丘独有植物共有 107 种，在大同市各县区中位居首位。其中有刺五加、小花火烧兰等国家二级重点保护植物和青檀等省重点保护植物。

第二节　植　被

一、植被概况

区域内植被类型为暖温带落叶阔叶林带黄土高原山地丘陵松栎林区，为次生植被。乔木林以华北落叶松、油松、柏树、辽东栎、桦树、山杨、旱柳、榆、山桃等为主；小乔木和灌木丛以山杏、绣线菊、照山白、虎榛子、迎红杜鹃、蚂蚱腿子、木本香薷、大花溲疏等为主；草丛类主要以白羊草、白草、黄背草、鹅观草、鸦葱等为主；中草药有黄芩、柴胡、远志、车前、百里香、射干、知母等。其中，国家保护的濒危珍稀植物有胡桃楸、青檀、水曲柳、黄檗等 10 多种。国家珍稀保护树种青檀分布面积广阔，堪称一绝。

二、森林资源现状

山西灵丘黑鹳省级自然保护区总面积 71 592.0 公顷。其中国有林占 8750.8 公顷，集体林占 62 841.2 公顷。林业用地 55 011.5 公顷，占总面积的 76.8%，非林业用地 16 580.5 公顷，占总面积的 23.2%。林业用地中。

有林地 23900.3 公顷（包括青檀 483.4 公顷），占林业用地 43.4%，其中国有 8084.9 公顷，集体 15 815.4 公顷。

疏林地 561.3 公顷，占林业用地 1.0%，其中：国有 42.0 公顷，集体 519.3 公顷。

灌木林地 10 719.6 公顷，占林业用地 19.5%，其中国有 340.9 公顷，集体 10 378.7 公顷。

未成林地 1853.6 公顷，占林业用地 3.4%，其中国有 27.2 公顷，集体 1826.4 公顷。

宜林地 17 976.7 公顷，占林业用地 32.7%，其中国有 255.8 公顷，集体 17 720.9 公顷。

非林业用地 16 580.5 公顷，全部为集体所有。

区内现有森林面积 34 619.9 公顷，森林覆盖率为 48.4%。森林植被主要以油松、华北落叶松、红桦、白桦、辽东栎等为主，局部地区分布有珍稀植物青檀。

第三节 物种分布

保护区气候温暖、雨量丰沛、河流湿地较多，自然条件较为优越，植物生长茂盛，犹以特殊的地理位置和复杂的地质地貌，在我省北部地区植物种类组成较为独特，成为我省植物资源良好的物种基因库。

一、蕨类植物

蕨类植物是高等植物中比较原始的一大类群，也是最早的陆生植物，这种生长在山野的草本植物有着顽强而旺盛的生命力。多生长于湿润阴暗的丛林。经初步调查统计，蕨类植物在保护区范围内有 6 科 9 种，其中，卷柏科：卷柏、翠云草；中国蕨科：银粉背蕨；水龙骨科：石韦、北京石韦；凤尾蕨科：蕨菜；鳞毛蕨科：贯众；木贼科：问荆、节节草。均广布全区内的较高山区。

1. 卷柏

当地称"老虎爪"，多年生直立草本。高 5～15 厘米，茎部着生多数须根，顶端丛生小枝，小枝扇形分叉，辐射开展。叶鳞状，表面绿色，叶边具无色膜质缘，先端渐尖成无色长芒。分布于全区，生干旱岩石缝中，常为灌木林下地被植物。

2. 翠云草

多年生草本。茎伏地蔓生，极细软，分枝处常生不定根，多分枝。小叶卵形。生于温暖湿润的半阴环境中。

3. 银粉背蕨

多年生草本。高 14～20 厘米，根状茎直立或斜生，生有红棕色边的亮黑色披针形鳞片。叶簇生，表面暗绿，背面有银白色或乳黄色粉粒，叶呈五角星状。分布于全区，生阴坡岩石缝中。

4. 石韦

多年生草本。高 10～30 厘米。根茎长而横走，密生褐色鳞片，卵状披针形，边缘有毛。叶远生，革质，上面绿色，下面密生红黄色星状毛。生于岩石或树干上。

5. 北京石韦

高 5～13 厘米，根状茎长而横走，密生鳞片。叶近生或疏生，一型；叶柄长 2～5.5 厘米，粗 1.5～2 毫米，淡绿色，基部被与根状茎上同样的鳞片，并以关节着生于根状茎上。叶呈软革质，幼叶上面疏生星状毛，叶长 3～8 厘米，干枯时向上内卷。分布于全区，生背阴山坡岩石上。

6. 蕨菜

多年生直立草本。高可达 1 米，叶片阔三角形，长 30～60 厘米。根状茎长而横走，有黑褐色绒毛。早春新生叶拳卷，呈三叉状。柄叶鲜嫩，上披白色绒毛。叶柄长 30～100 厘米，叶片呈三角形，下部羽片对生，褐色孢子囊群连续着生于叶片边缘，有双重囊群盖。分布于全区，生林缘及背阴山坡草地、灌丛。嫩叶及叶柄可作菜食用。

7. 贯众

多年生草本。根状茎短，直立或斜生，连同叶柄基部有密的阔卵状披斜形鳞片。叶柄长 15～25 厘米，禾秆色，有疏鳞片。叶片厚纸质，阔披针形，长 15～25 厘米，宽 10～15 厘米，先端渐尖，基部近圆形，三回羽裂。分布于甸子山一带。

8. 问荆

多年生草本，高 20～60 厘米。有棱脊，根茎斜升，直立和横走，黑棕色，节和根密生黄棕色长毛或光滑无毛。叶退化，下部联合成鞘，鞘齿披针形，黑色，边缘灰白色，分枝轮生，中实，孢子囊穗顶生，钝头。分布全区，生于田边、河滩湿地等。

9. 节节草

多年生草本。根茎黑褐色，茎直立，单生或丛生，高可达 70 厘米，灰绿色，中部以下多分枝。叶轮生，退化连接成筒状鞘。多生于田边杂草中。

二、裸子植物

裸子植物是原始的种子植物。裸子植物的孢子体发达，占绝对优势。多数种类为常绿乔木。裸子植物在保护区范围内有 2 科 9 种，其中，松科：华北落叶松、青杆、白杆、油松、樟子松、白皮松；柏科：杜松、侧柏、龙柏等。

1. 华北落叶松

落叶乔木，高可达 30 米，胸径 1 米。树冠圆锥形，树皮暗灰色，呈不规则鳞状裂开，大枝平展，小枝不下垂或枝梢略垂。枝淡褐色，叶披针状条形，在长枝上螺旋状散生，在短枝上簇生。雌雄同株。球果长卵形或卵圆形，背面光滑无毛，边缘不反曲，苞鳞短于种鳞，暗紫色；种子灰白色，有褐色斑纹，有长翅。5 月开花，当年 10 月种熟。树干可提取松脂，树皮含单宁，木材为优质建材。

2. 油松

常绿乔木。树皮下部灰褐色，裂成不规则鳞块，枝条平展或微向下伸，树冠近平顶状，一年生枝淡红褐色或淡灰黄色，无毛，2～3年枝上有宿存苞片。针叶2针一束，暗绿色，粗硬，长10～15厘米，边缘有细锯齿，两面均有气孔线，横切面半圆形。叶鞘宿存，初呈淡褐色，后为淡黑褐色。当年生幼球果卵球形，黄褐色或黄绿色，直立。花期5月，球果第二年10月上、中旬成熟。分布面积广布全区，在区内邓峰寺有天然油松次生林，保护较好。而油松也成为当地主要营林树种。木材供建材用，树皮可提栲胶，种子含油。

3. 青杆

常绿乔木。树干挺直，树形呈狭圆柱形，小枝扭曲上伸，树冠绿色，树皮灰色或暗灰色，呈不规则小块状脱落。叶在枝上辐射斜展，侧枝两侧和下面的叶向上伸展，锥形，先端尖。球果单生侧枝顶端，下垂，卵状圆柱形，成熟前绿色，成熟后淡黄色或淡褐色。

4. 白杆

常绿针叶乔木。高可达20～30米，胸径1米。树皮灰褐色，裂成不规则的薄片，脱落。叶呈锥状横断面四棱形。球果矩圆状圆柱形，幼球果紫红色，成熟前绿色，成熟时褐黄色。种子倒卵形，有翅。

5. 樟子松

常绿乔木。树高可达15～20米。树冠卵形至广卵形，老树皮较厚有纵裂，黑褐色，常鳞片状开裂：树干上部树皮很薄，褐黄色或淡黄色，薄皮脱落。轮枝明显，大枝基部与树干上部的皮色相同。芽圆柱状，尖端钝或尖，黄褐色或棕黄色，表面有树脂。球果长卵形，黄绿色或灰黄色。种子大小不等，扁卵形，黑褐色，灰黑色，黑色不等，先端尖。

6. 白皮松

常绿乔木。中国特有树种之一，树形多姿，苍翠挺拔。枝轮生，冬芽显著，芽鳞多数，覆瓦状排列。嫩枝上长有针叶，针叶着生在枝叶交接处的节状叶枕上，松针外围有一层较厚的角质层和一层蜡质外膜，有助于减少水分的丧失，保证该物种可以在很干燥的环境下生存。

7. 杜松

常绿乔木或灌木。大枝直立，小枝下垂，幼枝呈三角棱形。叶均为刺状，三叶轮生。花生叶腋。球果圆球形，直径6～8毫米，成熟时淡褐色或蓝黑色，有白粉，种子近卵形，顶尖。耐干旱、抗逆性强。在区内分布于上寨、串岭、曲回寺、河浙一带。区内上寨镇南坡村北坡有小片杜松天然林，较为少见。

8. 侧柏

常绿乔木。树皮薄，淡灰褐色，条片状纵裂，大枝斜出，小枝扁平。鳞形叶交互对生。雌雄同株，球果当年成熟，卵圆形，长1.5～2厘米，种子卵圆形或长卵形。在区内主要分布于邓峰寺一带。

9. 龙柏

常绿乔木。高可达 4～8 米，树皮呈深灰色，树干表面有纵裂纹，树冠圆柱状。叶大部分为鳞状叶，少量为刺形叶。枝条长大时会呈螺旋伸展，向上盘曲，好像盘龙姿态，故名"龙柏"。近处可嗅到特殊的芬芳气味。喜充足阳光，适宜种植于排水良好的沙质土壤。

三、双子叶植物

双子叶植物是植物界进化最高级、种类最多、适应性最强的类群，也是保护区内数量最多的植物种类，遍布保护区全区。在保护区范围内有 42 科 306 种。其中区内花塔、邓峰寺、狼牙山等地种类最为丰富，国家二级重点保护植物水曲柳、黄檗；国家三级重点保护植物胡桃楸、刺五加；省级保护植物山西乌头、迎红杜鹃、木贼麻黄、党参、青檀、文冠果、山茱萸、桔梗、宁武乌头、脱皮榆、红景天、竹叶椒、匙叶栎、山西槭等均在区内分布。

双子叶植物名录

（一）麻黄科 EphedraceaeDumortier

1. 木贼麻黄 *Ephedra equisetina* Bge.

（二）杨柳科 Splicaceae

2. 银白杨 *Populus alba* L.

3. 毛白杨 *Populus tomentosa* Carr.

4. 山杨 *Populus davidtiana* Dode in Bull.

5. 小叶杨 *Populus simonii* Carr.

6. 青杨 *Populus cathayana* Rehd.

7. 箭杆杨 *Populus nigra* var. *thevestina*（Dode）Bean.

8. 加拿大杨 *Populus canadensis* Moench.

9. 旱柳 *Salix matsudana* Koidz.

10. 龙爪柳 *Salix matsudana* var. *matsudana* f. *tortuosa*（Vilm.）Rehd.

11. 垂柳 *Salix babylonica* L.

12. 杞柳 *Salix* Thunb.

13. 黄花柳 *Salix caprea* L.

（三）胡桃科 Juglandaceae

14 核桃 *Juglans regia* L.

15. 胡桃楸 *Juglans mandshurica* Maxim.

（四）桦木科 Betulaceae

16. 坚桦 *Betula chinensis* Maxim.

17. 白桦 *Betula platyphylla* Suk.

18. 棘皮桦 *Betula dahurica* pall.

19. 榛 *Coryus heterophylla* Fisch.

20. 毛榛 *Coryus mandshurica* Maxim.

21. 虎榛子 *Ostryopsis davidiana* Decne.

22. 鹅耳枥 *Carpinus turczaninowii* Hance.

（五）壳斗科 Fagaceae

23. 栗 *Castsnea mollissima* Bl.

24. 槲树 *Quercus dentate* Thunb.

25. 蒙古栎 *Quercus momgolica* Fisch.

26. 辽东栎 *Quercus wutaishanica* Mayr.

（六）榆科 Ulmaceae

27. 黑弹树 *Celtis bungeana* Bl.

28. 青檀 *Pteroceltis tatarinowii* Maxim.

29. 大果榆 *Ulmus macrocarpa* Hance.

30. 旱榆 *Ulmus glaucescens* Franch.

31. 榆树 *Ulmus pumila* L.

32. 白榆 *Ulmus Propinqua* Koidz.

33. 刺榆 *Hemiptelea davidii* Planch.

（七）桑科 Moraceae

34. 桑 *Morus alba* L.

35. 山桑 *Morus mongolica* var. *diabolia* Koidz.

36. 蒙桑 *Morus mangolica* Sclneid.

37. 鸡桑 *Morus australis* Poir.

（八）桑寄生科 Loranthaceae

38. 槲寄生 *Viscum coloratum* Nakai

39. 北桑寄生 *Loranthus tanakae* Franch. et Sav.

40. 牡丹 *Paeonia suffruticosa* Andr.

（九）毛茛科 Ranunculaceae

41. 灌木铁线莲 *Clemaatis fruticasa* Turcz.

42. 北乌头（草乌）*Aconitum kusnezoffii* Reichb.

43. 宁武乌头 *A. ningwuense* W. T. Wang.

44. 牛扁 *Aconitum barbatum* Pers. var. *puberulum* Ledeb.

45. 高乌头 *A. sinomontanum* Nakai

46. 山西乌头 *A. smithii* Ulbr. ex Hand. —Mazz.

47. 华北乌头 *A. Soongaricum Stapf* var. *angustius* W. T. Wang

48. 低矮华北乌头 *A. soongaricum* Stapf var. *holense*（Nakai et Kitag.）W. T. Wang

49. 类叶升麻 *Actaea asiatica* Hara.

50. 阿尔泰银莲花（九节菖蒲）*Anemone altaica* Fisch.

51. 银莲花 *Anemone cathayensis* Kitag.

52. 疏齿（卵叶）银莲花 *A. geum* Levi.

53. 草玉梅 *A. rivularis* Buch. —Ham.

54. 小花草玉梅 *A. Rivularis* Buch. —Ham. ex DC. var. *flore – minoe* Maxim.

55. 大火草 *A. tomentosa* Pei.

56. 耧斗菜 *Aquilegia viridilora* Pall.

57. 华北耧斗菜 *A. yabeana* Kitag.

58. 驴蹄草 *Caltha palustris* L.

59. 升麻 *Cimicifuga foetida* L.

60. 兴安升麻 *C. dahurica*（Turcz.）Maxim.

61. 单穗升麻 *C. simplex* Wormsk.

62. 白头翁 *Pulsatilla chinensis*（Bunge）Regel.

63. 芍药 *Paeonia lactora* Pall.

64. 草芍药 *P. obovata* Maxim.

65. 鸟足毛茛 *Ranunculus brotherusii* Freyn.

66. 茴茴蒜 *R. chinensis* Bge.

67. 毛茛 *R. japonicus* Thunb.

68. 小毛茛 *R. ternatus* Thunb.

69. 直立高山唐松草 *Thalictrum alpinure* L.

70. 香唐松草 *Th. foetidum* L.

71. 贝加尔唐松草 *Th. baicalense* Turcz.

72. 长喙唐松草 *Th. macrorhynchum* Franch.

73. 亚欧唐松草 *Th. minus* L.

74. 东亚唐松草 *Th. minus* L. var. *hypoleucum*（Sieb. etZucc.）

75. 瓣蕊唐松草 *Th. petaloideum* L.

76. 拟散花唐松草 *Th. przewalskii* Maxim.

77. 展枝唐松草 *Th. squarrosum* Steph. ex Willd.

（十）小檗科 Berberidaceae

78. 细叶小檗 *Berberis poiretii* Schneid.

79. 直穗小檗 *Berberis dasystachya* Maxim.

80. 毛叶小檗 *Berberis brahypod* Maxim.

81. 西伯利亚小檗 *Berberis sibirica* Pall.

82. 南天竹 *Nanaina domestica* Thumb.

（十一）虎耳草科 Saxifragaceae

83. 大花溲疏 *Deutzia grandiflora* Bge.

84. 小花溲疏 *D. parviflora* Bge.

85. 球花溲疏 *D. glomeruliflora* Franch.

86. 太平花 *Philadelphus pekinensis* Rupr.

87. 东北茶藨子 *Ribes mandshuricum*（Maxim.）Kom.

88. 刺梨 *R. burejiense* Fɪ. Schmiat

（十二）蔷薇科 Rosaceae

89. 细梗栒子 *Cotoneaster tenuipes* Rend et Wils.

90. 准噶尔栒子 *C. soongoricus* Pcpov.

91. 灰栒子 *C. acutifolius* Turcz.

92. 山楂 *Crataegus pinnatifida* Bge.

93. 甘肃山楂 *Crataegus kansuensis* Wils.

94. 华中山楂 *C. wilsonii* Sarg.

95. 金露梅 *Dasiphora fruticosa* L.

96. 银露梅 *D. davurica*（Neste）Kom et Aliss

97. 山荆子 *Malus baccata*（L.）Borkh.

98. 杏 *Prunus armeniaca* L.

99. 山杏 *P. armeniaca* L. var. *ansu* Maxim.

100. 山桃 *P. davidiana* Franch.

101. 稠李 *P. padus* L.

102. 毛叶稠李 *P. padus* L. var. *pubescens* Regelet Tiling.

103. 榆叶梅 *P. triloba* Lindl.

104. 毛樱桃（山豆子）*P. tomentosa* Thunb.

105. 杜梨 *Pyrus betulaefolia* Bge.

106. 褐梨 *P. phaeocarpa* Rehd.

107. 大叶蔷薇（刺蔷薇）*Rosa acicularis* Lindl.

108. 美蔷薇 *R. bella* Rehd. et Wils.

109. 山刺玫 *R. davurica* Pall.

110. 黄蔷薇 *R. hugonis* Hemsl.

111. 钝叶蔷薇 *R. sertata* Rolfa.

112. 玫瑰 *R. rugosa* Thunb.

113. 黄刺玫 *R. xanthina* Lindl.

114. 悬钩子 *Rubus palmatus* Thunb.

115. 插田泡 *R. coreanus* Mig.

116. 牛迭肚 *R. crataegitolius* L.

117. 覆盆子 *R. ideaus* L.

118. 华北覆盆子 *R. idaeus* L. var. *borealisinensis* Yuet Lu.

119. 茅莓 *R. parrifolius* L.

120. 地榆 *Sanguisorba officinalis* L.

121. 细叶地榆 *J. tenuilolia* Fisch.

122. 华北珍珠梅 *Sorbaria kirilowii*（Regel）Maxim.

123. 水榆花楸 *Sorbus alnifolia*（Sieb. etZucc.）Koch.

124. 北京花楸 *S. discolor*（Maxim.）Maxim.

125. 花楸树 *J. pohuashanensis*（Hance）Hedl.

126. 三亚绣线菊 *Spiraeaa trilobata* Lindl.

127. 绣球绣线菊 *S. blumei* G. Don.

128. 中华绣线菊 *S. chinensis* Maxim.

129. 土庄绣线菊 *S. pubescens* Turcz.

（十三）豆科 Leguminosae

130. 合欢 *Albizia julibrissin* Duruzz.

131. 紫穗槐 *Amorpha fruticosa* Linn.

132. 直立黄耆 *Astragalus adsurgens* Pall.

133. 毛叶柄黄耆 *A. capillipes* Fisch.

134. 达乌里黄耆 *A. dahuricus*（Pall.）DC.

135. 鸡峰黄耆 *A. kifonsanicus* Vlbr.

136. 内蒙黄耆 *A. membranaceus* Fisch.

137. 糙叶黄耆 *A. lus scaberrimus* Bunge

138. 杭于梢 *Campylotropis macrocarpa*（Bunge）Rehd.

139. 鬼箭锦鸡儿 *Caragana jbata*（Pall.）Poir.

140. 小叶锦鸡儿 *C. microphylla* Lam.

141. 锦鸡儿 *C. sinica*（Buchoz）Rehd.

142. 柠条 *C. korshinskii* Kom.

143. 狭叶锦鸡儿 *C. stenophylla* Pojark.

144. 铁扫帚 *Inddigofera bungeana* Steud.

145. 皂荚 *Gleditsia sinensis* Lam.

146. 甘草 *Glycyrrhiza uralensis* Fisch.

147. 米口袋 *Gueldensta edtiamultiflord* Bge.

148. 狭叶米口袋 *G. stenopylla* Bge.

149. 矮香豌豆 *Latyrus humilis* Fisch. ex DC.

150. 胡枝子 *Lespedeza bicolor* Turcz.

151. 达乌里胡枝子 *L. davurica*（Laxm.）Schindl.

152. 多花胡枝子 *L. floribunda* Bge.

153. 兴叶铁扫帚 *L. juncca* Pers.

154. 槐 *Sophora japonica* Linn.

155. 天蓝苜蓿 *Medicago lupulina* L.

156. 苜蓿 *M. sativa* L.

157. 小苜蓿 *M. minima*（L.）L.

158. 花苜蓿（扁蓿豆）*Melissitus ruthenicus*（L.）C. W. Chang.

159. 草木犀 *Melilotus suaveolens* Ledeb.

160. 白香草木犀 *M. albus* Dest.

161. 细齿草木犀 *M. dentatus*（Wald. et Kit.）Pers.

162. 黄香草木犀 *M. officinalis*（L.）Desr.

163. 蓝花棘豆 *Oxytropis coerulea*（Pall.）DC.

164. 硬毛棘豆 *O. hirta* Bge.

165. 砂珍棘豆 *O. psammocharis* Hara.

166. 绿豆 *Vigna radiata*（Linn.）Wilczek.

167. 豌豆 *Pisum sativum* L.

168. 苦参 *Sophora flavescens* Alt.

169. 刺槐 *R. pseudoacacia* L.

170. 山野豌豆 *Vicia arnoena* Pisch.

171. 三齿萼野豌豆 *V. bungei* Ohwi.

172. 广布野豌豆 *V. cracca* L.

173. 大野豌豆 *V. gigantea* Bge.

174. 蚕豆 *V. fdba* L.

175. 歪头菜 *V. unijuga* A. Br.

176. 长柔毛野豌豆 *V. villosa* Roth.

（十四）芸香科 Rutaceae

177. 花椒 *Zanthoxylum bungeazum* Maxim.

178. 黄檗 *Phellodendron amurense* Rupr.

（十五）苦木科 Simarubaceae

179. 臭椿 *Ailanthus altissima* Swingle.

180. 苦树 *Picrasma quassiodes*（D. Don）Benn.

（十六）楝科 Meliaceae

181. 香椿 *Toona sinensis*（A. Juss）Roem.

（十七）大戟科 Euphorblaceae

182. 铁苋菜 *Acalypha australis* L.

183. 雀儿舌头 *Leptopus chinensis*（Bge）Pojark.

184. 狼毒大戟 *Euphorbia fischeriana* Stend.

185. 地锦草 *E. humiftsa* Willd.

186. 猫眼草 *E. 1unulata* Bge.

187. 地构子 *Speranskia tuberculata*（Bge.）Baill.

（十八）漆树科 Anacardiaceae

188. 鹿角漆树 *Rhus typhina* Torner.

（十九）卫矛科 Celastraceae

189. 栓翅卫矛 *Euonymus pheliomanes* Loes.

190. 明开夜合（丝棉木）*E. bungeanus* Maxim.

191. 小卫矛 *E. nanoides* Loes. et Reha.

192. 南蛇藤 *Celastrus orbiculatus* Thunb.

（二十）无患子科 Sapindaceae

193. 栾树 *Koelreuteria paniculata* Laxm.

194. 文冠果 *Xxnthocetas sorbifolia* Bge.

（二十一）鼠李科 Rhamnaceae

195. 卵叶鼠李 *Rhamnus bungeana* J. Vass.

196. 小叶鼠李 *Rh. parvifolia* Bge.

197. 锐齿鼠李 *Rh. Arguta* Maxim.

198. 对结木 *Sayeretia paucicostata* Maxim.

199. 枣 *Zizyphus jujuba* var. *inermis*（Bge.）Rehd

200. 酸枣 *Z. jujuba* Mill.

（二十二）葡萄科 Vitaceae

201. 葡萄 *Vitis vinifera* L.

202. 山葡萄 *V. amurensis* Rupr.

203. 桑叶葡萄 *V. ficifolia* Bge.

204. 乌头叶蛇葡萄酒 *Ampelopsis* Bge.

（二十三）槭树科 Aceraceae

205. 地锦槭（五角枫）*A. mono* Maxim.

206. 元宝槭（平基槭）*A. truncatum* Bge.

（二十四）椴树科 Tiliaceae

207. 蒙椴 *Tilia mongolica* Maxim.

208. 紫椴 *T. amurensis* Rupr.

209. 糠椴 *T. mandshurica* Rupr et Maxim.

（二十五）锦葵科 Malvaceae

210. 木槿 *Hibiscus syriacus* L.

211. 朱槿 *H. rosea – sinensis* L.

（二十六）柽柳科 Tamaricaceae

212. 水柏枝 *Myricaria germanica*（L.）Desv

（二十七）瑞香科 Thymelaeaceae

213. 白蜡叶尧花 *Wikstroemia* Endl.

（二十八）胡颓子科 Elaeagnaceae

214. 沙枣 *Elaeagnus angustifolia* L.

215. 沙棘（酸溜溜）*Hippophae rhamnoides* Linn.

（二十九）杜鹃花科 Ericaceae

216. 照山白 *Rhododendron micranthum* Turcz.

217. 迎红杜鹃 *Rhododendron mucronulatum* Turcz.

（三十）五加科 Araliaceae

218. 刺五加 *Acanthopanax senticosus*（Rupr. Maxim.）Harms.

（三十一）山茱萸科 Cornaceae

219. 沙株（毛山茱萸）*Comus bretschnfideri* L. Henry.

220. 黑椋 *C. poliophlla* Schneid et Wanger.

（三十二）木犀科 leaceae

221. 白蜡树 *Fraxinus chinensis* Roxb.

222. 小叶白蜡树 *F. bungeana* DC.

223. 大叶白蜡树 *F. rhynchophylla* Hance.

224. 尖叶白蜡树 *F. chinensis* Var. Acuminata.

225. 苦枥木 *F. ritusa* Champ.

226. 水曲柳 *F. mandshurica* Rupr.

227. 暴马丁香 *Syringa reticulata*（B1.）Hara var. *mandschurica*（Maxim.）Hara.

228. 巧玲花 *S. pubescens* Turcz.

229. 红丁香 *S. villosa* Vahl.

230. 紫丁香 *S. cblata* Lindl.

231. 北京丁香 *S pekinensis* Rupr.

（三十三）萝藦科 Asclepiadaceae

232. 杠柳 *Periplica sepium* Bge.

（三十四）旋花科 Convolvulaceae

233. 刺旋花 *Convolvulus tragacanthoides* Turcz.

234. 打碗花 *Calystegia hederacea* Wall. Ex Roxb.

235. 菟丝子 *C. uscutachinensis* Lam.

（三十五）马鞭草科 Verbenaceae

236. 荆条 *Vitex negundo* L. var. *heterophylla*（Franch.）Rehd.

（三十六）唇形科 Labiatae

237. 木本香薷 *Elsholtzia stauntoni* Benth.

238. 香薷 *Elsholtzia cuiata*（Thunb.）Hyland.

239. 海州香薷 *E. splendens* Nakaiex F. Maekawa.

240. 密花香薷 *E. densa* Benth.

241. 筋骨草 *Ajugaciliata* Bge.

242. 白苞筋骨草 *A. lupulina* Maxim.

243. 麻叶风轮菜 *Clinopodium urticifolium*（Hance）C. Y. Wu et Hsuan ex H. W. Li.

244. 香青兰 *Dracocephalum moldavica* L.

245. 野芝麻 *Lamium album* L.

246. 粉花野芝麻 *L. albumL.* var. *barbatum*（Sieb. et Zucc.）Franch. et Sav.

247. 益母草 *Lemurus japonicus* Houtt.

248. 薄荷 *Mentha haplocalyx* Briq.

249. 大叶糙苏 *Phlomis maximowiczii* Regel.

250. 糙苏 *P. umbrosa* Turcz.

（三十七）蓼科 Pilygonaceae

251. 荞麦 *Fagopyrum esculentum* Miench.

252. 苦荞麦 *F. tataricum*（L.）Gaertn.

253. 酸模 *Rumex acetosa* L.

254. 皱叶酸模 *R. crispus* L.

255. 毛脉酸模 *R. gmelinc.* Turcz.

256. 巴天酸模 *R. patientia* L.

（三十八）藜科 Chenopidiaceae

257. 沙蓬 *Agriophyllum squarrosum*（L.）Mog.

258. 藜 *Chenopodium album* L.

259. 刺藜（刺穗藜）*Ch. aristatum* L.

260. 地肤 *Kochia scoparia*（L.）Schrad.

261. 猪毛菜 *Salsola collina* Pall.

262. 碱蓬 *Suaeda glauca* Bge.

（三十九）紫葳科 Bigniniaceae

263. 楸树 *Catalpa bungei* Mey.

（四十）茜草科 Rubiaceae

264. 薄皮木 *Leptidermis oblonga* Bge.

（四十一）忍冬科 Caprifoliaceae

265. 六道木 *Abelia biflora* Turcz.

266. 金花忍冬 *Lonicera chrysantha*Turcx.

267. 柔毛金花忍冬 *L. villosa* Rehd.

268. 小叶忍冬 *L. microphylla* Willd.

269. 粗毛忍冬 *L. hispida* Pall.

270. 五台忍冬 *L. kungeana* Hao.

271. 华北忍冬 *L. tatarinovii* Maxim.

272. 接骨木 *Sambucus williamsii* Hance.

273. 陕西荚蒾 *Viburnum schensianum* Maxim.

274. 蒙古荚蒾 *V. momgolicum*（Pall.）Rehd.

（四十二）菊科 Compisitae

275. 牛蒡 *Arctium lappa* L.

276. 青蒿 *Artemisia apiacea* Hance.

277. 黄花蒿（香蒿、臭蒿）*Artemisia annua* Linn.

278. 艾蒿 *A. argyi* Levl.

279. 山蒿 *A. brachyloba* Franch.

280. 茵陈蒿 *A. capillaris* Thunb.

281. 冷蒿 *A. frigida* Willd.

282. 白莲蒿 *A. sacrorum* Ledeb.

283. 吉蒿 *A. giraldii* Pamp.

284. 野艾蒿 *A. lavandulaefolia* DC.

285. 蒙古蒿 *A. mongolica* Fisch.

286. 阴地蒿 *A. sylvatica* Maxim.

287. 猪毛蒿 *A. scoparia* Wald. et Kit.

288. 大籽蒿 *A. sieversiana* Willd.

289. 牛尾蒿 *A. dubia* Wall. ex Bess.

290. 毛莲蒿 *A. vestita* Wall. ex Bess.

291. 小花鬼针草 *Bidens parviflolra* Willd.

292. 金盏花 *Calendula officinalis* L.

293. 魁蓟 *Cirsium leo* Nakai et Kitag.

294. 烟管蓟 *C. pendulum* Fisch.

295. 刺儿菜 *C. setosum*（Willd.）MB.

296. 鸦葱 *Scorzonera austriaca* Willd.

297. 桃叶鸦葱（皱叶鸦葱）*S. sinensis* Lipsch. et Krasch.

298. 苦苣菜 *Sonchus brachyotus* DC.

299. 苣荬菜（苦麻叶）*S. oleraceus* L.

300. 兔儿伞 *Syneilesis aconitifolia*（Bge.）Maxim.

301. 山牛蒡 *Synurus deltoids*（Ait.）Nakai.

302. 亚洲蒲公英 *Taraxacum asiaticum* Dahlst.

303. 芥叶蒲公英 *T. brassiccaefollum* Kitag.

304. 红梗蒲公英 *T. erytAropodium* Kitag.

305. 蒲公英 *T. mogolicumHand.* Mazz.

306. 苍耳 *Xanthium sibricum* Patrin ex Widder.

四、单子叶植物

单子叶植物是被子植物门的一纲。叶脉一般为平行脉，花叶一般为 3 数，种子以具 1 枚子叶为特征。根系为须根系。绝大多数为草本，极少数为木本。一般认为单子叶植物是由已绝灭的原始双子叶植物中如毛茛类或睡莲类的祖先演化而来。单子叶植物在保护区范围内有 4 科 57 种。但《灵丘植物简志》记载单子叶植物在保护区内有 15 科 122 种。主要以禾本科植物为主，遍布全区。

单子叶植物名录

（一）禾本科 Gramineae

1. 中井芨芨草 *Achnatherum nakaii*（Honda）Tateoh

2. 远东芨芨草 *A. extremiorientalo* Keng

3. 京芒草 *A. pekinense*（Hce）Ohwi

4. 芨芨草 *A. splendens*（Trin.）Nevski

5. 冰草 *Agropyron cristatum*（L.）Gaertn

6. 小糠草 *Agrostis alba* L.

7. 野燕麦 *Avena fdtua* L.

8. 莜麦 *A. nuda* L.

9. 无芒雀麦 *Bromus inermis* Leyss

10. 雀麦 *B. japonicus* Thunb.

11. 野青茅 *Deyeuxia arundinacea*（Linn.）Beauv.

12. 糙毛野青茅 *D. arundinacea*（Linn.）Beauv. var. *hirsuta*（Hack.）P. C. Kuo et S. L. Lu

13. 虎尾草 *Chloris virgata* Swartz

14. 毛马唐 *Digitaria ciliaris*（Retz.）Koel.

15. 止血马唐 *D. ischaemum*（Schreb.）Muhlenb.

16. 马唐 *D. sanguinalis*（L.）Scop.

17. 光头稗子 *Echinochloa colonum*（L.）Link

18. 稗 *E. crusgallii*（L.）Beauv.

19. 蟋蟀草（牛筋草）*Eleusine indica*（L.）Link

20. 短茎披碱草 *Elymus breviaristatus* Keng

21. 圆茎披碱草 *E. cylindricus*（Franch.）Honda

22. 麦滨草 *E. tangucorum*（Nevski）Hand. MaZZ.

23. 老芒麦 *E. sibiricus* L.

24. 野黍 *Eriochloa viUosa*（Thunb.）Kunth

25. 茅香 *Hierochloe odorata*（L.）Beauv.

26. 白茅 *Imperata cylindrica*（L.）Beauv. var. *major*（Nees）G. E Hubb

27. 落草 *Koeleria cristata*（L.）Pers.

28. 羊草 *Leymus chinensis*（Trin.）Tzvel.

29. 细叶早热禾 *Poa angustifolia* L.

30. 早热禾 *P. annua* L.

31. 白草 *Pennisetum flaccidum* Griseb.

32. 纤毛鹅冠草 *Roegneria ciliaris*（Trin.）Nevski

33. 鹅冠草 *R. kamoji* Ohwi

34. 金狗尾草 *Setaria glauca*（L.）Beau.

（二）莎草科 Cyperaceae

35. 尖嘴苔草 *Carcx leiorhynha* C. A. Mey.

36. 紫喙苔草 *C. serreana* Hand. —Mazg.

37. 叶苔草 *C. rigescens*（Franch.）V. Krecz.

38. 短鳞苔草 *C. augustinowiczii* Meinsh

39. 绿穗苔草 *C. calorostachys* Stev。

40. 华北苔草 *C. hancockiana* Maxim.

41. 东陵苔草 *C. tangiana* Ohwi

42. 莎草 *Cyperus rotundus* L.

43. 嵩草 *Kobresia myosuroides*（Villars）Foiri

（三）百合科 Liliaceae

44. 天蓝韭 *Ailium cyaneum* Rcgel

45. 葱 *A. fistulosum* L.

46. 薤白（小根蒜）*A. macrostemon* Bge.

47. 天蒜 *A. paepalanthoides*. Airy Shaw

48. 野韭 *A. ramosum* L.

49. 山韭 *A. senescens* L.

50. 细叶韭 *A. tenuissimum* L.

51. 韭菜 *A. tuberosum* Rottl. ex Spreng.

52. 茖葱（葱）*A. victorialis* L.

53. 北天门冬 *A. sparagus borealis* L.

54. 龙须菜 *A. schoberioides* Kunth.

55. 曲枝天门冬 *A. trichophyllus* Bge.

56. 藜芦 *Veratrum nigrum* L.

（四）鸢尾科 Iridaceae

57. 马蔺（马莲）*Irislactea* Pall. var. *chinensis* Koidz

五、主要药用植物

独特的生态地理环境，使山西省成为我国"北药"的主产区，植物类中草药种类达1116种。地处山西省东北部的灵丘黑鹳自然保护区因气候和环境的独特性，成为一座中草药宝库，其中有些药材药用价值极高。据《灵丘植物简志》记载，保护区内药用植物达到400多种，约占山西省中草药总数的36%，约占我国中草药总数的7.3%，其中包括许多名贵的中草药材，如党参、天南星、黄芩、柴胡、远志、车前、百里香、射干、知母等（表4-1）。

1. 当归

性甘、辛，温。归肝、心、脾经。补血活血，调经止痛，润肠通便。用于血虚萎黄，眩晕心悸，月经不调，经闭痛经，虚寒腹痛，肠燥便秘，风湿痹痛，跌扑损伤，痈疽疮疡。酒当归活血通经，用于经闭痛经，风湿痹痛，跌扑损伤。

2. 党参

性平，味甘。补中益气，健脾生津。用于脾肺虚弱、气短心悸、食少便溏，四肢倦怠。

3. 防风

性辛甘，温。入膀胱、肺、脾经。发表，祛风，胜湿，止痛。治外感风寒，头痛，目眩。

4. 黄芩

性苦，寒。归肺、胆、脾、大肠、小肠经。清热燥湿，泻火解毒，止血，安胎。用于湿温、暑温胸闷呕恶，湿热痞满，泻痢，黄疸，肺热咳嗽，高热烦渴，血热吐衄，痈肿疮毒，胎动不安。

5. 前胡

别名：土当归、野当归、独活。性微寒，味苦、辛。散风清热，降气化痰。用于风热咳嗽痰多、痰热喘满、咯痰黄稠。

6. 射干

别名：乌扇、扁竹、绞剪草、剪刀草、山蒲扇、野萱花、蝴蝶花。性苦，寒。归肺经。清热解毒，消痰，利咽。用于热毒痰火郁结，咽喉肿痛，痰涎壅盛，咳嗽气喘。

7. 天南星

别名：南星、白南星、山苞米、蛇包谷、山棒子。性苦、辛，温；有毒。归肺、肝、脾经。主治燥湿化痰，祛风止痉，散结消肿。用于顽痰咳嗽，风痰眩晕，中风痰壅，口眼歪斜，半身不遂，癫痫，惊风，破伤风。生用外治痈肿，蛇虫咬伤。

8. 蒲公英

甘寒清解，苦以开泄，功专解毒消肿，为治乳痈要药。兼有利湿之功。清热解毒可用于热毒证，尤善清肝热。可治急性乳腺炎，淋巴腺炎，瘰疬，疔毒疮肿，急性结膜炎，感冒发热，急性扁桃体炎，急性支气管炎、胃炎，肝炎，胆囊炎，尿路感染。

9. 半夏

辛，温，有毒。主治燥湿化痰，降逆止呕，消痞散结。治湿痰冷饮，呕吐，反胃，咳喘痰多，胸膈胀满，痰厥头痛，头晕不眠。外消痈肿。

10. 苍术

性味辛、苦，性温。归脾、胃经。本品芳香燥烈，内可化湿浊之郁，外能散风湿之邪，故能燥湿健脾，祛风除湿。凡湿邪为病，不论表里上下，皆可应用，如湿阻脾胃，寒湿吐泻，可用平胃散。风寒湿痹，风湿表证，可用九味羌活汤。配伍后也可用于治疗热痹或湿热下注，如二妙散。本品又有明目之功，可治夜盲症，可单用，或与猪肝、羊肝蒸煮同食。

11. 柴胡

性味苦，微寒。归肝、胆经。主治疏散退热，舒肝，升阳。用于感冒发热，寒热往来，疟疾，胸胁胀痛，月经不调，子官脱垂，脱肛。

12. 车前草

性味甘，寒，归手太阳，阳明经。利水，清热，明目，祛痰，用于小便不通，淋浊，带下，尿血，黄疸，水肿，热痢泄泻，鼻衄，目赤肿痛，喉痛，咳嗽，皮肤溃疡。

13. 车前子

性味甘，微寒。归肝、肾、肺、小肠经。清热利尿，渗湿通淋，明目，祛痰。用于水肿胀满，热淋涩痛，暑湿泄泻，目赤肿痛，痰热咳嗽。

14. 核桃

性温、味甘、无毒，有健胃、补血、润肺、养神等功效。《神农本草经》将核桃列为久服轻身益气、延年益寿的上品。唐代孟诜著《食疗本草》中记述，吃核桃仁可以开胃，通润血脉，使骨肉细腻。宋代刘翰等著《开宝本草》中记述，核桃仁"食之令肥健，润肌，黑须发，多食利小水，去五痔"。明代李时珍著《本草纲目》记述，核桃仁有"补气养血，润燥化痰，益命门，处三焦，温肺润肠，治虚寒喘咳，腰脚重疼，心腹疝痛，血痢肠风"等功效。

15. 胡桃楸

种仁：甘，温。青果：辛，平。有毒。树皮：苦、辛，平。种仁可敛肺定喘，温肾润肠。用于体质虚弱，肺虚咳嗽，肾虚腰痛，便秘，遗精，阳痿，尿路结石，乳汁缺少。青果可止痛。用于胃、十二指肠溃疡，胃痛；外用治神经性皮炎。树皮可清热解毒。用于细菌性痢疾，骨结核，麦粒肿。

16. 板栗

中医学认为，栗性甘温，无毒，有健脾补肝，身壮骨的医疗作用。经常生食可治腰腿无力，果壳和树皮有收敛作用；鲜叶外用可治皮肤炎症；花能治疗瘰疬和腹泻，根治疝气。民间验方多用栗子，每日早晚各生食 1～2 枚，以治老年肾亏，小便弱频；生栗捣烂如泥，敷于患处，可治跌打损伤，筋骨肿痛，而且有止痛止血，吸收脓毒的作用。

17. 芍药

芍药不仅是名花，而且根可供药用。根据分析，芍药根含有芍药甙和安息香酸，用途因种而异。中药里的白芍主要是指芍药的根，它是镇痉、镇痛、通经药。对妇女的腹痛、胃痉挛、眩晕、痛风、利尿等病症有效。一般都用芍药栽培种的根作白芍，因其根肥大而平直，加工后的成品质量好。野生的芍药因其根瘦小，仅作赤芍出售。中药的赤勺为草芍药的根，有散淤、活血、止痛、泻肝火之效，主治月经不调、瘀滞腹痛、关节肿痛、胸痛、肋痛等症。

18. 细叶小檗

根和茎含小檗碱，可为也有。素的原料，治疗肠胃炎、结膜炎等症。

19. 黄耆

性温，味甘。可补气固表，托毒排脓，利尿，生肌。用于气虚乏力、久泻脱肛、自汗、水肿、子宫脱垂、慢性肾炎蛋白尿、糖尿病、疮口久不愈合。

20. 甘草

别名：甜草根、红甘草、粉甘草、粉草。可补脾益气，清热解毒，祛痰止咳，缓急止痛，调和诸药。用于脾胃虚弱，倦怠乏力，心悸气短，咳嗽痰多，脘腹、四肢挛急疼痛，痈肿疮毒，缓解药物毒性、烈性。

21. 苦参

苦，寒，有小毒。《本经》："味苦，寒。"《别录》："无毒。"《本草从新》："大苦，大寒。"清热，燥湿，杀虫。主治热毒血痢，肠风下血，黄疸，赤白带下，小儿肺炎，疳积，急性扁桃体炎，痔漏，脱肛，皮肤瘙痒，疥癞恶疮，阴疮湿痒，瘰疬，烫伤。

22. 黄檗

别名：柏皮、黄柏、檗木。苦，寒。归肾、膀胱经。主治清热燥湿，泻火除蒸，解毒疗疮。用于湿热泻痢，黄疸，带下，热淋，脚气，痿｛痹｝，骨蒸劳热，盗汗，遗精，疮疡肿毒，湿疹瘙痒。盐黄柏滋阴降火。用于阴虚火旺，盗汗骨蒸。

23. 文冠果

别名：文冠木、文官果、土木瓜、木瓜、温旦革子。祛风除湿；消肿止痛，用于风湿性关节炎。

24. 迎红杜鹃

别名迎山红［吉林］、尖叶杜鹃。解表，化痰，止咳，平喘。用于感冒头痛，咳嗽，哮喘，支气管炎。

25. 刺五加

别名：五加皮、刺拐棒。性温，味辛、微苦。益气健脾，补肾安神。用于脾肾阳虚、体虚乏力、食欲不振、腰膝酸痛、失眠多梦。

26. 水曲柳

清热燥湿，清肝明目，活血调经。用于痢疾，牛皮癣，目赤肿痛，羞明流泪，月经不调、白带、崩漏。

27. 楸树

别名：旱楸蒜台、金丝楸、梓桐、水桐。树皮、根皮可清热解毒，散瘀消肿。外用治跌打损伤，骨折，痈疮肿毒。叶可解毒。外用治疮疡脓肿。果实可清热利尿。用于尿路结石，尿路感染。

28. 艾蒿

别名：冰台、遏草、香艾、蕲艾、艾草、艾、灸草、医草、黄草、艾绒。艾草性味苦、辛、温，入脾、肝、肾。全草有调经止血、安胎止崩、散寒除湿之效。治月经不调、经痛腹痛、流产、子宫出血，根治风湿性关节炎、头风、月内风等。因它可削冰令圆，又可灸百病，为医家最常用之药。现代实验研究证明，艾叶具有抗菌及抗病毒作用，有平喘、镇咳及祛痰作用，止血及抗凝血作用，镇静及抗过敏作用，护肝利胆作用等。艾草可作"艾叶茶"、"艾叶汤"、"艾叶粥"等食谱，以增强人体对疾病的抵抗能力。

29. 连翘

别名：连壳、黄花条、黄链条花、黄奇丹、青翘、落翘。性味苦，微寒。归肺、心、小肠经。清热解毒，消肿散结。用于痈疽，瘰疬，乳痈，丹毒，风热感冒，温病初起，温热入营，高热烦渴，神昏发斑，热淋尿闭。

30. 丹参

别名：血生根、赤参、血参、红根。性微寒，味苦。祛瘀止痛，活血通经，清心除烦。用于月经不调、经闭痛经、症瘕积聚、胸腹刺痛、热痹疼痛、疮疡肿痛、肝脾肿大、心绞痛。

31. 薄荷

别名：野薄荷、夜息香、人丹草。辛，凉。疏散风热，清利头目，利咽透疹，疏肝行气。辟秽、解毒、外感风热、头痛、咽喉肿痛、食滞气胀、口疮、牙痛、疮疥、瘾疹、温病初起、风疹瘙痒、肝郁气滞、胸闷胁痛。

表4-1 保护区中草药名录

序号	药材名	科名	别名	拉丁名	药用价值
1	卷柏	卷柏科	九死还魂草	Selaginella tamariscina (P. Beav.) Spring	活血通经。用于经闭痛经、癥瘕痞块、跌扑损伤、外用可治刀伤。卷柏炭化瘀止血。用于吐血、崩漏、便血、脱肛。
2	节节草	木贼科	草麻黄、木贼草	Equisetum hiemale L.	治血痢、脱肛、喉炎
3	问荆	木贼科	空心草、马蜂草	Equisetum arvense Linn.	清热、凉血、止咳、利尿
4	木贼	木贼科	笔筒草、节骨草	Hippochaete hiemale (L.) Boerner	疏散风热、明目退翳、止血
5	蕨菜	凤尾蕨科	猫爪、龙头菜	Pteridium aquilinum var. latiusculum	清热利湿、止血；降气化痰
6	银粉背蕨	中国蕨科	通经草、金丝草	Aleuritopteris argentea (Gmel.) Fee	活血调经、补虚止咳。用于月经不调、闭经腹痛、肺结核咳嗽、咯血
7	贯众	铁角蕨科	小金鸡尾	Cyrtomium fortunei J. Sm.	清热解毒、止血、杀虫。用于风热感冒、乙型脑炎、痄腮、血痢、肠风便血、血崩、带下、产后血气胀痛、驱蛔虫和烧虫、热毒疮疡
8	北京石韦	水龙骨科		Pyrrosia pekinensis (C. Chr.) Ching	清热利尿，用于治疗咳嗽、尿路感染等。
9	垂柳	杨柳科	垂杨柳	Salix babylonica L.	枝和须根入药、祛风、消肿、止痛
10	旱柳	杨柳科	河柳、江柳	Salix matsudana Koidz	根、枝、皮、叶入药，主治散风、祛湿、清湿热、风湿性关节炎等，有清心之名目，退烧去毒之效
11	华北落叶松	松科	红杉	Larix principis-rupprechtii Mayr.	树皮入药、可驱虫
12	油松	松科	红皮松、东北黑松	Pinus tabuliformis Carr.	祛风燥湿、止痛。有一定的镇痛、抗炎作用；提取的多糖类物质、热水提取物、酸性提取物都具有抗肿瘤作用；提取的酸性多糖显示免疫活性
13	杜松	柏科	普圆柏	Juniperus rigida Sieb. et Zucc	祛风、镇痛、除湿、利尿。主风湿关节痛、痛风、肾炎、水肿、尿路感染
14	圆柏	柏科	刺柏、柏树	Sabina chinensis (L.) Ant.	树皮及叶入药、祛风散寒、活血消肿、解毒、利尿。用于风寒感冒、风湿关节痛、小便淋痛、瘾疹
15	侧柏	柏科	扁柏、香柏	Platycladus orientalis (Li.) mnFranco	凉血止血

（续）

序号	药材名	科名	别名	拉丁名	药用价值
16	大麻	大麻科	线麻、胡麻	*Cannabis sativa* Linn.	辅助某些晚期绝症（癌症、艾滋病）的治疗，用来增进食欲、减轻疼痛，可用来缓解青光眼和癫痫、偏头痛等神经症状，以及情绪不稳，减轻化疗病人的恶心症状
17	草麻黄	麻黄科	麻黄、川麻黄	*Ephedra sinica* Stapf	发汗散寒，宣肺平喘，利水消肿
18	苦荞麦	蓼科	野兰荞、万年荞	*Fagopyrum tataricum* (L.) Gaertn.	根茎药用。能除湿止痛，解毒消肿，健胃。对糖尿病、胃病患者都有辅助治疗作用
19	荞麦	蓼科	甜荞、乌麦	*Fagopyrum esculentum* Moench	治水肿喘满，饮食积滞。有防治高血压、冠心病、糖尿病的作用
20	山蓼	蓼科	酸浆菜	*Oxyria digyna* (L.) Hill.	清热利湿。主治肝气不舒，肝炎、坏血病
21	水蓼	蓼科	辣蓼、蔷	*Polygonum hydropiper* Linn.	全草药用。行滞化湿，散瘀止血，祛风止痒，解毒。主治湿滞内阻，脘闷腹痛，泄泻，痢疾，小儿疳积，崩漏，血滞经闭痛经，跌打损伤，风湿痹痛，便血，外伤出血，皮肤瘙痒，湿疹，风疹，足癣，痈肿，毒蛇咬伤
22	红蓼	蓼科	大毛蓼、狗尾巴花	*Polygonum orientale* Linn.	果实药用。健脾利湿，清热明目。治慢性肝炎，肝硬化腹水，颈淋巴结核，脾肿大，消化不良，腹胀胃痛，小儿食积，结膜炎
23	拳蓼	蓼科	紫参	*Polygonum bistorta* L.	地下茎药用。有清热解毒凉血止血的功效，内服治肝炎、细菌性痢疾，肠炎外用治痈疖肿毒
24	西伯利亚蓼	蓼科	驴耳朵、鸭子嘴	*Polygonum sibiricum* Laxm.	利水渗湿，清热解毒。用于湿热内蕴之关节积液，腹水，皮肤瘙痒
25	萹蓄	蓼科	扁竹、牛鞭草	*Polygonum aviculare* L.	利尿，清热，杀虫。治热淋，黄疸，阴蚀，痔疮，湿疮等
26	波叶大黄	蓼科	苦大黄	*Rheum undulatum* L.	根入药。泻热毒，破积滞，行瘀血。治湿热便秘，闭经，吐血，水肿等
27	水红花	蓼科	蓼实子、水荭草子	*Polygonum orientale* L.	散血消症，消积止痛。用于症瘕痞块，瘿瘤肿痛，食积不消，胃脘胀痛

（续）

序号	药材名	科名	别名	拉丁名	药用价值
28	羊蹄	蓼科	东方宿、牛舌根	Rumex japonicus Houtt.	根叶药用。清热解毒、凉血止血
29	商陆	商陆科	大苋菜、山萝卜	Phytolacca acinosa Roxb.	根药用。通二便、泻水、散结。治水肿、胀满、脚气、喉痹、痈肿、恶疮
30	莲	睡莲科	莲花、荷花	Nelumbo nucifera Gaertn.	藕、叶、叶柄、莲蕊、莲房入药，能清热止血；莲心有清心火、强心降压功效；莲子有补脾止泻、养心益肾功效
31	睡莲	睡莲科	子午莲、水芹花	Nymphaea tetragona Georgi	根茎可入药，用于做强壮剂、收敛剂，可用于治疗肾炎病
32	天仙藤	防己科	都淋藤、兜铃苗	Fibraurea recisa Pierre	行气活血、利水消肿
33	龙芽草	蔷薇科	老鹤嘴、毛脚茵	Agrimonia pilosa Ldb.	有止血、强心、止痢及消炎作用。治脱力劳乏、妇女月经不调、红崩白带、胃寒腹痛、赤白痢疾、吐血、咯血、肠风、尿血、子宫出血、十二指肠出血等症；全草提取仙鹤草素为止血药
34	杏	蔷薇科		Armeniaca vulgaris Lam.	生津止渴、润肺定喘的功效，可用于治疗热伤津、口渴喝干、肺燥喘咳等
35	桃	蔷薇科		Amygdalus persica Linn.	具有养阴、生津、润燥活血的功效
36	山楂	蔷薇科	山里红	Crataegus pinnatifida Bge.	开胃消食、化滞消积、活血散瘀、化痰行气。用于肉食滞积、症瘕积聚、腹胀痞满、瘀阻腹痛、痰饮、泄泻、肠风下血等
37	杜梨	蔷薇科	棠梨、灰梨	Pyrus betulifolia Bge	果实可消食止痢、治腹泻；枝、叶可治霍乱、反胃吐食；树皮可煎水洗治皮肤溃疡
38	野草莓	蔷薇科	洋莓	Fragaria vesca Linn.	利尿、强肝、改善肠胃失调、肾机能不全、治腹泻、膀胱炎、风湿、贫血
39	山桃	蔷薇科	花桃	Amygdalus davidiana (Carr.) C. de Vos	种子中药名为桃仁，具有活血行瘀润燥滑肠的功能。根、茎皮具有清热利湿、活血止痛、截疟杀虫的功能
40	毛樱桃	蔷薇科	梅桃、山豆子	Cerasus tomentosa (Thunb.) Wall.	核仁入药，有清肺利水之功能
41	山莓	蔷薇科	四月泡、悬钩子	Rubus corchorifolius L. f.	根入药，有活血散瘀、止血作用

（续）

序号	药材名	科名	别名	拉丁名	药用价值
42	金樱子	蔷薇科	糖罐子、刺头、倒挂金钩	Rosa laevigata Michx.	果实入药，有利尿、补肾作用；叶有解毒消肿作用；根药用，能活血散瘀，祛毒驱湿
43	翻白草	蔷薇科	鸡腿根、叶下	Potentilla discolor Bge.	清热、解毒，止痢止血。可治妇女赤白带和月经过多症、经临床验证，对糖尿病有治疗功效
44	玫瑰	蔷薇科	徘徊花、赤蔷薇花	Rosa rugosa Thunb.	花及根可入药，有理气活血、收敛作用
45	钝叶蔷薇	蔷薇科	美丽蔷薇	Rosa sertata Rolfe	根药用，能调经、消肿
46	月季	蔷薇科	月月红、长春花	Rosa chinensis Jacq.	根、叶、花均可入药，具有活血消肿、消炎解毒功效
47	仙鹤草	蔷薇科	西洋龙芽草	Agrimonia pilosa Ldb.	收敛止血，止痢，杀虫。广泛用于各种出血之症
48	地榆	蔷薇科	山地瓜、血箭草	Sanguisorba officinalis L.	根药用。收敛止血，清热凉血；外敷止烫伤
49	复盆子	蔷薇科	小托盘、牛奶母	Rubus idaeus L.	果实药用。益肾，固精，缩尿。用于肾虚遗尿、小便频数、阳痿早泄、遗精滑精
50	委陵菜	蔷薇科	白头翁、蛤蟆草	Potentilla chinensis Ser.	全草药用。清热解毒、收敛止血
51	杭子梢	豆科	三叶豆	Campylotropis macrocarpa (Bunge) Rehd.	根药用。清热利湿、消食除积、散瘀上痛。治跌打损伤，血瘀肿痛
52	小槐花	豆科	草鞋板、味噌草	Desmodium caudatum (Thunb.) DC.	清热解毒、祛风利湿。用于感冒发烧，肠胃炎，痢疾，小儿疳积，风湿关节痛；外用治毒蛇咬伤等
53	合欢	豆科	夜合花	Albizia julibrissin Durazz.	树木及花药用，能安神、活血、止痛
54	皂荚	豆科	皂角、牙皂	Gleditsia sinensis Lam.	荚瓣、种子入药，祛痰通药，能消肿排脓，杀虫治癣
55	槐树	豆科	国槐、家槐	Sophora japonica L.	花可作清凉性收敛止血药，槐实可止血，降压，根皮、枝叶治疮毒
56	紫穗槐	豆科	棉条、穗花槐	Amorpha fruticosa L.	花入药，清热，凉血，止血
57	洋槐	豆科	刺槐	Robinia pseudoacacia Linn.	利尿，止血
58	苦参	豆科	地槐	Sophora flavescens Alt.	根药用；有清热解毒、抗菌消炎功效
59	披针叶黄华	豆科	黄花苦豆子	Thermopsis lanceolata R. Br.	可祛痰止咳
60	紫苜蓿	豆科	苜蓿	Medicago sativa L.	清脾胃，清湿热，利尿，消肿

（续）

序号	药材名	科名	别名	拉丁名	药用价值
61	天蓝苜蓿	豆科	接筋草	*Medicago lupulina* L.	清热利湿，凉血止血，舒筋活络。用于黄疸型肝炎，便血，痔疮出血，白血病，坐骨神经痛，风湿骨痛。外用治蛇咬伤。
62	草木樨	豆科	铁扫把、野苜蓿	*Melilotus suaveolens* Ledeb.	清热解毒，健胃化湿，利尿，杀虫。
63	铁扫帚	豆科	夜关门、铁马鞭	*Indigofera bungeana* Steud.	清热利湿，消食除积，祛痰止咳，利尿通淋。用于小儿疳积及消化不良，胃肠炎，细菌性痢疾，胃痛，黄疸型肝炎，肾炎水肿，白带，口腔炎，咳嗽，支气管炎；外用治带状疱疹，毒蛇咬伤
64	米口袋	豆科	甜地丁	*Gueldenstaedtia verna* (Georgi) Boriss	全草药用。清热解毒，散瘀消肿。治痈疽疔疮，瘰疬，丹毒，目赤肿痛，黄疸，肠炎，痢疾，毒蛇咬伤
65	扁茎黄芪	豆科	蔓黄芪	*Astragalus complanatus* R. Ex Bge.	种子药用。有固精补肾，清肝明目之功能
66	内蒙黄芪	豆科	锦芪	*Astragalus membranaceus* Fisch. Bge.	根入药。滋补强壮，补气固表，托疮生肌，滋肾补水
67	甘草	豆科	甜草根	*Glycyrrhiza uralensis* Fisch.	根状茎供药用。能解毒、镇咳、健胃、调和等。西医药研发现，甘草剂有抗炎和抗变态反应的功能，因此在西医临床上主要作为缓和剂
68	胡枝子	豆科	随军茶、野花生	*Lespedeza bicolor* Turcz	叶药用。治风湿痹痛，跌打损伤，赤白带下，流注肿毒。可润肺清热，利水通淋。治肺热咳嗽，百日咳，鼻衄，淋病
69	毛胡枝子	豆科	山豆花	*Lespedeza tomentosa* (Thunb.) Sieb.	根药用。健脾补虚，有增进食欲及滋补之效
70	鸡眼草	豆科	短镰铁苋菜	*Kummerowia striata* (Thunb.) Schindl.	清热解毒，健脾利湿。治感冒发热，暑湿吐泻，传染性肝炎，热淋，白浊
71	歪头菜	豆科	三铃子、草豆	*Vicia unijuga* A. Br.	全草药用。补虚调肝，理气止痛，清热利尿。主治虚劳，头晕，浮肿等病症
72	蚕豆	豆科	胡豆、罗汉豆	*Vicia faba* Linn.	止血，利尿，解毒消肿
73	野大豆	豆科	野毛豆、柴豆	*Glycine soja* Sieb. et Zucc	健脾，解毒透疹，养肝理脾
74	野豌豆	豆科	大巢菜、野绿豆	*Vicia sepium* Linn.	补肾调经，祛痰止咳。用于肾虚腰痛，遗精，月经不调，咳嗽痰多；外用治疗疮

（续）

序号	药材名	科名	别名	拉丁名	药用价值
75	山豆根	豆科	柔槐枝	Euchresta japonica Hook. f. ex Regel	清火解毒，消肿止痛。用于咽喉牙龈肿痛，肺热咳嗽烦渴，黄疸热结便秘
76	大豆	豆科	毛豆、青豆	Glycine max (Linn.) Merr.	具有健脾宽中、润燥消水、清热解毒、益气的功效
77	绿豆	豆科	青小豆、菉豆	Vigna radiata (Linn.) Wilczek	消肿通气、清热解毒
78	野苜蓿	豆科	豆豆苗、连花生	Medicago falcata L.	宽中下气、健脾补虚、利尿。治胸腹胀满、消化不良、浮肿
79	蓝花棘豆	豆科		Oxytropis coerulea (Pall.) DC.	主治创伤、浮肿、全身水肿
80	野葛	豆科	胡蔓草、断肠草	Pueraria lobate (Willd.) Ohwi	根药用。可改善代谢综合征的一些指标，包括血压、胆固醇醇和血糖
81	野决明	豆科	土马豆、牧马豆	Thermopsis lupinoides (Linn.) Link	祛痰、镇咳，用于痰喘咳嗽
82	旱金莲	旱金莲科	旱莲、大红雀	Tropaeolum majus Linn.	花可入药
83	宿根亚麻	亚麻科	豆麻	Linum perenne L.	花、果入药，通经活血，闭经，身体虚弱
84	栾树	无患子科	灯笼树、国庆花	Koelreuteria paniculata Laxm.	疏风清热，止咳，杀虫
85	文冠果	无患子科	木瓜、文官果	Xanthoceras sorbifolia Bunge	对治疗高血脂、血管硬化和慢性肝炎均有明显的保健和治疗作用。树叶、树枝、树干用于外敷治疗风湿性关节炎
86	君迁子	柿树科	黑枣、丁香枣	Diospyros lotus Linn.	止消渴，去烦热；使人肤色润泽、轻健、静心、悦人面色
87	柿	柿树科	朱果、猴枣	Diospyros kaki Thunb.	健脾涩肠、治嗽止血
88	白首乌	夹竹桃科	和尚乌	Cynanchum bungei Decne.	滋补强壮、养血补肝、乌须黑发、收敛精气、润肠通便
89	牛耳草	苦苣苔科	还魂草、猫耳草	Boea hygrometrica (Bge.) R Br.	散瘀止血、清热解毒、化瘀止咳
90	韭菜	葱科	长生韭、起阳草	Allium tuberosum Rottler ex Spreng.	以种子和叶中入药。具健胃、提神、止汗固涩、补肾助阳、固精等功效。
91	薤	葱科	薤白头、野蒜	Allium macrostemon Bunge	有健脾开胃、温中通阴、舒筋益气、通神安魂、散瘀止痛等功效。可治疗冠心病、心绞痛、肠胃炎、干呕、慢性支气管炎、喘息咳嗽等症
92	石刁柏	天门冬科	芦笋	Asparagus officinalis Linn.	有调节机体代谢、提高身体免疫力的功效，在对高血压、心脏病、白血病、水肿、膀胱炎等的预防和治疗中，具有很强的抑制作用和药理效应

（续）

序号	药材名	科名	别名	拉丁名	药用价值
93	鸭跖草	鸭跖草科	翠蝴蝶、淡竹叶	Commelina communis Linn.	清热解毒，利水消肿。治水肿、脚气、小便不利、感冒、丹毒、尿血、血崩、白带、咽喉肿痛、痈疽疔疮、毒蛇咬伤等
94	吊竹梅	鸭跖草科	吊竹兰、红莲	Zebrina pendula Schnizl.	清热解毒，凉血止血，利尿
95	酸枣	鼠李科	山枣	Ziziphus psinosa Hu	种子药用。养心、安神，敛汗。用于神经衰弱、失眠、多梦、盗汗
96	稗	鼠李科	稗子、稗草	Echinochloa crusgalli（Linn.）Beauv.	稗子益气，健脾；根、苗止血
97	丁香	桃金娘科	洋丁香	Syzygium aromaticum（L.）Merr. Et Perry	暖胃，温肾
98	核桃	胡桃科	胡桃	Juglans regia Linn.	可补肾，固精强腰，温肺定喘，润肠通便。
99	胡桃楸	胡桃科	山核桃	Juglans mandshurica Maxim.	种仁可敛肺定喘、温肾润肠，用于体质虚弱、肺虚咳嗽、肾虚腰痛、便秘、遗精、阳痿、尿路结石，乳汁缺少。青果可止痛，用于胃、十二指肠溃疡；胃痛；树皮可清热解毒，用于细菌性痢疾、骨结核、麦粒肿
100	白桦	桦木科	桦树	Betula platyphylla Suk.	白桦树汁对人体健康大有益处，有抗疲劳、止咳等药理作用，被欧洲人称为"天然啤酒"和"森林饮料"
101	榛	桦木科	榛子	Corylus heterophylla Fisch. ex Trautv.	种子药用。有防治血管硬化、降低胆固醇、润泽肌肤的功效，还可助消化、防治便秘
102	辽东栎	壳斗科	橡树、青冈	Quercus liaotungensis Koidz.	果、壳斗、树皮及根皮入药。可健脾止泻，收敛止血。
103	栗	壳斗科	栗子、毛栗	Quercus wutaishanica Blume	种子药用。补肾强骨，健脾养胃，活血止血。可用于肾虚胃弱、脾胃气虚、小便频数、腰腿无力等症
104	榆树	榆科	家榆、榆钱树	Ulmus pumila L.	榆钱可安神健脾，用于神经衰弱、失眠、食欲不振、白带多。皮、叶可安神、利小便，用于神经衰弱、失眠、体虚浮肿，外伤出血；内皮可外用治骨折、外伤出血
105	桑树	桑科	桑	Morus alba L.	桑叶有疏风清热、凉血止血、清肝明目、润肺止咳之功。桑根有泻肺平喘、行水消肿之功。桑葚有补血滋阴、生津止渴、润肠燥等功效
106	无花果	桑科	天生子、文先果	Fius carica L.	果实药用。败毒抗癌、消肿疗疮

（续）

序号	药材名	科名	别名	拉丁名	药用价值
107	啤酒花	桑科	蛇麻花、酵母花	*Humulus lupulus* Linn.	雌花序药用。可治消化不良、肺结核、消化性溃疡、小便不利等
108	葎草	桑科	拉拉藤、五爪龙	*Humulus scandens* (Lour.) Merr.	花药用。清热解毒、利尿消肿
109	荨麻	荨麻科	咬人草	*Urtica fissa* E. Pritz.	治风湿疼痛、产后抽风、小儿惊风、荨麻疹
110	焮麻	荨麻科	大荨麻	*Urtica mairei* Levl	祛风除湿、活血止痛、解毒。主风湿痹痛、劳伤疼痛、小儿惊风、吐乳、妇女产后体虚、水肿、皮肤瘙痒、毒蛇咬伤
111	北桑寄生	桑寄生科	桑寄生	*Loranthus tanakae* Franch. et Sav.	茎枝药用。补肝肾、强筋骨、祛风湿
112	槲寄生	桑寄生科	北寄生	*Viscumcoloratum* (Kom.) Nakai	舒筋活络、活血散瘀。用于筋骨疼痛、肢体拘挛、腰背酸痛、跌打损伤
113	北马兜铃	马兜铃科	万丈龙、天仙藤	*Aristolochia contorta* Bunge	有行气活血、止痛、利尿之效。果称马兜铃，有清热降气、止咳平喘之效。根称青木香，有小毒，具健胃、理气止痛之效，并有降血压作用
114	藜	藜科	灰菜、老藜菜	*Chenopodium album* Linn.	止泻痢、止痒
115	灰绿藜	藜科	黄瓜菜、山芥菜	*Chenopodium glaucum* Linn.	叶药用。清热利湿。治风热感冒、痢疾、皮肤瘙痒等
116	地肤	藜科	扫帚苗、孔雀松	*Kochia scoparia* (L.) Schrad.	种子药用。利尿消肿、提高免疫力、治头痛头晕、健脑、安神除烦、明目、壮骨
117	刺沙蓬	藜科		*Salsola ruthenica* Linn.	平肝降压
118	苋	苋科	野苋菜、绿苋	*Amaranthus ascendens* Loisel	全草药用。清热利湿。治肠炎、痢疾、咽炎、毒蛇咬伤等
119	苋	苋科	雁来红、老来少	*Amaranthus tricolor* L.	清热、利肠。治赤白痢疾、二便不通
120	青葙	苋科	百日红	*Celosia argentea* Linn.	种子清肝明目、降压。全草清热利湿
121	鸡冠花	苋科	老来红	*Celosiacristata* Linn.	花和种子可清热止血、治痢疾、痔疮出血
122	马齿苋	马齿苋科	安乐菜、长命菜	*Portulaca oleracea* L.	清热解毒、治菌痢
123	紫茉莉	紫茉莉科	胭脂花、地雷花、烧火花	*Mirabilis jalapa* Linn.	利尿、泻热、活血散瘀、治淋浊、带下、肺劳吐血、痈疽发背、急性关节炎等

（续）

序号	药材名	科名	别名	拉丁名	药用价值
124	簇生卷耳	石竹科	鼠耳草	*Cerastium caespitosum* Gilib.	清热解毒、消肿止痛。主治感冒、乳痈初起、疗疖肿痛
125	石竹	石竹科	洛阳花、石竹花	*Dianthus chinensis* Linn.	利尿通淋，破血通经
126	旱麦瓶草	石竹科	山蚂蚱	*Silene jenisseensis* Willd.	地上部分入药。清热凉血，除骨蒸
127	蝇子草	石竹科	脱力草	*Silene gallica* Linn.	安神止痛，清热利尿、润肺止咳
128	瞿麦	石竹科	野麦、石竹花	*Dianthus superbus* Linn.	利尿通淋，破血通经。用于热淋、血淋、石淋、小便不通、淋沥涩痛，增长经
129	女娄菜	石竹科	王不留行	*Silene aprica* Turcz. ex Fisch. et Mey.	活血调经，散积健脾，解毒；下乳，利尿
130	繁缕	石竹科	鹅儿肠、合筋草	*Stellaria media* (L.) Cry	清热解毒、凉血、活血止痛、下乳。主要治疗痢疾、肠痛、肺痛、乳痈、疔疮肿毒、痔疮肿痛、跌打伤痛、出血、产后瘀滞腹痛、乳汁不下，还有减肥的功效等
131	牡丹	毛茛科	国色天香、富贵花	*Paeonia suffruticosa* Andr.	有散瘀血、清血、和血、止痛、通经之作用，还有降低血压、抗菌消炎之功效，久服可益身延寿
132	毛茛	毛茛科	野芹菜	*Ranunculus japonicus* Thunb.	全草药用。利湿、消肿、止痛、杀虫
133	芍药	毛茛科	离草、红药	*Paeonialactiflora* (P. albiflora)	根皮药用。养血柔肝，清热凉血，敛阴收汗
134	草芍药	毛茛科	山芍药	*Paeonia obovata* Maxim.	敛阴抗癌，清热凉血，祛瘀止痛
135	牛扁	毛茛科	扁桃叶根	*Aconitum barbatum* Pers. var. *puberulum* Ledeb.	祛风止痛，止咳平喘，化痰
136	黄连	毛茛科	川连	*Coptis chinensis* Franch.	清热燥湿，泻火解毒
137	翠雀	毛茛科	鸽子花、飞燕草	*Delphinium grandiflorum* Linn.	全草及种子可入药治牙痛
138	金莲花	毛茛科	寒金莲	*Trollius chinensis* Bunge	花入药。清热解毒、可治扁桃体炎、中耳炎等症
139	瓣蕊唐松草	毛茛科	马尾黄连、多花蔷薇	*Thalictrum petaloideum* L.	清热燥湿，泄火祛毒
140	北乌头	毛茛科	小叶芦、草乌	*Aconitum kusnezoffii* Rchb.	祛风散湿，止痛，乌头有大毒，须慎用
141	黄花铁线莲	毛茛科	透骨草	*Clematis intricata* Bunge	全草药用。有微毒，能祛风湿；外用主治风湿性关节炎、痒疹、疥癞
142	芹叶铁线莲	毛茛科	细叶铁线莲	*Clematis aethusifolia* Turcz. var. *latisecta* Maxim	全草药用。祛风除湿，活血止痛。治风湿性关节痛、脚气等

（续）

序号	药材名	科名	别名	拉丁名	药用价值
143	大叶铁线莲	毛茛科	草本女萎	Clematis heracliifolia DC.	全草药用。清热解毒，祛风除湿。治肠炎、痢疾等
144	棉团铁线莲	毛茛科	山蓼、棉花团	Clematis hexapetala Pall.	祛风除湿，通络止痛。治风湿痹痛，肢体麻木，筋脉拘挛，关节屈伸不利，诸骨鲠喉
145	草玉梅	毛茛科	土黄芪	Anemone dichotoma L.	根状茎药用。解毒止痢，舒经活血
146	小草玉梅	毛茛科	河岸银莲花	Anemone rivularis Buch.–Ham ex DC. var. flore–minore Maxim.	全草药用。清热利湿，消肿止痛。治咽喉肿痛，扁桃体炎，牙痛、胃痛，跌打损伤等
147	白头翁	毛茛科	老公花	Pulsatilla chinensis (Bunge) Regel.	有清热解毒，凉血止痢，爆湿杀虫的功效
148	细叶小檗	小檗科	三颗针、醋麦	Berberis poiretii Schneid	清热燥湿，泻火解毒。治急性肠炎、痢疾，肺炎，结膜炎等
149	白屈菜	罂粟科	山黄连	Chelidonium majus Linn.	全草药用。镇痛，止咳，平喘，消肿。用于胃痛、慢性支气管炎、百日咳
150	罂粟	罂粟科	阿芙蓉	Papaver somniferum L.	果皮药用。敛肺，涩肠，止痛。用于止咳、止泻
151	野罂粟	罂粟科	山大烟、山罂粟	Papaver nudicaule L.	果壳药用。有镇痛，止咳，定喘，止泻之功效
152	角茴香	罂粟科	野茴香	Hypecoum erectum L.	清热解毒，镇咳止痛。主治感冒发热、咳嗽、咽喉肿痛、肝热目赤、肝炎、胆囊炎、痢疾，关节疼痛
153	地丁草	罂粟科	苦丁	Corydalis bungeana Turcz.	全草药用。清热解毒。治温病高热烦躁、流感、传染性肝炎、肾炎、瘰疬、腮腺炎、疔疮及其他化脓性感染
154	独行菜	十字花科	北葶苈子、昌古	Lepidium apetalum Willdenow	利尿，止咳化痰
155	板蓝根	十字花科	菘蓝	Isatis minima Bunge	清热，解毒，凉血。用于温病发热、发斑、风热感冒、咽喉肿痛、流行性乙型脑炎、肝炎和腮腺炎等症
156	油菜花	十字花科	芸苔	Brassica campestis L.	种子药用，能行血散结消肿。叶可外敷痈肿
157	葶苈	十字花科	宽叶葶苈	Draba nemorosa Linn.	泻肺降气，祛痰平喘，利水消肿，泄逐邪
158	荠菜	十字花科	护生草、地菜	Capsella bursa–pastoris (Linn.) Medic.	有利尿、止血、明目、清热，消积之效。对痢疾、水肿、淋病、乳糜尿、吐血、便血、血崩、月经过多、目赤肿疼等有一定疗效

（续）

序号	药材名	科名	别名	拉丁名	药用价值
159	蝎子草	景天科	八宝景天	*Sedum spectabile* Boreau	散瘀、止血、安神。用于痨病、肺结核、支气管扩张及血液病的中小量出血、烦躁不安、外伤出血
160	瓦松	景天科	向天草	*Cotried onjaponico* Maxim.	清热解毒、止血、利湿、消肿。治吐血、鼻衄、血痢、肝炎、疟疾、热淋、痔疮、湿疹、痛疮、疔疮
161	土三七	景天科	还阳草、田三七	*Sedum aizoon* Linn.	能安神止血、化瘀、治吐血等
162	费菜	景天科	活血丹、养心草	*Sedum aizoon* L.	活血、止血、宁心、利湿、消肿、解毒。治跌打损伤、咳血、吐血、便血、心悸、痈肿
163	景天	景天科	活血三七、八宝	*Sedum erythrostictum* Miq.	清热、解毒、止血。治丹毒、游风、烦热惊狂、咯血、吐血、疔疮、肿毒、风疹、漆疮、目赤涩痛、外伤出血。
164	佛甲草	景天科	万年草、佛指甲	*Sedum lineare* Thunb	全草药用。清热、消肿、解毒
165	火焰草	景天科	红瓦松、狗牙风	*Sedum erythrospermum* Hayata	清热解毒、凉血止血。主治消渴不止、肝伤目暗、腰膝疼痛、痔疮
166	独根草	虎耳草科	草苁蓉	*Oresitrophe rupifraga* Bunge	补肾助阳、强筋骨。用于性神经衰弱、腰腿酸软；外用治小儿腹泻、肠炎、痢疾
167	刺果茶藨	虎耳草科	刺梨	*Ribes burejense* Fr. Schmidt.	果实有滋肝健胃之效
168	红花酢浆草	酢浆草科	三叶草、日日红	*Oxalis corymbosa* DC.	全草入药。有清热消肿、散瘀血、利筋骨的效用。可治痢疾、咽喉肿痛、跌打损伤、白带过多等
169	老鹳草	牻牛儿苗科	老鹳嘴	*Geranium wilfordii* Maxim.	全草药用。对风湿病有显著疗效
170	天竺葵	牻牛儿苗科	入腊红、洋葵	*Pelargonium hortorum* Bailey	止痛、抗菌、增强细胞防御功能、除臭、止血、补身
171	蒺藜	蒺藜科	旁通、屈人	*Tribulus terrestris* L.	果实药用。平肝解郁、活血祛风、明目、止痒。用于头痛眩晕、胸胁胀痛、乳闭乳痈、目赤翳障、风疹瘙痒
172	花椒	芸香科	香椒、山椒	*Zanthoxylum bungeanum* Maxim.	果实药用。温中散寒、除湿、止痛、杀虫、解鱼腥毒。治积食停饮、心腹冷痛、呕吐、噫呃、咳嗽气逆、风寒湿痹、泄泻、痢疾、疝痛、齿痛、蛔虫病、蛲虫病、阴痒、疮疥

（续）

序号	药材名	科名	别名	拉丁名	药用价值
173	黄鼠草	芸香科	败酱草	*Thlaspi arvense* Linn.	可用于清热解毒、泻肝火、凉血、止血、止痛、活血、化腐生肌
174	臭椿	苦木科	樗树子	*Ailanthus altissima* (Mill.) Swingle	树皮、根皮、果实均可入药，有清热利湿、收敛止痢等功效
175	香椿	楝科	山椿、香椿芽	*Toona sinensis* (A. Juss.) Roem.	清热解毒、健胃理气、润肤明目、杀虫。主治疮疡、脱发、目赤、肺热咳嗽等病症
176	远志	远志科	细草、小鸡腿	*Polygala tenuifolia* Willd.	根药用。具有安神益智、祛痰、消肿的功能。用于心肾交引起的失眠多梦、健忘惊悸、神志恍惚、咳痰不爽、疮疡肿毒、乳房肿痛
177	地构叶	大戟科	透骨草	*Speranskia tuberculata* (Bunge) Baill.	祛风除湿、解毒止痛。主治风湿关节痛，外用治疮疡肿毒
178	铁苋菜	大戟科	血见愁	*Acalypha aaustralis* L.	清热解毒、利湿、收敛止血。用于肠炎、痢疾、吐血、衄血、便血、尿血、崩漏；外治痈疖疮疡，皮炎湿疹
179	地锦草	大戟科	红丝草	*Euphorbia humifusa* Willd.	全草药用。清热解毒、凉血止血。用于痢疾、肠炎、咳血等
180	猫眼草	大戟科	耳叶大戟	*Euphorbia lunulata* Bge	镇咳、祛痰、散结、逐水、拔毒。主治痰饮咳喘、水肿、瘰疬、疥癣
181	甘遂	大戟科	头痛花、猫儿眼	*Euphorbia kansui* T. N. Liou ex S. B. Ho	根药用。泻水逐饮、破积通便
182	狼毒大戟	大戟科	狼毒、猫眼根	*Euphorbia fischeriana* Steud.	根入药。逐水祛痰、破积杀虫
183	蓖麻	大戟科	大麻子、草麻	*Ricinus communis* L.	叶可消肿拔毒、止痒。根可祛风活血、止痛镇静，用于风湿关节痛、破伤风、癫痫、精神分裂症
184	白蔹	葡萄科	山地瓜、野红薯	*Ampelopsis japonica* (Thunb.) Makino	块根药用。清热解毒、消痈散结
185	蛇葡萄	葡萄科	麻羊藤	*Ampelopsis sinica* (Miq.) W. T. Wang	利尿、消炎、止血
186	爬山虎	葡萄科	地锦、爬墙虎	*Parthenocissus tricuspidata* (S. Et Z.) Planch.	根和茎入药、祛风通络、活血解毒。用于风湿关节痛；外用跌打损伤、痈疖肿毒
187	南蛇藤	卫矛科	过山枫、香龙草	*Celastrus orbiculatus* Thunb.	根、茎、叶、果入药，有活血行气、消肿解毒之效
188	卫矛	卫矛科	鬼箭羽、六月凌	*Euonymus alatus* (Thunb.) Sieb.	木翅入药，有破血、止痛、通经、泻下、杀虫等功效
189	白杜	卫矛科	丝绵木	*Euonymus maaackii* Rupr.	根、茎皮可止痛，用于膝关节痛。枝、叶可解毒，外用治漆疮

（续）

序号	药材名	科名	别名	拉丁名	药用价值
190	凤仙花	凤仙花科	金凤花、指甲花	Impatiens balsamina Linn.	活血通经、祛风止痛，外用解毒
191	苘麻	锦葵科	白麻、青麻	Abutilon theophrasti Medicus	叶药用。利尿、通乳，祛风解毒
192	野西瓜苗	锦葵科	香铃草、小秋葵	Hibiscus trionum Linn.	清热解毒，祛风除湿、止咳、利尿。用于急性关节炎、感冒咳嗽、肠炎、痢疾，外用治烧烫伤、疮毒。种子有润肺止咳，补肾之效
193	黄蜀葵	锦葵科	秋葵、棉花葵	Abelmoschus manihot L. Medic	清热解毒、润燥滑肠。种子可用于大便秘结，小便不利、水肿，尿路结石，乳汁不通。根，叶可外用治疗疖、腮腺炎、骨折、刀伤。花可浸菜油外用治烧烫伤
194	锦葵	锦葵科	钱葵、淑气花	Malva sinensis Cav.	利尿通便，清热解毒。
195	冬葵	锦葵科	冬苋菜	Malva crispa Linn.	种子能利水、滑肠、下乳。根能清热解毒、利药、通淋。嫩苗或叶能清热、消肠
196	蜀葵	锦葵科	一丈红	Althaea rosea (Linn.) Cavan.	花和种子入药。可利尿润通便
197	堇菜	堇菜科	干蕨菜、对叶莲	Viola verecunda A. Gray	清热解毒、凉血消肿。用于疔疮肿毒、痈疽发背、丹毒、毒蛇咬伤
198	紫花地丁	堇菜科	锛头草	Viola philippica Car.	全草药用。清热解毒、凉血消肿。主治黄疸、痢疾、肿痛、咽炎、外敷治跌打损伤、痈肿、毒蛇咬伤等
199	黄海棠	藤黄科	救牛草、大金雀	Hypericum ascyron L.	祛风湿，止咳止血
200	秋海棠	秋海棠科	岩丸子	Begonia evansiana Andr	块根药用。健胃、行血、消肿、驱虫
201	沙棘	胡颓子科	醋柳、酸刺	Hippophae rhamnoides Linn.	果实富含多种维生素
202	千屈菜	千屈菜科	千蕨菜、对叶莲	Lythrum salicaria Linn.	收敛止泻
203	石榴	石榴科	丹若、金罂	Punica granatum Linn.	果皮用根，花药用。有收敛止血，杀虫之效
204	柳兰	柳叶菜科		Epilobium angustifolium L.	有消肿利水、下乳、润肠之功能。主治乳汁不足、气虚浮肿等
205	月见草	柳叶菜科	夜来香、山芝麻	Oenothera erythrosepala Borb.	强筋壮骨、祛风湿。主治风湿病、筋骨疼痛
206	柳叶菜	柳叶菜科	水丁香、通经草	Epilobium hirsutum Linn.	花可清热消炎、调经止带、止痛、用于牙痛、急性结膜炎、咽喉炎、胃痛、食月经不调、白带过多。根可理气活血、止血、用于闭经、滞饱胀

（续）

序号	药材名	科名	别名	拉丁名	药用价值
207	刺五加	五加科	刺人参	Oplopanax elatus Nakai	根皮及茎皮有舒经活血、祛风湿之效，对多种癌症有抑制功能
208	短毛独活	伞形科	长生草	Heracleum moellendorffii Hance	根、茎药用。祛风、散寒、止痛
209	白芷	伞形科	走马芹	Angelica dahurica (Fisch.) Benth. et Hook	祛风湿、活血排脓、生肌止痛，用于头痛、牙痛、鼻渊、肠风痔漏、赤白带下、痈疽疮疡、皮肤瘙痒
210	山茴香	伞形科	岩茴香	Carlesia sinensis Dunn	温胃散寒、和胃理气
211	芫荽	伞形科	香菜、漫天星	Coriandrum sativum Linn.	具有发汗透疹、消食下气、醒脾和中的功效
212	野胡萝卜	伞形科	鹤虱风根	Daucus carota L.	健脾化滞、凉肝止血、清热解毒。主治脾虚食少、腹泻、惊风、逆血、血淋、咽喉肿痛
213	防风	伞形科	回云、回草	Saposhnikovia divaricata (Turcz.) Schischk.	根药用。祛风解表、胜湿止痛、止痉定搐。用于感冒头痛、风湿瘰痹、破伤风等
214	紫茎芹	伞形科	白苞芹	Nothosmyrnium japonicum Miq.	散寒解表、祛风湿、止痛。用于感冒风寒、巅顶头痛、风寒湿痹、肢节疼痛、寒疝腹痛、疥癣等
215	北柴胡	伞形科	竹叶柴胡	Bupleurum chinense DC.	根、茎入药。能解表和里、升阳、疏肝解郁。主治感冒、疟疾、寒热往来、肋痛、肝炎、胆道感染、胆囊炎、月经不调、脱肛
216	珊瑚菜	伞形科	海沙参	Glehnia littoralis Fr. Schmidt ex Miq.	有养阴清肺、益胃生津之功能。用于治疗肺热烦咳、劳嗽痰血、热病伤津口渴等症
217	硬阿魏	伞形科	沙茴香	Ferula bungeana Kitagawa	清热解毒、消肿、止痛、抗结核
218	石防风	伞形科	小芹菜	Peucedanum terebinthaceum (Fisch.) Fisch. ex Turcz.	根入药。治感冒、咳嗽
219	山茱萸	山茱萸科	山茱肉	Cornus officinalis Sieb. et Zucc.	收敛强壮、健胃补肾、腰痛等。有增强免疫、抗炎、抗菌等药理作用
220	迎红杜鹃	杜鹃花科	蓝荆子	Rhododendron mucronulatum Turcz.	解表、化痰、止咳、平喘。用于感冒、气喘、咳嗽、哮喘等
221	照山白	杜鹃花科	小花杜鹃、白镜子	Rhododendron micranthum Turcz.	枝叶入药。有祛风、通络、调经止痛、化痰止咳之效。但须去毒存正后方能使用

（续）

序号	药材名	科名	别名	拉丁名	药用价值
222	点地梅	报春花科	天星草	Androsace umbellata (Lour.) Merr.	清热解毒、消肿止痛。主治扁桃体炎、咽喉炎、口腔炎、急性结膜炎、跌打损伤。
223	胭脂花	报春花科	段报春	Primula maximowiczii Regel	全草药用。祛风、止痛。治风湿、关节疼痛、头痛等
224	狼尾花	报春花科	野鸡脸、珍珠菜	Lysimachia barystachys Bge.	活血调经、散瘀消肿、解毒生肌、降压
225	小叶白蜡	木犀科	梣、苦枥	Fraxinus bungeana DC.	有泻血热、明目、清肠、止痢作用
226	红丁香	木犀科	野丁香	Syringa villosa Vahl.	树皮药用。驱虫、解毒、健胃
227	连翘	木犀科	旱连子、落翘	Forsythia suspensa (Thunb.) Vahl	清热解毒。主治热病初起、风热感冒、发热、心烦、咽喉肿痛、斑疹、丹毒、瘰疬、痈疮肿毒、急性肾炎、热淋
228	花锚	龙胆科	金锚	Halenia corniculata (L.) Cornaz.	清热解毒、凉血止血、清热利胆、平肝利胆。治胁痛、胃痛、肝炎、胆囊炎、头痛头晕、脉管炎、外伤出血
229	秦艽	龙胆科	大叶龙胆	Gentiana macrophylla Pall.	根入药、散风除湿、清热利尿、消炎止痛
230	小龙胆	龙胆科	星星草	Gentiana parvula H. Smith	有清热、解毒、消炎之效
231	杠柳	萝藦科	北五加皮	Periploca sepium Bunge	根皮可祛风湿。主治风湿痹痛、腰膝酸软、心悸、气短、脚肿、小便不利
232	竹灵消	萝藦科	毫君须	Cynanchum inamoenum (Maxim.) Loes.	根药用。治妇女血厥等
233	地梢瓜	萝藦科	地梢花、小丝瓜	Cynanchum thesioides (Freyn) K. Schum.	益气、通乳。用于体虚乳汁不下、外用治瘊子
234	牛皮消	萝藦科	飞来鹤	Cynanchum auriculatum Royle ex Wight	根药用。可治小儿肺炎、肾炎等
235	菟丝子	旋花科	豆寄生、无根草	Cuscuta chinensis Lam.	种子有补肝肾、养血、润燥作用
236	打碗花	旋花科	小旋花、喇叭花	Calystegia hederacea Wall.	根状茎可健脾益气、利尿、调经、止带、用于脾虚消化不良、月经不调、白带、乳汁稀少。花可止痛、外用治牙痛
237	田旋花	旋花科	箭叶旋花、野牵牛	Convolvulus arvensis L.	全草药用。祛风止痒、止痛。主风湿痹痛、牙痛、神经性皮炎
238	圆叶牵牛	旋花科	喇叭花	Pharbitis purpurea Voigt	种子药用。归肺、肾、大肠经、有小毒、泻水、驱虫
239	甘薯	薯蓣科	山芋、地瓜	Dioscorea esculenta (Lour.) Burkill	藤和叶可药用。生津润燥、消痈解毒

（续）

序号	药材名	科名	别名	拉丁名	药用价值
240	紫筒草	紫草科	白毛草	Stenosolenium saxatiles (Pall.) Turcz.	根可用于清热、止血、止咳
241	紫草	紫草科	紫丹、地血	Lithospermum erythrorhizon Sieb. et Zucc.	根入药。可解毒、凉血、治天花、麻疹等
242	附地菜	紫草科	鸡肠草	Trigonotis peduncularis (Trev.) Benth.	健胃、消肿止痛、止血。用于胃胃痛、吐酸、吐血，外用治跌打损伤、骨折
243	大果琉璃草	紫草科	大赖毛子	Cynoglossum formosanum Nakai	收敛止泻
244	大青叶	马鞭草科	大青	Isatis indigotica Fortune	清热、解毒、凉血、止血
245	荆条	马鞭草科	黄荆紫	Vitex negundo Linn. var. heterophylla (Franch.) Rehd.	叶可入药。解表化湿
246	黄芩	唇形科	山茶根	Scutellaria baicalensis Georgi	清热燥湿、泻火解毒、止血、安胎。主治温热病、上呼吸道感染、肺热咳嗽、湿热黄胆、肺炎、痢疾、咳血、目赤、胎动不安、高血压、痈肿疔疮等症
247	并头黄芩	唇形科	头巾草	Scutellavia scordifolia Fisch	清热解毒、泻热利尿
248	野薄荷	唇形科	人丹草	Monarda citriodora Arij	全草药用。疏风、散热、解毒。治外感风热、头痛、目赤、牙痛等
249	藿香	唇形科	排香草、大叶薄荷	Agastache rugosa (Fisch. et Mey.) O. Ktze.	芳香化湿、利湿止呕、祛暑解表
250	风轮菜	唇形科	苦地胆、熊胆草	Clinopodium chinense (Benth.) O. Ktze.	疏风清热、解毒消肿、止血。主治感冒发热、中暑、咽喉肿痛、白喉、急性胆囊炎、肝炎、肠炎、痢疾、乳腺炎、疔疮肿毒、过敏性皮炎、急性结膜炎、尿血、崩漏、牙龈出血、外伤出血
251	荆芥	唇形科	线芥、假苏	Schizonepeta tenuifolia (Benth.) Briq.	全草药用。解表散风、用于感冒、头痛、风疹等
252	香青兰	唇形科	青兰、枝子花	Dracocephalum moldavica L.	清肺解表、凉肝止血。用于感冒、头痛、喉痛、气管炎哮喘、黄疸、吐血、衄血、痢疾、心脏病、神经衰弱、狂犬咬伤
253	木本香薷	唇形科	紫荆芥、鸡爪花	Elsholtzia stauntoni Benth.	具发汗解表、祛暑化湿、利尿消肿的功能。主治外感暑热、身热、头痛发热、伤暑霍乱吐泻、水肿等症
254	香薷	唇形科	香茹、香草	Elsholtzia ciliata (Thunb.) Hyland.	发汗解表、化湿和中、利水消肿

（续）

序号	药材名	科名	别名	拉丁名	药用价值
255	紫苏	唇形科	白苏、桂荏	*Perilla frutescens* (Linn.) Britt.	发汗解表、理气宽中、解鱼蟹毒。用于风寒感冒、头痛、咳嗽、胸腹胀满、鱼蟹中毒
256	一串红	唇形科	爆竹红、西洋红	*Salvia splendens* Ker - Gawler	清热、凉血、消肿
257	夏至草	唇形科	小益母草	*Lagopsis supina* (Stephan ex Willd.) Ikonn. - Gal. ex Knorring	活血调经、清热解毒
258	大叶糙苏	唇形科	丁黄草	*Phlomis maximowiczii* Regel	有清热消肿、治疗感冒和补肝肾、续筋骨、止血安胎、散寒、生肌等功效
259	糙苏	唇形科	山苏子		根药用。清热消肿
260	益母草	唇形科	坤草	*Leonurus artemisia* (Laur.) S. Y. Hu F	可利尿、治眼疾
261	甘露子	唇形科	地瘤子、土人参	*Stachys sieboldii* Miq.	治肺炎、风热感冒
262	泽兰	唇形科	地笋、蛇王草	*Eupatorium japonicum* Thunb.	活血化瘀、行水消肿。用于月经不调、经闭、痛经、产后瘀血腹痛、水肿
263	丹参	唇形科	紫丹参、红根	*Salvia miltiorrhiza* Bunge	活血通经、排脓生肌、专调经脉、生新血、去恶血
264	百里香	唇形科	地椒、山椒	*Thymus mongolicus* Ronn.	祛风解表、行气止痛、止咳、降压。用于感冒、咳嗽、头痛、牙痛、消化不良、急性胃肠炎、高血压病
265	茄	茄科	茄子、矮瓜	*Solanum melongena* L.	根药用。散热消肿、治久痢便血、脚气等
265	假酸浆	茄科	水晶凉粉	*Nicandra physalodes* (Linn.) Gaertner	有镇静、祛痰、清热、解毒、止咳功效、治精神病、狂犬病、风湿痛、疥癣等症
267	辣椒	茄科	辣子	*Capsicum annuum* Linn.	果含有较多的维生素。外用治冻疮、风湿痛、腰肌痛。根活血消肿、还具有抗炎及抗氧化作用
268	莨菪	茄科	天仙子、闹羊花	*Hyoscyamus niger* Linn.	主治突发颠狂、风痹厥痛、久咳不止、长期水泻，能调节微血管舒缩、改善微血流流态、流速、流量，增强微动脉自律运动、血管瘘漏，降低血粘度、增加红细胞变形性，抑制血小板红细胞聚集及白细胞附壁等

（续）

序号	药材名	科名	别名	拉丁名	药用价值
269	烟草	茄科		Nicotiana tabacum Linn.	消肿解毒、杀虫。用于疔疮肿毒、头癣、白癣、秃疮、毒蛇咬伤
270	灯笼果	茄科	果酸浆	Physalis peruviana Linn.	清热解毒、利尿去湿。用于瘰疬发热、感冒、腮腺炎、咳嗽、睾丸炎、大疱疮
271	枸杞	茄科	红耳坠、血枸子	Lycium chinense Miller	果能滋补、明目。根皮能清热、凉血
272	酸浆	茄科	红姑娘	Physalis alkekengi Linn.	有清热、解毒、利尿、降压、强心、抑菌等功能。主治热咳、咽痛音哑、急性扁桃体炎、小便不利和水肿等病
273	龙葵	茄科	苦菜、天茄子	Solanum nigrum Linn.	有清热解毒、利水消肿之效
274	曼陀罗	茄科	醉心花	Datura stramonium Linn.	平喘、祛风、止痛。主治喘咳、惊痫、风寒湿痹、妇女白带、疥疮
275	返顾马先蒿	玄参科	马尿泡	Pedicularis resupinata L.	治风湿关节疼痛、石淋、小便不畅、妇女白带、抗肝损害等作用
276	地黄	玄参科	生地	Rehmannia glutinosa (Gaert.) Libosch. ex Fisch. et Mey.	有降血糖、止血、抗炎免疫、抗肝损害等作用
277	细叶婆婆纳	玄参科	水蔓菁	Veronica linariifolia Pall. ex Link.	全草药用。清肺、化痰、止咳、治疝气、腰痛、白带
278	阴行草	玄参科	刘寄奴	Siphonostegia chinensis Benth.	清热利湿、凉血止血、祛瘀止痛。主治黄疸型肝炎、胆囊炎、蚕豆病、泌尿系结石、小便不利、尿血、便血、产后瘀血腹痛、外用治创伤出血、烧伤烫伤
279	北水苦荬	玄参科	珍珠草	Veronica anagallis-aquatica L.	清热利湿、活血止血、消肿解毒
280	梓树	紫葳科	花楸、水桐	Catalpa ovata G. Don.	种子入药。能解毒利尿、治肾病
281	楸树	紫葳科	梓桐	Catalpa bungei C. A. Mey	树皮、根皮可清热解毒、散瘀消肿、叶可解毒，外用治痈肿。果实可清热利尿，用于尿路结石、尿路感染
282	角蒿	紫葳科	萝蒿	Incarvillea sinensis Lam.	祛风除湿、活血止痛、解毒
283	列当	列当科	独根草、草苁蓉	Orobanche coerulescens Steph.	补肾、强筋。治肾虚腰膝冷痛、阳痿、遗精
284	车前	车前草科	猪肚菜、灰盆草	Plantago asiatica L.	种子有利水通淋、清肝明目、清热解毒、祛痰、止泻、明目之效
285	平车前	车前科		Plantago depressa Willd.	种子有利水利湿、止泻、明目的功效

（续）

序号	药材名	科名	别名	拉丁名	药用价值
286	茜草	茜草科	血见愁、土丹参	*Rubia cordifolia* L.	根药用。凉血止血，去瘀。提取物具有抗癌、抗心肌梗死等作用
287	蓬子菜	茜草科	松叶草、铁尺草	*Galium verum* L.	清热解毒、行血、止痒、利湿。治肝炎、荨麻疹、稻田皮炎、喉蛾肿痛、疗疮疖肿、跌打损伤、妇女血气痛等
288	刚毛忍冬	忍冬科	子弹把子	*Lonicera hispida* Pall. ex Roem. et Schult.	果实有止咳平喘、清肝明目之效
289	金花忍冬	忍冬科	黄花忍冬	*Lonicera chrysantha* Turcz. ex Ledeb.	清热解毒，消散痈肿
290	金银忍冬	忍冬科	金银木、胸杷果	*Lonicera maackii* (Rupr.) Maxim.	根可解毒截疟。茎叶可祛风解毒，活血祛瘀。花可祛风解表，解毒
291	接骨木	忍冬科	臭黄荆、马尿骚	*Sambucus williamsii* Hance	茎枝可用于舒经活血、祛风湿、接骨，治跌打损伤、骨折风湿肿痛、筋骨酸痛、消肿
292	异叶败酱	败酱科	墓头回	*Patrinia heterophylla* Bunge	清热燥湿、止血、止带
293	缬草	败酱科	欧缬草	*Valeriana officinalis* Linn.	镇静解痉、能治神经衰弱、失眠等症
294	续断	川续断科	和尚头	*Dipsacus japonicus* Miq.	根有强筋骨、接断损、活血祛瘀之效
295	香瓜	葫芦科	甘瓜、甜瓜	*Cucumis melo* Linn.	清热解暑止渴。香瓜子清热解毒利尿。香瓜蒂催吐胸膈痰涎及致毒食物，或作外用药
296	西瓜	葫芦科	夏瓜	*Citrullus lanatus* L.	果皮入药。消暑解热、止渴、利小便，小便缺少。治暑热烦渴、水肿等
297	栝楼	葫芦科	瓜蒌、药瓜	*Trichosanthes kirilowii* Maxim.	有解热止渴、利尿、镇咳祛痰等作用
298	苦瓜	葫芦科	凉瓜	*Momordica charantia* Linn.	清热解毒
299	南瓜	葫芦科	北瓜	*Cucurbita moschata* (Duch. ex Lam.) Duch. ex Poiret	种子入药。驱虫、消肿，可治蛔虫、百日咳、痒疮
300	党参	桔梗科	黄参	*Codonopsis pilosula* (Franch.) Nannf.	根可用于补气血
301	多歧沙参	桔梗科	沙参	*Adenophora wawreana* Zahlbr.	根入药。养阴清肺，益胃生津。用于肺热燥咳等
302	展枝沙参	桔梗科	沙参	*Adenophora divaricata* Franch. et Savat.	根可同南沙参入药。滋阴润肺，止咳

（续）

序号	药材名	科名	别名	拉丁名	药用价值
303	轮叶沙参	桔梗科	四叶沙参、泡参	Adenophora tetraphylla (Thunb.) Fisch.	治肺热咳嗽、咳痰稠黄、虚劳久咳、咽干舌燥、津伤口渴
304	桔梗	桔梗科	铃当花	Platycodon grandiflorus (Jacq.) A. DC.	宣肺、祛痰、利咽、排脓、补五脏、养气
305	马兰	菊科	路边菊、裹衣草	Kalimeris indica (Linn.) Sch.-Bip.	能消食积、除湿热、利尿、退热止咳、败毒抗癌、治外感风热、肝炎、消化不良、中耳炎等
306	紫菀	菊科	山白菊	Aster tataricus L. f.	根茎入药。清热、解毒、祛痰止咳、凉血、止血
307	小白酒草	菊科	小飞蓬	Conyza canadensis (L.) Cronq.	有抗菌、消炎、止痒之效。提物有轻微而短暂的降压作用、可抑制心脏、增加呼吸幅度
308	火绒草	菊科	薄雪草、火艾	Leontopodium leontopodioides (Willd.) Beauv.	地上部分可入药。用于清热凉血、消炎利尿
309	狼把草	菊科	鬼针草	Bidens tripartita L.	治感冒、百日咳等
310	薯草	菊科		Achillea alpina L.	祛风止痛、活血、解毒
311	艾	菊科	遏草、香艾	Artemisia argyi Levl. et Van.	叶可制成艾绒、供针灸用
312	铁杆蒿	菊科	白莲蒿、万年蒿	Artemisia sacrorum Ledeb.	清热解毒、凉血止痛。用于肝炎、阑尾炎、小儿惊风、外用治创伤出血。
313	青蒿	菊科	香蒿	Artemisia annua L.	热解暑、解毒、截疟。用于暑邪发热、阴虚发热、夜热早凉、骨蒸劳热、疟疾寒热、湿热黄疸
314	牡蒿	菊科	水辣菜	Artemisia japonica Thunb.	有清热解毒、解暑、祛风湿、止血之效
315	茵陈蒿	菊科	绒蒿	Artemisia capillaris Thunb.	幼苗可清热利湿、治黄疸型或无黄疸型传染性肝炎
316	黄花蒿	菊科	黄蒿	Artemisia annua Linn.	清热解疟、驱风止痒。治伤暑、疟疾、潮热、小儿惊风、热泻、恶疮疥癣
317	兔毛蒿	菊科	线叶菊	Filifolium sibiricum (L.) Kitam.	清热解毒、抗菌消炎、安神镇惊、调经止血
318	大籽蒿	菊科	白蒿	Artemisia sieversiana Ehrhart ex Willd.	清热利湿、凉血止血
319	野艾蒿	菊科	小叶艾	Artemisia lavandulaefolia DC.	杀虫利湿、清热解毒。用于治疗虫病、炎疽、疫疸、皮肤病等症
320	金盏花	菊科	金盏菊、常春花	Calendula officinalis Linn.	花、叶有消炎、抗菌作用。根能行气活血、花可凉血、止血

（续）

序号	药材名	科名	别名	拉丁名	药用价值
321	小蓟	菊科	刺儿菜	*Cephalanoplos segetum* (Bunge) Kitam	凉血止血，祛瘀消肿。用于鼻出血、吐血、外伤出血等
322	蓟	菊科	大蓟	*Cirsium japonicum* Fisch. ex DC.	全草入药。治凉性出血，叶治瘀血，外用治恶疮。全草含生物碱、挥发油。鲜叶含大蓟武。其根入药有凉血止血，祛瘀消肿之效
323	秋英	菊科	波斯菊、痢疾菊	*Cosmos bipinnatus* Cav.	清热解毒，化湿。主治急慢性痢疾
324	菊花	菊科	秋菊、陶菊	*Dendranthema morifolium* (Ramat.) Tzvel.	用于风热解毒，头痛肿痛，目赤肿痛，外用治痈疮肿毒
325	翠菊	菊科	七月菊	*Callistephus chinensis* (Linn.) Nees	用于风热感冒，头痛眩晕，目赤肿痛，眼目昏花
326	向日葵艾菊	菊科		*Helianthus annuus* L.	花入药。治目肿痛，昏花不明，蒙药用于治瘟疫、流感、头痛、"发症"、疔疮、毒疮、猩红热、麻疹不透。种子滋阴，止痢，透疹。根止痛润肠。茎髓利水通淋。叶清热解毒，降血压。花序明目，催生。花托养阴补肾，降血压，止痛。果壳用于耳鸣。
327	风毛菊	菊科	八棱麻	*Saussurea japonica* (Thunb.) DC.	祛风活络，散瘀止痛。用于风湿关节痛、腰腿痛、跌打损伤
328	驴耳风毛菊	菊科	狗舌头	*Saussurea amara* (Linn.) DC.	有清热解毒之效
329	万寿菊	菊科	臭芙蓉	*Tagetes erecta* L.	花序药用。清热解毒，止咳
330	野菊	菊科	野山菊	*Dendranthema indicum* (Linn.) Des Moul.	清热解毒。治痈肿、疔疮、目赤、瘰疬、天疱疮、湿疹
331	东风菜	菊科	白云草、草三七	*Doellingeria scaber* (Thunb.) Nees	清热解毒，活血消肿，镇痛。主治跌打损伤、毒蛇咬伤、头痛、关节痛等病症
332	佩兰	菊科	鸡骨香、水香	*Eupatorium fortunei* Turcz.	清暑，辟秽，化湿，调经。治感受暑湿、寒热头痛、湿邪内蕴、脘痞不饥、口甘苔腻、月经不调
333	泥胡菜	菊科	艾草、花苦荬菜	*Hemistepta lyrata* (Bunge) Bunge	清热解毒，散结消肿
334	中华小苦荬菜	菊科	山苦荬	*Ixeridium chinense* (Thunb.) Tzvel	能清热解毒，凉血，活血排脓。主治阑尾炎、肠炎、痢疾、疮疖痛肿等症
335	苦荬菜	菊科	黄瓜菜	*Ixeris polycephala* Cass.	与其它药材配合可治肠痛、疮痈肿毒、急性结膜炎等
336	抱茎小苦荬	菊科	抱茎苦荬菜	*Ixeridium sonchifolia* (Maxim.) Shih	全草可入药。能清热，解毒，消肿，有凉血，活血之功效

（续）

序号	药材名	科名	别名	拉丁名	药用价值
337	山苦荬	菊科	苦菜,败酱,活血草	Ixeris chinensis (Thunb.) Nakai	清热解毒、泻肺火、凉血、止血、调经、活血、化腐生肌
338	山莴苣	菊科		Lagedium sibiricum (L.) Sojak	茎、叶煎服,可以解热、粉末涂搽、祛瘀止痛、利小便的功效
339	毛连菜	菊科	枪刀菜	Picris hieracioides Linn.	全草可入药。具有泻火解毒、活血消肿
340	鸦葱	菊科	罗罗葱、笔管草	Scorzonera austriaca Willd	清热解毒、活血消肿
341	豨莶	菊科	稀莶、火枚草	Siegesbeckia orientalis L.	祛风湿、利筋骨、降血压
342	孔雀草	菊科	黄菊花、孔雀菊	Tagetes patula L.	花叶入药。有清热化痰、补血通经的功效。治疗百日咳、气管炎、感冒
343	蒲公英	菊科	尿床草、地丁	Taraxacum mongolicum Hand.-Mazz.	清热解毒、消肿散结。叶子有改善湿疹、舒缓皮肤炎的功效。根具有消炎作用。花采煎成药汁可以去除雀斑。
344	苍耳	菊科	常思、菜耳	Xanthium sibiricum Patrin ex Widder	入药治麻风、种子利尿、发汗
345	旋复花	菊科	驴儿草、百叶草	Inulabritannica L.	花可用于化痰止咳、降气平喘、止吐
346	额河千里光	菊科	大蓬蒿、斩龙草	Senecio arguensis Turcz.	清热解毒。用于毒蛇咬伤、蝎、蜴、蜂蜇伤、疮疖肿毒、湿疹、皮炎、急性结膜炎、咽炎
347	朝鲜苍术	菊科		Atractylodes coreana (Nakai) Kitam	根状茎可药用
348	北苍术	菊科	青术	Atractylodes chinensis (DC.) Koidz	根状茎有健胃、发汗、利尿之效
349	牛蒡	菊科	大力子、恶实	Arctium lappa Linn.	有治疗糖尿病、高血压、高血脂、抗癌、提高人体免疫力等作用
350	飞廉	菊科	天荠、伏猪	Carduus nutans Linn.	散瘀止血,清热利湿。用于吐血、鼻衄、尿血、风湿性关节炎、跌打损伤;膏淋、小便涩痛
351	祁州漏芦	菊科	狼头花	Rhaponticum uniflorum (L.) DC.	根有排脓止血之效。治恶疮、肠出血
352	红花	菊科	红蓝花	Carthamus tinctorius L.	花入药。有活血通经的功效
353	大丁草	菊科		Gerbera anandria (Linn.) Sch.-Bip	有清热解毒、消肿止痛、止血、生肌、祛风湿、利尿之效。
354	柿	柿树科	朱果、猴枣	Diospyros kaki Thunb.	柿霜柿蒂入药,有柔脾胃、清燥火的功效。可以补虚、解酒、止咳、利肠、除热、止血

（续）

序号	药材名	科名	别名	拉丁名	药用价值
355	黑枣	柿树科	君迁子	*Diospyros lotus* Linn.	种子入药。能消渴去热，含维生素C，可提取供医用
356	水烛	香蒲科	蒲草、水蜡烛	*Typha angustifolia* Linn.	花粉入药。能消炎、止血、利尿
357	泽泻	泽泻科	水泽、如意花	*Alisma plantago - aquatica* Linn.	球茎有清热、利尿、渗湿之效
358	牛筋草	禾本科	蟋蟀草、牛顿草	*Eleusine indica* (Linn.) Gaertn.	全草药用。清热、利湿。治伤暑发热、小儿急惊、黄疸、痢疾、淋病、小便不利
359	赖草	禾本科	老披碱、宾草	*Leymus secalinus* (Georgi) Tzvel.	清热利湿、止血。主治淋病、赤白带下、痰中带血
360	黍	禾本科	黍离	*Panicum miliaceum* L.	益气、补中
361	狼尾草	禾本科	芮草、老鼠狼	*Pennisetum alopecuroides* (L.) Spreng	清肺止咳、凉血明目。主治肺热咳嗽、目赤肿痛
362	狗尾草	禾本科	毛毛狗、毛悠悠	*Setaria viridis* (L.) Beauv.	除热、去湿、消肿
363	马唐	禾本科	抓地草	*Digitaria sanguinalis* (L.) Scop.	全草药用。明目润肺
364	玉米	禾本科	包谷	*Zea mays* L.	玉米须药用。利尿、泄热、平肝、利胆。治肾炎水肿、胸气、高血压、糖尿病、胆结石、鼻渊等
365	高粱	禾本科	蜀黍	*Sorghum vulgare* Pers.	果实药用。健脾燥湿、治腹痛腹泻等
366	芨芨草	禾本科	席芨草	*Achnatherum splendens* (Trin.) Nevski	茎、颖果、花絮及根可入药。能清热利尿，可治尿路感染、小便不利、尿闭
367	画眉草	禾本科	星星草	*Eragrostis pilosa* (Linn.) Beauv.	利尿通淋、清热活血。主治热淋、石淋、目赤肿痛
368	白茅	禾本科	白草、茅针	*Imperata cylindrica* (Linn.) Beauv.	根可凉血、止血、清热利尿。花序可止血
369	荩草	禾本科	绿竹	*Arthraxon hispidus* (Thunb.) Makino	茎叶药用。治久咳
370	莎草	莎草科	夫须、猪毛青	*Cyperus rotundus* L.	行气开郁、祛风止痒、宽胸利膈。主治胸闷不舒、风疹瘙痒、痛伴随肿毒
371	水葱	莎草科	水文葱、冲天草	*Scirpus validus* Vahl	利尿消肿。主治水肿胀满、小便不利
372	香附子	莎草科	回头青	*Cyperus rotundus* Linn.	块根药用。有理气止痛、调经解郁之效
373	半夏	天南星科	地文、蝎子草	*Pinellia ternata* (Thunb.) Breit.	块茎药用。燥湿化痰、降逆止呕、消痞散结

（续）

序号	药材名	科名	别名	拉丁名	药用价值
374	狗爪半夏	天南星科		Arisaema formosanum Hayata var. stenophyllum Hayata	块茎敷治肿毒。但有毒，宜慎用
375	天南星	天南星科	南星、白南星	Arisaema heterophyllum Blume	块茎药用。燥湿化痰，祛风止痉，散结消肿
376	灯心草	灯心草科	龙须草、野席草	Juncus effusus L.	有利尿、清凉镇静之效
377	藜芦	百合科	山葱、黑藜芦	Veratrum nigrum Linn.	根可催吐、祛痰
378	洋葱	百合科	圆葱	Allium cepa L.	鳞茎药用。有润肠、理气和胃，健脾逆食，消食，散瘀解毒之效
379	知母	百合科	羊胡须、地参	Anemarrhena asphodeloides Bunge	根茎药用。清热泻火，生津润燥。用于外感热病，高热烦渴，肺热燥咳，骨蒸潮热，内热消渴，肠燥便秘
380	大蒜	百合科		Allium sativum L.	解毒杀虫，消肿止痛，止泻止痢
381	黄花菜	百合科	萱草、金针菜	Hemerocallis citrina Baroni	花蕾药用。养血平肝，利尿消肿。治头晕，耳鸣，心悸、腰痛、吐血，大肠下血，水肿，淋病，咽痛等
382	野百合	百合科	佛指甲、狸豆	Crotalaria sessiliflora L.	清热解毒，除湿消积。有升高白血细胞的作用，对多种癌症都有较好的疗效。风寒外感者忌用，有毒
383	玉簪	百合科	白萼、白鹤仙	Hosta plantaginea (Lam.) Aschers.	花药用。消肿，解毒，止血。治痈疽，瘰疬，咽肿，吐血，骨鲠，烧伤
384	有斑百合	百合科	渥丹	Lilium concolor Salisb. var. pulchellum (Fisch.) Regel	鳞茎药用。润肺止咳，宁心安神。治肺虚久咳，痰中带血，神经衰弱，惊悸，失眠
385	卷丹	百合科	斑点百合	Lilium concolor Salisb. var. pulchellum (Fisch.) Regel	鳞茎药用。养阴润肺，清心安神
386	鹿药	百合科	偏头七	Smilacina japonica A. Gray	根茎药用。祛风止痛，活血消肿
387	绵枣	百合科	地枣儿	Scilla scilloides (Lindl.) Druce	鳞茎药用。活血解毒，消肿止痛。治乳痈，肠痛
388	薤白	百合科	山蒜、小根菜	Allium macrostemon Bunge	鳞茎药用。有理气，宽胸之效
389	铃兰	百合科	君影草、山谷百合	Convallaria majalis L.	全草药用。强心、利尿。用于充血性心力衰竭、心房纤颤等

（续）

序号	药材名	科名	别名	拉丁名	药用价值
390	玉竹	百合科	铃铛菜、萎	Polygonatum odoratum（Mill.）Druce	根状茎药用。滋补强壮。
391	黄精	百合科	老虎姜、鸡头参	Polygonatum sibiricum Delar. ex Redoute	有降血压、降血糖、降血脂、防止动脉粥样硬化、延缓衰老、抗菌、补气养阴、润肺、健脾等作用。
392	七叶一枝花	百合科	蚤休	Paris polyphylla Sm.	根茎有清热解毒、散结消肿之效
393	水仙	石蒜科	多花水仙凌波仙子	Narcissus tazetta L. var. chinensis Roem.	鳞茎多液，有毒，捣烂可敷治痛肿
394	穿山薯芋	薯芋科	穿地龙	Dioscorea nipponica Makino	根茎药用。可祛风湿、舒经活血、止痛
395	薯芋	薯芋科	长山药	Dioscorea japonica L.	根状茎药用。滋补强壮。
396	马蔺	鸢尾科	马兰花	Iris pallasii Fisch. var. chinensis Fisch.	全草药用。清热解毒、通淋
397	射干	鸢尾科	乌扇、黄远	Belamcanda chinensis（L.）Redouté	根状茎药用。清热解毒
398	美人蕉	美人蕉科	兰蕉	Canna generalis L.	根茎和花药用。清热利尿、安神降压
399	大花杓兰	兰科	大口袋花	Chypripedium macranthum Sw.	根茎可利尿消肿、活血祛瘀、祛风湿、镇痛
400	二叶兜被兰	兰科	兜被兰	Neottianthe cucullata（L.）Schltr.	全草可用于外伤疼痛性休克、跌打损伤、骨折
401	角盘兰	兰科	人头七	Herminium monorchis（L.）R. Br.	全草药用。有强心补肾、生津止渴、补脾健胃、调经活血之效
402	手参	兰科	佛手参	Gymnadenia conopsea（Linn.）R. Br.	块茎药用。有止痛、止血之效
403	绶草	兰科	盘龙参	Spiranthes sinensis（Pers.）Ames	全草入药。滋补、强壮，清热、治病后虚弱、咳嗽吐血、头晕、腰酸等

六、珍稀植物

1. 青檀

榆科，青檀属

中国特有的单种属稀有树种。零星或成片分布于我国 19 个省份。因自然植被的破坏，常被大量砍伐，致使分布区逐渐缩小，林相残破，有些地区残留极少，甚至已不易找到。

《中国稀有濒危植物名录》中列为稀有类 3 级保护植物。山西省重点保护野生植物。

青檀为落叶乔木，树高可达 20 米。树皮灰白色或暗灰色，长片状剥落，叶卵形或椭圆状卵形，坚果，单生叶腋，周围有近木质化的翅，花期 4～5 月，果期 7～8 月。中等喜光树种，耐干旱瘠薄，萌芽力强，寿命长，根系发达，播种繁殖。常生于山谷溪边石灰岩山地疏林中，海拔 100～1500 米。适应性较强，喜钙，喜生于石灰岩山地，也能在花岗岩、砂岩地区生长，可作石灰岩山地的造林树种。材质硬，纹理直，结构细，可作农具、车轴、家具和建筑用的上等木料，茎皮为"宣纸"原料。

山西灵丘黑鹳自然保护区内的独峪乡花塔村一带是青檀树种的原生地之一，也是青檀在山西省北部的唯一分布区，分布面积 1 万余亩，多集中分布于檀木沟、大灯盏、黑沟等地，亩均 70 多株。保护区成立前，因青檀材质优良，尤其做农具把柄既结实又细腻，偷砍乱伐严重，以致青檀多为灌丛状。保护区从 2007 年起在青檀原生地开展青檀保护工程，共铁丝网围栏 25 千米，并开展了青檀育种繁育实验，开辟了试验田，目前长势良好，为探索青檀人工繁育技术，扩大人工青檀林面积奠定基础。

2. 水曲柳

木犀科，梣属（白蜡属）

落叶乔木。树皮多为灰白色。新生的小枝略呈心棱形，无毛，生有皮孔，冬芽为里褐色或黑色。木质坚韧，木级美观，可用于制作家具、乐器、机械及建筑材料等。

3. 黄檗

芸香科，黄檗属

别名：黄柏、元柏、檗木。

落叶乔木，高 10～25 米。树皮厚，外皮灰褐色，木栓发达，内皮鲜黄色。小枝通常灰褐色或淡棕色，罕为红棕色，有小皮孔。花小，黄绿色。花期 5～6 月，果期 9～10 月。

4. 胡桃楸

胡桃科，胡桃属

别名：楸子、山核桃。

落叶乔木，高达 20 余米，胸径 70 厘米；树冠圆形或长圆形；树皮灰色或暗灰色，幼时光滑，老时浅纵裂；叶互生，奇数羽状复叶；果实球形、卵圆形或椭圆形，顶端尖。在保护区内主要分布于狼牙山、梨园、三楼东古道等地。

5. 刺五加

五加科，五加属

别名：刺拐棒、坎拐棒子、一百针、老虎潦。

灌木，高 1~6 米。分枝多，刺直而细长，针状，下向，基部不膨大，脱落后遗留圆形刺痕；叶柄常疏生细刺；小叶片椭圆状倒卵形或长圆形，先端渐尖，基部阔楔形，上面粗糙，深绿色，脉上有粗毛，下面淡绿色；花紫黄色；萼无毛，边缘近全缘或有不明显的小齿；果实球形或卵球形，有 5 棱，黑色，直径 7~8 毫米。花期 6~7 月，果期 8~10 月。

6. 迎红杜鹃

杜鹃花科，杜鹃属

别名：迎山红、尖叶杜鹃。

落叶灌木，高 1~2 米，分枝多。幼枝细长，疏生鳞片。叶片质薄，椭圆形或椭圆状披针形，顶端锐尖、渐尖或钝；花序腋生枝顶或假顶生，先叶开放，伞形着生；蒴果长圆形，先端 5 瓣开裂。花期 4~6 月，果期 5~7 月。主要生长于山地灌丛之中。

7. 脱皮榆

榆科，榆属

别名：小叶榆、榔榆。

落叶小乔木，高 8~12 米，胸径 15~20 厘米；树皮灰色或灰白色，不断的裂成不规则薄片脱落，内（新）皮初为淡黄绿色，后变为灰白色或灰色，不久又挠裂脱落，干皮上有明显的棕黄色皮孔，常数个皮孔排成不规则的纵行。

8. 杓兰

兰科，杓兰属

别名：女神之花。

植株高 20~45 厘米，具较粗壮的根状茎。茎直立，被腺毛，基部具数枚鞘。叶片椭圆形或卵状椭圆形，较少卵状披针形。花序顶生；花具栗色或紫红色萼片和花瓣，但唇瓣黄色；花瓣线形或线状披针形，扭转，内表面基部与背面脉上被短柔毛；唇瓣深囊状，椭圆形。花期 6~7 月。

9. 野茉莉

安息香科，安息香属

别名：齐墩果。

野茉莉科落叶小乔木。

叶互生，卵形。初夏开白花，花朵朝下。木材可用于雕刻。长于山野。木材为散孔材，黄白色至淡褐色，纹理致密，材质稍坚硬，可作器具、雕刻等细工用材；种子油可作肥皂或机器润滑油，油粕可作肥料；花美丽、芳香，可作庭园观赏植物。

10. 椴树

椴树科，椴树属

别名：火绳树、桐麻。

是中国珍贵的重点保护植物。

高 20 米。树皮灰色，直裂；小枝近秃净，顶芽无毛或有微毛，叶宽卵形，聚伞花序长，无柄，萼片长圆状披针形，果球形，花期 7 月。分布于北温带和亚热带。有经济、食用、医用等多种价值。

11. 梓树

紫葳科，梓属

别名：楸，花楸，水桐、臭梧桐。

落叶乔木，一般高 6 米，最高可达 15 米。树冠倒卵形或椭圆形，树皮褐色或黄灰色。梓树树体端正，冠幅开展，叶大荫浓，春夏黄花满树，秋冬荚果悬挂，是具有一定观赏价值的树种。可作行道树、绿化树种。嫩叶可食；根皮或树皮、果实、木材、树叶均可入药剂；木材可作家具。

第五章　动物资源

第一节　鸟　类

鸟类是自然生态系统的重要组成部分，在全球生物多样性方面扮演着重要角色。我国自然景观复杂，是生物多样性较丰富国家，已知鸟类物种数为 1400 多种，列世界前10 位。

一、物种组成

2013 年的调查记录资料表明，山西灵丘黑鹳省级自然保护区鸟类物种记录增加至 266种，分属 16 目 51 科，占山西省鸟类总数（335 种）的 79.4%。其中国家一级重点保护鸟类 4 种，二级重点保护鸟类 33 种；省级重点保护种 19 种。属于中日合作保护候鸟 80 多种，属于中澳合作保护候鸟 20 多种。

列入国家一级重点保护的动物 4 种，分别为：黑鹳、金雕、胡兀鹫、大鸨。

列入国家二级重点保护的鸟类，分别为：白额雁、大天鹅、小天鹅、疣鼻天鹅、鸳鸯、黑鸢、苍鹰、雀鹰、日本松雀鹰、大鵟、普通鵟、毛脚鵟、草原雕、乌雕、秃鹫、白尾鹞、鹊鹞、猎隼、游隼、燕隼、红脚隼、红隼、阿穆尔隼、灰鹤、蓑羽鹤、小鸥、红角鸮、领角鸮、长耳鸮、短耳鸮、雕鸮、纵纹腹小鸮、斑嘴鹈鹕。

列入省级重点保护的鸟类，分别为：苍鹭、池鹭、金眶鸻、鹦嘴鹬、四声杜鹃、小杜鹃、普通夜鹰、冠鱼狗、蓝翡翠、星头啄木鸟、牛头伯劳、楔尾伯劳、黑枕黄鹂、北椋鸟、褐河乌、贺兰山红尾鸲、红腹红尾鸲、白顶溪鸲、红翅旋壁雀。

保护区内的鸟类以雀形目为优势，共有 22 科，占雀形目总数的 62.9%。

二、居留类型划分

留鸟 65 种，约占本区鸟类总数的 24.4%；夏候鸟和繁殖鸟共 83 种，约占本区鸟类总数的 31.2%；旅鸟 110 种，约占本区鸟类总数的 41.3%。

三、生境区域分布

依据保护区鸟类生境植被类型和景观特征，可将保护区划分为 6 个不同生境类型，区内鸟类在各生境区域分布概况如下。

1. 森林

不同植被类型的森林生境在鸟类物种多样性的丰富度方面具有重要意义，许多种鸟类必须在森林生境进行繁殖、觅食活动，甚至有些种水禽对森林生境也具有很强的依赖性，例如鹳形目、雁形目、鸻形目的一些鸟类在树林、大树树冠上或林下营巢繁殖；保护区森林有天然油松林、针阔混交林等，植被茂盛，食物条件和隐蔽条件好，人为干扰少，因此鸟类成分比较复杂。对森林生境依赖性较大的有鹃形目、夜鹰目、雨燕目、隼形目、鸡形目、鸽形目、鸮形目、雀形目等类型鸟类。

2. 灌丛和灌草丛

保护区内灌丛和灌草丛生境类型多样，与森林生境有密切联系的有林下稀疏灌丛、林下茂密灌丛、林缘或林间空地灌丛和灌草丛等类型。这类灌丛、灌草丛生境中既有森林—灌丛生境型鸟种（例如大多数的雉科、杜鹃科、啄木鸟科等鸟类），又有单纯灌草丛生境型鸟种（例如鸫亚科中的许多种鸫类，莺科中的苇莺类等）。与农田、人类居住区毗邻或穿插镶嵌的灌草丛生境，既可以分布有农田—灌草丛类型鸟种（如雉科中的环颈雉，文鸟科中的麻雀，雀科中的燕雀，大多数鹀类等），又可以分布有单纯灌丛生境型鸟种。还有许多种隼形目和鸮形目猛禽在不同程度上对这类生境的利用等因素，致使灌丛和灌草丛生境中的鸟类物种组成最为丰富。

3. 草地

保护区内草地主要分布在山区，以亚高山草地、疏林草地最为丰富，其余为山地草丛草地和农田间隙草地。多数草地零星分布，毗邻或镶嵌在林地、农田、水域等生境之间。本地典型草地生境的鸟种有鸻形目中的凤头麦鸡、灰头麦鸡，雀形目中的凤头百灵、小云雀，大多数鹨鹡科鸟类等。利用草地生境类型的许多种鸟类也是农田、灌丛等生境中的常见种，例如大多数猛禽如鸢、苍鹰、雀鹰、金雕、鵟、鹞、游隼、红隼等，以及环颈雉、大杜鹃、戴胜、麻雀、白腰文鸟、燕雀、朱雀，多种鹀等。

4. 洞穴、裸岩

保护区内山大沟深，洞穴裸岩较多，特别是唐河峡谷两岸、上寨镇狼牙沟、独峪乡花塔等地大山中更是遍布。许多种鸟类选择洞穴或峭壁上的石阶、石岩作为繁殖季节时的营巢巢址，如鹳形目中的黑鹳，隼形目中的金雕等多种猛禽，以及某些雨燕目、佛僧目和雀形目鸟类。有些鸟类必须依赖这类生境作为繁殖和栖居场所，雨燕目类鸟类比较典型，例如在峭壁上的岩石裂隙、凹穴等处营巢停栖的白喉针尾雨燕、白腰雨燕等。

还有一些灌丛、溪流等生境中的雀形目小型鸣禽，可以选择不同类型的岩石洞穴、石隙、石缝等作为营巢巢址，如：褐河乌、鸲鹟、北红尾鸲、红尾水鸲、黑背燕尾、紫啸鸫、麻雀、山麻雀等。

利用洞穴、裸岩生境的鸟类类群还有：雁形目鸳鸯，鸽形目原鸽、岩鸽，鸮形目雕鸮、纵纹腹小鸮等。

5. 河流湿地

保护区内河流湿地较为丰富，河流两岸分布有成片灌木、并零星分布有高大乔木，生境多样，物种较丰富。该生境除了是水鸟类群必不可少的栖居、觅食场所外，也是某些其他类群鸟类的必要生境。如：崖沙燕、家燕、金腰燕等燕科鸟类经常在广阔的水域上空进行飞行觅食活动；鹡鸰科的大多数鸟种如黄鹡鸰、白鹡鸰等，往往在水边滩地、草地进行觅食；还有些雀形目小型鸣禽，必须在依傍溪流等水域的灌草丛或农田等生境中才能生存，典型的有红尾水鸲、黑背燕尾、白顶溪、紫啸鸫等。

6. 农田

农田属于人工植被生境类型，利用农田生境的鸟类大多数是周边生境如林地、灌草丛、草地等生境中的鸟类对该生境长期适应性的结果，如环颈雉、红腹锦鸡、凤头麦鸡、灰头麦鸡、朱颈斑鸠，以及云雀、鹡鸰、伯劳等许多种雀形目鸟类。其中有些鸟种表现出对农田生境的高度适应性和倾向性，典型的有树麻雀、燕雀、金翅、蜡嘴雀等20多种文鸟科和雀科鸟类等。此外，有些鸟类在如黑枕绿啄木鸟、黑枕黄鹂、黑卷尾等栖息于果园或人类栽植的杨柳、槐等树木上，还有环颈雉、喜鹊等广栖种或季节性地在农田中觅食。

四、珍稀鸟类

1. 黑鹳

鹳形目，鹳科，鹳属

又叫黑老鹳、乌鹳、锅鹳，国家一级保护野生动物。是一种体态优美，体色鲜明，活动敏捷，性情机警的大型涉禽。成鸟的体长为1～1.2米，体重2～3千克。鲜红色的嘴长而直，基部较粗，往先端逐渐变细，鼻孔较小，呈裂缝状。它的腿也较长，胫以下的部分裸出，呈鲜红色，前趾的基部之间具蹼。眼睛内的虹膜为褐色或黑色，周围裸出的皮肤也呈鲜红色。身上的羽毛除胸腹部为纯白色外，其余都是黑色，在不同角度的光线下，可以映出变幻多端的绿色、紫色或青铜色金属光辉，尤以头、颈部的更为明显。

栖息于河流沿岸、沼泽山区溪流附近。多在山区悬崖峭壁的凹处石沿或浅洞处营巢（山西），或在绿洲湿地高大的胡杨树上营巢（新疆塔里木河中游），有沿用旧巢的习性。夏天在北方繁殖，秋天飞往南方越冬。

2. 金雕

隼形目，鹰科，真雕属

国家一级重点保护野生动物。体长86厘米，性凶猛，飞行迅速，成鸟的翼展平均超过2.3米，其腿爪上全部都有羽毛覆盖着。常单独或成对活动，一般生活于多山或丘陵地区，栖息于高山草原、荒漠、河谷和森林地带，冬季亦常到山地丘陵和山脚平原地带活动，最高海拔高度可到4000米以上。以大中型的鸟类和兽类为食，巢多筑在崖峭壁的洞穴里。目前国内现存数量极少，在区内白崖台乡烟云崖、邓峰寺等区域曾发现，亟待加以保护。

3. 大鸨

鹳形目，鸨科，鸨属

国家一级重点保护野生动物。大型陆栖鸟类。雄鸟全长约1米，雌鸟约80厘米，颈粗直，腿强健。主要栖息于开阔的平原、干旱草原、稀树草原和半荒漠地区。食性杂，主要吃植物的嫩叶、嫩芽、嫩草、种子以及昆虫、蚱蠓、蛙等，特别是油菜金花虫、蝗虫等农田害虫，有时也在农田中取食散落在地的谷粒等，幼鸟主要吃昆虫。本保护区曾发现4只大鸨。

4. 大天鹅

雁形目，鸭科，天鹅属

国家二级重点保护野生动物。体重约10千克，体长达1.5米，全身的羽毛均为雪白的颜色，只有头部和嘴的基部略显棕黄色，嘴的端部和脚为黑色。栖息于河流、湖泊等水域，主要以水生植物为食。目前在国内仅存10000只，极为珍贵。本保护区于2009年春季曾救助大天鹅十余只。2012年曾在灵丘县城东湿地发现16只的大天鹅迁徙种群。

5. 灰鹤

鹤形目，鹤科，鹤属

国家二级重点保护野生动物。大型涉禽，全身的羽毛大部分为灰色，体长超过1米，体重3~5千克。栖息范围较广，近水平原、草原、沙滩、丘陵地等地都可见。

6. 蓑羽鹤

鹤形目，鹤科，鹤属

国家二级重点保护野生动物。中型涉禽，栖息于沼泽、草甸、苇塘等地。以水生植物和昆虫为食，也兼食鱼、蝌蚪、虾等。

7. 勺鸡

鸡形目，雉科，勺鸡属

国家二级重点保护野生动物。体型适中，头部完全被羽，无裸出部分，并具有枕冠。第一枚初级飞羽较第二枚短甚，第二枚与第六枚等长；第四枚稍较第三枚为长，同时也是最长的。尾羽16枚，呈楔尾状；中央尾羽较外侧的约长1倍。跗蹠较中趾连爪稍长，雄性具有一长度适中的钝形距。雌雄异色，雄鸟头部呈金属暗绿色，并具棕褐色和黑色的长冠羽；颈部两侧各有一白色斑；体羽呈现灰色和黑色纵纹；下体中央至下腹深栗色。雌鸟体羽以棕褐色为主；头不呈暗绿色，下体也无栗色。

8. 红腹角雉

鸡形目，雉科，角雉属

国家二级重点保护野生动物。体全长约60厘米。雄鸟体羽及两翅主要为深栗红色，满布具黑缘的灰色眼状斑，下体灰斑大而色浅。头部、颈环及喉下肉裙周缘为黑色；脸、额的裸出部及头上肉角均为蓝色；后头羽冠橙红色。嘴角褐色。脚粉红，有距。雌鸟上体灰褐色，下体淡黄色，杂以黑、棕、白斑。尾羽栗褐色，有黑色和淡棕色横斑。脚无距。栖息于海拔1000~3500米的山地森林、灌丛、竹林等不同植被类型中，其中尤以1500~2500米的常绿阔叶林和针阔叶混交林最为喜欢，有时也上到海拔3500米的高山灌丛，甚至裸岩地带活动。主要以乔木、灌木、竹以及草本植物和蕨类植物的嫩叶、幼芽、嫩枝、花絮、果实和种子为食。也吃少量昆虫、盲蛛等动物性食物。

9. 苍鹰

隼形目，鹰科，鹰属

国家二级重点保护野生动物。身长 50 厘米。翼展约 150 厘米，翅短。林栖。视觉敏锐，善于飞翔，主要捕食鸽子等鸟类和野兔，也能猎取松鸡和狐等大型猎物。

10. 雀鹰

隼形目，鹰科，鹰属

国家二级重点保护野生动物。小型猛禽，体长 30 ~ 40 厘米。上体呈苍灰色，头顶及后颈部为乌灰色，爪黑色。栖息于针叶林、混交林、阔叶林等山地森林和林缘地带，冬季主要栖息于低山丘陵、山脚平原、农田地边、以及村庄附近，喜欢在林缘、河谷，采伐迹地的次生林和农田附近的小块丛林地带活动。在高山幼树上筑巢。捕食麻雀等小鸟、小型哺乳类、昆虫。

11. 松雀鹰

隼形目，鹰科，鹰属

国家二级重点保护野生动物。中等体型的猛禽，通常栖息于山地针叶林、阔叶林和混交林中，性机警，常单独生活，主要捕食鼠类、小鸟、昆虫等动物。

12. 草原雕

隼形目，鹰科，雕属

国家二级重点保护野生动物。大型猛禽，体长约 80 厘米，体重 2 ~ 3 千克。貌凶狠，尾型平。主要栖息于开阔平原、草地、荒漠和低山丘陵地带的荒原草地。白天活动，长时间地栖息于电线杆上、孤立的树上和地面上，或翱翔于草原和荒地上空。主要以黄鼠、跳鼠、沙土鼠、鼠兔、旱獭、野兔、沙蜥、草蜥、蛇、鸟类等小型脊椎动物和昆虫为食，有时也吃动物尸体和腐肉。

13. 大鵟

隼形目，鹰科，鵟属

国家二级重点保护野生动物。大型猛禽，全长约 70 厘米，栖息于山地、山脚平原、草原等地区，也出现在高山林缘和开阔的山地草原与荒漠地带，垂直分布高度可以达到 4000 米以上的高原和山区。强健有力，能捕捉野兔及雪鸡，在北方较为常见。

14. 普通鵟

隼形目，鹰科，鵟属

中型猛禽，体长约 60 厘米。形似老鹰，常飞翔高空或栖息于高树，吃鼠类，为农田益鸟。

15. 乌雕

隼形目，鹰科，雕属

国家二级重点保护野生动物。大型猛禽，留鸟，分布于我国大部分地区。栖息于草原及湿地附近的林地，多在飞翔中或伏于地面捕食，取食鱼、蛙、鼠类、野兔、野鸭等动物，也食金龟子、蝗虫。

16. 游隼

隼形目，隼科，隼属

国家二级重点保护野生动物。中型猛禽，飞行速度很快，俯冲时速可达每小时 389 千米，是世界上飞得最快的鸟类。头顶和后颈暗石板蓝灰色到黑色，背、肩蓝灰色，具黑褐色羽干纹和横斑。栖息于山地、丘陵、河流、沼泽与湖泊沿岸地带。性情凶猛，主要捕食野鸭、鸥、鸠鸽类、乌鸦和鸡类等中小型鸟类，偶尔也捕食鼠类和野兔等小型哺乳动物。

17. 红隼

隼形目，隼科，隼属

国家二级重点保护野生动物。栖息在山区植物稀疏的混交林、开垦耕地及旷野灌丛草地，主要以昆虫、两栖类、小型爬行类、小型鸟类和小型哺乳类为食。

18. 红脚隼

隼形目，隼科，隼属

国家二级重点保护野生动物。栖息于低山疏林、山脚平原、丘陵地区的沼泽、河流等开阔地区，主要以蝗虫、蚱蜢等昆虫为食。

19. 燕隼

隼形目，隼科，隼属

国家二级重点保护野生动物。栖息于开阔地带的稀疏林区，高可至海拔 2000 米。觅食大都在清晨及黄昏间，主要于飞行中捕捉捕食昆虫和小型鸟类。

20. 猎隼

隼形目，隼科，隼属

国家二级重点保护野生动物。颈背偏白，头顶浅褐色。上体多褐色而略具横斑，下体偏白色，翼尖深色，狭窄。栖息于低山丘陵和山脚平原地区。主要以鸟类和小型动物为食。

21. 秃鹫

隼形目，鹰科，秃鹫属

国家二级重点保护野生动物。在海拔 2000～5000 米以上的高山、草原均有分布，栖息于高山裸岩上，主要栖息于低山丘陵和高山荒原与森林中的荒岩草地、山谷溪流和林缘地带，食物主要是大型动物和其他腐烂动物的尸体，也捕食一些中小型兽类。2010、2013、2015 年冬季均在保护区内有发现记录。

22. 黑翅长脚鹬

鸻形目，反嘴鹬科，长脚鹬属

嘴黑色，细长；两翼黑色。腿长，红色；体羽白色。颈背具黑色斑块。被列入《国家保护的有益的或者有重要经济、科学研究价值的陆生野生动物名录》。

23. 黄斑苇鳽

鹳形目，鹭科，苇鳽属

头顶黑色，后颈和背黄褐色；腹和翅覆羽土黄色。栖息于泥塘、湖泊、河流等水域的沼泽地、草丛中。主要以小鱼、虾、蛙、水生昆虫等动物性食物为食。已被列为"三有"动物。

24. 凤头䴙䴘

䴙䴘目，䴙䴘科，䴙䴘属

国家二级重点保护野生动物。雄鸟和雌鸟比较相似，嘴形直，细而侧扁，端部很尖；翅膀短小。头后面长出两撮小辫一样的黑色羽毛，向上直立。栖息于低山和平原地带的江河、湖泊、池塘等水域，潜水能力强，以软体动物、鱼、甲壳类和水生植物等为食。

25. 雕鸮

鸮形目，鸱鸮科，雕鸮属

国家二级重点保护野生动物。栖息于山地森林、平原等各类环境中，性情凶猛，单独活动，善于夜空中在林间飞行，食物以各种鼠类为主。

26. 长耳鸮

鸮形目，鸱鸮科，耳鸮属

国家二级重点保护野生动物。喜欢栖息于针叶林、针阔混交林和阔叶林等各种类型的森林中，食物以各种鼠类为主。

27. 红角鸮

鸮形目，鸱鸮科，角鸮属

国家二级重点保护野生动物。是中国体型最小的一种鸮形目猛禽，栖息于山地林间。以昆虫、鼠类、小鸟为食。

28. 纵纹腹小鸮

鸮形目，鸱鸮科，小鸮属

国家二级重点保护野生动物。在各地均为留鸟，栖息于低山丘陵、林缘灌丛和平原森林地带，主要在白天活动，常在大树顶端和电线杆上休息。食物主要是鼠类和鞘翅目昆虫等小型动物。

29. 针尾鸭

雁形目，鸭科，鸭属

属中型游禽，钻水鸭类，飞行迅速。喜沼泽、湖泊、大河流及沿海地带。常在水面取食，有时探入浅水，是以植物性食物为主的杂食性鸟类。已被列为"三有"动物。

30. 绿翅鸭

雁形目，鸭科，鸭属

为旅鸟和冬候鸟，常栖息在水草丰盛的湖面上和沿海的潮间带。嗜食稻谷，秋后多吃水生植物种子和嫩芽以及少量软体动物。已被列为"三有"动物。

31. 琵嘴鸭

雁形目，鸭科，鸭属

栖息于淡水水域。多在浅水处把头没于水下并用铲形的嘴来获取甲壳动物、鱼卵、蛙、小鱼等食物。已被列为"三有"动物。

表 5-1　山西灵丘黑鹳省级自然保护区鸟类名录

物种名	居留型	保护级别	合作保护	"三有"动物
一、䴙䴘目 PODICEDIFORMES				
（一）䴙䴘科 Podicedidae				
1 小䴙䴘 Podiceps rufieollis	夏，冬			
2 凤头䴙䴘 Podiceps cristatus	旅，冬		日	益
二、鹈形目 PELECANIFORMES				
（二）鹈鹕科 Pelecanidae				
3 斑嘴鹈鹕 Pelecanus philippensis	旅	II		
（三）鸬鹚科 Phalacrocoracidae				
4 鸬鹚 Phalacrocorax carbo	旅			
三、鹳形目 CICONIIFORMES				
（四）鹭科 Ardeidae				
5 苍鹭 Ardea cinerea	留	省		
6 池鹭 Ardeola bacchus	夏	省		
7 夜鹭 Nycticorax nycticorax	夏		日	
8 黄斑苇鸭 Ixobrychus sinesis	夏		日	益
9 栗苇鸭 Ixobrychus cinnamomeus	夏			
10 大麻鸭 Botaurus stellaris	夏		日	
（五）鹳科 Coconiidae				
11 黑鹳 Ciconia nigra	留	I	日	

（续）

物种名	居留型	保护级别	合作保护	"三有"动物
四、雁形目 ANSERIFORMES				
（六）鸭科 Anatidae				
12 黑雁 *Branta bernicla*	旅		日	
13 鸿雁 *Anser cygnoides*	旅，冬		日	
14 豆雁 *Anser fabali*	旅，冬		日	
15 白额雁 *Anser albifrons*	旅	II	日	
16 灰雁 *Anser anser*	旅			
17 大天鹅 *Cygnus cygnus*	旅，冬	II	日	
18 小天鹅 *Cygnus columbianus*	旅	II	日	
19 疣鼻天鹅 *Cygnus olor*	旅	II		
20 赤麻鸭［黄鸭］*Tadorna ferruginea*	旅，冬		日	
21 翘鼻麻鸭 *Tadorna tadorna*	旅		日	
22 针尾鸭 *Anas acuta*	旅，冬		日	益
23 绿翅鸭 *Anas crecca*	旅，冬		日	益
24 花脸鸭 *Anas Formosa*	旅，冬		日	
25 罗纹鸭 *Anas falcate*	旅，冬		日	
26 绿头鸭 *Anas platyrhynchos*	旅，冬		日	
27 斑嘴鸭 *Anas poecilorhyncha*	旅，冬，夏			
28 赤膀鸭 *Anas strepera*	旅		日	
29 赤颈鸭 *Anas Penelope*	旅，冬		日	
30 白眉鸭 *Anas querquedula*	旅，冬		日，澳	
31 琵嘴鸭 *Anas clypeata*	旅，冬		日，澳	益
32 红头潜鸭 *Aythya ferina*	旅，冬		日	
33 凤头潜鸭 *Aythya fuligula*	旅，冬		日	
34 鸳鸯 *Aix galericulata*	旅，冬	II		
35 鹊鸭 *Bucephala clangula*	旅，冬		日	
36 普通秋沙鸭 *Mergus merganser*	旅，冬		日	
五、隼形目 FALCONIFORMES				
（七）鹰科 Aceipitridae				
37 鸢 *Milvus migrans*	留	II		
38 苍鹰 *Accipiter gentiles*	冬	II		
39 雀鹰 *Accipiter nisosimilis*	留	II		
40 松雀鹰 *Accipiter vivgatus*	旅	II	日	
41 大鵟 *Buteo bemilasius*	留	II		
42 普通鵟 *Buteo buteo*	旅	II		
43 毛脚鵟 *Bnteo lagopus*	冬	II	日	

（续）

物种名	居留型	保护级别	合作保护	"三有"动物
44 金雕 *Aquila chrysaetos*	留	I		
45 草原雕 *Aquila rapax*	冬，留	II		
46 乌雕 *Aquila clanga*	旅，冬	II		
47 秃鹫 *Aegypius monachus*	旅	II		
48 胡兀鹫 *Bypaetus barbatus*	旅	I		
49 白尾鹞 *Circus cyaneus*	冬	II	日	
50 鹊鹞 *Circus melanoleucos*	旅	II		
（八）隼科 Falconidae				
51 猎隼 *Falco cherrug*	旅，留	II		
52 游隼 *Falco peredrinus*	旅，留	II		
53 燕隼 *Falco subbuteo*	夏	II	日	
54 红脚隼 *Falco amurensis*	夏	II		
55 红隼 *Falco tinnunculus*	夏	II		
56 阿穆尔隼 *Falco amurensis*	夏	II		
六、鸡形目 GALLIFORMES				
（九）雉科 Phasianidae				
57 石鸡 *Alectoris graeca*	留			益
58 斑翅山鹑 *Perdix dauuricae*	留			
59 鹌鹑 *Coturnix coturnix*	冬，留		日	益
60 雉鸡［环颈雉］ *Phasianus colchicus*	留			益
七、鹤形目 GRUIFORMES				
（十）鹤科 Gruidae				
61 灰鹤 *Grus grus*	冬	II	日	
62 蓑羽鹤 *Anthropoides virgo*	旅	II		
（十一）秧鸡科 Rallidae				
63 红胸田鸡 *Porzana fusca*	夏		日	益
64 小田鸡 *Porzana pusilla*	夏		日	
65 白胸苦恶鸡 *Amaurornis phoenicurus*	夏			益
66 董鸡 *Gallicrex cinerea*	夏		日	
67 黑水鸡 *Gallinula chloropus*	夏		日	益
68 白骨顶［骨顶鸡］ *Fulica atra*	夏，留			
（十二）鸨科 Otididae				
69 大鸨 *Otis tarda*	冬，旅	I		
八、鸻形目 CHARADRIIFORMES				
（十三）彩鹬科 Rostratulidae				
70 彩鹬 *Rostratula benghalensis*	夏			益

（续）

物种名	居留型	保护级别	合作保护	"三有"动物
（十四）鸻科 Charadriidae				
71 凤头麦鸡 *Vanellus vanellus*	旅，夏		日	益
72 灰头麦鸡 *Vanellus cinereus*	旅，夏			益
73 灰斑鸻 *Pluvialis squatarola*	旅		日，澳	
74 金斑鸻 *Pluvialis dominica*	旅		日，澳	益
75 剑鸻 *Charadrius hiaticula*	旅		澳	益
76 金眶鸻 *Charadrius dubius*	夏	省	澳	益
77 环颈鸻 *Charadrius alexandrinus*	夏，旅			益
78 蒙古沙鸻 *Charadrius mongolus*	旅		日，澳	益
79 铁嘴沙鸻 *Charadrius leschenaultii*	旅		日，澳	
80 红胸鸻 *Charadrius asiatlcus*	旅		澳	
（十五）鹬科 Scolopacidae				
81 白腰杓鹬 *Numenius borealis*	旅		日，澳	
82 鹤鹬 *Tringa erythropus*	旅		日	
83 红脚鹬 *Tringa tetanus*	旅		日，澳	
84 青脚鹬 *Tringa nebularis*	旅		日，澳	
85 白腰草鹬 *Tringa ochropus*	旅，冬		日	益
86 林鹬 *Tringa glareola*	旅		日，澳	益
87 矶鹬 *Tringa hypoleucos*	旅		日，澳	益
88 翻石鹬 *Qrenaria interpres*	旅		日，澳	
89 孤沙锥 *Gallinago solitaria*	旅		日	
90 针尾沙锥 *Gallinago stenura*	旅		澳	益
91 大沙锥 *Gallinago megala*	旅		日，澳	益
92 扇尾沙锥 *Gallinago gallinago*	旅		日	益
93 丘鹬 *Scolopax rusticola*	旅		日	益
94 红胸滨鹬 *Calidris ruficollis*	旅		日，澳	
95 长趾滨鹬 *Calidris subminuta*	旅		日，澳	
96 乌脚滨鹬［青脚滨鹬］ *Calidris temminckii*	旅		日	
97 尖尾滨鹬 *Calidris acuminata*	旅		日，澳	益
（十六）反嘴鹬科 Recurvirostridae				
98 鹦嘴鹬 *Ibidorhyncha struthersii*	留	省		益
99 黑翅长脚鹬 *Himantopus himantopus*	旅		日	益
100 反嘴鹬 *Recurvirosta avosetta*	旅		日	益
（十七）瓣蹼鹬科 Phalaropodidae				
101 灰瓣蹼鹬 *Phalaropus fulicarius*	旅		日，澳	
（十八）燕鸻科 Glareolidae				

（续）

物种名	居留型	保护级别	合作保护	"三有"动物
102 普通燕鸻 *Glareola maldivarum*	夏，旅		日，澳	
九、鸥形目 LARIFORMES				
（十八）鸥科 Laridae				
103 黑尾鸥 *Larus crassirostris*	旅			益
104 红嘴鸥 *Larus ridibundus*	旅		日	
105 棕头鸥 *Larus brunnicephalus*	旅			
106 小鸥 *Larus minutus*	旅，夏	II		
107 普通燕鸥 *Sterna hirundo*	夏，旅		日，澳	益
十、鸽形目 COLUMBIFORMES				
（十九）沙鸡科 Pteroclididae				
108 毛腿沙鸡 *Syrrhaptes paradoxus*	留			
（二十）鸠鸽科 Columbidae				
109 岩鸽 *Cohumba rupestrts*	留			益
110 山斑鸠 *Streptopelia orientalis orientalis*	留			益
111 灰斑鸠 *Streptopelia decaocto decaocto*	留			益
112 珠颈斑鸠 *Streptopelis chinensis*	留			益
113 火斑鸠 *Oenopopelia tranquebarica*	留			益
（二十一）杜鹃科 Cuculidae				
114 鹰鹃［鹰头杜鹃］*Cuculus sparverioides*	夏			益
115 四声杜鹃 *Cuculus micropterus*	夏	省		
116 大杜鹃 *Cuculus canorus*	夏		日	益
117 中杜鹃 *Cuculus saturatus*	夏		日，澳	益
118 小杜鹃 *Cuculus poliocephalus*	夏	省	日	益
十一、鸮形目 STRIGIFORMES				
（二十二）鸱鸮科 Strigidae				
119 红角鸮 *Otus scops*	夏	II		
120 领角鸮 *Otus bakkamoena*	夏	II		
121 雕鸮 *Bubo bubo*	留	II		
122 纵纹腹小鸮 *Athene hoctua*	留	II		
123 长耳鸮 *Asio otus*	冬	II	日	
124 短耳鸮 *Asio flammeus*	冬	II	日	
十二、夜鹰目 CAPRIMULGIFORMES				
（二十三）夜鹰科 Caprimulgidae				
125 普通夜鹰 *Caprimulgus indicus*	夏	省	日	益
十三、雨燕目 APODIFORMES				
（二十四）雨燕科 Apodidae				

（续）

物种名	居留型	保护级别	合作保护	"三有"动物
126 楼燕 *Apus apus*	夏			益
127 白喉针尾雨燕 *Hirundapus caudacutus*	旅		日，澳	
128 北京雨燕 *Apus apus*	夏			
129 白腰雨燕 *Apus pacificus*	夏，旅		日，澳	
十四、佛法僧目 CORACIIFORMES				
（二十五）翠鸟科 Alcedinidae				
130 冠鱼狗 *Ceryle lugubris*	夏	省		
131 普通翠鸟 *Alcedo atthis*	夏			益
132 蓝翡翠 *Halcyon pileata*	夏	省		
（二十六）佛法僧科 Coraciidae				
133 三宝鸟 *Eurystomus orientalis*	夏		日	
（二十七）戴胜科 Upupidae				
134 戴胜 *Upupa epops*	夏，留			益
十五、䴕形目 PICIFORMES				
（二十八）啄木鸟科 Picidae				
135 蚁䴕 *Jynx torquilla*	旅			
136 黑枕[灰头]绿啄木鸟 *Picus canus*	留			
137 黑啄木鸟 *Dryocopus martius*	留			益
138 大斑啄木鸟 *Dendrocops major*	留			益
139 星头啄木鸟 *Dendrocops canicapillus*	留	省		益
十六、雀形目 PASSERIFORMES				
（二十九）百灵科 Alaudidae				
140 蒙古百灵 *Melanocorypha mongolica*	冬			
141 短趾沙百灵 *Calandrella cinerea*	冬			
142 小沙百灵 *Calandrella rufescens*	冬，留			
143 凤头百灵 *Calerida cristata*	留			
144 云雀 *Alauda arvoensis*	冬夏			益
（三十）燕科 Hiundidae				
145 岩燕 *Ptyonoprogne rupestris*	夏			益
146 家燕 *Hirundo rustica*	夏		日，澳	益
147 金腰燕 *Hirundo daurica*	夏		日	益
148 毛脚燕 *Delichon urbica*	夏		日	益
（三十一）鹡鸰科 Motacillidae				
149 黄鹡鸰 *Motacilla flava*	旅		日，澳	益
150 黄头鹡鸰 *Motacilla citreola*	旅		日，澳	益
151 灰鹡鸰 *Motacilla cinerea*	夏，旅		澳	益

（续）

物种名	居留型	保护级别	合作保护	"三有"动物
152 白鹡鸰 *Motacilla alba*	夏		日，澳	益
153 田鹨 *Anthus novaeseelandiae*	夏		日	
154 树鹨 *Anthus hodgsoni*	夏，冬		日	益
155 水鹨 *Anthus spinoletta*	冬		日	益
（三十二）山椒鸟科 Campephagidae				
156 灰山椒鸟 *Pericrocotus divaricatus*	旅		日	
157 长尾山椒鸟 *Pericrocotus ethologus*	夏			益
（三十三）太平鸟科 Bombycillidae				
158 太平鸟 *Bombycilla garrulous*	冬		日	
159 小太平鸟 *Bombycilla japonica*	冬，旅		日	
（三十四）伯劳科 Laniidae				
160 虎纹伯劳 *Lanius tigrinus*	夏		日	益
161 牛头伯劳 *Lanius bucephalus*	夏	省		
162 红尾伯劳 *Ialnius cristatus*	夏		日	益
163 ［长尾］灰伯劳 *Lalnius aenocercus*	冬		日	益
164 楔尾伯劳 *Lanius sphenocercus*	留	省		
（三十五）黄鹂科 Oriolidae				
165 黑枕黄鹂 *Oriolus chinensis*	夏	省	日	益
（三十六）卷尾科 Dicruridae				
166 黑卷尾 *Dicrurus macrocercus*	夏			益
（三十七）椋鸟科 Sturnidae				
167 北椋鸟 *Sturnus sturninus*	夏	省		益
168 紫翅椋鸟 *Sturnus vulgaris*	迷			益
169 灰椋鸟 *Sturnus cineraceus*	夏			益
（三十八）鸦科 Corvidae				
170 松鸦 *Garrulus glandarius*	留			
171 红嘴蓝鹊 *Urocissa erythrorhyncha*	留			益
172 灰喜鹊 *Cyanopica cyana*	留			益
173 喜鹊 *Pica pica*	留			益
174 星鸦 *Nucifraga caryocatactes*	留			
175 红嘴山鸦 *Pyrrhocorax pyrrhocorax*	留			
176 秃鼻乌鸦 *Corvus frugilegus*	留		日	益
177 寒鸦 *Corvus monedula*	留		日	
178 大嘴乌鸦 *Corvus macrorhynchos*	留			
179 小嘴乌鸦 *Corvus corone*	留			
（三十九）河乌科 Cinclidae				

（续）

物种名	居留型	保护级别	合作保护	"三有"动物
180 褐河乌 Cinolus pallasii	夏，留	省		
（四十）鹪鹩科 Troglodytidae				
181 鹪鹩 Torglodytes troglodytes	留			
（四十一）岩鹨科 Prunellidae				
182 棕眉山岩鹨 Prunella montanella	冬			
（四十二）鹟科 Muscicapidae 鸫亚科 Turdinae				
183 红喉歌鸲［红点颏］Luscinia calliope	旅		日	
184 蓝喉歌鸲［蓝点颏］Luscinia svecica	旅		日	
185 蓝歌鸲 Luscinia cyane	旅			益
186 红胁蓝尾鸲 Tarsiger cyanurus	旅			日
187 赭红尾鸲 Phoenicurus ochruros	夏			
188 北红尾鸲 Phoenicurus auroreus	夏		日	益
189 红腹红尾鸲 phoenicurus eryhrogaster	冬			省
190 红尾水鸲 Rhyacornis fuliginosus	夏		日	
191 短翅鸲［白腹短翅鸲］Hodgsonius phoenicuroides	夏			
192 黑背燕尾［白冠燕尾］Enicurus lesohenaulti	留			
193 黑喉石䳭 Saxicola torquata	旅，夏		日	益
194 白顶䳭 Oenanthe hispanica	夏			
195 白顶溪鸲 Chaimarrornis leucocephalus	夏，留	省		
196 蓝头矶鸫［白喉矶鸫］Monticola cinclorhynchus	夏			
197 蓝矶鸫 Monticola solitarius pandoo	夏			
198 紫啸鸫 Myiophonus caeruleus	夏			
199 虎斑地鸫 Zoothera dauma	旅		日	
200 乌鸫 Turdus merula	旅			
201 白腹鸫 Turdus pallidus	旅		日	
202 ［白眉］白腹鸫 Turdus pallidus	旅		日	
203 赤颈鸫 Turdus ruficollis	冬，旅			
204 斑鸫 Turdus naumanni	旅，冬		日	益
（四十三）鹟科 Muscicapidae 画眉亚科 Timaliinae				
205 山噪鹛 Carrulax davidi	留			益
206 棕头鸦雀 Paradoxornis webbianus	留			
207 山鹛 Rhopophilus pekinensis pekinensis	留			益
（四十四）鹟科 Muscicapidae 莺亚科 Syviinae				
208 大苇莺 Acrocephalus arundinaceus	夏		日，澳	
209 黑眉苇莺 Acrocephalus bistrigiceps	夏		日	益
210 稻田苇莺 Acrocephalus agricola	夏			

（续）

物种名	居留型	保护级别	合作保护	"三有"动物
211 褐柳莺 *Phylloscopus fuscatus*	旅			
212 棕眉柳莺 *Phylloscopus armandii*	夏			益
213 巨嘴柳莺 *Phylloscopus schwarzi*	旅			
214 黄眉柳莺 *Phylloscopus inornatus*	夏		日	益
215 黄腰柳莺 *Phylloscopus proregulus*	旅			益
216 极北柳莺 *Phylloscopus borealis*	旅		日，澳	
217 冕柳莺 *Phylloscopus coronatus*	旅		日	
218 冠纹柳莺 *Phylloscopus reguloides*	夏			益
219 棕扇尾莺 *Cisticola juncidis*	夏			
（四十五）鹟科 Muscicapidae 鹟亚科 Syviinae				
220 白眉姬鹟 *Ficedula zanthopygia*	夏		日	益
221 鸲姬鹟 *Ficedula mugimaki*	旅		日	益
222 红喉姬鹟［黄点颏］ *Ficedula parva*	旅			益
223 锈胸蓝姬鹟 *Ficedula hodgsonii*	夏			
224 乌鹟 *Muscicapa sibirica*	旅		日	
225 斑胸鹟［灰斑鹟］ *Muscicapa griseisticta*	旅		日	
226 北灰鹟 *Muscicapa latirostris*	旅		日	益
227 寿带 *Terpsiphone paradise*	夏			益
（四十六）山雀科 Paridae				
228 大山雀 *Parus major artatus*	留			益
229 黄腹山雀 *Parus venustulus*	留			益
230 煤山雀 *Parus ater*	留			益
231 沼泽山雀 *Parus palustris*	留			益
232 褐头山雀 *Parus montanus*	留			益
233 银喉长尾山雀 *Aegithalos caudatus*	留			益
（四十七）鸭科 Sittidae				
234 黑头鸭 *Sitta villosa*	留			
235 普通鸭 *Sitta europaea*	留			
236 红翅旋壁雀 *Tichodroma muraria*	冬，留	省		
（四十八）旋木雀科 Certhiidae				
237 旋木雀 *Certhia familiaris*	留			
（四十九）绣眼鸟科 Zosteropidae				
238 红胁绣眼鸟 *Zosterops erythropleura*	旅			
（五十）文鸟科 Ploceidae				
239 麻雀［树麻雀］ *Passer montanus*	留			益
240 山麻雀 *Passer rutilans*	夏		日	益

（续）

物种名	居留型	保护级别	合作保护	"三有"动物
（五十一）燕雀科 Fringillidae				
241 燕雀 Fringilla montifringilla	冬		日	益
242 金翅雀 Carduelis sinica	留			益
243 黄雀 Carduelis spinus	旅，冬		日	益
244 白腰朱顶雀 Carduelis flammea	冬		日	
245 朱雀［普通朱雀］Carpodacus erythrinus	留		日	益
246 北朱雀 Carpodacus roseus	冬		日	
247 红交嘴雀 Loxia curvirostra	旅		日	益
248 长尾雀 Uragus sibiricus	留，冬			益
249 黑头蜡嘴雀 Eophona personata	旅			益
250 黑尾蜡嘴雀 Eophona migratoria	旅，夏		日	益
251 锡嘴雀 Coccothraustes coccothraustes	冬，夏		日	益
252 白头鹀 Emberiza leucocephala	冬		日	益
253 栗鹀 Emberiza rutila	旅			益
254 黄胸鹀 Emberiza aureola	旅		日	益
255 黄喉鹀 Emberiza elegans	留		日	益
256 灰头鹀 Emberiza spodocephala	夏		日	益
257 灰眉岩鹀 Emberiza cia	留			益
258 三通眉草鹀 Emberiza cioides	留			益
259 赤胸鹀［栗耳鹀］Emberiza fucata	旅，夏			益
260 田鹀 Emberiza rustica	冬		日	益
261 小鹀 Eaberiza pusilla	冬		日	益
262 黄眉鹀 Emberiza chrysophrys	旅			益
263 白眉鹀 Emberiza tristrami	旅		日	
264 苇鹀 Emberiza pallasi	冬		日	
265 芦鹀 Emberiza schoeniclus	旅		日	
266 铁爪鹀 Calcarius lapponicus	冬		日	

　　名录中"夏"表示夏候鸟；"留"表示留鸟；"冬"表示冬候鸟；"旅"表示旅鸟；"迷"表示迷鸟；"Ⅰ"表示国家一级重点保护；"Ⅱ"表示国家二级重点保护；"省"表示省级保护，"日"表示中日合作保护候鸟，"澳"表示中澳合作保护候鸟，"益"表示"三有"动物。

第二节　兽　类

　　灵丘分布有丰富而独特的兽类资源。历史上曾有虎、狼、豺、熊、麝等存在。据清顺治十七年（1660 年）宋起风编撰，清康熙二十三年（1684 年）岳宏誉增订的《灵丘县志》记载："（太白山）山多丛木、丰草，樵采者及麓即返，缘邑中兵后，村落半虚，空谷久无足音，虎狼遂聚成穴宅，岁时报啮伤人畜甚，坐是无敢至巅。""（野窝岭）地多虎，夜常突出。"1990 版《灵丘县志》也记载："（灵丘）食肉目猫科：虎、金钱豹、土豹、猞狸，出没于太白山、邓峰寺林区、甸子山林区，数量很少。食肉目犬科：狼、赤狐、沙狐……"另外，据相关文献记载，灵丘曾有向朝廷进贡虎皮的记载。以上均表明在灵丘历史上曾有虎存在。

一、兽类资源现状

《山西灵丘黑鹳省级自然保护区总体规划》名录中，记录区内兽类 37 种，隶属 6 目 15 科，约占中国兽类总数（499 种）的 7.4％。其中有国家一级重点保护动物豹，国家二级重点保护动物青羊（斑羚）、石貂、猞猁等。其中青羊（斑羚）、狍子等已采集到标本。豹虽未采集到标本，但区内上寨、下关等地均有群众发现豹的存在，特别是 2011 年 5 月在上寨镇青羊村两位农民饲养的羊群，被豹两次吃掉山羊 30 只，在当地引起强烈反响，也证明了保护区内豹的存在。

二、生态分布

山西省在动物地理区划上隶属古北界东北亚界，华北区黄土高原亚区。由于地理区域的连续性，北部与蒙新区衔接过渡，南部与东洋界相渗透。全省又划为 3 个动物省：晋西北黄土高原沙地省，晋中、南黄土高原山地森林及间山盆地省和中条山山地森林省。本区处于晋东北边缘，属于晋中、南黄土高原山地森林及间山盆地省。

在生态分布上，可分为亚高山草甸带、前山丘陵带、台地阶地带、河谷漫滩带和山地森林带。亚高山草甸带分布的兽类主要有：小麝鼩、麝鼹、小家鼠、社鼠、褐家鼠、大仓鼠、长尾仓鼠、中华鼢鼠；山地森林带分布的种类有普通刺猬、林猬、短棘猬、小麝鼩、麝鼹、马铁菊头蝠、白腹管鼻蝠、大足蝠、伏翼、晚棕蝠、大鼠耳蝠、东方蝙蝠、猕猴、狼、赤狐、黄鼬、艾虎、香鼬、狗獾、猪獾、鼬獾、青鼬、豹、豹猫、花面狸、原麝、林麝、狍、野猪、草兔、豹鼠、花鼠、达乌黄鼠、岩松鼠、鼠科所有种、大仓鼠、长尾仓鼠、中华鼢鼠；前山丘陵带分布的种类主要有马铁菊头蝠、白腹管鼻蝠、大足蝠、伏翼、晚棕蝠、大鼠耳蝠、东方蝙蝠、狼、豺、赤狐、黄鼬、艾虎、香鼬、狗獾、猪獾、鼬獾、豹、花面狸、野猪、草兔、花鼠、岩松鼠、小家鼠、社鼠、褐家鼠、仓鼠科多数种类；台地阶地带分布的种类主要有普通刺猬、马铁菊头蝠、白腹管鼻蝠、大足蝠、伏翼、晚棕蝠、大鼠耳蝠、东方蝙蝠、黄鼬、草兔、花鼠、达乌尔黄鼠、松岩鼠、鼠科和仓鼠科大部分种类；河谷漫滩带分布的种类有普通刺猬、小麝鼩、麝鼹、东方蝙蝠、草兔、岩松鼠、黄鼬、艾虎、狗獾、达乌尔黄鼠、黑线姬鼠、小家鼠、大仓鼠、长尾仓鼠、子午沙鼠、中华鼢鼠。

保护区的山地森林分布的兽类种类最为丰富，特别是比较大型的、有经济价值的种类为多，如豹、麝等。其次为前山丘陵。台地阶地及河谷漫滩分布的兽类种类较少。由于人类经济活动的影响，广阔的森林植被为农作区所取代，许多依林而栖的兽类缩小了分布区域，而另一些与农作物有害的兽类，主要是啮齿类，数量却在上升，在许多区域甚至造成不同程度的危害。

对兽类的生态分布及其演变的研究，不仅可以揭示人类经济活动的破坏性影响，更主要是能够对人类今后在经济活动中如何更好地协调与自然的各个方面的关系，使经济行为与改善生态系统有机结合起来。例如，在水土流失较严重的前山丘陵，许多地区已开展了小流域治理，退耕还林、还牧，这不仅比单一的低产农业更有经济效益，而且对改善森林植被，乃至改善兽类的生存环境都是有利的。

三、代表物种——青羊（斑羚）

青羊（斑羚）

哺乳纲，偶蹄目，牛科，斑羚属。又称斑羚，别名野山羊、青山羊。国家二级重点保护野生动物，1996 年列入中国濒危动物红皮书，等级：易危。

青羊（斑羚）体型如家山羊，四肢短小，体长 110～130 厘米，肩高约 70 厘米，体重40 千克。眼睛大，向左右突出，耳朵较长。雌雄都有角，角短而直，向后上方斜向伸出，近角尖处略有向下弯曲，角上除近角尖一段外，其余部分均有明显的横棱。蹄狭窄。乳头两对。尾长 13 厘米。毛棕灰色，不同的个体有差异，有的呈深灰色，有的以棕褐色占优势，通体绒灰色。

1. 分布

青羊（斑羚）在国外分布于尼泊尔、缅甸、印度以及西伯利亚。国内分布于华东、华北、华南地区。在山西主要分布在晋东南东西两山、吕梁山、五台山、恒山山脉。在灵丘黑鹳省级自然保护区分布活动区域广泛。

2. 活动规律

根据调查，青羊（斑羚）活动主要栖居于较高的山林中，常在密林的陡峭崖坡出没活动，并在岩石堆积处、岩洞或林荫小道上隐蔽、常结伴而行，一般三五只一起活动，偶尔发现多只一起活动。2008 年在道八后山调查时，见到 2 只青羊（斑羚）活动在悬崖陡峭密林中；后又在此地发现了 12 只，其中 3 只个体较小。2009 年在花塔鸡冠刃发现青羊（斑羚）5 只。2012 年至今通过红外相机多次拍到青羊（斑羚）。通过多次的调查，证明这些地域具有一定的青羊（斑羚）数量，其活动栖息范围在没有人为和其他猛禽干扰的情况下基本固定。活动地常是夏为阴坡、冬为阳坡、离水源较近。青羊（斑羚）极善于跳跃和攀登，是食草动物中的跳跃能手，在悬崖绝壁和深山幽谷奔走自如，视如平地。夏季在日出之前觅食活动，食饱后隐身于树荫或岩石下休息，冬天大多时间在阳光充足的山岩坡地晒太阳，其他季节常置身于孤峰悬崖之上，多在早晨和黄昏觅食活动。视觉、听觉极为灵敏，叫声似羊，受惊时常摆动两耳，以蹄跺地，发出嘭、嘭之声。性情机警，遇危急情况迅速奔逃到不易人发现的地方隐蔽。

青羊（斑羚）的食物很杂，各种青草和灌木的嫩叶、果实以及苔藓都是它爱吃的食物，若发现一处安全的饮水地，几乎每天定时到达该地饮水。

根据林区老农介绍，青羊（斑羚）每年秋末冬初的 10～11 月开始发情交配，此时雄羊之间会有争夺雌性的一场搏斗。它们以角相抵，后肢站立前肢搏击，雌羊的怀孕期为 6个月，每胎产 1 仔，偶尔产 2 仔。幼仔出生后，母羊开始用舌舔小羊身上的咩水，十几分钟后小羊就可站立，大约 1 小时后就可随生母短距离的活动，其哺乳期基本为 2 个月。

3. 保护措施

第一，在保护区未成立前，由于程度不同地对树木间伐，导致适宜青羊（斑羚）栖息地的生态环境不同程度丧失，生存空间日益缩减。虽国家把青羊（斑羚）列为二级重点保护动物，但因宣传教育力度不够，当地有人为获取其肉、皮和制药等原料而进行捕杀，成为青羊（斑羚）的主要致命因素，造成野生青羊（斑羚）种群日渐减少。自保护区成立后，加强了宣传教育，青羊（斑羚）得到了有效保护，数量有所增加，使面临灭绝的生态物种又能逐日恢复生机。

第二，希望各级有关部门要加强领导，以多种形式深入群众加强宣传教育，使广大人民群众提高保护自然生态意识，确保国家级保护物种的安全生存。

第三，加强青羊（斑羚）的种群数量的调查，逐步建立繁育基地，采取行之有效的保护措施，促进种群数量的不断增加。

第四，加强自然保护区的管理，杜绝乱砍滥伐林木的现象发生，使青羊（斑羚）的栖息生境得到有效保护，确保自然生态平衡。

四、珍稀兽类

1. 豹

别名：银豹子、文豹、花豹、金钱豹。

食肉目，猫科。

国家一级重点保护野生动物。为大中型食肉兽类。体重 50 千克，体长在 1 米以上，尾长超过体长之半。头圆、耳短、四肢强健有力，爪锐利伸缩性强。豹全身颜色鲜亮，毛色棕黄，遍布黑色斑点和环纹，形成古钱状斑纹，故称之为金钱豹。豹栖息环境多样，低山、灌丛均有分布，具有隐藏性强的固定巢穴。猎物主要有羚羊及野猪等。

豹在我国有 3 个亚种，即东北亚种、华北亚种、华南亚种。豹在灵丘县俗称老豹。豹属华北亚种，即华北豹。全县除平川外，山区都曾有豹的踪迹。

2. 豹猫

别名：山猫、山狸、野猫、铜钱猫、石虎等。

食肉目，猫科。

体重 3 ~ 7 千克，体长 40 ~ 107 厘米，尾长 15 ~ 44 厘米。头圆，两眼内侧至额后各有一条白色纹，从头顶至肩部有 4 条黑褐色点斑，耳背具有淡黄色斑，体背基色为棕黄色，胸腹部及四肢内侧为白色，尾背有褐色斑点半环，尾端黑色或暗棕色。

豹猫主要栖息于山地林区、郊野灌丛，在半开阔的稀树灌丛中数量最多。窝穴多选在树洞、土洞、石块下或石缝中。豹猫主要为树栖，攀爬能力强，在树上活动灵敏自如。夜行性，晨昏活动较多，独栖或成对活动。主要以鼠类、兔类、蛙类、蛇类、小型鸟类、昆虫等为食，也吃浆果和部分嫩叶、嫩草，有时盗食农家鸡、鸭等。

3. 赤狐

别名：狐狸。

食肉目，犬科。

尖嘴大耳，长身短腿，尾巴长，全身棕红色，耳背黑色，尾尖白色，尾巴基部有一小孔，能放出一种刺鼻的臭气（狐臭），遇到天敌，情急之时会翘起尾巴，射出臭气，趁机脱身。

4. 狍

别名：狍子、矮鹿、野羊。

偶蹄目，鹿科。

体比梅花鹿略小，前肢短，后肢长，眼睛、耳朵较大，脖子略长，尾巴很短。毛色夏季呈栗红，冬季棕褐色，屁股部位白色。雌性无角，雄性有角。听觉、视觉、嗅觉灵敏，奔跑能力强。

狍的经济价值较高，肉质细嫩鲜美，肝肾有暖脾胃、强心润肺、利湿、壮阳及延年益寿之功效。皮毛可作为皮制品原料。

5. 野猪

别名：山猪。

偶蹄目，猪科。

体重一般在 80～100 千克，大多以 4～6 头集群活动。食性较杂，繁殖率和幼崽存活率较高。

6. 狗獾

食肉目，鼬科。

是鼬科动物中体型较大的杂食性兽类。全世界约 6 属共 9 种，中国有狗獾、猪獾、鼬獾 3 种。在灵丘黑鹳自然保护区内，常见的为狗獾。另可能有猪獾。獾的鼻端有发达的软骨质鼻垫。猪獾的鼻垫与上唇间裸露，吻鼻部狭长而圆，酷似猪鼻；狗獾鼻部类似狗鼻。2 种的体型大小相似，体长 65～70 厘米，体重多在 10 千克以上，全身浅棕色或黑棕色，另杂以白色。

表 5-2　山西灵丘黑鹳省级自然保护区兽类名录

物种名称	保护级别
一、食虫目 EULIPOTYPHLA	
（一）猬科 Erinaceidae	
1. 普通刺猬 *Erinaceus europaeus*	省
（二）鼹科 Talpidae	
2. 麝鼹 *Scaptochirus moschatus*	
二、翼手目 CHIROPTERA	
（三）蝙蝠科 Vespertilionidae	
3. 东亚伏翼 *Pipistrellus abramus*	
4. 大棕蝠 *Eptesisus serotinus*	
5. 东方蝙蝠 *Vespertilio sinensis*	

（续）

物种名称	保护级别
三、食肉目 CARNIVORA	
（四）犬科 Canidae	
6. 狼 *Canis lupus*	
7. 赤狐 *Vulpes vulpes*	
（五）鼬科 Mustelidae	
8. 黄鼬 *Mustela sibirica*	
9. 艾鼬 *Mustela eversmani*	
10. 香鼬 *Mustela altaica*	
11. 狗獾 *Meles meles*	
12. 猪獾 *Arctonyx collaris*	
13. 石貂 *Martes foina*	II
（六）猫科 Felidae	
14. 豹 *Pantherd pardus*	I
15. 豹猫 *Felis bengalensis*	
16. 猞猁 *Lynx lynx*	II
四、偶蹄目 ARTIODACTYLA	
（七）鹿科 Cervidae	
17. 西伯利亚狍（狍子）*Capreolus pygargus*	
（八）牛科 Bovidae	
18. 青羊（斑羚）*Naemorhedus goral*	II
（九）猪科 Suidae	
19. 野猪 *Sus scrofa*	
五、鼠兔目 MIMOTONIDA	
（十）鼠兔科 Ochotonidae	
20. 达乌尔鼠兔 *Ochotona daurica*	
（十一）兔科 Leporidae	
21. 草兔 *Lepus tolai*	
六、啮齿目 RODENTIA	
（十二）松鼠科 Sciuridae	
22. 花鼠 *Tamias sibiricus*	
23. 达乌尔黄鼠 *Spermophilus dauricus*	
24. 岩松鼠 *Sciurotamias davidianus*	
（十三）跳鼠科 Dipodidae	
25. 五趾跳鼠 *Allactaga sibirica*	
（十四）鼠科 Muridae	
26. 黑线姬鼠 *Apodemus agrartus*	

（续）

物种名称	保护级别
27. 小家鼠 *Mus musculus*	
28. 社鼠 *Niviventer confucianus*	
29. 褐家鼠 *Rattus norvegicus*	
（十五）仓鼠科 Cricetidae	
30. 大仓鼠 *Tscherslia triton*	
31. 长尾仓鼠 *Cricetulus longicaudatus*	
32. 黑线仓鼠 *Cricetulus barabensis*	
33. 子午沙鼠 *Meriones meridianus*	
34. 长爪沙鼠 *Meriones unguicuiculatus*	
35. 草原鼢鼠 *Myospalax aspalax*	

第三节　两栖爬行动物

灵丘黑鹳省级自然保护区地处晋冀两省交界处，自然环境复杂，山峦起伏，沟壑纵横，各类地形俱全，由于气候湿润、溪流湿地较多，草丛、灌丛等植被茂盛，为两栖爬行类动物的生存繁衍提供了良好的生境。

一、资源现状

在保护区有两栖动物 1 目 3 科 5 种，爬行动物 3 目 6 科 13 种。其中有国家二级重点保护野生动物中国林蛙。据《山西两栖爬行类》（樊龙锁等）：山西省目前共记录有两栖爬行动物 41 种，其中两栖动物 13 种，爬行动物 28 种。灵丘黑鹳省级自然保护区内，两栖爬行动物占山西省总数的 43.9%，其中，两栖动物占山西省两栖动物总数的 38.5%，爬行动物占山西省爬行动物总数的 46.4%。

二、动物区系组成

自然保护区内两栖爬行类动物区系组成如下。

两栖动物中，古北界种类有 2 种：中国林蛙、花背蟾蜍。

东洋界种类有 2 种：饰纹姬蛙、黑斑蛙。

广布种类有 1 种：中华蟾蜍。

爬行动物中，古北界种类有 8 种：中华鳖、山地麻蜥、丽斑麻蜥、白条锦蛇、团花锦蛇、黄脊游蛇、棕黑锦蛇、蝮蛇等。

东洋界种类有 2 种：多疣壁虎、南滑蜥。

广布种类有 3 种：无蹼壁虎、红点锦蛇、虎斑游蛇。

三、地理分布类型

自然保护区内，两栖、爬行类动物种类可分为如下类型。

1. 北方种类

（1）东北型：两栖类有花背蟾蜍、中国林蛙；爬行类有黄脊游蛇、棕黑锦蛇等。

（2）北方型：两栖类有中华蟾蜍、中国林蛙等；爬行类有白条锦蛇、蝮蛇等。

（3）中亚型：爬行类有丽斑麻蜥、山地麻蜥等。

2. 南方种类

两栖类有饰纹姬蛙等。爬行类有南滑蜥、中华鳖等。

四、动物地理区划

本地区位于山西省的东北部，处于晋中晋东南暖温带林灌草原动物地理带太行山森林灌丛动物地理区和晋北晋西北温带半干旱草原地理带大同盆地栽培植物动物地理区的交界地带，气候温暖，雨量充沛，从地理区划来看属于古北界华北区黄土高原亚区。这一地理带的位置是古北界和东洋界动物分布的过渡地带，所以东洋界动物渗入较多。加之该地区从地质地貌来看，在历史上未受过第四纪冰川的作用，保留了完好的植被及生态环境，因此南方耐温动物分布较多。两栖类有饰纹姬蛙等。爬行类有南滑蜥、中华鳖等。

五、生态分布

在生态分布上，一般将两栖动物分为草丛土洞、静水池塘和浅水溪流 3 种类型。保护区内，草丛土洞中生活的有蟾蜍科种类和中国林蛙；静水池塘中生活的有中国林蛙、饰纹姬蛙等；浅水溪流中生活的有中国林蛙等。爬行类动物的生态分布类型大致可分为河流湖泊池塘、田间地边旷野、森林灌丛草地 3 类。保护区内，河流湖泊池塘中生活有中华鳖、黄脊游蛇、红点锦蛇，田间地边旷野中生活的有蜥蜴科、游蛇科所有种类，森林灌丛草地中生活的有石龙子、蜥蜴科、游蛇科除红点锦蛇以外的种类。在森林灌丛草地和田间地边旷野生活的种类较多，而在河流湖泊池塘中生活的种类较少。

表 5-3　两栖爬行动物名录

物种名称	保护级别
爬行纲 REPTILIA	
一、龟鳖目 TESTUDINATA	
（一）鳖科 Trionychidae	
1. 中华鳖 *Trionyx sinensis*	
二、蜥蜴目 LACERTILIA	
（二）壁虎科 Gekkonidae	
2. 多痣壁虎 *Gekko japomcus*	

（续）

物种名称	保护级别
3. 无蹼壁虎 *Gekko swinhonis*	
（三）蜥蜴科 Lacertidae	
4. 丽斑麻蜥 *Eremias argus*	
5. 山地麻蜥 *Eremias brenthleyi*	
（四）石龙子科 Scincidae	
6. 南滑蜥 *Leiopisma reevesii*	
三、蛇目 SERPENTES	
（五）游蛇科 Colubridae	
7. 黄脊游蛇 *Coluber spinalis*	
8. 团花锦蛇 *Elaphe davidi*	
9. 白条锦蛇 *Elaphe dione*	
10. 红点锦蛇 *Elaphe rufodorsata*	
11. 棕黑锦蛇 *Elaphe schrenckii*	
12. 虎斑游蛇 *Natrix tlgrlna*	
（六）蝰科 Viperidae	
13. 蝮蛇 *Agkistrodon halys*	
两栖纲 AMPHIBIAN	
无尾目 ANURA	
（一）蟾蜍科 Butonidae	
1. 花背蟾蜍 *Bufo raddeistramh*	
2. 中华蟾蜍 *Bufo bufo*	
（二）蛙科 Ranidae	
3. 黑斑蛙 *Rana nigromaculata*	
4. 中国林蛙 *Bufo bufo*	Ⅱ
（三）姬娃科 Microhylidae	
5. 饰纹姬娃 *Mitrohyla ornaga*	

第四节　昆虫资源

一、资源现状

目前，保护区内已发现的昆虫种类有天敌昆虫、粮食作物害虫、果林害虫 1000 余种。其中天敌昆虫有 30 余种，如小花蝽、猪蝽、蚁蛉、小脚小蜂、茧蜂、瘦姬蜂、广赤眼蜂、危草蛉、金星步行虫、步甲、瓢虫、蜻蜓、食蚜蝇、螳螂等。粮食作物害虫主要有蝗虫、蝼蛄、蛴螬（核桃虫）、地老虎（土蚕）、金针虫（黄蚰蜒）、黑婆（东方金龟子）、菜白蝶、根蛴螬、黏虫等。果林害虫主要有天幕毛虫、杨枯叶蛾、舞毒蛾、梨星毛虫、苹果巢虫、球坚介壳虫、光肩星天牛、青杨天牛、吉丁虫、柳木蠹蛾、食心虫、山楂粉蝶、杨二尾舟蛾、卷叶蛾等。

二、简析与评价

保护区位于山西省东北端，与晋北其他林区相比，具有气候湿润、雨量多的特点。该区地形复杂，植被茂密，生态保护较好，具有十分丰富的昆虫资源。由于地理位置特殊，正好处于古北—东洋两大动物地理区的过渡性边缘地带，在昆虫区系组成上古北界成分为主，同时有较多东洋界成分渗入。这样就造成了该区与山西省其他地区相比具有组成独特、成分复杂、稀有种类较多的特点。

保护区仍然保持着一个完好的生态平衡食物链体系。虽然粮食作物害虫很多，但自然天敌种类也很多，除有很多天敌昆虫外，还有大量的鸟类、蛇类、两栖类等，对害虫种群数量的调节和控制机制较强，保护区建立以来，未出现大规模虫灾。

第六章 黑 鹳

黑鹳 *Ciconia nigra* 俗称老油鹳、捞鱼鹳、锅鹳。属鸟纲，鹳形目，鹳科鹳属。是世界濒危珍禽。据统计，黑鹳在全世界只剩下大约 2000 余只，中国约有 1000 只（红皮书，1998）。由于近年数量急剧减少，已被列为国家 I 级重点保护野生动物，列入《濒危野生动植物种国际贸易公约》濒危物种，列入《世界自然保护联盟》（IUCN）2012 年濒危物种红色名录 ver 3.1——低危（LC）。

第一节 黑鹳的形态特征

黑鹳为大型涉禽，体态优美，体色鲜明，活动敏捷，性情机警。成鸟体长 1 ~ 1.2 米，体重 2 ~ 3 千克；嘴长而粗壮，头、颈、脚均甚长，嘴和脚红色。身上的羽毛除胸腹部为纯白色外，其余都是黑色，在不同角度的光线下，可以映出变幻色彩。

黑鹳两性相似。成鸟嘴长而直，基部较粗，往先端逐渐变细。鼻孔小，呈裂缝状。第 2 和第 4 枚初级飞羽外 翈有缺刻。尾较圆，尾羽 12 枚。脚甚长，胫下部裸出，前趾基部间具蹼，爪钝而短。头、颈、上体和上胸黑色，颈具辉亮的绿色光泽。背、肩和翅具紫色和青铜色光泽，胸亦有紫色和绿色光泽。前颈下部羽毛延长，形成蓬松的颈领，而且在求偶期间和四周温度较低时能竖直起来。下胸、腹、两胁和尾下覆羽白色。虹膜褐色或黑色，嘴红色，尖端较淡，眼周裸露皮肤和脚亦为红色。

幼鸟头、颈和上胸褐色，颈和上胸具棕褐色斑点，上体包括两翅和尾黑褐色，具绿色和紫色光泽，翅覆羽、肩羽、次级飞羽、三级飞羽和尾羽具淡皮黄褐色斑点，下胸、腹、两胁和尾下覆羽白色，胸和腹部中央微沾棕色，嘴、脚褐灰色或橙红色。

第二节 繁殖地分布及种群现状

黑鹳曾经繁殖于整个欧亚大陆古北区范围，在北纬 40° ~ 60° 的整个区域，也繁殖在南非。国内有繁殖记录的有新疆、青海、内蒙古、黑龙江、吉林、辽宁、河北、河南、山西、陕西等地；越冬于长江中下游一带。

近十几年来，种群数量在全球范围内明显下降，繁殖分布区急剧缩小，从前的繁殖地如瑞典、丹麦、比利时、荷兰、芬兰等国目前已绝迹（ICBP，1985）。在欧洲西部地区已处于濒危状态。西班牙 1992 年统计到 300 对。

综合我国各地 2002 ~ 2011 近 10 年来报道，黑鹳繁殖区约集中在辽宁朝阳，山西灵丘、宁武，四川理塘等地（表 6 - 1），大的种群也不多见。

表 6-1 我国的黑鹳繁殖区域及种群数量情况

地点	生活类型	数量（只）	发现时间	资料来源
辽宁朝阳	栖息、繁殖	8（4）	1996.6	闫占山等，2002
辽宁朝阳	栖息	12	2004.8	周正，2005
北京十渡自然保护区	越冬	20	2004~2007	鲍卫东等，2006，2007
北海	栖息	2	2003.3	邹优栋，2003
山西宁武	繁殖	5~9	1996~1998	邱富才等，2001
山西芦芽山	繁殖	16	1998~2000	郭建荣等，2002
山西天池	栖息	3~7	1984~1986	刘焕金、苏化龙，1990
四川理塘	繁殖、栖息	52	1994.4	韩联宪、邱明江，1995
陕西渭南三河湿地	栖息	23	2002.12	王晓卫、王健，2003
湖北仙桃市沙湖	越冬	14	2007.1	楼利高、罗祖奎等，2008
山西灵丘	繁殖、越冬	7~32	2006~2008	王春、张智等，2008
河北平山县冶河湿地	繁殖、栖息	7~14	2005~2010	王剑平、武明录等，2011

据近几年来我国鸟类学工作者的调查结果看，现在全国有黑鹳 350~500 对，计 1000 只。数量呈逐年下降趋势。在长白山北坡及其附近 800 平方千米的统计，平均为 0.75 只/100 平方千米；在山西省 1982~1984 年 4680 平方千米统计，平均为 1.03 只/平方千米，繁殖种群数量估计为 40 只；在新疆南部 1985~1992 年对 40 多条河流和水库的直接统计，平均每条河至少有 1~4 对黑鹳分布，按 200 条河流推算，黑鹳总数为 500~1000 只。2004 年 1 月至 2007 年 3 月采用直接观察法对北京市拒马河自然保护区越冬黑鹳的数量观察，种群数量超过 20 只。在我国最大的水禽集中越冬地——鄱阳湖，冬季的白鹤、天鹅均在千只以上，而在鄱阳湖越冬的黑鹳多年来均只有 10 多只。在越冬地尚可观察到东方白鹳几十只以上的群体活动，而黑鹳一般只能见到三五成群的现象，种群数量 7 只以上即为罕见了。在北方的越冬地山西灵丘黑鹳省级自然保护区，2007 年尚可见到 30 余只的黑鹳群聚越冬种群。

第三节 灵丘黑鹳种群

据相关资料及当地群众介绍，历史上，灵丘的南山区就是黑鹳繁殖栖息的地方，近百只的黑鹳种群并不鲜见。保护区内有的地方也因黑鹳而命名，如黑鹳林、黑鹳坟。20 世纪 80 年代初期，山西省生物研究所的有关专家曾利用这里的有利地形对黑鹳繁殖、生活习性等进行过观察研究。北京中国农业科技电影制片厂也曾在这里专门对黑鹳进行过跟踪拍摄。灵丘县得天独厚的自然条件，特别有利于黑鹳繁殖、栖息、越冬。灵丘县位于山西省东北边缘的太行山系，地处大山深处，自然生态优美、环境清静、山势耸立、小溪潺潺，远离闹市、人群，可谓山清水秀、风光美丽，与黑鹳生性机警爱静、喜湿地溪水和树木草地的特性相适应。由于群峰林立，悬崖峭壁多，黑鹳大都选在海拔高为 700~1300m

处筑巢，外界干扰少，巢穴隐蔽，不易被侵扰，可有效地避免外部环境破坏及其他动物的侵害，保证产卵育雏的安全。和谐宁静的原生态环境，为黑鹳栖息、繁殖、越冬奠定了基本的条件。

在灵丘黑鹳自然保护区，黑鹳主要在唐河两岸、冉庄河、独峪河、下关河、上寨河附近活动、觅食。主要栖息地为独峪乡花塔村、白崖台乡烟云崖、冉庄，另外在上寨镇的狼牙沟、龙须台，下关乡龙堂会、宽草坪一带也有栖息，唐河流域觉山寺一带，也有出没。目前已发现的黑鹳巢穴达10多处，种群数量50只，约占全国总数的5%，占全球总数的2.5%（红皮书*，1998）。黑鹳自然保护区是目前调查所知黑鹳在我国华北地区栖息、繁衍种群数量最高的分布区。秋、冬季黑鹳一部分迁徙，一部分仍留在保护区集群栖息越冬，2007年冬季曾观察发现仅在一处集群夜宿的黑鹳就达32只，如此大的集群实属罕见。

表6-2　山西灵丘黑鹳省级自然保护区越冬地种群数量观察统计表

时　间	地　点	最大越冬数量（只）	最小越冬数量（只）	10只以上观察到次数
2007.9~2008.4	唐河峡谷	32	7	23
2008.9~2009.4	唐河峡谷	30	4	17
2009.9~2010.4	唐河峡谷	27	3	12
2010.9~2011.4	唐河峡谷	23	3	13
2011.9~2012.4	唐河峡谷	25	2	7
2012.9~2013.4	唐河峡谷	23	2	6
2013.9~2014.4	唐河峡谷	26	2	7
2014.9~2015.4	唐河峡谷	23	2	9
2015.9~2016.4	唐河峡谷	28	3	14
2016.9~2017.2	唐河峡谷	33	2	18

第四节　黑鹳在灵丘的生活习性

1. 食性

黑鹳是一种喜欢清洁、宁静环境的浅水大型涉禽。生性机警爱静，喜湿地溪水和树木草地，对生境的要求非常的苛刻。食性比较单一，食物主要以鲫鱼、雅罗鱼、团头鲂、虾虎鱼、白条、鳔鳅、泥鳅、条鳅、杜父鱼等小型鱼类为食，也吃蛙、蜥蜴、虾、蟋蟀、金龟甲、蝲蛄、蟹、蜗牛、软体动物、甲壳类、啮齿类、小型爬行类、雏鸟和昆虫等其他动物性食物。平均每小时进食约20次，取食长度以小于4厘米的鱼类最多，占取食总次数的65.0%。通常觅食在干扰较少的河渠、溪流、湖泊、水塘、农田、沼泽和草地上，多在水边浅水处觅食。主要通过眼睛搜寻食物，并能垂直向下寻觅，觅食时步履轻盈，行动小心谨慎，走走停停，偷偷地潜行捕食。遇到猎物时，急速将头伸出，利用锋利的嘴尖突然啄食，有时也长时间的在一个地方来回走动觅食。觅食地一般距巢较远，多在2~3千米内，有时甚至远至7~8千米以外，特别是在荒原地区。寻食活动最频繁的时间在7：00~

---

* 《中国濒危动物红皮书》。

8：00，12：00～13：00 和 17：00～18：00。其他时候或是在巢中和觅食地休息，或是在高空盘旋滑翔。

2. 筑巢繁殖

黑鹳是典型的湿地鸟类。其栖息环境分为繁殖期栖息环境和非繁殖期栖息环境。在我国，黑鹳繁殖期巢址大多选择人迹稀少、僻静、植被茂盛、觅食较为方便的地方。多在山地峭壁的凹处石岩或浅洞处（山西、北京、陕西、吉林），或在绿洲湿地高大的胡杨树上（新疆塔里木河中游）营巢，安全系数较高。非繁殖期栖息地主要是指黑鹳迁徙季节的短暂停歇场所以及在北方越冬期的越冬场所等。这些环境包括黑鹳繁殖区内的山涧河流、崖缝山洞以及平川区的河流、水域、湿地等。

黑鹳有延用旧巢的习性，多在每年的早春二月对原来的巢穴进行整理修缮。巢穴多建成盘状，高约 80 厘米，外沿高，内沿低，直径为 1～1.5 米，使用长短不等手指头粗细的乔灌木树枝筑成巢体外层，用较粗木棍修建巢底，中上层则用细长的小灌木树枝为主。

黑鹳寿命较长，生命周期 25 年，性成熟较晚，一般为 4 年龄以上才寻找配偶开始孵育后代。黑鹳每年 3 月中旬开始产卵，进入孵卵期。黑鹳每窝产 2～4 枚，有时也有 5 枚的情况，椭圆形、乳白色，每卵重约 80 克。孵卵主要是由雌鸟来承担，雄鸟除了几次外出觅食外，其余时间均站在雌鸟的身边守护。到了孵卵的中期，雄鸟也有时替换雌鸟孵化，以便雌鸟出外活动、觅食。在不同地点繁殖的黑鹳的孵卵出壳期不尽相同，在灵丘自然保护区黑鹳的孵化期为 33 天，年产一窝，每窝一般 2～3 只，最多为 4 只。雏鸟是按照产卵的顺序依次出壳的，刚出窝的雏鸟眼睛微微睁开，全身布满了白色的胎绒羽，体重一般在 60 克。雏鸟出壳后的第二天就能吃食，它们的雄雌亲鸟将捕到的小鱼吞下后轮流返回巢中，先是成鸟嘴对嘴进行饲喂，待 3～4 天后稍大时，饲喂方式改变，黑鹳将半消化的食物吐到巢中，一般要分 3 次吐完，让幼鹳自己练习啄食，对幼鹳自行啄食后的剩余食物，成鹳自己再吃掉。黑鹳的育雏期长达 4 个月之久，在雏鸟出壳后的 20 多天内，巢中时刻都有亲鸟守护以防天敌的袭击。在对幼鹳哺育期间，由雌雄成鹳轮流守护。黑鹳在灵丘一般 8 月中旬开始出巢试飞，这时它们仅在巢的附近活动，多在险峻的山崖边进行跨越山谷的飞行练习，如果遇到狂风暴雨等恶劣天气则马上返回巢中。100 天以后，幼鸟便随亲鸟大范围外出觅食，幼鹳能够独立生活后，不是急于离开父母，而是还要和成鹳一起生活一段时间。

3. 越冬

据有关资料和学者所言，黑鹳是一种长距迁徙的候鸟，对越冬的生活环境有很高的要求，世界上只有西班牙为留鸟。在我国，黑鹳在东北、西北、华北等北方地区繁殖，在长江流域以南地区越冬。而在位于北方地区太行山系的灵丘黑鹳自然保护区内，黑鹳不但在此地繁殖，而且部分黑鹳在保护区内以群聚的方式栖息越冬，其越冬期间生活习性有如下规律。

（1）在灵丘自然保护区群聚越冬的黑鹳，它们根据自身的体质状况和栖息地的食物来源而决定，部分体质强健、飞翔能力强的成鹳相继向周边地区进行觅食活动，部分体质较差的老成鹳和年幼亚成鹳留在本区域内觅食栖息，到了傍晚归巢群聚夜栖。在冬天的寒冷季节，黑鹳孵化育雏季节已过，处于生存栖息期，它们群聚可能为了起到相互增温取暖，相互照应的作用，同时可增强群体凝聚力，提高越冬安全感。

（2）进入冬季，因气候的变化，气温逐渐下降，部分河水开始结冰，河水中的水生物也逐渐减少，只有部分温泉溪水中的鱼虾等水生物可供黑鹳觅食。因黑鹳食量较大，少量的水生物满足不了黑鹳食物的供需，所以它们只好向食物比较充足或便于觅食的地方集结群聚来维持越冬生存。

（3）黑鹳栖息活动较有规律性，随太阳的升落出巢和归巢，因缺食或发现食物，也会提前出巢，甚至在凌晨1点也要出巢觅食。

（4）从出巢和归巢方向来看，黑鹳早晨飞出巢穴觅食的方向和傍晚飞回的方向较为规律，早晨均从栖息地向西北和东北方向飞去，傍晚还从原飞去方向归来。

（5）从2007年11月开始观察，上寨、下关、白崖台、花塔洞巢群聚数量开始为3～5只为小群，最多时为12只；唐河峡谷一处巢穴内，最多时为32只。

（6）黑鹳是一种情感专一的珍禽，通过冬季的群聚栖息，可能是为了增进情感交流，得到相互间的了解。群聚也可能是黑鹳的一种越冬生存方式，同时也为发育成熟的黑鹳配偶提供了相互了解、增进友谊的良好机会。黑鹳因优雅的体态和好洁的生活习性，一度被世人视为吉祥鸟，黑鹳的品性可以总结为雍容端庄、性情高雅；生性好洁、鸟中君子；志存高远、豪气冲天；尊长爱幼、团结互助；忠贞不渝、一生相随；与人为邻、和睦相处。

第五节　黑鹳濒危因素分析

1. 天敌因素

黑鹳为大型涉禽，体型较大且有着坚实的双翼及坚硬灵巧的长喙，可以抵御猛禽的侵袭。黑鹳的天敌不多，一般的大型食肉兽也难以在开阔的水域地带接近停落的黑鹳。黑鹳性情机警，幼鹳从能够在巢中站立起，就具备了用嘴猛烈而准确地喙击来犯之敌眼睛的本领。据我们2009年对黑鹳筑巢区域的鸟类群落结构进行的调查，黑鹳筑巢区域有金雕、大鵟、隼类等猛禽和有偷食鸟卵习性的寒鸦、红嘴山鸦、喜鹊等营巢繁殖，但从未发现有猛禽袭击黑鹳雏鸟的现象，也未见到鸦类能找到偷食卵雏的机会，仅有部分隼类如猎隼、红隼以及红嘴山鸦会对归巢喂食的黑鹳亲鸟进行追逐，但对黑鹳幼雏不会产生大的危害。加之成体黑鹳只有待雏鸟有了一定自卫能力后，才放松护雏，因而黑鹳的卵雏损失率很低。黑鹳飞行高度多在300米以上，不仅能鼓翼飞行，还可以长时间在空中翱翔。黑鹳是典型的湿地鸟类。其栖息环境分为繁殖期栖息环境和非栖息期栖息环境。在我国，黑鹳繁殖期巢址大多选择人迹稀少、僻静、植被茂盛、觅食较为方便的地方。多在山地峭壁的凹处石岩或浅洞处（山西、北京、陕西、吉林），或在绿洲湿地高大的胡杨树上（新疆塔里木河中游）营巢，安全系数较高。非繁殖期栖息地主要是指黑鹳迁徙季节的短暂停歇场所以及在北方越冬期的越冬场所等。这些环境包括黑鹳繁殖区内的山涧河流、崖缝山洞以及平川区的河流、水域、湿地等。总之，由于黑鹳体型较大，有高超的飞行技巧和坚实有力的长喙为武器，加之多栖居于悬崖峭壁等人迹罕至之处，所以较少受到其他野生动物的攻击。

2. 自身及人为因素

（1）食物短缺

作为大型涉禽，黑鹳对繁殖、迁徙和越冬期间的生活环境都有很高的要求，尤其是觅食的水域，要求水质清澈见底，水深不超过40厘米，食物比较丰盛，冬季不能结冰。黑鹳的捕食范围狭窄，成体黑鹳食物以鱼类为主，鱼类中条鳅、泥鳅进食比例最大，进食的鱼大多不超过4厘米。有鳞鱼类较少，其次为蛙类，甲壳类。但成体黑鹳很少捕食，多为幼鸟和亚成鸟捕食。秋冬季节由于缺少基本食物被迫也进食昆虫、蚯蚓、蝼蛄、蜗牛、草籽等软体动物和植物性食物。但黑鹳作为大型禽类，食物所需量比较大，是鸟类之中有名的"大肚汉"。据观察，黑鹳可将头及颈部伸入水中觅食，一次要吃20多条长约1.5厘米的小鱼，停歇十几分钟后继续开始觅食。因此在冬季野外食物数量很难达到黑鹳进食需求。因此黑鹳常有在冬季冻饿而死。

（2）栖息地破碎化

如前所述，在我国，黑鹳巢区多为偏僻山区或大的沼泽森林或有水流、湖泊、池塘存在的山地森林，风景秀丽、交通闭塞但矿产及生态旅游资源丰富之处。由于近年来资源型经济以及生态旅游业的发展，在资源得到开发的同时也给当地环境带来了严重破坏。如在山西灵丘黑鹳省级自然保护区内一些传统黑鹳繁殖栖息区黑鹳弃巢现象就很严重，在已调查到的10个巢穴中，因人为因素废弃的巢穴就有3个，达1/3。在许多采石场、矿场附近，均能见到黑鹳和一些猛禽的放弃的旧巢。黑鹳的一些僻静、偏远，无污染的良好水域觅食地，也受到旅游及其他设施建设等威胁。至于水源污染对黑鹳的数量和分布的影响更为严重，由于黑鹳寿命较长，性成熟较晚，加之以鱼类为主食，由于河水受到污染，水中浮游生物减少，对黑鹳进食食物威胁较大。正是由于人为活动的增多和环境及水质污染的严重导致了黑鹳栖息区域的萎缩和破碎化。另外，环境污染特别是水质污染很容易造成体内有害物质积累中毒，导致黑鹳幼鹳死亡或是孵化率较低，从而使种群数量逐步下降，直到濒危境地。

（3）越冬栖息地环境条件的恶化

黑鹳在我国越冬地大部在华南，近年来发现在山西灵丘、北京十渡等北方局域地区也有越冬黑鹳集聚。但据报道南方的许多湖泊中泥沙沉积严重，修建的水利设施导致江河注入湖泊水量减少，再加上围湖造田，使得湖泊水面日趋缩小，面临着干涸或已经干涸的局面。即使象鄱阳湖这样尚存有一定水域面积的大湖，水也在逐年变浅。据报道，鄱阳湖候鸟自然保护区越冬水禽这几年增多，似乎是由于这里实行了保护鸟类的有效措施，或者这里越冬栖息条件良好的缘故。但另一种令人担忧的可能性是存在的，就是其他地方水禽越冬地的自然条件严重恶化，使得那些地方的越冬水禽大量向鄱阳湖集聚。由此看来，我国华南黑鹳越冬栖息地的环境条件并不十分理想。在北方由于自然环境恶劣，冬季仅在少数环山、温暖、避风、暖泉温水不结冰、食物较为丰富地段有越冬黑鹳存在（如山西灵丘花塔），但由于近年来人为因素影响，越冬种群数量也在下降。

（4）黑鹳巢址分散，就地保护困难

黑鹳由于数量稀少，活动范围广，且筑巢地址选择较为分散，每个巢穴直线相距至少在数十千米以上。由于人为因素环境污染导致生境破碎化、形成一个个孤岛，不利于集中保护，也是导致濒危的重要因素。

第六节　黑鹳的保护

山西灵丘黑鹳省级自然保护管理局成立以来，重点对黑鹳开展了科学观察研究工作，不断提高保护水平。

1. 开展定点观察

结合黑鹳在保护区分布实际情况，在黑鹳繁殖栖息地特别是巢穴附近建立了固定监测点，实行定点监测，及时准确掌握黑鹳栖息觅食、产卵孵化、幼鸟出巢、越冬以及种群活动状况。

2. 依法加强管护

重点对自然保护区及全县黑鹳栖息生存的区域进行保护，组织相关执法部门开展鸟类保护执法检查，严厉打击乱捕滥猎，非法收购、运输、出售野生鸟类等违法行为。向社会公布了野生动物救助电话，共救治国家一级重点保护野生动物黑鹳 15 只，其他珍稀鸟类包括国家一级重点保护野生动物大鸨、国家二级重点保护野生动物大天鹅、长耳鸮等 30余只。

3. 利用"中国黑鹳之乡"品牌开展鸟类保护宣传

2010 年，中国野生动物保护协会授于灵丘县为"中国黑鹳之乡"，成为山西省首个被命名为黑鹳之乡的县。2014 年灵丘县人大专题会议将黑鹳命名为灵丘县县鸟。借助这一契机，保护区每年在县城利用爱鸟周、一二·四全国法制宣传日、"三五"学雷锋日、传统六月庙会等节日，联合县人大等部门在全县范围内开展保护县鸟暨中国黑鹳之乡宣传、生态保护摄影等活动；在保护区内利用传统庙会、乡村节日等人口密集地开展宣传，共计张贴发放宣传资料 50000 余份、自然保护区法律法规选编 30000 余册，制作展出自然保护区自然风光、国家保护珍稀濒危野生动植物、保护区内 90 多种国家和省级重点保护动物、国家珍稀濒危鸟类图片、简介及相关法律法规等展板等相关法律法规展板等数十版，设计制作了 100 多条宣传标语，在当地电视台反复播放，提升大众保护鸟类意识。

4. 建立黑鹳觅食地，开展投食饲喂实验观察

在黑鹳觅食区域唐河湿地、下关六沙台、白崖台古路河等地建设简易小鱼塘，投放鱼苗，为黑鹳越冬等生命活动进行提供补充食物，同时对黑鹳食性、取食情况以及生物学特性进行观察研究。

5. 开展科研观察研究

几年来一直开展黑鹳现存数量、分布、栖息、繁衍及消长变化情况调查。对黑鹳群聚夜栖、营巢繁育、巢址周边鸟类群落结构等生活习性进行了调查监测研究，并联系中国林

业科学研究院教授到保护区观测研究黑鹳越冬及繁殖情况。有关气象的专家学者也到保护区对黑鹳越冬栖息与气候变暖等情况的关系进行观察研究。撰写《黑鹳在自然保护区越冬观察》《黑鹳在自然保护区冬季群聚夜栖观察》《山西省灵丘县黑鹳巢址鸟类群落结构调查》《冰雪环境下黑鹳生态观察》《关于黑鹳解剖的初步研究》《山西灵丘黑鹳省级自然保护区黑鹳巢穴的调查研究》等科研论文 10 余篇，并在《山西林业》、《湿地科学与管理》、《中国鸟类学研究》、《野生动物》、《鸟类学术研讨会论文集》等学术研究期刊上发表，促进了对黑鹳这一濒危物种的研究和有效保护。

6. 进一步加强对外合作研究

一是积极联系中国鸟类环志中心开展黑鹳环志研究工作。通过黑鹳环志研究，对鸟类分布、迁徙、季节运动、种群结构、物种生态学、气候环境变化等方面规律进行了解和研究，为保护珍稀濒危鸟种、利用候鸟保护农林生产和维护生态平衡、保障航空安全等提供科学的依据。二是积极联系有关科研院所探索研究建立黑鹳繁育基地，开展黑鹳人工繁育实验研究，扩大种群数量，拯救这一濒危物种。三是主动与周边保护区如广灵壶流河湿地自然保护区、河北小五台国家级自然保护区等结成科研宣传合作单位，并确定了黑鹳觅食及栖息规律研究、黑鹳繁殖期活动规律研究等野生动物联合观测研究课题，进行积极探讨，计划每年定期召开研讨会，开展联合观测等活动，从而对黑鹳等濒危物种生态习性有了更多更深的认识，促进了黑鹳保护工作的开展。

黑鹳作为世界性的濒危珍禽，它在灵丘是独特的自然资源，珍贵的稀有资源，和谐的人文资源，美丽的景观资源。由于人为活动影响，保护难度加大。因此加强保护任重道远，扩大种群刻不容缓。

第七章　部分旅游资源

　　山西灵丘黑鹳省级自然保护区内山峰林立、景观独特，森林茂密、资源丰富、物种多样、气候适宜，环境优美，风光秀丽。春天绿意盎然，夏日温馨惬意，秋天绚丽多彩，冬日银山翡翠。山西省灵丘县更是一个历史悠久、人文荟萃的地方，人文景观不胜枚举。历史上曾先后出现过赵武灵王、魏文成帝、辽萧太后等著名人物。

第一节　自然景观

一、桃花溶洞

　　桃花溶洞位于山西省灵丘县城东南约 18 千米处。该处地名原来称为沙湖岭，后因开发旅游之故，在山顶发现天然溶洞若干处。又因山坡上生长山桃花，故而改名为桃花山，山顶溶洞因之得名。

　　桃花山上发现的溶洞开发出来的共有两处。其一位于上山途中的半山腰，因洞内栖息大量蝙蝠，因而得名蝙蝠洞。穿越此洞继续登山，在山顶附近另有一洞是为桃花洞。现在洞中的钟乳石已经所剩无几。在距离此洞偏东南方向也有一洞，称之为四号洞，其位置略微高于桃花溶洞，在洞内发现了不少遗存的动物化石。

　　桃花溶洞所在地位于太行山北段主脉、太白巍山东麓略微偏南方向。东面是一条落差很大的山沟，而里面则地势渐渐开阔了。此地可能存在过古代冰川。有一处巨大的斜向山体，均由紫红色砾岩构成。由于东面的沟壑十分逼仄，最窄的地方只有十几米。在此处有一条湍急而清冽的山溪流，长年流量可达 2 ~ 3 立方米/秒。这条山溪流由西向东迤逦而下，向东面逼仄的沟口冲去。山溪的水质清澈，是优质的矿泉水。溪流穿越东面的逼仄沟壑，这些地方随处可见体量十分巨大的崩落岩石。这条溪流从西部发源，发源处被命名为桃花泉。在 20 世纪 90 年代，这处泉溪曾经被山西省地质部门命名为"山西第四泉"。

二、唐河峡谷

　　唐河峡谷位于灵丘县红石塄乡境内，峡谷北起灵丘盆地南边，绵延 40 千米。峡谷谷底的唐河水流湍急，蜿蜒迂回，河道两岸奇峰如削，危石兀立，沿途各种造型别致的自然景观和历史文物遗迹比比皆是。享誉国内外的国家级重点文物保护单位觉山寺就坐落在距县城 10 千米的唐河峡谷中。该寺历史悠久，文化底蕴浓厚，以塔、井、山奇著称，是唐河峡谷游览的重点。

　　顺着觉山寺景区一路东下至白沙口处，不知何人何年建在山崖上的"三级楼"道观遗址被人称为灵丘的"小悬空寺"；上沿河村东的"三道峡一线天"绝壁耸两岸，中间一条缝隙绵延 10 千米，沿途怪石林立，树木蔽日，曲径通幽；下沿河村西的北流沟自然生态区，沟深林密，路回峰转，整个景区地表植被保护完整，保持了一种原生态的自然美；下沿河村下游还有电站拦水坝，一坝截碧水，高峡出平湖；水面上鹅鸭畅游、红掌清波；岸边游人驻足，引杆垂钓，极具诗情画意。在唐河峡谷末端的马头关下北泉村，经过多年的发展，已经形成了"花果山"、莲藕塘、特种水产养殖基地等现代农业观光园区，园区现代气息浓厚，是崇尚自然的都市人的理想去处。

第二节　人文景观

一、塔井山齐觉山寺

觉山寺位于红石塄乡觉山村西，北魏太和七年（483）孝文帝敕建并赐额"觉山寺"，为灵丘县修建最早、规模最大的佛教寺院。辽大安五年（1089）重建，后屡有重修。现存建筑为清光绪十五年（1889）重建，17 座建筑分布在 3 条轴线上，寺内辽、清两代壁画 300 平方米，清代塑像 10 尊，寺内八檐十三层砖塔为辽代重建遗构，觉山寺建筑精华。明天启六年，灵丘发生七级大地震，庙宇全毁，唯砖塔独存，雄厚刚健，庄重优美，为我国辽代砖塔代表作，具有重要的历史、艺术和建筑科学价值。2001 年被列为全国重点文物保护单位。砖塔高与北魏古井深、寺西南山上小砖塔高同为 13 丈，被称为"塔井三奇"。此外，寺东悬挂在云雾之中有时会显现一通"雾碑"，雾散则碑失，亦为一大奇观。

觉山寺群山环抱，唐河碧水长流，东北有笔架山，北倚翅儿崖，西连老虎尖，南望凤凰台，环境优美，景色秀丽，为灵丘九景名胜之首。

觉山寺现存庙宇为清光绪十一年（1885）起由龙诚和尚主持重建。龙诚为清末著名僧人，关于他历尽艰辛重修破败不堪的觉山寺，有许多传奇故事。人称龙诚"凡出之言无不超凡绝俗，凡做之事无不惊天动地。问祸福求方药无处不应，施文偈与书画无人不欢。"

龙诚俗姓王，名九龄，灵丘县沙涧村人。

传说在王九龄 20 岁时，一天到觉山打柴，遇见一位白胡子老头，老头劝他留下来出家修庙。可王九龄说家内有父母二老无人照顾，婉言谢绝。老头说："二老的生活我来管。"决意要他留下来。

回到家里王九龄向父母述说了老头要修庙的事，他父亲听后想起了一句谜语："三块砖盖了一个庙，里边住了个白老道"。就对王九龄说："你明天拿上三块砖，搭个砖楼，带上香纸、供菜，磕磕头。"

第二天王九龄按父亲的吩咐，到山上砍完柴就搭砖楼，焚香烧纸，长揖跪拜。当他准备背柴回家时，忽然那位白胡子老头又出现在面前。

经白胡子老头反复劝说，王九龄终于答应到觉山寺出家修庙。当时的觉山寺已是庙宇倒塌，破败不堪，性情醇厚的王九龄立志修好佛寺。原来这位白胡子老头就是有道高僧贵佛，他为王九龄剃度，取法号"龙诚"。在贵佛的精心传授下，聪明过人的龙诚边学佛经、边习拳术，日夜勤学苦练，一年功夫就精通佛理，武艺娴熟。待龙城修炼完成后，贵佛则放心地圆寂了。

一次，为修寺筹备柱材，龙诚到东河南买了一颗大柏树运回觉山寺，却不知这棵一搂多粗的柏树早已被县官看中，准备给自己母亲做寿材。龙诚买树之事令县官十分气恼，就以"非法敛财"的罪名，派几名捕快缉捕他。龙诚被捕快追到翅儿崖顶时已无路可走，便纵身向崖下跳去。捕快们估计崖高几十丈，这和尚必死无疑。可是到崖下一看，却见龙诚毫发无损地站在观音洞旁闭目诵经。捕快们又继续追赶，龙诚又跑下山跳进了寺内的古井里。捕快班头以为他跳下去淹不死也得摔死。为了对县官有个交代，他们搬来几块大石头扔进井里，心想你有再大的本事也难活一命。此时，众多善男信女跪下一片，央求捕快放和尚一命。正在大伙祈祷时龙诚却从井里蹦了出来。众人一看，龙诚竟然身上滴水未沾。捕快们也惊呆了，慌忙下跪说："捉拿师傅是县老爷之命，请您到县衙走一趟，我们好回去交差。龙诚就毫不犹豫地跟捕快到了县衙。

在县衙大堂上，县官对龙诚用尽了刑具，都未使龙诚屈服。县官又把他解往大同府，并事先花银子买通了府官和狱卒，想龙诚一到就把他整死。

龙诚来到大同府，狱卒说："走了这么远的路先喝碗水吧。"实际上这水里早已放了砒霜。此时龙诚正好口渴，端起碗就一口喝下。喝完水，狱卒就把他关入死牢。哪料到龙诚不仅未被毒死，反而更加精神。府官闻讯大惊，知道这和尚非同一般，但因收了县官的银子，就在大堂上让他坐烧红的铁椅子。只见龙诚坐上铁椅后却纹丝不动，竟闭着眼念起经来。府官见状大惊，无奈下令将龙诚释放，允许他化缘修庙。

经此折磨，龙诚更坚定了修庙的决心，继续化缘不止。他看到，仅在并不富足的当地难以募化到足够重建觉山寺的资财，便带着徒弟翔明、翔敬等，赤脚摇铃，风餐露宿，先后到直隶、绥远、京城、江苏、湖南、湖北、四川等地，历尽千辛万苦，终于集金万余，开始重建觉山寺。

经过多年努力，龙诚终于完成重建觉山寺工程。建成大雄宝殿、弥勒殿、天王殿、韦驮殿、罗汉殿、金刚殿、贵真殿、魁星阁、文昌阁、藏经楼、禅房等134间庙宇。清末举人杜上化为重修觉山寺撰写了碑文，觉山寺这一有1400多年历史的皇家寺院重现辉煌。

开光那天，恒山、五台山、本县各寺院僧人和附近的信众百姓上千人，前往拜佛祝贺。典礼仪式完成后开始吃斋饭，可20多人做了半天的黄糕也不够吃，管事的和尚急得团团转。龙诚说"不急、不急"，只见他吹了一口气，自己的食指变成一根点着的蜡烛，闭眼诵念佛经，众人只顾围观看稀罕。转眼间，就蒸出了24石黄米的糕来。众人惊叹不已，都说觉山寺出了个超凡脱俗、法力无边的高僧，跪拜了一大片。从此龙诚法师名声大振，远近闻名，觉山寺香客常年不断。

游觉山寺

（清：邑令 罗 森）

芙蓉天外插城阳，鸟道千回选佛场。

僧腊几经藤桧老，宦尘聊借洞云凉。

井封疑有元龙伏，刹古犹瞻法象庄。

解得原来无缝塔，何须留带觅津梁。

塔井三奇

（清：邑令 宋起凤）

塔井称奇处，成三丈数兼。

插天连入地，一坎列双尖。

隅反高深合，才分上下占。

沧桑经几代，无损亦无添。

塔影三奇

（清：邑令 纪瑛璇）

闲云一片向空流，孤寺还藏云上头。

边塞荒龛封白草，莓苔古井嵌丹珠。

林光净抹山前出，塔影高连水底浮。

晋魏欲凭何处吊，平沙漠漠使人愁。

二、"早种晚收"禅庵寺

禅庵寺位于下关乡女儿沟村东北。始建年代不详。现存建筑为明代风格，坐北朝南，一进院布局，占地面积约678平方米。

据明正德八年（1513）《重建禅庵寺碑记》："灵丘县西南百二十里许，山名弥陀，其间有刹曰禅庵。龙盘虎踞，水秀山明，真空明康。""成化改元于本庵起盖正殿三楹，禅室厨屋俱备。"成化十九年（1483）辟为五台清凉山普济寺下院。弘治间（1488~1505）道清和尚增修"寺殿、伽蓝师堂、钟楼、廊庑，绘塑圣像，金碧交辉，焕然一新。"正德六年（1511）落成。清光绪二十五年（1899）、民国三年（1914）及1983年、1986年先后重修。

寺内主要建筑有大雄宝殿、禅房、山门、钟鼓楼和配殿。大雄宝殿内佛坛上塑三世佛，两山墙明代壁画约30平方米。大殿面阔五间、进深五椽，硬山顶，台基前壁有石刻花草图案。山门前面阔三间，进深四椽，硬山顶，台基前壁亦可有花草图案。

禅庵寺群山环抱，山清水秀，溪水屡屡，风景秀丽。更为独特的是有"早种晚收"的神奇传说。

相传很久以前，禅庵寺住着一老一小两位和尚。有一天来了一个相貌丑恶、衣衫褴褛的人，央求老和尚为他剃度出家。老和尚看他可怜，就收留了他，起法号光慧，与小和尚光聪师兄弟相称。

不料光慧原是个偷鸡摸狗、好吃懒做之辈。他进寺后耐不住寺院的清规和寂寞，不几日便丑态毕露，不受佛门戒规。稍不遂意就对老和尚出言不逊，对小和尚拳打脚踢，还常常纠集一伙赖皮在寺内喝酒作乐，行凶闹事，弄得整个寺院乌烟瘴气，善男信女们也不敢到寺里拜佛敬香了。

一日上午，光慧又要同几个赖皮喝酒，可是没有好菜。有个家伙提议道，"驴肉就酒最好。"光慧就手执牛耳尖刀，要杀寺里的黑驴驹。黑驴驹被他追得满院奔跑，眼看要遭毒手。小和尚光聪急忙上前拉住光慧,苦苦央求道:"师兄,杀了黑驴驹拿什么驮东西?你就饶了它吧!"光慧把眼一瞪,一个耳光把小和尚打倒在地,就在这当儿,黑驴驹冲出包围,箭一般向大门外跑了。到嘴的肉没吃上,光慧气得要命。一顿拳打脚踢,光聪被打得遍体鳞伤。之后,光慧硬逼着光聪去找驴,扬言若找不回来,就用他的心肝下酒。光聪只好忍着伤痛去找黑驴驹。老和尚早已被气病在床上,此刻听到院里闹得很凶,再也躺不住。他拄着拐杖出了门,指着光慧气愤地说,"罪过呀,罪过。自从你来后,这寺院一天也没安宁过!"说着便一头朝光慧撞去。光慧没吃到驴肉,正在气头上,一看老和尚撞来,便往旁边一闪,可怜老和尚重重扑倒在地上。光慧冷笑了两声,恶狠狠地说:"看来这老家伙是想跟我要棺材。弟兄们,快给我把他拉出去。"几个赖皮早已等得不耐烦,光慧话音一落,便赶紧冲上去把老和尚拖到大门外,回手又把大门一关。禅庵寺成了光慧的天下。

再说小和尚光聪忍着伤痛,找了半天也未找见黑驴驹。他本想一走了事,可师傅还病在床上。他能扔下师傅不管吗?于是,只好豁着命返回来。将到寺旁,忽然看见师傅躺在台阶下,便紧走几步,上前扶住师傅,急切地呼喊,"师傅,师傅,您醒醒,您睡醒。"老和尚昏迷多时,此刻,他慢慢地睁开朦胧的双眼,痛心地说,"寺院……被他们……抢占了!"光聪哽咽着说:"师傅,咱们快离开这里吧,要不性命也难保了"。于是,光聪背起师傅,沿着山间小道吃力地走去……

光聪才十几岁,毕竟力气有限,身上的伤痕疼痛难忍,两条腿也像灌了铅,每走一步都很困难,原想把师傅背到有人烟的地方,谁知慌不择路,走了半天,也不见村庄。当走到一个山脚下,光聪再也支持不住了,身子一软倒在地上,师傅也从背上摔了下来,师徒俩都昏了过去。也不知过了多久,小和尚光聪才从昏迷中醒来。他睁开眼一看,师傅还昏睡着,四周碧草青青,晚霞映照,一派黄昏美景。突然光聪眼睛一亮,不远处,黑驴驹正在津津有味吃着草。看到黑驴驹,光聪顿感心清气爽,赶紧爬起来向黑驴驹跑去,跑到跟前,一把握住缰绳,黑驴驹也抬起头来,钟情地望着主人,好像知晓人意似的。此时,光聪才看清面前有一片黄澄澄的小麦,那麦穗长得十分肥大,颗粒也很饱满。看到麦子,光聪才想起一天没吃东西了,饥饿驱使他一把揪下个麦穗,用手揉了些麦粒,就狼吞虎咽地吃起来。连吃了几把麦粒,忽然想起师傅来。于是,光聪赶紧牵着黑驴驹走到师傅身旁。此刻,老和尚也从昏睡中醒了过来。他一看光聪找到了黑驴驹,又听说前面有一片小麦,真是又惊又喜,身上也有了些精神。接着,光聪搀扶着师傅来到那片麦地前,给师傅揉搓了一些麦粒吃。师徒俩吃饱了肚子,本想继续上路,但夜色降临,伤痛发作,只好就地休息了。第二天霞光普照的时候,师徒俩从昏睡中醒来。醒来后,首先映入眼帘的是面前那一小片麦地竟又长出了绿油油的麦苗,细看那麦苗正蠕蠕地生长呢!看着这个奇迹,小和尚光聪高兴得手舞足蹈,老和尚也感到奇怪。"昨晚刚收了成熟的麦子,今早又长出了嫩绿的麦苗,师傅,那我们就住在这里吧。"老和尚想了想说:"说得也是。看来这是块风水宝地,我们暂且住在这儿吧。"停了停,老和尚又说:"今儿个我去化缘,你留在这儿搭个窝棚吧,也好有个安身之处。这儿离禅庵寺不远,光慧也蹦达不了几日,我们总要回去的。"于是,师傅去化缘,徒弟搭窝棚,不觉一日就过去了。傍晚时分,老和尚化缘回来了，光聪的窝棚也搭好了，那片麦子也黄澄澄的成熟了。此刻，师徒俩那高兴劲就甭提了。从此师徒俩起早贪黑，早种晚收，倒也生活得自在。霸占了禅庵寺的光慧知道后，决定亲自去看个究竟。一日，风和日丽，白云悠悠，老和尚去化缘，光聪去砍柴。光慧带了几个打手来了。这帮家伙手执棍棒铁锨，凶神一般，看见他们的窝棚立即砸了个粉碎，看见那片麦苗连根挖了 3 尺，谁想最后挖出一个不大的盆子来。这盆子看去很粗糙，石不石瓦不瓦的，光慧举起棍棒连砸了 3 下也没有砸碎，他正要继续砸，有个家伙说："别砸了，拿回去正好做尿盆。"光慧这才作了罢，带着几个赖皮垂头丧气地走了。老和尚化缘回来，看到那片早种晚收的麦地被掘成深坑，气得浑身发抖；小和尚光聪砍柴归来，看到辛辛苦苦盖起的窝棚被砸得稀烂，伤心得哭了起来。山坡上牧羊的老汉告诉了他们事情的经过，光聪听后气得咬牙切齿，决心要跟光慧拼一死命。正当师徒俩面对惨状愤愤不平时，突然从南边天上飘来一团乌云，电闪雷鸣下起大雨来。说也奇怪，这么急的雨，师徒俩一点也没有淋着。老和尚好生纳闷，望着远方出神说："这是天意啊！说不定那几个家伙被雷劈死了"。机灵的光聪一听，赶紧说："师傅我去看看。"说完，便朝寺院方向跑去。过了一会儿，光聪抱着一个盆子，高兴地说："师傅，他们真死啦。"老和尚长长出了一口气说，"阿弥陀佛。善有善报，恶有恶报。这也是他们的造化啊"。光慧死了，他们俩也去掉了心患，于是，又高高兴兴地回到了禅庵寺。寺院被折腾得全不像个样了，连香炉也找不到了，师徒俩只好用带回的盆子点了几炷香。谁知到了第二天早上，竟变成满满一盆香。看到这个情景，师徒俩觉得十分奇怪。老和尚说道，"兴许这是个聚宝盆呢。"光聪听后，又找了一个铜钱放到盆里做试验，结果过了一夜，变成满满一盆铜钱。这下师徒俩可高兴了。从此，寺院平安无事，香火旺盛，师徒俩亦潜心佛门。后来，禅庵寺有聚宝盆的消息一传十，十传百，传到了县太爷那里。贪心的县太爷为了占为己有，传令上交归公。老和尚连夜带着聚宝盆跑出，跑到邓峰寺。于是又引出了邓峰寺"松柏不乱"的故事来。

三、"松柏不乱"邓峰寺

邓峰寺位于白崖台乡烟云崖村西南 1 千米处。

据清乾隆四十二年（1777）《重修邓峰寺碑疏》记载："我灵丘邓峰寺者，乃邑中八景之一也，不知于何代，自辽重修不坠。相传邑人邓云峰兄妹修炼于此，得道成仙，故名其山焉。"

该寺始创年代约为辽代或辽以前。至清光绪三年邓峰寺拥有佛殿、药王庙、火神庙、钟鼓楼、配殿、过殿、山门、戏台、禅房等庙宇。20 世纪 90 年代在旧址上重建大雄宝殿、东西配殿。

邓峰寺为一处融人文、生态景观和革命遗址为一体的名景胜地。坐西朝东，处于南北两峰之间，碑记载"其间锦嶂玉屏，罗列前后。苍松翠柏，映带左右。烟岚变幻于高低，允矣祇奉三宝。""群峰环匝，如花涌青莲，中隐琳宫，莲瓣抱薏，风吹梵呗，响达松声，"古人称此景为"邓峰烟岚"。

邓峰寺四面环山，有万余亩面积的原始森林，南松北柏，泾渭分明，从不杂乱，为一大奇观，邑人称松柏不乱。

隐蔽于山丛林海之中的邓峰寺，为抗日战争时期的中共晋察冀五地委、第二专署的地下交通站。1939年初入党的护林员安义经常到灵丘城、东河南据点了解日军动向，传递情报，邓峰寺也成了地委、专署、军分区领导、八路军侦察员过往食宿之所。

《邓峰烟岚》

清邑令宋起凤诗

何年峰上树，朝夕翠氤氲。

丹灶无新火，空山只野云。

樵苏幽不到，虎豹久成群。

传说仙人枣，秋来望实殷。

《邓峰烟岚》

清崞县举人贺裕诗

烟岚苍翠里，仙迹未全更。

洞府传兄妹，峰岚著姓名。

三千尘脱界，十二碧开城。

化鹤双双去，时闻梵吹声。

四、长城遗址

灵丘县境内长城属于明内长城。

明王朝建立后，为了防御北部蒙元势力的侵扰，加强北部边疆的军事防御，明朝先后用二百余年时间修筑了东起鸭绿江，西至嘉峪关的万里长城，史称外长城。同时，为了保障首都北京的安全，在修筑外长城的同时，又自黄河东岸的偏关，东达京师西北的居庸关，修筑了内长城，成为保卫京师的重要屏障。对此，《读史方舆纪要》载："山西镇自老营堡转南向东，历宁武、雁门、北楼至平型关，约八百里。又转南而东为保定之境，历龙泉、倒马、紫荆至沿河口，约千七百余里。又东为顺天境，历高涯、白羊至居庸关，约八十里，共二千五百余里。皆峻山层岗，险内者，所谓次边也。"

灵丘内长城为山西内长城东段，介于内三关（居庸、紫荆、倒马）与外三关（雁门、宁武、偏关）之间，中有平型关。灵丘牛帮口以东属蓟镇之真保镇管辖。灵丘段内长城途径黑鹳自然保护区内的上寨、下关、独峪和白崖台四个乡镇20余个村。有敌楼遗址50座，其中砖砌空心敌楼保存基本完好的有17座，是目前山西内长城遗存砖砌空心敌楼最多的县。现遗存墩台12座、烽火台19座、关口遗址3座、瓮城遗址1座、地窖2座。遗存敌楼券门匾额11方、阅边碑5方、摩崖石刻2处、长城跨河栈道石槽1处，长城城墙遗存30段，长约50余华里。

现存砌砖敌楼均分布在灵丘南部石山区暨自然保护区内，灰色的敌楼和白石所砌边墙屹立于崇山峻岭、要道隘口或河谷两侧的青山绿水之中，十分壮丽可观。古代的军事文化与大自然的秀丽风光交相辉映，别具独特风韵。荞麦茬、狼牙口、龙须台、铜碌崖、木佛台、潘家铺、牛帮口段长城尤甚。2015年中央四台"远方的家"栏目组拍摄的《长城内外》系列专题片中的《黑鹳之乡大爱灵丘》一集所拍摄的就是这一带的风景。

特别是平型关至东跑池段 20 余华里的内长城，建筑密集，种类齐全，堪称长城建筑博物馆。现存有基本连贯的城墙和 29 座敌楼、8 座墩台（马面）、8 座烽火台，还有 1 座瓮城和 2 座地窖遗址，清晰地展现出明代内长城这一军事防御工程的原始风貌，极具历史价值。

总之，灵丘的明代内长城遗址是一组明代内长城文化群，展示了中华民族的悠久历史，是中华民族不屈不挠抗击外敌入侵的伟大精神象征，也是珍贵的历史文化遗产和旅游资源，有待进一步加强保护和开发利用。

第三节　革命遗址

灵丘是震惊中外的八路军平型关大捷的发生地。平型关大捷后，杨成武领导八路军 115 师独立团奉八路军总部命令，发动群众以灵丘南山为依托，开辟以灵丘、涞源、广灵、蔚县为中心的抗日根据地。在上寨建立了灵、涞、广、蔚、易 5 县行政委员会。在抗日战争期间，灵丘是巩固的抗日根据地、雁北抗日斗争的中心和八路军主力部队的长期驻地。8 年抗战期间，八路军总部和晋察冀军区派往雁北的主力部队，115 师 687 团、独立团和 120 师 359 旅 717 团、718 团、719 团、358 旅 715 团、晋察冀军区 3 团、6 团等，都先后驻扎灵丘。在革命战争年代，众多的革命家和抗日名将的革命活动和灵丘人民在党的领导下进行艰苦卓绝的革命斗争，存下了众多的革命遗址。特别是保护区所在的大南山区一直都是革命老区，据灵丘县老区建设促进会和县委党史办公室调查统计，保护区内各类革命遗址共计达 80 余处。众多的革命遗址，是宝贵的红色历史文化资源，也是弘扬民族精神，进行爱国主义和革命传统教育的生动教材。

一、白求恩纪念馆

1938 年 11 月 9 日，伟大的国际共产主义战士、加拿大著名外科医生白求恩应八路军 359 旅王震旅长邀请，率军区医疗队到达后方医院第一休养所驻地灵丘县杨庄村。白求恩一到驻地就直奔病房为伤员检查、换药、手术，对 300 余名伤员一一检查治疗，对其中 40 人进行了手术。在灵丘抗日前线 3 个多月，白求恩夜以继日地救治八路军伤员千余名，手术 700 余例。白求恩在手术中先后为 3 名危重伤员献血，挽救了他们的生命。白求恩毫不利己、专门利人、忘我工作、无私奉献的崇高品德，对工作严肃认真、极端负责和对技术精益求精的工作态度，至今老区人民仍然念念不忘，白求恩精神已成为中华民族之魂的重要组成部分。

白求恩特种外科医院位于灵丘下关乡杨庄村，医院旧址现保存基本完好。医院设在杨庄村一座四合院内，村东一座土木结构的二层小楼为白求恩大夫的休息室。1976 年，灵丘县在医院旧址建立了白求恩事迹展览馆，以原诊疗室作展览室，重新修复了白求恩大夫住过的二层小楼和办公室，对原手术室进行了修缮。

整修后，对白求恩特种外科医院遗址的部分房屋基础进行了加固，对周边环境及路面进行整治和硬化，在院内增加了 2.2 米高汉白玉石质白求恩全身雕像和毛泽东《纪念白求恩》全文石刻，展览室新增 130 米长的白求恩在杨庄及灵丘抗日前线日夜抢救伤员的珍贵历史图展。

二、晋察冀边区第二专属驻地旧址

1. 5 县行政委员会驻地旧址

1937 年 11 月下旬，为加强察南雁北各县抗日政府的统一领导，中共一分区特委在上寨村成立 5 县（灵丘、广灵、涞源、蔚县、浑源）行政委员会，原蔚县抗日政府县长张苏为主任。5 县行政委员会是晋察冀边区最早成立的地区级抗日政权。1938 年 1 月 13 日，晋东北政治主任公署成立后，5 县行政委员会即撤销。

2. 晋察冀边区察南雁北办事处旧址

1939 年 9 月 22 日，为抵制阎锡山、白志沂对雁北抗日根据地的分裂破坏活动，晋察冀边区行政委员会在灵丘雁翅村设立察南雁北办事处，下设民政、财政、实业 3 科，管辖灵丘、广灵、应县、浑源、繁峙等县政府。王裴然为办事处主任，焦国鼐为秘书主任。

3. 晋察冀边区第二专署驻地旧址

1940 年 4 月，晋察冀边区行政委员会在灵丘县中庄村成立第二专署，李涛为专员，焦国鼐、赵北克先后为秘书主任。

4. 晋察冀边区二中驻地旧址

1939 年 11 月在灵丘中庄村成立，李涛兼任校长，孙英为副校长，教务主任为雷迅。二中学制为长训和短训两种：长训为两年，大部分是各县抗日青年骨干，毕业后根据抗日需要分配工作；短训为 3 个月，学员来自县、区政府的青年干部。全校师生员工 150 余人。1940 年初，二中迁至岸底、上关村。

三、晋察冀军区第五分区驻地旧址

1940 年 4 月 1 日，晋察冀军区第五军分区在灵丘县狼牙沟村成立。邓华为司令员兼政委，李天焕为副政委，易耀彩为参谋长，王紫峰为政治部主任，肖文久为供给部长。军分区统一领导 6 团、26 团、雁北支队和各县基干游击大队，开展雁北地区的抗日武装斗争。

四、八路军部队驻地旧址

1. 359 旅雁北支队驻地旧址

1939 年 9 月初在 359 旅准备回师延安前夕，为保卫雁北抗日根据地，359 旅在灵丘上寨村成立雁北支队。支队长徐国贤，政委谭文邦，参谋长胡文灿，政治处主任谭天哲，供给处长杨宗胜，下设两个营，驻灵丘南山地区。任务是保卫雁北根据地，组织群众反扫荡。359 旅主力转移后，雁北支队继续在雁北坚持抗日武装斗争。

支队刚成立，就参加了反击白志沂顽固派的斗争。10 月 21 日，白志沂保安队 200 余人包围了灵丘县抗日政府驻地张家湾，抢走县政府大印和文件、财物。23 日，绑架了县长高钦等 7 名工作人员，被 358 旅 715 团救出。359 旅雁北支队在下关与白志沂部展开激战，俘虏白保安队员 400 余人，后又歼灭了驻在寒风岭的白志沂保安队数百人。

2. 晋察冀军区 6 团驻地旧址

6 团的前身是 1937 年 10 月底在灵丘县三山村组建的杨成武独立师第 3 大队。1939 年冬改编为晋察冀军区 6 团。1940 年 1 月开进雁北，驻灵丘县狼牙沟、雁翅、上寨等村。1941 年 4 月 27 日，调往一分区。1942 年 6 月，6 团再次回到雁北根据地，主要驻地先后有雁翅、上寨、大兴庄、曲回寺、三楼等村。6 团英勇善战，在灵丘支队和广大民兵的配合下，经常主动出击，多次粉碎了日伪军的围攻扫荡，歼灭了大批敌人。1945 年春，6 团与灵丘支队向日伪据点发动了强大攻势，清除日伪据点 33 处，解放了灵丘全境。此后，6 团转战于浑源、阳高、大同等地，开辟新解放区。

3. 邱支队驻地旧址

察南游击支队，又称邱支队，支队长邱会魁。1938 年 3 月成立于河北蔚县南山，下设 4 个连队。多活动于涞源西南山区和灵丘东南山区。1940 年 4 月，改属五分区领导，灵丘县大小高石、梨园、道八、庄旺沟、二岭寺一带为主要活动地区。邱支队在抗日战争最艰苦阶段，在灵丘、广灵一带坚持抗日武装斗争。

4. 雁北支队驻地旧址

雁北支队是一支长期坚持在雁北的地方抗日武装，其前身为抗战初期的察绥游击军，开进雁北后改称察绥游击支队。1940 年 2 月与 359 旅雁北支队合编为雁北支队。1941 年 1 月 27 日，正式改为雁北支队，隶属第五军分区，司令员刘苏，支队政委陈凤桐，参谋长朱宝琛。支队常驻灵丘，活动范围包括应县、繁峙、浑源、广灵一带。军区 6 团调离期间，雁北支队成为雁北地区抗日武装主力，在坚持雁北抗日，保卫根据地的斗争中发挥了重要作用。

5. 五专属冉庄兵站旧址

从 1945 年 9 月初开始，冀晋五专属先后在灵丘的冉庄、下关、木佛台、东河南、城关、蔡家峪、孤山、招柏、刁泉、北泉等村设立兵站，并在城关魁见设立接待站，为过往部队和赴东北干部解决食宿困难。同时，还组织群众全面整修了灵丘西至蔡家峪，东北至刁泉，东至招柏的公路，架起了唐河、蔡家峪、孤山 3 座大桥，保障过往部队和军需物资的道路畅通。1949 年 3 月 18～25 日，全县总动员，组织大量人力、物力，一次接待了解放太原的过路解放军 5 万余人。

表 7-1　革命遗址名录

中共党组织驻地旧址	上寨南村中共一分区特委、一分区地方工作团驻地旧址
	岗河村晋察冀五地委驻地旧址
	下关乡晋察冀五地委、边区二专署、第五军分区驻地旧址
	三楼村冀晋五地委、冀晋二专署、冀晋五分区驻地旧址
	豹子口头村灵丘县委驻地旧址

（续）

中共党组织驻地旧址	上寨村上寨县工委、上寨县抗日政府驻地旧址
	下寨南村灵丘县第一个农村支部旧址
抗日政府组织驻地旧址	下关村西北战地服务团驻地旧址
	白水岭村敌区工作团察南雁北办事处旧址
	雁翅村牺盟会五台中心区雁北办事处旧址
	雁翅村晋察冀边区察南雁北办事处旧址
	中庄村晋察冀边区二专署旧址
	岸底村边区二中教室旧址
	口头村建国学院雁北分院旧址
	上寨村五县行政委员会驻地旧址
	雁翅村山西牺盟会灵丘分会旧址
	西槽沟村浑源县抗日政府驻地旧址
	王巨村王海合作社旧址
	下关村边区二专署中和钰商店旧址
	上寨村边区二专署中和庆商店旧址
战斗战役遗址	冉庄村反"扫荡"战斗遗址
	白崖台村雁北支队老爷庙遭遇战遗址
	大高石村邱支队阻击战遗址
	岸底村雁北支队阻击战遗址
	雁翅村民兵地雷战遗址
	白水岭村李三妈民兵地雷战遗址
重要会议旧址	上寨村 115 师平型关战斗动员会旧址
	东长城村 115 师战斗总结大会旧址
	荞麦川村冯沟战斗庆祝会旧址
八路军部队及地方抗日武装 驻地旧址	下关乡中国工农红军第 24 军休整地旧址
	冉庄村 115 师师部驻地旧址
	上寨村 115 师 343 旅旅部驻地旧址
	下关村 115 师 344 旅旅部驻地旧址
	雁翅村 343 旅 685 团驻地旧址
	南张庄村 115 师 685 团驻地旧址
	冉庄村 115 师 686 团驻地旧址
	长城铺村 115 师 687 团驻地旧址
	斗方石村 115 师 687 团驻地旧址
	下寨南村 115 师独立团驻地旧址
	上寨南村王震临时驻地旧址
	东长城村 359 旅 717 团部驻地旧址
	上寨村 359 旅 717 团驻地旧址

（续）

	下关村 359 旅 717 团驻地旧址
八路军部队及地方抗日武装 驻地旧址	下寨南村 359 旅 718 团驻地旧址
	大兴庄村 359 旅教导营驻地旧址
	上寨南村 358 旅 715 团驻地旧址
	大兴庄村 359 旅雁北支队驻地旧址
	狼牙沟村晋察冀军区第五军分区驻地旧址
	狼牙沟村晋察冀军区六团驻地旧址
	雁翅村晋察冀军区六团驻地旧址
	大兴庄村晋察冀军区六团驻地旧址
	下关村晋察冀军区六团驻地旧址
	六沙台村晋察冀军区六团驻地旧址
	三楼村冀晋军区六团驻地旧址
	下关村雁北支队驻地旧址
	大高石村邱支队驻地旧址
	六沙台村青羊口青年支队驻地旧址
	西庄村晋察冀军区青年支队驻地旧址
	六沙台村老旺军分区供给处油坊旧址
	六沙台村松家沟晋察冀第五军分区供给处被服厂旧址
	狼牙沟村晋察冀第五军分区被服厂旧址
	香炉石村军分区供给处毛织厂旧址
	南张庄村高峪晋察冀军区六团大生产基地旧址
	岗河村晋察冀五地委机关大生产基地旧址
	河浙村 359 旅防御工事旧址
	冉庄村 115 师烈士墓地旧址
	河浙村 359 旅无名烈士墓旧址
重要事件遗址	沟掌事件发生地遗址
	站上村白志沂夺权事件遗址
八路军医院驻地旧址	冉庄村 115 师战地医院旧址
	杨庄村晋察冀军区医院第一休养所、白求恩特种外科医院旧址
	河浙村 359 旅后方医院休养所二所旧址
	曲回寺村 359 旅后方医院休养一所旧址
	河浙村木渠台 359 旅卫生部伤病员休养所旧址
	串岭村 359 旅卫生部伤病员休养所旧址
	谢子坪村 359 旅卫生部伤病员休养所旧址
	木佛台村铜碌崖 359 旅卫生部伤病员休养所旧址
	上寨村晋察冀军区后方医院旧址
	六沙台村赵家沟雁北军分区休养所旧址

（续）

	花塔村晋察冀军区六团休养所驻地旧址
八路军医院驻地旧址	三楼村白求恩国际和平医院四分院旧址
	下关村白求恩国际和平医院四分院旧址
	狼牙沟村晋察冀第五军分区修械所旧址
	下关村雁北军分区修械所旧址
	三楼村晋察冀军区修械所旧址
	六沙台村潘铺雁北军分区修械所旧址
	上关村雁北军分区修械所旧址
兵工厂和修械所驻地旧址	红石塄村晋察冀边区工业局 32 厂旧址
	下寨北村晋察冀边区工业局 32 厂旧址
	下寨北村晋察冀边区工业局 32 厂发电厂旧址
	下关村雁北专署兵站
	冉庄村冀晋五专署兵站旧址
	木佛台村铜绿崖冀晋五专署兵站旧址

第四节　古代遗址、遗迹

一、古代采冶遗址

1. 刘庄村古金矿遗址

位于上寨镇刘庄村西、村南。古金矿洞内发现铁锤、錾子、碗等物，洞壁小洞内遗存一堆铜钱，涉及汉、唐至北宋，据此推测开矿时间约在北宋末年或金代初年。

2. 香炉石、西庄金银矿遗址

位于独峪乡香炉石村北，西庄村西南、西槽沟村西南。时间为明至清代。该处为灵丘西南古代大型金银矿区，以金矿为主。遗存金银矿古洞 90 余个。分布在香炉石村大林地、黑矾村、老马窑、南岔、老坟台，西庄村菜地洼、古木洞、南水沟、长达沟、银洞渠，斗方石村小香峪、大香峪，王村铺村东峪，西槽沟村西南山及三楼村西北山中。西庄村南一个古银洞内曾发现矿工用过的錾子、瓷碗等物。矿洞深一般为 50～100 米。

3. 谢子坪银矿遗址

位于下关乡谢子坪村北山。有遗存古矿洞 20 余个，为清代古银矿洞。

4. 龙须台、二岭寺金银矿遗址

位于上寨镇龙须台，二岭寺，道八、庄旺沟一带，约为明至清代遗址。有古代金银矿矿洞 160 余个，以金矿为主。主要分布在大地村以南，龙须台至二岭寺东西两侧山上，为灵丘东南古代大型矿区。洞深一般为 50～100 米，有的多洞一线，上下贯通。道八村石壶台古矿洞内曾遗存铁锤、钻子、油灯碗、瓷碗等物。

5. 上寨冶银遗址

位于上寨村内偏西,约为明至清代遗址。原上寨中心卫生院北侧有一处冶炼银矿渣遗址,地塄中遗存不少冶银废渣,冶炼原料为龙须台、道八、二岭寺银矿石。

二、古城堡遗址

独峪堡遗址,明代遗址,位于独峪村北小顶山上。堡址平面呈长方形,东西长约 47 米,南北宽约 36 米,墙体夯筑,墙基宽约 6 米,残高 3~5 米。堡门位置不详。

三、古乐楼戏台

1. 冉庄戏台

民国初年,白崖台乡冉庄村内。

坐南朝北,面积 146 平方米,后台阔 3 间,前台阔 5 间,后墙开两个圆形小窗,前台东西两壁及稍间南壁上部有壁画,分别绘松柳、梅花。

解放战争初期,戏台院内曾做过冀晋军区五分区兵站。

2. 串岭戏台

清代,上寨镇串岭村内。

现存建筑为清代遗构。面积 79 平方米,面阔 3 间,进深 5 椽。3 面看台,榫刻飞鸟画图案,东西山墙外上方青砖叠砌成菱形图案。

3. 下沿河戏台

清代,红石塄乡下沿河村内。

现存建筑为清代遗构。20 世纪 50 年代、80 年代修缮。坐东朝西,面阔 3 间,建筑面积 73 平方米,砖木石混合结构,后墙壁 4 个圆形通气孔,檐柱无斗拱。

4. 红石塄乐楼

清代,红石塄村内。

现存建筑为清代遗构。面积 59 平方米,坐南朝北,面阔 3 间,进深 5 椽,硬山顶。

5. 邓峰寺戏台

清代,白崖台乡烟云崖村邓峰寺内。

清光绪 3 年重修邓峰寺时在寺庙前修建 3 间戏台。民国 3 年重修。

6. 宽草坪村乐楼

清代,下关乡宽草坪村内。

始建年代不详,建在高 0.6 米的石砌台基上,清代遗构,坐南朝北,面阔 3 间,单面看台。

四、古宅第民居

1. 下沿河马氏宅院

清代，红石塄乡下沿河村内。

始建年代不详，现代建筑为清代遗构，20 世纪 50 ~ 90 年代曾数次重修。东西宽 14.48 米，南北长 24.9 米，占地面积 361 平方米。坐北朝南。四合院布局，中轴线上建正房、南房，两侧建厢房。门楼位于院落东南角，硬山顶。额枋与椽檩间饰荷叶墩，槲头砖雕鹿和梅花。正房正面宽 5 间，硬山顶，东厢房已毁，西厢房、南房均面宽四间，单坡硬山顶。院落地面用彩色碎石铺为方格、花纹图案。

2. 李冠洋故居

清代，下关乡岸底村内。

李冠洋（1904 ~ 1984），学名李江，山西爱国民主人士，国民党组织创始人之一。

李冠洋故居坐北朝南，东西宽 16.2 米，南北长 35.4 米，占地面积约 573.5 平方米。多数建筑在抗战期间被日军烧毁，现仅存窑洞 2 孔和东厢房 3 间。

3. 李谭老宅

清代，下关乡岸底村内。

清末由李谭创建。东西长约 71 米，南北宽约 22.8 米，占地面积 1619 平方米。坐北朝南。3 进院落布局，现仅存影壁 1 座、砖雕 1 处、抱鼓石 2 个、拴马石 2 个、上马石 1 块。原建筑在 1939 年日寇第一次扫荡时被烧毁，现有建筑均是 20 世纪 50 年代在原址重建。该民居是依照清朝末年北京地区的院落布局而设计，同时根据灵丘当地的建筑特点而修建，是研究清朝末年北京地区和灵丘地区建筑艺术交流的重要实物资料，具有较为重要的历史价值。

4. 谢氏宅院

清代，红石塄乡红石塄村。

宅院创建年代不详，现存建筑为清代遗构。东西长 26.9 米，南北宽 15.2 米，占地面积约 409 平方米。坐西朝东。二进院落布局，中轴线上仅有正房。两侧有南北厢房和东房。二进院南、北厢房，面宽 3 间，硬山顶。明间有 4 扇六抹头隔扇，次间装方格窗。一进院南、北厢房面宽 3 间，硬山顶。东房面宽 3 间，硬山顶。

5. 红石塄马氏宅院

清代，红石塄村内。

创建年代不详，现存建筑为清代风格。宅院南北约 19 米，东西约 18 米，占地面积约 342 平方米。坐西朝东，南北跨院布局。南院为四合院，中轴线上有东房、正房。两侧为南房、北房。北院原为四合院，现存房屋均为新建。大门位于两跨院东西房之间。大门外檐装饰斗拱，柱头上梁雕象形首，柱顶石为不规则形石块，槲头砖雕花草图案。南院正房建在高约 0.7 米的台基上，平面呈倒凹字形，面宽 5 间，进深 4 椽，硬山顶。东房面 4 间，进深 4 椽，硬山顶。后墙上刻有毛主席的《纪念白求恩》原文，红底，黄字书写，为

"文化大革命"时期的产物。南、北房拆毁后重建。

6. 南张庄一号院门楼

民国初期，白崖台乡南张庄村内。

现存门楼为民国初期遗构，位于东墙中部，坐西朝东，枋木构砖雕悬山顶，檐下两层椽头，椽头下正中雕二鹿相顾。其下雕二龙戏珠及垂花柱，柱尾刻寿桃，下位拱形门。

7. 南张庄二号院门楼

清代，南张庄村内。

现存建筑为清代遗构。门楼位于院落西北角，坐南朝北，进深2.4米，东西宽3.75米。面阔一间，进深2椽，硬山顶。额枋与檐檩间雕荷叶垫墩，省替雕花。槫头饰砖雕图案。

8. 东长城于氏宅院

清代，白崖台乡东长城村内。

现存建筑为清代遗构。四合院布局，中轴线上建正房、东房，两侧厢房。门楼位于院东北角，现北厢房保存现状，门楼、影壁保存完好。门楼宽2.09米，进深2.86米，硬山顶，脊饰荷花，槫头砖雕莲花瓣纹。门道内廊心墙棱形砖作衬底，四角饰花纹。照壁位于门楼西侧镶北房山墙上。院内地面用红、蓝、白、黑色鹅卵石铺成各种图案，保存完好，为当地民宅较有特色的宅院。

五、古墓葬

1. 下关李氏墓群

位于下关村西北1.5千米，墓地东西长35米，南北宽22.5米，分布面积790平方米，地表遗存封土堆37座，墓碑9通，为清嘉庆、道光、同治年间李氏家族墓。1号墓碑为嘉庆十五年（1810）明堂碑，碑阴《李氏宗派碑记》，记述李氏始祖于明永乐年间从扬州江都县迁居灵丘西关后，其中一支移居下关。其余为李琳、李道敏、李政敏、李时敏、李采、李功敏、李凤翔等墓碑。

2. 河浙陈氏墓群

位于独峪乡河浙村北侧坡地上，现存封土堆70余座。

据《陈氏家谱》记载，陈氏始祖陈孔穆一家于明洪武二年（1369）自洪洞县枣林村流落居灵丘县峰北村，约在隆庆初年移居河浙，距今约500年。河浙陈氏先辈历尽艰辛开荒耕种，教子读书习武，家风严谨，人才辈出。据家谱及清光绪《灵丘县补志》记载，乾隆四十五年（1780）年至光绪五年（1879）的近百年间，小山村河浙陈氏就出了武举13名（其中陈伦兄弟3人均为武举），贡生、国学12名，受封赐13名，乡饮大宴、介宾3名。清末民初至抗日战争时期，留日、黄埔军校、北方军校、朝阳大学、抗日军政大学学生5名，国民革命军少校2名，抗日战争参加革命工作的各级领导干部27名，其中解放军军政治委员1名。革命烈士15名。

第五节　古树名木

古树名木是中华民族悠久历史与文化的象征，是自然界和先辈们留给我们的无价珍宝，是气象、地质、林业等领域进行科学研究的活标本，是人类与自然和谐共存的生态文化遗产和实物见证，也是一道靓丽的自然景观。古树名木蕴藏着丰富的政治、历史、人文资源，具有极高的历史价值、社会价值、经济价值、科研价值、生态价值、观赏价值和科普价值。它们不但是一个地域历史、文明的见证，还是生态和谐、旅游资源的重要组成部分。古树名木是相当珍贵的"绿色文物"和"活的化石"。善待古树，就是善待人类的未来；善待名木，就是善待我们悠久的历史文化。

灵丘县现存百年以上的古老树木达 3210 株，树种及株数居大同市十一县区之首。古老树木树种包括油松、柏树、槐树、柴树、杨树、柳树、榆树、云杉、核桃、栎树、桑树、酸枣、黑枣、槭树、杏树、茶树、梧桐、山梨、木瓜、青檀等 20 余种。

按树龄级别划分，一级古树（树龄在 500 年以上）43 株，其中千年以上 13 株；二级古树（树龄 300 年以上 500 年以下）83 株；三级古树（树龄 100 年以上 300 年以下）3084 株，其中 200 年以上 600 株。

按生长地域划分，其中下关乡 645 株，上寨镇 491 株，独峪乡 140 株，红石塄乡 106 株，白崖台乡 17 株。

千年以上古老树木分布情况为：白崖台乡邓峰寺 2300 年野生酸枣树 1 株；白崖台乡滑车岭村 1400 余年（隋末唐初）油松 1 株；独峪乡三楼村 1200 年（唐代中期）槐树 3 株；红石塄乡下北泉村 1200 年（唐代中期）云杉 1 株；1000 年（北宋、辽代）白崖台乡王巨村油松 1 株，上寨镇口头村油松 2 株，独峪乡河浙村栎树 2 株。在区内下北泉村有 1 株全省的青杆之王，高 35 米以上，胸径 1 米，较为珍贵。

当地之所以保存如此大量的古代树木，主要原因是地形复杂、地域广阔，区域内海拔与气温差异很大，具有各种树木生长的地理和气候条件，尤其是在南部山区生长核桃、楸树、红枣、黑枣、花椒、茶树、青檀等树种在晋东北、同朔地区绝无仅有。也说明自古以来灵丘人民就有植树、爱树、护树的传统美德。

1. 千年国槐

位于三楼村。相传为唐末所植，距今有千年以上，现仍枝繁叶茂。1 株位于三楼村委会房后，胸径 1.01 米、树高 20 米，主干高 3.5 米，分 6 大分枝，冠幅东西 33 米、南北 25 米。另一株位于三楼村西，胸径 2.08 米、树高 17 米。树干西侧有一高 2 米、宽 1 米的树洞。树洞上方分为两大枝，东枝直径 0.5 米，西枝直径 0.7 米。冠幅东西 29 米、南北 23 米，投影面积 330.7 平方米。

2. 觉山龙井茶树

位于觉山寺南阶地内。胸径 0.2 米、树高 5 米、树干高 3 米。此茶树相传为明代中期从南方移植于此，距今已有 400 余年历史。觉山寺和尚及村内好茶者每年按时令采摘，将采摘的茶树叶上笼蒸，晒，反复 7 次，即成可饮用的茶叶。茶水呈金黄色，味芳香浓郁。饮用此茶可使因受寒引起的腹痛者立即止痛。

3. 庄旺沟核桃树王

位于庄旺沟村西南。树龄约 200 余年。胸径 1.22 米、树高 23.5 米、主干高 1.5 米。分 3 大枝、11 小枝，树冠呈圆形，冠幅东西 20 米、南北 20 米。年产核桃可达 350 千克。

4. 和托小叶杨

位于上寨镇和托村。距今已有 300 余年。树高 30 米、胸径 1.74 米，树冠形如巨伞，冠幅 23 米。

5. 滑车岭明代油松

位于白崖台乡滑车岭村东北山梁上。据考证树龄约 500 年以上。株高 16 米、胸径 0.93 米、主干高 3.5 米的油松，向上分为两枝，冠幅南北 19 米、东西 21 米，现仍枝繁叶茂，郁郁青青，树冠呈蘑菇形，当地群众称为"风水松"。

6. 梨园穗状核桃树

位于下关梨园村西南土窑岭。穗状核桃树，树高 9 米、胸径 0.29 米、树干 2.05 米，上分两枝，冠幅东西 7.5 米、南北 8 米。树龄 40 多年。核桃呈穗状，每穗结实多达 35 粒。果形小，近圆形，皮黄白，壳薄。抗风寒、抗旱性强，结实早。有较大的科研和观赏价值。年产核桃 25 千克。

7. 谢之坪山顶松树

据当地村民讲，该松树最少有 200 多年。80 多岁的老人记忆中，这棵松树一直是这个样子。以前并排还有一棵没有这棵大，多年前被雷击倒了。该松树的来历无人说清，据说 20 世纪 50～60 年代，村民们曾上山锯过该树，当锯子锯入时有红色铁末状的东西流出，像血一样，村民们顿时心生害怕，急忙停手下山，从此再无人惊动过此树。

第八章 保护区机构设置

保护区机构设置遵照"精简、职能、高效"的原则，在保护区管理局的统一领导下，分工负责，力争精简，符合保护区的实际情况。

山西灵丘黑鹳省级自然保护区自 2002 年成立以来，经过不断完善，现已基本形成结构较为合理，功能较齐全的管理机构。

第一节 管理局

山西灵丘黑鹳省级自然保护区于 2002 年 6 月正式成立。2004 年 6 月大同市编办以同编办字（2004）46 号文件下发了《关于山西省灵丘黑鹳自然保护区管理局机构规格的通知》。确定灵丘黑鹳自然保护区管理局为副处级全额事业单位，行政上隶属于灵丘县人民政府，业务受山西省林业厅保护处领导，负责全区的动植物资源保护、科学研究、生态旅游开发和各种管理工作。下达副处级领导职数 1 名，人员编制 25 人，2004 年后有 25 名工作人员陆续通过调动、公开招考等方式进入管理局。2006 年 8 月，保护区管理局正式组建开展工作。在无办公用房和公用经费紧张，办公设施简陋的情况下，及时向县委、县人民政府主要领导汇报，争取给予大力支持，同时调动全体职工的积极性，积极协调各方面关系，临时在灵丘县新华西街灵源集贸市场 3 楼租用了 3 间局机关办公用房。由局长和两名支部委员共同组成领导班子。局机关设综合办公室、科研技术室、资源保护室、野生动物救护中心（疫源疫病监测站）4 个科室，共用 1 间办公室。2010 年 3 月，经多方协调，局机关搬至灵丘县城新华西街灵丘县政务服务中心 3 楼，由县人民政府协调办公用房 5 间。2011 年 3 月根据县委主要领导指示，局机关又搬至县城西农业科技园区办公楼 3 层。

管理局配备副局长 2 名，为正科级，下设综合办公室、科研技术室、资源保护室、计划财务室、野生动物救护中心（疫源疫病监测站）5 个科室，为副科建制，各科室工作职能如下。

1. 综合办公室

负责管理局党政日常工作；管理机关日常政务、事务，统筹协调中心工作、重大事项及室站之间的关系，做好局领导的参谋助手；负责起草管理局文件和文字材料，制定工作制度；负责机关来文办理、文书档案管理、信息编报及保护区新闻发布宣传等工作；负责局机关干部职工的录用、调配、考核等人事、劳资等项工作；负责局机关会议的记录和整理，并督查督办会议所安排工作，及时向领导汇报整体工作情况；负责妥善保管机关印章，确保印章使用的合法性、严肃性和可靠性；负责会务、接待工作和安全、保卫、消防、卫生、医疗保健、福利及车辆调配等后勤管理、服务计划、协调和监督工作；做好领导交办的其他工作。

2. 资源保护室

负责管理 4 个基层管理站。具体职责是：制定资源保护管理的工作计划；负责自然保护区基础设施建设项目的实施；负责检查指导各管理站工作，明确各站管护目标和范围，组织开展"三防"工作；负责调查自然资源并建立档案，组织环境监测，保护自然保护区的自然环境和自然资源；负责生态旅游规划的实施、管理、监督、协调、服务工作；做好领导交办的其他工作。

3. 科研技术室

负责全区的科学研究工作。具体工作职责是：制定保护区科研年度计划和中长期发展规划；组织或者协助有关部门开展自然保护区的科学研究；负责制定、申报科学研究课题，并组织实施，撰写科研论文以及科研成果及材料收集建档；开展常规性科学研究和生态监测工作，对基层管理站科研工作给予具体指导和监督；负责自然保护区网站的日常维护和资料更新；负责科研实验和标本采集与制作；负责制定职工业务培训计划及图书教材的收集、编写等工作，并组织实施；开展科技咨询和科普知识宣传教育，组织指导保护区的科研工作及科研成果的推广实施；做好领导交办的其他工作。

4. 计划财务室

具体工作职责是：坚持原则，严格执行财务纪律和财务管理制度；制定本局年度财务及资金使用计划；负责办理管理局与财政部门、其他单位经济往来业务；按照财务管理制度，及时作账务处理；负责账簿、记账凭证、票据、财务印章、法人代表个人印章的保管；按时编制报表，并报送相关部门；主动配合上级主管部门和监察、审计机关查阅账目；负责整理、保管账务档案；落实领导交办的其他工作。

5. 野生动物救护中心（疫源疫病监测站）

负责野生动物的救助护理和疫源疫病监测工作。具体工作职责是：负责本区受伤或致病陆生野生动物的抢救护理、处置工作；负责保护区陆生野生动物疫源疫病监测防控工作的组织、监测和管理；认真执行疫源疫病监测报告制度；负责陆生野生动物救护和疫源疫病监测防控的宣传教育；参与野生动植物标本采集、制作；做好领导交办的其他工作。

第二节　管理站

管理站是管理局下属的负责辖区资源保护工作，充分发挥保护、科研、疫源疫病监测防控、护林防火、宣传教育和合理利用资源的基层一线机构。各管理站实行分管局长领导下的站长负责制。全区规划 6 个管理站，现根据实际情况设置了 4 个管理站。各站均加强了房屋、交通和通讯建设，配备了床、被褥、办公用品、电视机、照相机、望远镜、GPS卫星定位仪、疫源疫病监测设施等工作、生活设施，为管护人员统一配发了巡护服装、巡护摩托车等，职工生活和精神面貌大大改观。

1. 下关管理站

下关管理站建于 2006 年 9 月，位于保护区的正南部，处于下关乡境内。主要辖区南至河北省阜平县界，北至独峪乡，东至上寨镇道八村，西到本乡青羊口村。主要保护动物为黑鹳、青羊（斑羚）、秃鹫、雕鸮、长耳鸮、苍鹭等；主要保护植物为胡桃楸、党参、槭树、梓树等。

下关管理站是管理局建设最早的基层管理站，2008 年，下关站被灵丘县团县委授予"青年文明号"荣誉称号。

2. 上寨管理站

上寨管理站设立于 2006 年 9 月，是保护区管护面积最大的站，处于红石塄乡、上寨镇境内。主要辖区：东临河北省涞源县，西到下关乡界，南接河北省阜平县，北至红石塄乡门头峪口。主要保护动物有黑鹳、金雕、大鸨、天鹅、鸳鸯、豹、青羊（斑羚）、雕鸮、长耳鸮等；主要保护植物有杓兰、胡桃楸、黄檗、紫椴、山西乌头、迎红杜鹃、野茉莉等。

3. 白崖台保护钻

白崖台管理站位于保护区正西部，2006 年 9 月建站，处于白崖台乡境内。主要辖区：东起本乡东长城，西到本乡大阳坡，南接独峪乡，北至东河南镇。白崖台站生态资源丰富独特。主要保护动物有黑鹳、鸳鸯、雕鸮、长耳鸮等；主要保护植物有胡桃楸、紫椴、桔梗、党参、木贼麻黄、文冠果等。辖区古路河一带是黑鹳重点繁殖区域，由于地形特点便于观测，是研究黑鹳产卵繁殖的最佳地点。2007 年，中国林科院苏化龙教授曾多次到该地观测研究黑鹳产卵繁殖。另外本站辖区内的邓峰寺天然油松林为保护区内仅有的天然林，保护价值巨大。

4. 独峪管理站

独峪管理站建于 2006 年 9 月，地处保护区西南部独峪乡境内，主要辖区东起下关乡界，西到忻州市繁峙县界，南接河北省阜平县，北至白崖台乡，独峪管理站核心区域主要在花塔、牛帮口、三楼一带。主要保护动物有黑鹳、金雕、雕鸮等；主要保护植物有青檀、核桃楸、脱皮榆、蔓剪草、天南星、独根草等。该区域为灵丘县海拔最低区域，仅为550 米。为国家珍稀树种青檀在华北北部地区的唯一原生地，也是青檀分布最北限地区，分布面积 1 万余亩。

第九章　保护区发展历程

灵丘黑鹳省级自然保护区经山西省人民政府批准于 2002 年 6 月建立。回首往昔，大致经历了初期筹建、建设发展两个时期。

第一节　初期筹建（2001～2006 年）

2001 年 9 月，灵丘县人民政府以灵政发〔2001〕55 号《关于建立灵丘黑鹳、青羊（斑羚）国家级自然保护区的请示报告》向山西省林业厅提出申请在灵丘县划建自然保护区。

2002 年 6 月，山西省人民政府以晋政函（2002）124 号文正式批准建立山西省灵丘黑鹳自然保护区。保护区地处山西省北部灵丘县境内的南部山区，太行山北端，东临河北省涞源，西和本省繁峙县为邻，南接河北省阜平，北倚太白巍山，总面积 134 667 公顷。涉及独峪乡、白崖台乡、下关乡、上寨镇、落水河乡、红石塄乡和东河南镇 7 个乡（镇），117 个村。主要保护对象为国家重点保护动物黑鹳、青羊（斑羚）和珍稀树种青檀及森林生态系统。

2003 年，山西省林业调查规划院对山西省灵丘黑鹳自然保护区进行了综合考察，通过大量的野外调查和有关专家的考察分析，基本摸清了区域内本底资源情况，并形成了《山西省灵丘黑鹳自然保护区综合科学考察报告》，在此基础上编制了《山西省灵丘黑鹳自然保护区总体规划》初稿。

2004 年 6 月，大同市编办以同编办字〔2004〕46 号《关于山西省灵丘黑鹳自然保护区管理局机构规格的通知》同意山西省灵丘黑鹳自然保护区管理局为副处级建制，隶属于灵丘县人民政府，并核定副处级领导职数 1 名。

2004 年 8 月，大同市编办以同编办字〔2004〕54 号《关于核定山西省灵丘黑鹳自然保护区管理局编制的通知》同意为保护区管理局核定全额事业编制 25 名。

2006 年 7 月，大同市人民政府以同任字〔2006〕3 号下达《关于余国萍等同志任免职务的通知》，任命王春同志为山西省灵丘黑鹳自然保护区管理局局长（副处级）。

第二节　建设发展（2006～2015 年）

2006 年 8 月底正式开展工作以来，保护区管理局从依法宣传管护、制度建设、科研观察、自然保护区建设、人员素质提升等多方面稳步推进，为保护生物多样性、维护生态安全，促进当地经济社会全面、协调、可持续发展发挥了积极作用。

一、初期群策群力，艰苦创业

2006 年 8 月份保护区刚刚开展工作，在无办公用房和公用经费紧缺，办公设施简陋的情况下，及时向县委、县人民政府主要领导汇报，争取给予大力支持，同时调动全体职工的积极性，积极协调各方面关系，临时租用了局机关办公用房及时开展工作。

2006 年以来，保护区认真编制了《山西灵丘黑鹳省级自然保护区综合考察报告》、《山西灵丘黑鹳省级自然保护区总体规划》等一系列发展建设规划和报告，通过多种渠道积极筹集资金，逐步完善了管理站建设，并在下关乡择地建设了下关管理站 200 平方米，在上寨镇建设了上寨管理站 200 平方米，在独峪乡花塔村建设了独峪管理站 160 平方米，为基层管理站配备了 GPS 卫星定位仪、对讲机、高倍望远镜等野外巡护器材，配备了野外巡护摩托车等交通工具，储备了风力灭火机、灭火弹、防火服等防火器材，为野生动物救护中心配备少量动物救护器材，加强基础设施建设。初步建立了保护区资源管护网络。

二、加强党组织建设，充分发挥党组织引领作用和战斗堡垒作用

保护区管理局成立之后，于 2006 年 12 月即成立了党支部，并按照程序选举出王春同志担任党支部书记，董国志、张智任支部委员。2015 年，按照县委部署，成立局党组，下设机关党支部，并任命王春同志为党组书记。同年，又选举李海源同志任机关党支部书记，董国志、马宁为支部委员。

多年来，黑鹳自然保护区管理局坚持以党建为统领，充分履行党组织主体责任，认真抓好党支部党建工作，党组织战斗堡垒作用不断增强，班子团结，廉洁自律，党员学习抓得紧、抓得实，效果较为显著。通过党建进一步促进了自然保护区建设，在推进自然保护区各项工作全面发展、保护生物多样性、促进当地经济社会全面、协调、可持续发展发挥了重要作用。局党支部多次被灵丘县委评为基层先进党组织、"十佳红旗党组织"等。

在具体党组织建设工作中，重点做好以下几方面工作：

1. 建章立制，加强党员管理，做到从严治党

认真落实习总书记"把权力关进制度的笼子里"的要求，立足于建立"提前防范、主动防范"的长效工作机制，一是健全学习制度。在健全集体学习、岗位自学、派出培训学习等制度的基础上，重点建立支部学习目标管理与学习考评相结合的制度。把创建先进基层党组织"五个好"中有关学习的要求细化，列入组织目标管理，立项分解到责任人；进一步完善工作考核和年终考评机制，把"三严三实"要求和好干部标准纳入日常工作评比和年终综合考评中。对贯彻落实情况进行监督检查，通过检查督促、撰写学习心得、举行业务知识考试等多种形式督促干部职工努力提升自身政治素质和业务知识技术水平。并将考评结果作为基层党组织创先和党员评优的重要依据，保证各项学习任务的落实。通过学习进一步统一全体党员的思想，提升工作能力。二是建章立制，做到以制度管人管事。按照"六权治本"要求制定支部"两个责任"制度，班子成员和中层以上干部都要根据工作职责作出岗位公开承诺，进一步健全请销假、班子成员下乡调研、干部轮流值班、绩效工资发放等制度，并结合保护区及各室站工作职责对权力清单进行梳理等。通过建立和

完善制度，为进一步规范党员干部行为提供保障。三是丰富学习载体。采取集中学习与个人自学相结合、系统学习与聆听专家辅导讲座相结合、理论学习与查找问题相结合、自我研读与讨论交流相结合的方式，运用读书会、知识竞赛、参观考察等载体，组织开展主题突出、形式多样、生动活泼的学习活动，认真组织党员学习邓小平理论，"三个代表"重要思想、十八大及三中、四中、五中全会精神以及科学、文化、法律、自然保护业务知识等，形成重视学习、崇尚学习、坚持学习的浓厚氛围。通过学习，立足于生态建设和野生动植物保护事业，着力培养党员干部的科学发展意识，增强践行三严三实的自觉性和坚定性。四是抓好党员教育管理。首先严格坚持"一课三会"制度，充分发挥基层党组织战斗堡垒作用，着力打造现代化自然保护区管理队伍。按照从严治党要求，进一步加强党章教育，组织党员干部学党章，坚持把维护党章权威、严守党的纪律作为支部建设的首要任务，引导党员干部牢固树立党性意识，严守党的政治纪律和组织纪律，自觉用党章规范自己的一言一行；其次在党员管理上，按要求建立了"三库"（入党申请人信息库、积极分子信息库、发展对象信息库），完善支部党员档案管理。切实做好发展党员工作，建立健全发展党员工作制度，规范程序步骤，着重在基层管护工作一线发展党员。为党组织不断输送新鲜血液，使自然保护工作队伍更加充满活力和朝气。通过党建促进全局各项工作有新突破。

2. 设岗定责、积极引导，充分发挥广大党员主体作用

一是设岗定责。把实现优秀共产党员"五带头"（带头学习提高，带头争创佳绩，带头服务群众，带头遵纪守法，带头弘扬正气。）的要求通过党员设岗定责来落实，根据保护区管理局不同部门、岗位实际和党员个人情况，把学习内容、学习要求、学习成效列入党员的岗位职责，并进行公开承诺和评议考评，评选党员学习标兵，使争当优秀共产党员"带头学习提高"的要求具体化、责任化，有效增强党员学习的内在动力。二是创新方法。把创新学习方法贯穿"三严三实"专题教育和推进学习型党组织建设的各个方面，增强学习对党员的吸引力。改进集体学习方式，把学习与专题调研结合起来，就自然保护区目前存在的问题及加快自然保护区科学发展等专题深入自然保护区辖区各乡镇村庄进行调研。通过实地调研激发广大党员干部学习的热情，深化学习成果；改进个人自学方式，探索在线学习、网络互动交流等形式，鼓励和支持党员参加各种形式的成人教育、函授教育、网络教育，激发党员学习的兴趣。三是积极引导。支部把改进作风，服务基层、服务党员、服务群众作为党组织建设的重要内容，为党员干部的学习提供良好服务。整合运用互联网等新兴媒体以及党员干部电化教育等现代技术手段，为党员干部的学习教育和各种培训创造有利条件。满足各个层次党员干部的学习需求。

3. 通过加强党组织建设，切实发挥支部在自然保护区建设中的战斗堡垒和领导核心作用

一是围绕自然资源保护中心工作开展党组织建设。紧紧围绕自然资源保护中心工作，坚持把中心业务工作的薄弱环节作为党建工作的重点来抓，紧扣自然保护区工作实践，突出抓好野生动植物资源管护、生态科研监测研究、青檀围栏养护、黑鹳栖息地生境调查、

疫源疫病监测防控及路线巡查等重点工作，把争先创优融入每项工作中，用每件精品工作验证党组织建设成效。二是加强思路创新。有效激发保护区各级各部门开拓创新精神和创造活力。及时清理旧制度、旧思想，创新新制度、新思路、新举措并制定具体实施细则，具体办法。要求全局党员干部要跳出保护区看保护区，把自己放在全县、全市、全省乃至全国的大坐标中去谋划、去观察，坚持高起点定位、高标准规划、高水平发展。针对自然保护区发展中面临的困难和问题，每名党员干部都积极开动脑筋、解放思想、开拓创新，实现多项重点工作的大突破、大发展。三是服务基层群众。作为自然保护区管理部门，要不断转变观念，优化环境，逐步树立以人为本，服务群众的意识。定期组织干部职工深入辖区、走上街头开展自然保护区政策咨询活动，向群众提供最直接地服务。充分发挥基层党组织战斗堡垒作用和党员先锋模范作用，将党建工作与学习型机关的创建有机结合起来，组织干部职工深入基层村庄、社区、学校等，普及科学知识，宣传法律法规，切实了解基层群众的困难、想法，坚持不懈地开展精准扶贫。帮助第一书记开展工作，为群众做好事、办实事。通过活动，促进自然保护区与社区居民和谐，激发大家做好自然资源保护工作的热情。

4. 不断强化党风廉政建设主体责任和纪检监督责任，抓好作风建设

一是严格按照"一岗双责"的要求，制定《支部书记党建责任清单》，明确班子成员分工和职责落实，把党风廉政建设与自然保护区业务工作同部署、同检查、同考核、同落实，不断强化支部抓党风廉政建设责任制的主体责任意识。确保全局党风廉政建设工作的有序开展。二是抓好纪律作风专项整治，促进工作作风进一步改进。加强制度建设，把纪律法规挺在前面。重点针对保护区存在的软懒散，纪律意识差，制度执行不到位等问题开展正风肃纪和基层干部不作为乱作为等损害群众利益问题专项整治。对纪律松懈、工作不在状态、纪律执行失之于宽等问题列出了清单，制定整改措施。并成立督查组，对纪律及工作完成及整改情况进行督查抽查并采取扣除年度考核相应分值等措施，使干部队伍建设、作风建设进一步加强。

5. 认真开展专题教育活动，不断提升工作效率

局党组和党支部先后开展了党的纯洁性教育活动、党的群众路线教育实践活动、三严三实专题教育、同心同力发展的大讨论活动、两学一做学习教育活动等专题教育活动。通过组织干部职工集中学习，不断增强党员干部的党性意识、责任意识和危机意识，从思想上、行为上树立规矩意识、大局意识，广大党员对照工作职责、工作目标认真反思整改，主要领导带头践行"严以修身、严以律己、严以用权"，不断营造了讲实话、做实事、求实效的良好氛围，切实提升了自然保护区管理机构的执行力，提高了工作效能。

三、坚持紧抓自然保护队伍素质建设

保护区管理局工作人员大多从其他单位调入或新招聘进入，与开展自然保护工作所需的专业知识和业务技能要求不相适应，从成立之日起就把树形象、强作风、建文明、促和谐作为建设管理自然保护区的重中之重常抓不懈。

在对其他先进自然保护区管理手段进行充分调研学习的基础上，结合国家相关管理制度和自然保护区的实际情况，制定了岗位责任制、考勤制、目标管理责任制、学习制度、例会制度、上山巡护制度、护林防火制度等，编印了《自然保护区工作制度》，并对贯彻落实情况进行监督检查。经过多年的不断完善、修改，基本形成了一套较为齐全、行之有效的管理制度。

以创建"学习型、文明型"机关为载体，不断完善和创新局机关每周"二、五"学习日和管理站每月5、15、25日集体学习日等学习制度。通过采取集中学习和自学相结合、教育引导与建章立制相结合等多种形式，组织全局干部职工系统学习自然保护区法律法规、党的路线方针政策及十八大报告、党章等重要文件。专门购置《野生动物标本制作》、《中国自然保护史纲》等业务书籍，并编印《自然保护区法律法规手册》、《自然保护区法律法规摘编》、《自然保护区管理概述》等学习资料，保证人手一册。多次组织全体干部职工开展业务知识培训，邀请林业、环保、公安、水务、测绘等部门专业人士对涉及保护区的林业、环保、制图、识图、实地调查等业务知识进行了集中讲授，使广大干部职工尽快了解熟悉工作业务，掌握开展工作所需的理论知识和业务技能。

走出去开拓视野。多次组织干部职工赴山西历山、芦芽山、阳城蟒河等国家级自然保护区进行培训学习。

大力提倡机关干部职工敢想敢干、开拓创新，为干部职工发挥才智搭建平台，提倡干部职工在工作中展示品德，在工作中展现才能，在工作中树立良好形象，并赢得大家的好评。通过采取一系列行之有效的措施，干部职工的政治意识、大局意识、责任意识和创新意识明显增强，自身综合素质明显提高。

坚持"严"字当头，严格制度、严格管理，狠抓工作作风建设，打造一支作风过硬的干部队伍。通过每季度进行考核交流、每半年进行业务知识测试、根据全年工作完成情况进行年终考核测评排名并将考核结果与评先、评优挂钩等多种形式督促干部职工努力提升自身政治素质和业务知识技术水平，有效地约束了干部职工行为，规范了机关工作管理，提高了职工队伍素质。始终把作风建设作为推进机关工作的重要举措，列入年度工作目标和年终考核内容，并细化、量化成文，加以落实。

三、自然保护依法宣传教育工作结出丰硕成果

保护区从成立之初，就把提升大众生态环境保护意识作为工作的重点，紧紧围绕"保护生态环境、造福子孙后代"这一主题，边摸索边实践，多管齐下，寓教于乐，积极构建网络、广播电视、书籍、宣传标志牌、墙体标语等多方面、立体化的宣传平台。

1. 抓窗口建设，全面拓展生态文明宣传渠道

一是全面开展局机关及基层宣传窗口建设，促进区内生态文明教育。针对局机关宣教设施缺乏，工作人员整体素质有待提升这一现状，在局机关建立了生物标本室、多功能电教室、图书阅览室等，编撰《自然保护区管理概述》、《自然保护区法律法规摘编》等学习资料，购置《野生动物标本制作》等图书和影像资料，组织开展生态科普知识技术培训教育等，使局机关成为展示保护区形象，宣传生态文明理念的窗口；为了进一步提升区内

群众生态保护意识，充分运用标识宣传，在保护区出入境口、公路沿线、核心区及缓冲区重点保护区域建立各种宣传标志牌500余块，制作墙体标语100余条等，形成了以保护管理局为中心、辐射全区的保护宣传网络，促进了保护区生态文明宣传教育工作的进一步开展。

二是全面构建新闻媒体和网络宣传平台，提升保护区影响力。与灵丘电视台、灵丘报等新闻媒体合作设立自然保护知识专栏，每周滚动播出自然保护知识问答、自然保护标语及法律法规知识、生态保护倡议书、宣传片、救助动物新闻报道等，制作报道保护区新闻60余条；在《中国气象报》、《山西日报》、《山西晚报》、《大同日报》等报刊发表简报信息160余篇，其中5篇稿件被《中国绿色时报》采用，2篇稿件被中国林业网采用，并与国家级刊物《森林与人类》联系制作了黑鹳科普教育及保护专刊等；建立开通了自然保护区网站，设计了保护区标志及网站栏目，充分利用网站平台宣传保护区最新信息、照片资料等，及时对宣传内容进行补充和更新，凸现了展示形象、宣传政策、扩大影响、互动交流等作用。

三是全面加强交流合作，广泛拓展对外宣传交流平台。主动与周边保护区如广灵壶流河湿地自然保护区、河北小五台国家级自然保护区等结成科研宣传合作单位，并确定了黑鹳觅食及栖息规律研究、黑鹳繁殖期活动规律研究等野生动物联合观测研究课题，并围绕生态宣传方式及成效、科研人才培育与交流等课题进行积极探讨，计划每年定期召开研讨会，开展联合观测等活动，从而对黑鹳等濒危物种生态习性有了更多更深的认识，促进了科研宣教工作的开展，提升了保护区的知名度。在加强对外交流的同时，我们联合灵丘县委宣传部、灵丘县环保局等部门共同向全社会发出了"保护自然环境、造福子孙后代"倡议书；联合县科协、团县委、法制办等部门每年在县城举办爱鸟护鸟主题宣传及法律法规咨询活动等。共联合组织自然保护宣传活动10余次，发放宣传资料5万多份。

2. 抓品牌建设，充分挖掘中国黑鹳之乡生态文化内涵

一是广泛开展中国黑鹳之乡宣传。2014年灵丘县人大专题会议将黑鹳命名为灵丘县县鸟，借助这一契机，每年在县城利用爱鸟周、一二·四全国法制宣传日、"三五"学雷锋日、传统六月庙会等节日联合县人大等部门在全县范围内开展保护县鸟暨中国黑鹳之乡宣传、生态保护摄影展等活动，大造声势，使保护县鸟、保护生态理念在当地蔚然成风。特别是2015年4月15日联合大同市林业局、灵丘县人大在县城举办了以"关注候鸟保护，守护绿色家园"为主题的大同市第34届"爱鸟周"暨灵丘县"县鸟"命名二周年活动启动仪式，在全市引起较大反响。宣传成效明显。

二是丰富主题宣传内容。为了丰富生态文化宣传内容，在保护区入口处设立了中国黑鹳之乡主题宣传牌，并先后录制了《走进自然保护区》、《珍禽黑鹳》等多部宣传片，创作了黑鹳保护主题歌曲、《自然保护宣传标语》、《中国黑鹳之乡》等电子相册以及《黑鹳学艺》动画片等，并组织工作人员编撰了《自然保护区管理概述》、《自然生态保护名词术语汇编》、《自然保护知识问答》、《珍禽黑鹳》等书籍资料。其中《自然生态保护名词术语汇编》、《自然保护知识问答》等由中国林业出版社出版，并向全国发行，普及了自然生态保护知识，提升了中国黑鹳之乡知名度。

三是查阅大量资料，深挖主题生态文化内涵。灵丘有着珍爱自然，保护黑鹳等野生动物，保护自然的优良历史传统，形成了当地独特的保护生态文化。在深挖传统文化的同时，撰写了《珍禽黑鹳》、《黑鹳、觉山、悬空寺》、《黑鹳与生态文化》、《黑鹳自述》等文章在各类报刊发表，在当地形成了独特的生态文化保护氛围。保护区与灵丘税务干部赵云常共同合作，经过多年深入保护区体验生活创作的报告文学《啊！中国黑鹳之乡》，由中国文化出版社出版，并被收录于《2010年度中国报告文学精品集》，在全国各大媒体频频叫响，引起社会各界的热烈关注。

3. 抓基层宣传，使生态保护理念深入人心

一是加强巡护宣传。以三防一观察一宣传（即：防对野生动物滥捕乱猎、防对野生植物偷砍乱伐、防火灾火险、加强对黑鹳、青羊（斑羚）、青檀等国家重点保护野生珍稀濒危动植物的观察、开展生态保护宣传）为重点，巡护人员下乡带任务，走到哪里宣传到哪里。并利用乡村广播、社戏、庙会等契机组织巡回宣传，发放资料，多年来共组织爱鸟护鸟及野生动物疫源疫病监测防控知识展览40余次，组织巡护宣传30余次，发放各种宣传资料（手册）10万余份（册）。

二是充分发挥农村主要文化场所作用。与乡镇村、社区紧密联合，采取常年在农村主要文化场所如社房、村委会等地摆放宣传展板、建立生态保护知识及法律法规固定宣传栏，广泛宣传发生在身边的生态保护感人事迹。同时结合保护区实际，聘请了23名常年生活在区内的老党员、老干部为保护区协管员，协助基层站的巡护和宣传工作，通过他们带动整个保护区群众行动起来，共同保护区内生态环境。每年都组织党员干部深入区内每一个行政村和自然村开展自然保护及农业惠民政策宣讲，通过深入群众家中，与群众拉家常，交流感情，结合相关案例送法下乡，收到了良好效果。

4. 抓典型宣传，注重发挥基层先进典型示范引领作用

一是深挖先进典型事迹。将区内一批热心生态保护事业的普通群众如常年坚持对黑鹳越冬进行观测的红石塄乡刁旺村普通农民李玉太；保护野生动物，几十年如一日主动向群众宣传生态保护知识的上寨镇井上村民何文军；自发巡查森林的上寨镇道八村退休林业干部杨茂盛等树为先进典型。

二是加强模范表彰力度。向县政府建议在每年年底表彰时设立生态文明道德模范、生态文明建设先进单位及个人等奖项，同时每年年底都组织对保护区内生态保护先进典型进行慰问，激励群众学习先进，树立生态文明新风尚。

四、资源保护工作逐步推进

1. 积极开展核心区违法采选矿企业清查清理工作

采矿业的发展在促进当地经济发展的同时，也对自然环境造成了严重破坏。特别是由于利益驱使，一些人不顾法律法规规定，在保护区成立前私自在区内进行私挖乱采等违法活动，对自然环境造成了严重破坏，严重威胁了黑鹳、青羊（斑羚）等保护区重点保护野生动物的栖息繁衍。因此管理局在认真调查的基础上，迅速将情况向县委、县人民政府进

行报告，引起了高度关注，专门颁发了《灵丘县人民政府关于进一步加强灵丘黑鹳自然保护区管理的通告》，并连续下发文件要求清理保护区内违法矿场点。根据县人民政府有关文件精神，保护区多次配合公安、国土、环保、林业、工商、安检、电力等相关部门开展联合执法检查，并依法采取断电、查封、取缔、拆除供电设施、停供火工品、吊销营业执照等措施。保护区内核心区 13 家采选矿场（点）全部关停迁出，其他区域采选矿场（点）也停产，陆续迁出。

2. 加大野生动植物资源巡查管护力度

将"三防""一观察"作为工作重点。防止对野生动物滥捕乱猎，防止对野生植物偷砍乱伐，防止火灾火险，加强对国家重点保护的野生动物如黑鹳、青羊（斑羚）等的生活习性、种群繁衍、活动区域以及对国家珍稀濒危植物青檀等生长情况的观察。联合相关执法部门开展鸟类保护执法检查，严厉打击乱捕滥猎，非法收购、出售野生鸟类等违法行为。多年来共制止非法下套、放药、猎杀野生动物、非法用粘网捕鸟、违法散养牛羊事件30 余起，4 起案件移交公安部门，并收缴了猎枪、粘网、铁夹、铁丝套等工具；处理教育破坏生态、非法猎捕野生动物人员 50 余人次。向社会公布保护野生动物救助电话，并救治放飞大量野生动物，并向救护受伤鸟儿的灵丘豪洋中学、灵丘一中赠送锦旗各一面，在全社会引起热烈反响。

3. 森林防火工作

与灵丘县国营林场、五台山国有林管理局上寨林场、平型关林场等联合成立了护林防火联合领导组及应急分队。为了切实保障森林生态环境安全，编制并不断完善森林火灾扑救预案，局机关和各站认真坚守工作岗位，坚持 24 小时值班。每天做好值班记录，并建立了严格的带班值班制度和火情汇报制度，哪个环节出现问题，均要一查到底，决不姑息迁就。在冬春季森林火灾高发期重点加强对林木植被茂盛的地带及野外用火、上坟烧纸、林内吸烟等重点环节和上山放牧、聋哑人、精神病人和野外用火等重点人员的管理，严格要求辖区各基层管理站，加大护林防火巡查力度，开展重点隐患排查，并对隐患进行整改，确保森林资源安全。对全区护林防火重点林区一一登记，储备了灭火器材、工具等，在"清明"、"五一"、"国庆"、"春节"、"元宵节"等重点时段，在属地党委、人民政府统一领导下，加大护林防火巡查力度，发放各种防火宣传材料 10 万余份，刷写宣传标语300 余条，确保森林资源安全。

4. 疫源疫病监测防控工作

从保护区建立起，管理局就充分认识到疫源疫病监测防控的重要意义。为了保护好过境候鸟，保障野生动物生态安全，作为省级疫源疫病监测重点区域，保护区按照"加强领导科学安排、重点区域定期巡护、认真记录寻找规律、发动群众群防群治"的方针，成立了野生动物疫源疫病监测防控工作领导组，加强组织领导和制度建设，做到"五有"，即：有机构、有专职人员、有制度、有报表、有档案，确保各项工作落到实处。建立了较完善的日报、旬报、月报、年报相结合的信息报告、汇总、分析制度，保证信息畅通快捷，以及时、准确地掌握保护区内野生动物疫源疫病疫情动态；加大了监测力度，在地处核心区的下关、上寨、花塔、白崖台设立监测点，并确定数名专职监测员和兼职监测员，根据候鸟迁徙规律及实际情况变化，新增鸟类救护监测点2处；根据辖区具体情况和候鸟迁徙规律对各基层监测点的定期监测路线和观察点等进行了科学安排，加大了对保护区内门头峪口、独峪河、花塔、上寨河、唐河、下关河、冉庄河等沿河区域及周边湿地巡查监测密度，重点是沿河区域及国家重点保护野生动物的栖息繁殖地，认真做好观察记录，严防疫病疫情发生；坚持专业监测和群众监测相结合。积极发动周边群众进行巡护监测，做到群防群治；进一步加强了鸟类保护和防范鸟类传播疫病的科学知识的宣传，教育群众自觉避免与候鸟和其他野生动物接触，增强科学防范意识；逐步建立疫源疫病监测防控档案，积累资料，重点对保护区内野生动物资源分布情况、野生动物常发疫病及候鸟迁徙规律及路线等进行调查，掌握第一手资料，为保护区野生动物疫源疫病监测防控工作提供科学依据。保护区在2012年10月参加了山西省疫源疫病监测防控经验交流会议，并在会上作了先进典型交流发言，受到了上级领导高度评价。

五、科研观察成效显著

1. 开展本底资源清查

为了调查了解自然保护区野生动植物资源本底，为依法实施管护奠定基础，管理局组织人员进行培训，并深入保护区特别是核心区实地调查当地自然环境现状和社会经济情况，了解掌握国家主要保护对象黑鹳、青羊（斑羚）、青檀生长繁衍的生态环境条件。从2006年开始，组织人员对保护区各功能区域的林地状况、河流水系、动植物资源分布，特别是国家重点保护动植物黑鹳、青羊（斑羚）、青檀等的现存数量、分布、栖息、繁衍及消长变化情况及保护区内人为设施、采选矿场（点）情况和社会经济状况进行多次摸底调查。又组织多次野生动物、植物、森林资源等调查。据调查，区内有鸟类14目37科170多种；兽类6目15科30多种；两栖类1目3科5种；爬行类3目6科10多种。属国家一、二级重点保护的野生动物30多种。鱼类有鲤鱼、鲢鱼、红鳟鱼、条鳅、白条、鳔鳅等十多种；昆虫在千种以上。

2. 编制了《山西灵丘黑鹳省级自然保护区综合考察报告》、《山西灵丘黑鹳省级自然保护区总体规划》及各种可行性研究等十余项

保护区的专项研究以国家一、二级重点保护野生动物黑鹳、青羊（斑羚）和珍稀树种青檀等珍稀濒危植物的栖息繁衍、生长繁育等生物学特性的观察研究为主，重点开展了黑鹳冬季越冬观察、黑鹳群聚夜栖观察、黑鹳营巢繁育观察、黑鹳巢址周边鸟类群落结构调查、青羊（斑羚）野外种群现状及栖息地生境调查、苍鹭集群营巢繁殖地调查、北方家燕生态学习性观察、青檀有性育种繁育实验等科研监测工作。2007年，联系中国林业科学院教授到保护区观测研究黑鹳越冬及繁殖情况。相关气象学专家也到保护区对黑鹳越冬栖息与气候变暖等情况的关系进行观察研究。发现黑鹳在自然保护区内不仅繁殖而且在区内栖息越冬，候鸟变为了留鸟。最大越冬种群达32只。2009年在保护区进行野外调查时新发现约有50只苍鹭种群在保护区南部栖息繁殖。为了进一步保护这一珍稀鸟类，管理局将

其作为观察项目，定期对其孵化繁殖觅食情况进行观察记录，有近80多只小苍鹭孵化出壳。保护区苍鹭种群达到100只以上，甚为罕见。2012年发现黑鹳在白崖台乡古路河一个繁殖区域一巢中孵化出4只小黑鹳，且全部成活，孵化成功率100%。

为了扩大珍稀树种青檀分布面积，加快繁育试验和利用推广，在青檀原生地独峪乡花塔开展了扦插繁育初步试验，探索研究其生物学特性，为开展青檀繁育研究奠定基础。

10年来，保护区工作人员参加了第十届、十一届、十二届、十三届全国鸟类研讨会。每年都积极参加全国鸟类环志中心、省林业厅、市林业局等组织的培训。发动全局职工撰写论文，撰写的科研论文在《湿地科学与管理》、《野生动物》、《中国鸟类学研究》、《现代农业科技》、《大自然》、《山西林业》等省级以上学术期刊发表10余篇。其中2007年撰写的《黑鹳在灵丘自然保护区越冬观察》被《山西林业》、《大同发展》、《今日大同》、《山西日报》等报刊刊载，并被大同市科学技术协会评为优秀科技论文。

第十章 自然保护区发展的问题及建议

自然保护区是生态系统的天然"本底"，是天然的物种基因库，是天然实验室，是天然博物馆，对维持生态平衡具有重要意义。最基本的任务有：保护自然资源和自然环境，开展环境保护意识的宣传教育，开展科学研究，长期监测生态环境的变化，合理开发利用自然资源，野生动物疫源疫病监测。

第一节 当前我国自然保护区存在的问题

近年来我国自然保护区在数量上有了大幅增长，据统计，截至 2016 年 5 月，全国已建立 2740 处自然保护区，总面积 147 万平方千米，其中陆域面积 142 万平方千米，约占我国陆地国土面积的 14.8%，已有大约 90% 的陆地生态系统类型、47% 的湿地、30% 的荒漠、20% 的原始林、85% 的珍稀濒危野生动植物物种、65% 的高等植物群落得到了较为有效的保护。可以说我国具有重要生态功能的区域、绝大多数国家重点保护珍稀濒危野生动植物和自然遗迹都在自然保护区内得到了保护。但是，由于自然保护区建设初期，社会经济发展、文明程度、保护区建设规范和要求都不高，保护区建设处于较低水平。改革开放以后，社会经济高速发展，到处搞开发，生态环境破坏严重，这一时期抢救性建立的自然保护区，条件要求也不高。相比数量的增长，在"质量"上仍远远滞后于目前自然保护区发展水平，个别地方、部门和单位对自然保护区工作的重要性仍缺乏认识，据统计，目前全国仍有近 1/3 的自然保护区未建立管理机构，"批而不建、建而不管"的现象仍在延续，即使在建立了管理机构的自然保护区，也存在着人员经费不落实、缺乏资源本底调查、规划水平低、管理体制不顺、资金投入不足、科技应用低下、执法力量薄弱、以及保护区与周边社区的关系协调不够等许多矛盾问题，保护区发展步履维艰。

一、现有法律法规与当前保护区管理不相适应

现有的国家有关对自然保护区的法规、规章存在着长时间未修订，不符合日益发展的社会经济状况；规定过于原则，不便于执行；没有充分考虑保护区管护的复杂性和实践中出现的新问题等。现举几例：如对划入保护区的集体山林，自然保护区管理机构与同级林业部门、社区乡村如何划分管理职责，明确责任；《中华人民共和国自然保护区条例》第五条指出"建设和管理保护区，应当妥善处理与当地经济建设和居民生产、生活的关系"，《森林和野生动物类型自然保护区管理办法》第七条提出"……并根据国家有关规定，合理解决群众的生产生活问题"，但究竟依据什么样的规定如何来妥善解决处理？由谁来解决处理？法规后面缺乏详细的规定，没有作出具体的解释；《自然保护区条例》第二十六条规定"禁止在自然保护区内砍伐、放牧、狩猎、捕捞、采药、开垦、烧荒、开矿、采

石、挖沙等活动；"由于规定过于一概化，保护区集体林的适度经营就难于操作；《自然保护区条例》第二十九条规定："在国家级自然保护区的实验区开展参观、旅游活动的，由自然保护区管理机构提出方案，经省、自治区、直辖市人民政府有关自然保护区行政主管部门审核后，报国务院有关自然保护区行政主管部门批准；在地方级自然保护区开展参观旅游活动的，由自然保护区管理机构提出方案，经省、自治区、直辖市人民政府有关自然保护区行政主管部门批准。"但是，在某些面积较大，区域状况较为复杂的自然保护区特别是地方级自然保护区，有的村庄包括地方乡镇政府在实验区发展生态民俗旅游，而且获得了各级政府和部门的支持，有的已在发改部门立项，有的列入地方经济发展总体规划，自然保护区管理机构仅为事业单位，且行政隶属地方人民政府，没有强制制止权力，很难有效进行监管。类似的问题还有很多，最主要的原因就是现行法律法规规定过于原则，一概化，没有考虑到基层错综复杂的实际情况，导致很多条款在执行上大打折扣，或流于形式。

二、执法机构缺失，执法力量薄弱

执法管理是自然保护区一项基础性、重要性工作，对保护区内的自然资源和自然环境，维护自然保护区正常秩序，保持生态平衡，促进自然保护区健康快速发展具有十分重要的意义。由于执法主体不明，保护区执法力量相当薄弱。按照《自然保护区条例》等法律法规规定："根据国家有关规定和需要，可以在自然保护区设立公安机构或者配备公安特派员，行政上受自然保护区管理机构领导，业务上受上级公安机构领导。"而多数保护区内未设专门公安派出机构，区内亦未明确配备公安执法人员，导致滥捕滥猎、滥砍滥伐、非法采矿等违法行为不能得到及时查处，威胁自然资源的生存发展。

三、无土地权属

根据国家环保总局、国家计委、财政部、国家林业局、国土资源部、农业部、建设部环发（2002）163号《关于进一步加强自然保护区建设和管理工作的通知》："各地有关部门应按照《条例》等的规定，在当地政府的统一领导下，通力合作，加强协调，加快自然保护区内的土地确权、划界和立标工作，确保自然保护区内土地明确、界址清楚、面积准确、没有纠纷。"而具体到自然保护区，由于我国保护区建设中采取的"先划后建"方式，许多保护区管理机构只有部分甚至根本没有其辖区范围内的土地权。而且按现行法规，即使在核心区、缓冲区保护区管理部门也不一定有土地权或林权。据统计，目前我国超过80%的保护区存在未取得土地权属的问题。这样，由于保护区内不同的资源，都有相应的地方主管部门按照其部门管理法规管理，保护区管理机构无权对其干涉。

四、资金投入不足，基础设施滞后

《中华人民共和国自然保护区条例》第二十三条规定："管理自然保护区所需经费由自然保护区所在地的县级以上地方人民政府安排。国家对国家级自然保护区的管理给予适当的资金补助"。但由于目前除云南等少数省、市，大多数省、市对于如何保障自然保护区特别是地方级自然保护区管理经费均无明确规定，也未列入每年年度预算，自然保护区无固定资金来源，资金的缺乏已严重制约着保护区的建设与发展。保护区基础设施建设远远滞后于当前发展的需要。

自然保护区建设是一项长期性的工作，不可能一蹴而就。但省级自然保护区由于经费短缺，基础设施相当滞后，科研监测设施更是少之又少。由于资金渠道不畅，投资缺乏连续性，很多保护区一期规划开展的综合科研实验楼、宣教中心、生态环境监测、疫源疫病监测、野生动物救护中心等基础设施项目均未启动，很难形成有效的自然生态保护和科研监测网络。可以说，资金匮乏已成为自然保护区建设与发展的最大瓶颈之一。

五、生态保护与地方经济发展不相协调

一是生产活动频繁，生态资源破坏时有发生。大多数自然保护区地域偏僻、交通闭塞，经济落后，当地经济发展资源依赖性较强，导致区内开矿办厂、开荒造地、打坝改水、河滩造地等建设时有发生，造成生态保护与地方经济发展的一些不相协调。

二是区内居民活动影响。《自然保护区条例》规定："禁止在自然保护区内进行砍伐、放牧、狩猎、捕捞、采药、开垦、烧荒、开矿、采石、挖沙等活动"，"禁止任何人进入自然保护区的核心区"，"禁止在自然保护区缓冲区开展旅游和生产经营活动"，但是由于保护区内特别是在核心区和缓冲区内仍有乡村居民的存在，居民生产生活等活动特别是改河、造地等对区内特别是核心区和缓冲的生境造成很大破坏，应考虑核心缓冲区居民逐步移民搬迁问题。

三是补偿机制不完善，居民保护意识淡薄。目前，大多数自然保护区内都存在村庄，有居民居住，野生动物对农作物、畜禽危害较为普遍。但由于目前我省野生动物危害补偿制度仍未出台，群众受到的损失得不到及时补偿，生态保护在区内群众中难以形成共识，群众生态保护意识淡薄。

四是生态旅游开发无序，保护区遭到蚕食。自然保护区因其独特的生物多样性造就了天然的丰富优美的自然景观，可以说是人类最后的自然遗产，也是人类宝贵的财富和精神家园。随着社会经济的快速发展，返朴归真、回归自然越来越成为人们新的时尚追求，自然保护区珍贵的自然遗产、优美的自然景观、丰富的自然资源，越来越成为人们放松身心、休闲度假的良好场，倍受青睐。由于我国大多数自然保护区是抢救性划建，区内不论是核心区、缓冲区，还是实验区，仍有大量的村庄存在，保护区未取得林权、地权，也无法实现封闭管理，一些村民、村委会以及一些经济实体，不按照保护区管理规定审批，擅自依托这些山村窝铺开展自然景观生态旅游、民俗旅游等现象在不同级别自然保护区内普遍存在，保护区遭到蚕食，管理难度增大。

六、管护人员不足，管理力量薄弱

一是缺乏编制标准，管护人员不足。大多数自然保护区管护面积较大，地域偏僻，山大沟深，日常管护任务相当繁重。

二是专业技术人员短缺，科研工作滞后。要想对自然保护区实施有效管护，就必须对保护对象的特性和内在规律进行研究，但由于缺少专科院校毕业的野生动植物保护与管理专业技术人才，不能独立承担科研项目和任务，许多野生动植物保护、监测及研究课题难以开展，制约了保护区的深入发展。

另外，由于经费和专业人员缺乏的原因，自然保护区的科技设备较少，配备的仪器也是很普遍的照相机、摄像机、望远镜等简单的工具，像野外自动监控、DNA、GPS、GIS、3S等高新技术在大多数自然保护区很难得到运用。科技应用的滞后，导致保护区管护方法简单落后，管护效率难以提高。同时，由于科研工作滞后，保护区内可利用的资源也缺乏有效的利用方法，长期困扰自然保护区的生态保护与地方经济发展的矛盾得不到很好的破解。

三是职级待遇较低，工作积极性难以调动。由于种种原因，保护区管理局内设科室的职级待遇长年得不到落实，保护区工作人员政治待遇较低，加上自然保护区大都在偏远的深山密林，工作条件艰苦，不能很好地调动职工工作积极性，不少优秀人才甚至想办法调离保护区，很难拴心留人。

七、补偿机制不完善，依法保护需进一步加强

目前，大多数自然保护区内都存在村庄，有居民居住，野生动物对农作物、畜禽危害较为普遍。但由于目前大多数省野生动物危害补偿制度仍未出台，群众受到的损失得不到及时补偿，区内群众保护积极性得不到提升。

第二节　对自然保护区事业发展的建议

一、加强顶层设计

应尽快进行顶层设计，从自然保护区的管理、资源保护、经费保障、科研监测及成果运用、生态旅游管理、野生动物伤害补偿等方面出台以《自然保护区（地）法》为基础，国家层面条例、地方性法规、实施细则、各自然保护区管理办法等多层次、全覆盖的较为完善的自然保护区法律法规体系，做到自然保护区管理与发展有法可依，依法管护。

要对经20多年来实际执行检验不符合实际的法律法规条款进行修订，如：要进一步明确委托授予保护区行使资源管理权、林政管理权和林业行政处罚权；要明确在每个自然保护区都要建立公安派出所，配置公安执法人员，坚决打击破坏环境的违法行为；要明确自然保护区管理经费必须列入同级人民政府财政预算，并保证每年投入一定的额度资金用于管理和基础设施建设；要明确在自然保护区内开展生态旅游由自然保护区管理机构统一规划、严格按程序论证、组织申报、负责实施、统一经营管理，经营所得收入用于弥补自然保护区建设与资源管理中资金的不足；进一步明确自然保护区管理机构在自然保护区开展生态旅游的主体地位，涉及自然保护区的生态旅游项目必须由自然保护区管理机构统一规划申报，否则发改部门不予立项，避免盲目地在自然保护区内开展生态旅游等等。

二、加快建立符合自然保护区发展要求的制度机制

一要健全基本的自然保护和资源管理制度。如，对国家重点生态功能区要建立限制开发的制度，对依法设立的各级自然保护区、世界文化自然遗产、风景名胜区、森林公园、地质公园等要建立严格的禁止开发的制度。二要建立资源有偿使用制度和生态补偿制度。将自然保护区所在地区尽快作为国家首批生态补偿试点地区，加大中央财政对天然林保

护、造林绿化、石漠化治理以及自然保护区内修筑设施等生态补偿力度，制定切实可行的能反映市场供求和资源稀缺程度、体现生态价值和代际补偿的资源有偿使用制度和生态补偿制度。三要健全责任追究和赔偿制度。自然保护区内资源环境是重要的公共稀缺资源，对其的破坏和损害要追究责任，进行赔偿。要加强环境监管，健全生态环境保护责任追究制度和环境损害赔偿制度。

在管理体制机制方面一是要改变目前自然保护区由林业、环保、水利、海洋、国土等多部门管理的现状，可探索建立国家自然保护区管理局，隶属于环保部，各省设分局，各级自然保护区由自然保护区管理局直接管理，行政、人事关系脱离地方。自上而下理顺管理体制，有利于政策法规的快速落地执行，减少地方干扰；二是明确保护区执法主体地位。明确自然保护区管理局为行政执法单位，具备执法主体资格，依法行使行政执法权力。严格执法程序。对立案、扣押、收缴、处罚、执行等执法环节进行详细规定，规范执法程序，加强执法监督；三是在自然保护区建立公安派出所，派驻森林公安人员，增强自然保护区内执法力度，严厉打击各类涉及到自然保护的违法犯罪活动，为自然保护区建设和发展创造良好条件；四是明确各级政府对相应级别自然保护区的责任，并将自然保护区建设与管理纳入各级政府国民经济发展计划，在预算中单列，保障自然保护区的经费的来源和稳定，落实保护区机构、编制、土地林权和四至界限，保证生态建设工程的顺利进行；五是指导和支持建立区域内生态环保一体化保障体系。国家应加强指导和支持，共同协商省际环保、公共服务等领域的规划、建设，形成生态共建共享、环保协同共治的体制机制。如跨行政区域整合资源，将地域相邻、生境特点相似、保护对象相近的自然保护区整合在一起，优势互补，共同保护和观测，探索建立跨行政区域生态环保一体化保障体系，共同促进区域生态文明建设的发展。

三、进一步加快自然保护区事业的发展

当前是全新的市场经济，特别是进入新世纪后，保护区的建设也必须与市场规则和国际化相接轨。可以说，当前，我国自然保护区事业正经历着从抢救性保护到理性管理的转变，从教条式管理到适应性管理的转变，从局部、区域性保护到系统性保护的转变，从局部人群利益牺牲到社会分工的转变。国家环保部、各级自然保护区行政主管部门和自然保护区管理机构作为政策法规的执行者，要从根本上认识到加强自然保护区建设管理的重要性。从中央层面来说建议一是把扶贫攻坚与生态建设结合起来，加强生态扶贫搬迁安置地生产生活条件建设，适当提高中央补助标准；在现有政策基础上，中央财政加大对限制开发的国家重点生态功能区、禁止开发区的转移支付力度。二是加大项目建设支持力度。建议在重大基础建设项目、投资安排上向自然保护区倾斜，重点支持生态环境修复、濒危野生动植物保护监测、次级河流整治项目，启动新一轮退耕还林。三是加大政策支持力度。建议将自然保护区所在地纳入国家低碳试点城市，在下阶段国家建立统一的碳排放权交易市场后，建议纳入区域性碳排放权交易中心布局。加快实施绿色信贷、绿色保险、绿色采购。

从地方和各自然保护区来说一是应充分利用国家和地方对保护区建设和发展的各项政策支持和社会力量投入，积极筹措资金，搞好工程建设。同时还要盘活现存的资产总量，充分利用可利用的自然资源，发挥自然优势，转化为现实生产力，把保护区建设好。二是

要搞好保护区规划。一方面要搞好保护区划界和移民，处理好保护区和周边居民关系。另一方面要搞好保护区科学规划，根据保护对象、受危状况、保护级别，划定不同的功能小区，有的区域虽然划定时处于实验区，但是随着生境的变化，保护对象也有可能其作为主要食源地和栖息停歇甚至繁殖地，也应视情况将其化为重点保护小区，而不是机械地守定功能区界线。三是要强化主体意识。生态文明建设，自然保护区是主体，是前沿阵地。要充分意识到野生动植物保护管理的重要性。继续加强对现有森林资源的保护管理，加强对国家重点保护珍稀濒危野生动植物资源的巡查管护力度，巩固生态建设成果，为野生动植物的生存繁衍提供更好的生存条件。四是要在切实依法严格保护好保护对象生境的前提下，不断拓展发展空间，扶持，培养新的产业和经济增长点，扶持社区农牧民参与保护，发展环保产业，提高社区农牧民的生活水平，降低农民直接利用自然资源的程度，缓和保护与农民生存的矛盾，使农民由索取者、破坏者，真正变成共同管理者、保护者。

第十一章　保护区远景规划

第一节　总体目标

灵丘黑鹳省级自然保护区的总体目标是：充分发挥其生态服务功能和社会服务功能，有效保护珍稀濒危野生动植物和森林生态系统，增加珍稀濒危野生物种种群数量，提高其生存能力，保证其安全顺利繁衍。进一步改善生态效益，为野生动植物的生存提供良好栖息地，维持生物多样性，把保护区建设成生态功能齐全，生态结构稳定，生态环境优美，管理科学，社会效益和经济效益协调发展的自然保护区。具体目标如下：

（1）保护好森林生态系统，保护好现有植被，恢复和重建遭到破坏的植被；

（2）建立珍稀濒危野生动植物监测救护系统，加强人工繁育和培育工作；

（3）全面设计，合理布局，科学划分功能区。针对不同功能区，制定保护目标，保护措施；

（4）加强科研和监测，为保护区管理提供科学依据，确保野生动植物的生存安全；

（5）合理开展多种经营和生态旅游事业，为保护区保护目标的实现提供经济支撑。把保护区建成综合性、多功能的自然保护区，实现资源的可持续发展。

第二节　规划思想

1. 创新理念

树立自然保护区实施科学保护是基础的理念，理清思路，深化改革，争先创优，不断注入正能量，主动适应新常态。抓住生态主线，勇于担当责任，合理利用，有效发展。

2. 建立人才高地

人才是自然保护区发展原动力。积极与科研院所和高校联系，建立合作关系，引进科技人才，形成人才体系，完善激励机制，鼓励他们早出成果，多出成果，出大成果。

3. 健全规章制度

健全规章制度，规范行为准则，办事制度化、行为规范化，形成依照制度管理自然保护区的常态化。

4. 加强科研保护

着眼国内国际，拓宽思维路径，搭建科研保护平台，将取得的各项成果运用到自然保护之中，有效地保护好自然保护区的生态系统、生物多样性。充分运用自然保护的新理念、新技术，不断探索自然保护的新方法、新路径，达到科学保护、有效保护的目的。

5. 资源监测、成果共享

运用现代科技手段和方法，对区内资源进行监测，掌握区内资源变化动态。建立资源监测数据库，所获成果为改进和完善资源保护、管理提供科学依据。实行监测成果共享，加强信息交流和借鉴使用，为提升自然保护区有效管理水平发挥更大作用。

6. 开展科普宣教

充分运用现代科技手段，多层面、多角度、全方位宣传自然保护知识及相关法律法规和政策，以此增强人们的自然保护意识，唤起公众参与自然保护工作，为区域生态文明建设立标杆、作贡献。

7. 挖掘文化底蕴

挖掘保护区文化内涵，通过广泛的文化形式，让更多人了解、接受、认可、参与自然保护事业，自然保护工作才能深入人心，事业才能可持续发展。

8. 合理开展生态旅游

在相关法律法规许可和有关部门审批后，在实验区中科学规划、合理布局，规范管理，科学规划，合理利用自然资源，开展特色生态旅游。

9. 创建资金项目投入长效机制

积极争取政府投入，接受社会捐赠和自身创收，加大对自然保护区建设的投入，以良好的生态环境有回报社会。

10. 公众参与、社区共管

把保护成果与社区公众共同分享，激发公众参与自然保护的热情，促进自然保护区有效管理。

第三节 科研保护规划

科研工作是保护区各项工作发展的动力，必然要走保护和科研相结合的道路，以科研促保护，科研工作直接服务于保护区资源的管护、经营管理和合理开发利用，促进科研成果向生产力转化。要走对外开放的道路，走出去，请进来，并和有关高校联合建立实习基地，提倡科研合作，促进保护区科研水平的提高。目前仅开展了基础性的学术研究，今后要上基础性和应用研究紧密结合的项目，对经营管理产生直接效益，为管理目标提供科学依据。规划建设五大科研基地。

一、黑鹳科研繁育基地

在黑鹳自然保护区内建设黑鹳科研繁育基地，开展黑鹳人工繁育，是扩大黑鹳野外种群规模促进黑鹳等珍稀濒危动物资源和森林生态系统的保护的重要措施，为研究认识黑鹳栖息、取食、繁殖、停歇、越冬等生命活动规律，更好地保护黑鹳这一濒危物种、扩大其野外种群、制定就地及迁地保护研究规划等提供科学依据，对提升自然保护区黑鹳保护水平，加快珍稀濒危野生动植物人工繁育研究步伐，实现人与自然和谐相处，促进生态文明建设具有十分重要意义。

项目建设的意义：

1. 扩大种群，拯救濒危物种

建设黑鹳科研繁育基地，开展黑鹳科研繁育实验，可通过特殊的保护措施，提升黑鹳繁育成活率，每年向大自然放飞一定数量的黑鹳，加快黑鹳种群扩张，有效拯救濒危物种。

2. 提纯优化，提高种群质量

黑鹳在自然条件下，由于数量稀少，在繁殖期内极易出现近亲繁殖现象，导致黑鹳种群质量趋向弱化，生存能力、抗灾害能力下降，危及种群生存繁衍。该项目的建设，可通过人工支持，有效避免黑鹳近亲繁殖，提高个体质量，进而优化提高黑鹳种群质量。

3. 开展观测，进行科学研究

由于目前黑鹳野外种群数量极为稀少，且栖息繁衍都在大山深沟，防御警惕性极高，观测人员很难近距离进行生态观察，对黑鹳生态习性很难进行全天候全方位观测研究。该项目的建设，可提供一个科研观测平台，利用高清监控全面掌握黑鹳生长繁殖习性，运用环志、无线电跟踪等手段对黑鹳的巢址选择、产卵繁殖、觅食栖息、食性研究、活动迁徙规律以及黑鹳在生物链中的作用、与人类自身的关系等进行深入系统研究。

4. 宣传教育，发挥自然保护区作用

生态宣传教育是自然保护区的七大功能之一，黑鹳科研繁育基地既是科研基地，同时也是宣传教育和教学实习基地，通过让广大群众对黑鹳进行观赏了解，激发人们热爱自然的激情，提升群众生态保护意识。基地建成后还可成为广大大中专及科研院所师生观测黑鹳生态的良好教学平台和实习基地，从而进一步提升全社会保护黑鹳、保护自然的意识，促进人与自然和谐发展。

建设内容：

笼网及附属设施建设、泥鳅繁殖场1个。

工作内容和方法：

计划采用人工饲养条件下的自然繁育方式开展实验，即建一个适于种鹳居住、育雏的仿自然形态的较大的场地，然后将其用铁丝网封闭，采取人工饲养一对种鹳，然后让其在自然状态下产卵、孵化、育雏。有专门技术人员来饲喂、照顾幼雏并观察其繁育过程，待幼鹳长大后将其放归自然环境，进行就地保护。同时通过记录数据探索对其采取人工孵卵育雏等方式进行迁地保护，如项目成功，既可促进其野外种群数量增长，又可探索研究黑鹳繁殖整个过程生命体征及人工繁育相关技术。

二、华北地区生态珍稀植物园

在区内选址建设华北地区乡土珍稀植物园一处，将具有特殊价值的珍稀植物通过引种、人工培育等手段集中种植在园区内，既可作为科普实验和教学基地，承接国家知名院校教学实习和学术研讨等活动，又可作为灵丘县城一道靓丽的风景接受广大人民群众和中小学生的参观学习，还可扩大对灵丘县珍稀特色植物的繁育和推广，对于加快生态产业建设、弘扬特色生态文化、加强生态植物资源科学研究、促进生态文明建设等具有十分重要的意义。

植物园建成后，将具备以下功能：

1. 保存种质，拯救濒危物种

由于自然环境变迁等因素影响，有的珍稀植物特别是灵丘特色乡土树种在自然条件下，分布面积急剧萎缩，有的甚至有灭绝危险。建设实验园，将保护区域内零散分布的珍稀树种和植物通过人工栽培和繁育综合反映于园内，可以通过人工手段补充自然繁育不足，有利于保存珍稀植物和灵丘乡土特色树种种质资源，防止物种灭绝，有效拯救濒危物种。

2. 开展观测，进行科学研究

由于珍稀植物大多分布分散，有的如青檀控制面积多达数千亩，开展生物学特性观测研究难度极大。建设生态珍稀树种生态园，将县域内零散分布的珍稀树种和植物通过人工栽培和繁育综合反映于园内，既可以节约大量人力物力资源，又可以通过人工干预、仪器记录、比较研究等方法对其生物学生长习性进行深入研究，为进一步发展人工育林，扩大珍稀树种分布面积提供基础数据。

3. 对外交流，扩大灵丘影响

灵丘县由于气候温暖湿润，在晋北地区生态资源优势独特，有较为丰富的野生动植物资源，是开展野外实习的良好场地。北京林业大学等高校和科研机构均有意在灵丘建设校外教学实习基地。建设生态珍稀树种植物园，可以有效承接国家重点科研项目，接纳相关专业实习师生，承办国内外大规模学术研讨会等学术交流项目等，对于发挥"中国黑鹳之乡"品牌效应，扩大灵丘在国内外影响等具有重要意义。

4. 宣传教育，提升群众生态保护意识

生态宣传教育是自然保护区的七大功能之一，建设生态珍稀树种植物实验园，可接待县内外人士参观考察，组织中小学生开展生态环境教育和野生植物保护教育等。既是科研基地，同时也是宣传教育基地，既创造生态效益、社会效益，又能产生经济效益，能够进一步激发人们热爱自然的激情，提升群众生态保护意识，发展灵丘生态保护事业，促进生态文明建设，实现人与自然和谐发展。

5. 拓展旅游，提升灵丘知名度

华北地区生态珍稀植物园建成后，将成为灵丘县城的重要观光点，并凭借"中国黑鹳之乡"品牌优势吸引海内外游客前来观光考察和旅游休闲，对于提升灵丘县知名度，发展旅游事业具有重要意义。

6. 发展生态经济，促进灵丘县各项事业发展

可依托实验园平台发展有机农业、苗木培育、花卉种植及乡土特色瓜果蔬菜采摘、灵

丘特色生态产品如苦荞茶、干果等小杂粮展览出售等多种生态产业链，提供城乡剩余劳动力就业功能岗位，带动周边地区群众致富，促进灵丘县经济社会等各项事业发展。

建设内容：

规划建设华北地区生态珍稀植物园，集保护、科研、宣传、参观、旅游等功能为一体，其中植物园规划占地 10 亩。园内规划种植特色植物、花卉、药材、灵丘特色瓜果蔬菜及杂粮等。生态博物馆宣传展览山西灵丘地质、土壤、水文、动物、植物、昆虫、珍稀物种、生态历史文化资料等。

三、青檀科研繁育基地

山西灵丘黑鹳省级自然保护区为青檀在华北北部唯一原生地，是青檀在我国地理分布的最北端，也是其在华北分布最北限地区，主要集中分布于核心区域独峪乡牛邦口村南的檀木沟、白草沟，花塔村的大灯盏、黑沟一带，面积达 9000 余亩。由于过度砍伐放牧等人为破坏，许多幼树未成才便被砍伐，影响了青檀天然林生态系统的正向演替，亟待加强管理保护。拟在青檀分布区建设青檀科研繁育基地，通过运用人工有性繁育技术进行育种实验，培育青檀苗木，对于研究认识青檀生长繁育等规律、进一步扩大青檀分布面积，保存青檀种质资源，做好青檀的就地保护和迁地保护、加快珍稀濒危野生植物人工繁育研究步伐、实现人与自然和谐相处、促进生态文明建设等具有十分重要意义。

项目建设的意义：

1. 扩大青檀分布面积，保护濒危物种

目前区内青檀集中分布在地处核心区域的独峪乡牛邦口村南的檀木沟、白草沟，花塔村的大灯盏、黑沟一带。由于过去程度不同砍伐放牧等人为破坏，许多幼树未成才便被砍伐，影响了青檀天然林生态系统的正向演替，致使青檀林较多成为灌丛状，生长状况不良，面积不断萎缩，单位数量逐渐减少，仅靠自然传播及天然更新很难使野生青檀得到有效保护。建设青檀科研繁育基地，开展青檀育苗繁育实验，栽培青檀人工林，可有效扩大原生地青檀分布面积，拯救濒危物种。

2. 开展观测，进行科学研究

由于目前野生青檀多在山崖石缝中分布，呈分散灌丛状，总控制面积多达数千亩，开展生物学特性观测研究难度极大。该项目的建设，可提供一个科研观测平台，通过人工干预、仪器记录、比较研究等方法对青檀育种、生长过程和规律进行全程观测和系统研究，为进一步认识青檀生物学习性，发展人工育林，扩大珍稀树种分布面积提供基础数据。

3. 对外交流，扩大影响

灵丘县由于气候温暖湿润，在晋北地区生态资源优势独特，有较为丰富的野生动植物资源，是开展野外实习的良好场地。北京林业大学等高校和科研机构均有意在灵丘建设校外教学实习基地。建设青檀科研繁育基地，可以有效承接国家有关青檀的科研项目，接纳相关专业实习师生，承办国内外大规模学术研讨会等学术交流项目等，对于进一步扩大保护区在国内外影响等具有重要意义。

4. 宣传教育，提升群众生态保护意识

生态宣传教育是自然保护区的七大功能之一，青檀科研繁育基地既是科研基地，同时也是宣传教育和教学实习基地，通过让广大群众对青檀进行观赏了解，激发人们热爱自然的激情，提升群众生态保护意识。进一步提升全社会保护青檀、保护自然的意识，促进人与自然和谐发展。

5. 发展生态经济，促进当地各项事业发展

青檀是一种极好的，富科研、经济和观赏价值的绿化树种。可进行青檀人工育苗、造林等，同时依托科研繁育基地发展其他乡土珍稀树种培育种植，发展周边生态产业，提供城乡剩余劳动力就业功能岗位，带动周边地区群众致富，促进当地经济社会生态等各项事业发展。既创造生态效益，社会效益，又能产生可观的经济效益。

建设内容：

在独峪乡花塔区域建设繁育基地及附属设施一处，发展青檀林及特色乡土树种种植。

工作内容和方法：

计划在核心区青檀集中分布地区采集种子，在科研繁育基地选择适宜地块进行室外全光条件下的青檀育苗人工繁育试验、特定环境下人工繁育青檀发芽、生根、生长过程及存活率分析实验、特定环境下人工繁育青檀越冬生态适应性指标数据分析实验、青檀人工林实地栽培实验、石灰岩山地青檀人工林推广实验等。以研究探讨在北方气候条件下青檀人工繁育的立地条件、环境适应性特征、苗木成活率、生长特征等。可更好地进行青檀就地保护。同时通过人工育苗异地种植等方式探索青檀迁地保护，如项目成功，既可促进青檀分布面积增长，又可探索研究青檀整个繁育过程生长规律及人工繁育相关技术。

四、生态文化宣教基地

拟在区内选址建设生态文化宣教基地，展示世界、中国、山西和灵丘的古生物、矿物、岩石、植物、哺乳动物、鸟类、爬行类、两栖类、鱼类、昆虫及自然油画、生态历史文化资料等，力争建设一个理念先进、国内一流、富有灵丘特色集科普教育、收藏研究、文化交流、智性休闲于一体的现代自然博物馆。博物馆规划面积大约2000平方米，馆内既展示实物、图片、文字，又通过多媒体进行声光电综合展示，还可不定期的推出各种各样的主题展览，如"动物——人类的朋友"，举办各类科普讲座、小小讲解员培训以及博物馆之夜、小军团生物夏令营、"科普车"等喜闻乐见的活动，寓教于乐，使之成为广大中小学生和社会各界人士开展生态环境教育和野生植物保护教育的基地。进一步普及科学知识，服务社会公众，大幅提升生态文化品位。同时可以此为依托与国内外先进自然博物馆开展文化交流，进行标本交换、展览来往、合作研究和学术交流等，使其成为自然与环境科学教育普及的基地、自然历史与生物多样性的研究中心、自然资源与可持续发展的信息库、青少年自然探索和科学体验的文化场所和展示保护区开展对外交流合作的平台，对于保存当地自然文化遗产、普及科学知识、树立科学精神、塑造特色生态文化形象、促进生态文明建设、促进当地经济社会可持续发展具有重要作用。

五、青羊（斑羚）科研繁育基地

灵丘县是山西独有的青羊（斑羚）原生地，在灵丘黑鹳自然保护区域外，已很难见到，极具保护价值。灵丘黑鹳自然保护区内山大沟深、溪水密布、林草茂盛，自然生态良好，并有常年穿越流经保护区内的 5 条河流，各山间溪水较多，水源之充沛，得天独厚的自然生态环境给青羊（斑羚）提供了优越的生存条件。根据调查，在灵丘境内，有史以来就有青羊（斑羚）栖息生存，且有以"青羊"命名的村庄，其"山羊住、青羊"等村庄坐落其中，从这一点追踪，证实该物种在灵丘分布具有较长年代。现在，灵丘的碣石山、狼牙沟、对维山、花塔、道八后山一带仍有种群出没，有的甚至混群于普通羊群。在灵丘黑鹳自然保护区建设青羊（斑羚）科研繁育基地，可加强对青羊（斑羚）繁育生长规律的研究，并通过掌握规律进行繁育，有效保存珍稀物种，扩大青羊（斑羚）种群数量。

第四节 生态旅游规划

生态旅游是现代社会针对传统旅游业对环境的影响而产生和倡导的一种全新旅游方式。它倡导人与自然和谐统一，注重在旅游活动中人与自然的情感交流，提倡在尽可能减少自然环境负面影响的同时，满足人们探求知识、陶冶情趣需要，促进和带动当地经济发展，获取最大效益。生态旅游也是相关法律法规赋予保护区管理机构的主要职责之一。规划在保护区实验区建设"中国黑鹳之乡"原生态旅游项目。

1. 项目主要优势

黑鹳省级自然保护区，是山西省面积最大的省级自然保护区，也是唯一的以黑鹳命名的省级自然保护区。在大同 11 个县（区）中无论是地质环境、气候特点、水文土壤还是生物多样性、生态资源的独特性、重要性都是独一无二的。区内有黑鹳、青羊（斑羚）等240 多种野生动物世代在此繁衍栖息，占山西省野生动物总数的 54.67%。其中鸟类 14 目37 科 200 余种（其中国家一、二级重点保护鸟类 20 多种），占山西省鸟类总数的 62.5%；兽类 6 目 15 科 30 多种，占山西省兽类总数的 52.86%；两栖类 1 目 3 科 5 种，占山西省两栖类总数的 38.4%，爬行类 3 目 6 科 13 种，占山西省爬行类总数的 37.0%。区内有300 多种植物分布，其中包括樟子松、核桃楸、青檀、水曲柳、黄檗、刺五加、银红杜鹃等 1 0 多种国家保护的珍贵稀有植物以及党参、知母等名贵中药材。在整个华北地区是生物物种最为丰富、生态环境较为独特的区域，极具开发保护和发展生态旅游价值。区内山峰林立，景观独特；乔灌草漫山遍野，构成保护区的植物群落系统；华北落叶松、油松、桦木等组成的森林景观，春夏秋冬四季季相景观、泉瀑景观、象形山石、地质遗迹、历史文化遗迹等景观遍布，无论是景观多样性还是独特性在山西省均具优势地位。

灵丘位于晋东北边缘，是大同通往沿海地区的南大门。并处在大同、张家口、北京、天津、保定、石家庄、太原经济圈的中心位置。境内荣乌高速贯通东西，京原铁路和大涞、天走、京原 3 条公路干线在这里交汇，县、乡公路四通八达，交通极为便利。在灵丘县西面有久负盛名的北岳恒山、悬空寺、五台山，南面有河北省平山县西柏坡革命教育基地，东面有十渡、野山坡，北面有大同云冈石窟等知名旅游景点。发展生态旅游，既可作为五台山、恒山一线向东的延续，也可作为北京、十渡、野山坡一线向西的延续，还可作为这两条旅游线路的中转点。地理位置非常优越。

2. 初步规划

（1）项目宣传规划：借助团中央扶贫工作队包扶灵丘的有利契机，帮助联系策划举办中国黑鹳之乡国际旅游节、国际学术研讨会等，借以推介灵丘生态资源，推动生态文明建设。开展"六个一"旅游促销宣传活动，即在省级以上新闻媒体设置一个"中国黑鹳之乡"旅游栏目、制作一套光盘、印制一本画册、出版一本书籍、利用办好一个节会、设立一处旅游咨询服务中心。编辑出版系列文化旅游丛书和光碟，举办"中国黑鹳之乡"风景画展。

（2）基础设施建设规划：分为旅游道路、宣教娱乐设施、旅游服务设施建设三部分，具体可用"三道、五场、三馆、一园"概括。其中"三道"为旅游道路建设。即修建空中索道、古栈道、环保车道等以及旅游公路修缮等；"五场、三馆、一园"为宣教游乐设施建设。包括建设"五场"狩猎场、滑雪场、游泳场、游乐场、休闲购物广场，"三馆"黑鹳之乡生态展览馆及主题雕塑、休闲健身馆、宾馆，"一园"野生动物观光园等；旅游服务设施建设包括游客接待中心、停车场、通讯、供电、供水、公厕、休息点、游客救护中心、工作房、旅游警示提示标志、垃圾处理设施，森林保护防火预警监测与珍稀植物保护、野生动物保护救助设施等。

（3）旅游产品开发规划：计划成立旅游产品开发公司，研制开发"三品"旅游纪念品、乡土特色产品、地方特色小食品。建设矿泉水饮料生产厂开发特色矿泉水饮料、健康饮料等。

3. 效益初步概算预测

项目建成后，依据灵丘县平型关景区年旅游人数预测：平型关景区近3年每年游览总人数：2010年12.7万人次，2011年17.1万人次，2012年20.3万人次，年平均增长3.2万人次，预测本景区建成1~5年内保守估计日平均游览人数在550~900人次，年平均游览人数可达20万~32.8万人次。按人均消费300元/天（包括门票、餐饮、客房、停车费、游览交通费用、游乐设施、旅游产品等），每人游览1~2天计算，直接经济收益保守估计每年可达到1亿~1.47亿元。而且随着景区知名度不断扩大，旅游人数增加幅度会逐年加大。

景区的开发，能优化产业结构，带动周边地区范围内建筑业、制造业、食品业、商业、服务业、金融业和信息业等其他相关产业的发展，同时可以解决景区周边地区人口的就业问题，带动周边地区的农副产品的销售，延长旅游产业链，扩大了产业面，形成了产业群。从而进一步带动灵丘县旅游文化产业发展，促进县域经济发展，促进产业结构优化，切实提高县域经济的运行质量。不仅为人类提供优美、舒适、文明和高功能的休闲娱乐场所。而且可为黑鹳等珍稀濒危物种提供栖息繁衍生长的理想环境，实现人与自然和谐共处，经济效益、社会效益和生态效益的有机统一。

第十二章　自然保护区科研理论成果

一、黑鹳在灵丘自然保护区越冬观察[*]

黑鹳体态高大优美,羽色艳丽鲜明,给人一种高雅端庄、雍容华贵的感觉。黑鹳属于鹳形目、鹳科,是一种喜好清洁、宁静环境的浅水大型涉禽。成鸟一般身高约 90 ~ 100 厘米,身长 100 ~ 120 厘米,上体、翅、尾及胸上部羽色亮黑,泛有紫铜、紫绿色光泽,胸腹部羽色洁白。眼周裸皮和嘴以及腿、脚为鲜红色。嘴鲜红靓丽,长而直,嘴茎粗壮,嘴端尖细。腿细长而鲜红。在阳光的照射下,黑鹳或悠然漫步于小河之中,或亭立于青石之上,全身映幻出多种色彩,有绿色、紫色、橄榄色,还有青铜色等光辉。黑、白、红 3 色相映,构成了独特的具有特殊观赏价值的罕见形态。

据有关资料和学者报道,黑鹳是一种长距迁徙的候鸟,对越冬的生活环境有很高的要求,世界上只有在西班牙为留鸟。在我国,黑鹳在东北、西北、华北等北方地区繁殖,在长江流域以南地区越冬。而在位于北方地区太行山系的灵丘黑鹳自然保护区内,黑鹳不但在此地繁殖,而且在保护区内越冬,这种情况是极为罕见的。根据调查和观察,在灵丘黑鹳自然保护区以及周边地区,仅在保护区内繁殖地栖息越冬,而不飞往南方。对此,从"立冬"开始,我们对黑鹳在保护区内的繁殖地栖息越冬情况进行了实地观察。在整个冬春季节的观察中,已有 10 次观察到了黑鹳,最早于 2006 年 12 月"冬至"日在保护区的沙岭台村西南河畔观察发现 3 只,最后一次于 2007 年 2 月 10 日在花塔西草沟山头观察发现 3 只。最多一次于 2007 年 1 月 18 日,在沙岭台村西南河畔观察发现 4 只。因无理想的摄像器材,未能拍摄留住黑鹳的美丽倩影。灵丘黑鹳自然保护区黑鹳越冬观察情况见表 12 - 1。

表 12 -1　灵丘黑鹳自然保护区黑鹳越冬观察情况统计

时 间	发现黑鹳只数	活动地点	观察时间
2006. 12. 22	3	沙岭台村西南河畔坝唠栖息	14：30 ~ 15：00
2007. 01. 08	4	沙岭台村西南河畔栖息	16：00 ~ 116：00
2007. 01. 10	2	花塔洞外河畔栖息	15：00 ~ 115：40
2007. 01. 18	2	唐河白沙口河畔觅食	14：20 ~ 113：00

* 作者:王春;张智;刘伟明

载《山西林业》2008 年第 1 期。

（续）

时　间	发现黑鹳只数	活动地点	观察时间
2007.01.18	1	上寨石矾村下河中觅食	12：30～113：10
2007.01.24	2	花塔白草湾河西山头栖息	14：00～114：30
2007.01.25	2	古路河村下觅食	14：50～113：00
2007.02.01	2	花塔回龙湾坝堎栖息	14：00～114：10
2007.02.09	2	古路河原巢居住处天空盘旋	11：00～111：20
2007.02.10	3	花塔白草沟西山头栖息	11：20～112：30

据有关资料记载，黑鹳在山西的繁殖地大致有 10 个区域，即灵丘、浑源、五台、宁武、历山、交城、左权、沁源、垣曲等地。在这些繁殖地区域中，黑鹳为什么要选择在灵丘自然保护区内栖息越冬呢？概括地讲，主要有以下几个方面的独特因素。

1. 灵丘黑鹳自然保护区作为省级自然保护区，原生态环境保存比较好

任何动物最基本的生存条件，首先是对其活动地域环境的安全感和适应性。灵丘黑鹳自然保护区地处山西省东北边缘的太行山系，在自然保护区内，山多、水多、沟多、树多，可以说是山大沟深，水草丰茂，野生动植物种类繁多。这里地处山、老、边、穷地区，又是战争年代的革命根据地，原生态环境保存比较完好。在地处核心区域的三楼、牛帮口、花塔一带，人称"塞上小江南"，这里海拔较低，最低处花塔一带仅 550 米，又处于大山深处。这里远离闹市、人群，自然生态优美，环境清静，山势耸立，小溪潺潺，可谓山清水秀、风光美丽，与黑鹳生性机警爱静，喜湿地溪水和树木草地的特性相适应。在自然保护区内的悬崖峭壁之上的石洞中，正是黑鹳筑巢栖息繁衍的理想之处，和谐宁静的原生态环境，为黑鹳栖息越冬奠定了基本的条件。

2. 黑鹳越冬所需的食物来源比较充裕

任何动物的生存都需要充裕的食物来保证，黑鹳作为大型涉禽，食物所需量比较大，是鸟类之中有名的"大肚汉"。据观察，黑鹳一次要吃 20 多条长约 1.5 厘米的小鱼，停歇十几分钟后继续开始觅食。在黑鹳主要越冬地观察发现，冬季黑鹳觅食的地方比较固定，一般都在距离黑鹳栖息的巢穴较近，活动半径也比春夏季节较小，觅食的地域为河流不结冰、水湿度较适宜的河流草滩湿地中，而且这些小河溪流中鱼类等浮游生物较多。像在下关、三楼、花塔等地山涧溪流中，1.5～5 厘米的鱼类成群结队游来游去，这是黑鹳最为喜欢的美味佳肴。冬至日的下午 3 时，我们在独峪乡的豹子口头村南的河边就发现了 3 只黑鹳在觅食活动。当我们拿出照相机悄悄靠近拍摄时被机警的黑鹳发现，立即飞向天空盘旋几圈后，向南飞去。

3. 自然保护区内有适宜黑鹳越冬的气候环境

在灵丘自然保护区黑鹳活动的地域，黑鹳越冬活动的河水溪流比较丰富，一般都为暖泉温水河段，冬天不结冰，水质清澈透明，水温比较适应黑鹳活动觅食。水中鱼儿银光闪闪，适宜黑鹳在此越冬，所以黑鹳也就不再舍近求远到南方去越冬了。

早晨八九点以后，温泉溪流在太阳的照射下，升起一团团、一簇簇轻纱一样的白雾，黑鹳在白雾升腾的小河中悠然觅食散步，全身映着太阳的光辉，闪射出紫铜色的光泽，构成了一幅无比美丽的景象。只有亲身置于这样的环境中才能感受到这舒心和惬意。人有此感受，更何珍禽黑鹳呢，有这样可口的美食，适宜的环境，肯定是"乐不思蜀"了。

虽然整个北方在冬季比南方要寒冷得多，但在灵丘黑鹳自然保护区内有适宜黑鹳越冬的小气候环境。黑鹳一般喜欢生活于环境僻静，外界干扰少，河流丰富，水质清澈无污染、食物较多的深山沟中，这些基本的生存条件，自然保护区境内都有，还有适宜黑鹳越冬的小气候，像独峪乡境内的三楼、花塔等地域，温泉河流多，食物丰富，海拔仅550米，气候温和，又地处深山。

4. 社会环境有利

保护区内山区群众对野生动物的保护意识不断增强，也是黑鹳在此越冬的一个重要因素。据当地群众介绍，历史上灵丘的南山区特别是现在的保护区核心区域，就是黑鹳繁殖栖息的地方，有的地方叫黑鹳林、黑鹳坟，在老坟盘的大树上就巢居着黑鹳。20世纪60～70年代前，在一些山崖、山沟中黑鹳成群结队，当地群众均认为黑鹳是吉祥鸟，大都不去伤害它。再加上林业主管部门的宣传教育，人们的认识逐步提高，对黑鹳等野生动物保护的自觉性进一步增强，遇到黑鹳活动、觅食，大都不去侵扰它。另外，保护区内山大沟深、地域偏僻，特别是黑鹳活动的核心区人为干扰较少，对黑鹳栖息也很有利。目前，由于保护区管理局工作刚刚起步，受客观条件所限，只能做粗浅的观察。

二、黑鹳在灵丘自然保护区冬季群聚夜栖观察*

1. 工作区概况

山西省灵丘黑鹳自然保护区位于山西北端，东经113°53′～114°28′，北纬39°02′～39°25′，保护区内山大沟深、悬崖峭壁、峰峦叠嶂、林草茂盛、溪流潺潺，海拔为550～2234米，相对高差大，年均气温9.9℃，年均降水量480～560毫米，无霜期160～180天。乔木以落叶松、油松、辽东栎、桦、青檀等为主，灌木以照山白、虎榛子、胡枝子、荆条、绣线菊等为主，农作物有玉米、谷子、豆类、花生等。区域内植物种类繁多，既有亚热带植物分布，又有高寒植物生长，主要河流有5条（唐河、上寨河、下关河、独峪河、冉庄河）穿越流经保护区，水源充沛、溪流密布，在各流域中均有清泉溪水。这些清泉溪水都为暖泉温水，沿河两岸有较好的湿地和良好的植被，部分河流冬季不结冰，河流溪水中小鱼、小虾、蛙类等浮游生物较多，并有鲜活嫩绿的水草生长在其中。独特的地理环境气候，营造了适宜黑鹳栖息、繁殖、越冬的良好场所。

* 作者：王春；张智；杨海英；支改英
载《山西林业》2008年第5期。

2. 观察方法

　　黑鹳历史上就在灵丘自然保护区繁衍生存，并在本区域内栖息越冬，而黑鹳在冬季群聚夜栖这种情况实为罕见。为此，笔者选择了两处结群数量较多的地方，采取蹲点观察和走访调查的方法，对黑鹳群聚越冬情况进行了观察。两处观察点分别设在花塔、唐河峡谷。这两处地方，地处深山，人迹稀少，山势陡峭，悬崖浅洞、温泉溪水较多，而且冬季不结冰，食物来源较多，黑鹳觅食比较方便。将观察点设在黑鹳群聚栖息地较为隐蔽的地方，于 2007 年 11 月 1 日开始，按照每间隔 10 天观察 2 次（早、晚），观察其活动规律、数量、出巢和归巢时间、飞出、飞回方向等（表 12 - 2）。

表 12 - 2　黑鹳种群数量观察统计表

观察地点	观察时间	出巢时间	数量（只）	归巢时间	数量（只）	备注
唐河峡谷	2007. 11. 3	6：10	12	17：20	16	
唐河峡谷	2007. 11. 14	6：20	16	17：00	18	
唐河峡谷	2007. 11. 25	6：10	18	17：30	22	
唐河峡谷	2007. 12. 6	6：30	25	17：20	32	
唐河峡谷	2007. 12. 16	6：20	29	17：30	32	
唐河峡谷	2007. 12. 27	6：30	32	17：30	32	
唐河峡谷	2008. 1. 7	6：20	32	17：10	25	
唐河峡谷	2008. 1. 17	6：30	25	17：20	25	
唐河峡谷	2008. 1. 28	6：30	24	17：10	24	
唐河峡谷	2008. 2. 4	6：20	20	17：30	18	
唐河峡谷	2008. 2. 15	6：30	20	17：30	20	

3. 观察结果与分析

　　黑鹳为什么冬季群聚栖息？通过定点观察和走访调查等情况分析，有以下几个方面的因素。

　　（1）在保护区群聚越冬的黑鹳，会根据自身的体质状况和栖息地的食物来源而决定。部分体质强健、飞翔能力强的成鹳相继向周边地区进行觅食活动，部分体质较差的老成鹳和年幼亚成鹳留在本区域内觅食栖息，到了傍晚归巢群聚夜栖。在冬天的寒冷季节，黑鹳孵化育雏季节已过，处于生存栖息期，它们群聚可能为了起到相互增温取暖，相互照应的作用，同时可增强群体凝聚力，提高越冬安全感。

　　（2）进入冬季，因气候的变化，气温逐渐下降，部分河水开始结冰，河水中的水生物也逐渐减少，只有部分温泉溪水中的鱼、虾等水生物可供黑鹳觅食。因黑鹳食量较大，少量的水生物满足不了黑鹳食物的供需，所以它们只好向食物比较充足或便于觅食的地方集结，群聚来维持越冬生存。

　　（3）黑鹳栖息活动较有规律性，在出巢活动时基本是统一行动，归巢时也是很有时间性。冬季每日早晨 6：00 从群聚栖息的悬崖穴洞中相继飞出，傍晚 17：30 回归。

（4）从出巢和归巢方向来看，黑鹳早晨飞出巢穴觅食的方向和傍晚飞回的方向较为规律，早晨均从栖息地向西北和东北方向飞去，傍晚还从原飞去方向归来。

（5）从2007年11月开始观察，花塔洞巢群聚数量开始3~5只为小群，最多时12只；唐河峡谷一处巢穴内，最多时为32只。

（6）黑鹳是一种情感专一的珍禽，通过冬季的群聚栖息，能增进情感交流，得到相互间的了解。群聚也可能是黑鹳的一种越冬生存方式，同时也为发育成熟的黑鹳配偶提供了相互了解、增进友谊的良好机会。

4. 保护建议

（1）加强宣传教育，使广大人民群众特别是处于自然保护区内群众，提高有效保护的自觉性，形成爱鸟、护鸟的良好氛围，为黑鹳生存营造良好的自然环境和社会环境。

（2）加大依法管护力度，依法打击各种破坏自然环境、特别是对自然保护区内濒危珍稀动物繁殖栖息地的破坏行为。

（3）建议上级有关部门在黑鹳繁殖栖息地建设小鱼塘、小水库等，有效地补充黑鹳的食物来源。

（4）建议在此设立全省性的黑鹳繁育研究中心。

三、保护黑鹳营巢繁育刻不容缓 *

黑鹳是我国一级重点保护野生动物，十分珍贵。成鸟身高为80~90厘米，体长100~120厘米，上体、翅、尾及胸上部羽色亮黑，泛有紫铜、紫绿色光泽，胸、腹部羽色洁白，眼周裸皮，嘴以及腿、脚为鲜红色，嘴长而直，嘴径粗壮，往嘴端逐渐变细，其体态高大优美，羽色艳丽鲜明，是一种高雅端庄、雍容华贵、科研和观赏价值很高的珍禽。在太行山系的灵丘黑鹳自然保护区内，黑鹳不但在此栖息越冬，而且在保护区内营巢繁殖后代。

1. 性情机警　选址缜密

黑鹳性情机警，选择营巢的地方都在偏僻隐蔽、大山深处的悬崖峭壁、山崖腰之上的石洞上，发现黑鹳巢址十分困难。黑鹳在营巢选址时，先在天空盘旋侦察地理位置、环境条件、食物来源、巢址的隐蔽性等，根据以上因素，选定巢址之后，雄、雌鹳相互配合共同筑巢，雄鸟主要采集衔运巢材，雌鸟主要任务是巢中铺垫修整，巢呈盘状，巢高80~100厘米，巢体外层多用长短不等、手指粗细的灌木树枝，底层筑巢木棍较粗，中上层以细长的小灌木树枝为主，巢内以大量苔藓、草根草茎等物铺垫。整个营巢修建过程大约需7天，之后便开始准备产卵，进入孵卵期。

在黑鹳营巢观察过程中，我们发现黑鹳筑巢不是一次筑成，而所筑新巢比较简单，巢

＊　作者：王春；张智
载《湿地科学与管理》2009年第5卷第2期。

窝较小。而后开始产卵进入孵卵期。待来年用巢产卵时，再重新添置巢材，进行修整扩大，每年反复修整，最大的直径为 1.2 ~ 1.5 厘米。

2. 保证安全　整理修葺

黑鹳对营巢居住的地理位置要求很高，生活环境条件较为严格，其营巢选择主要有以下几个特点。

（1）黑鹳生性机警，喜欢寂静，营巢选择主要为人迹稀少、环境僻静的大山深处。灵丘黑鹳自然保护区地处深山僻地，沟壑纵横，山大沟深，悬崖林立，山壁陡峭，为黑鹳选址营巢栖息生存创造了客观上的良好条件，成为黑鹳营巢的理想之地。所以，黑鹳选择了在保护区内筑巢栖息生存。

（2）生存环境适宜、安全，是黑鹳选择营巢的重要方面。由于群峰林立，悬崖峭壁多，黑鹳选择悬崖峭壁的半腰凹洞里筑巢生儿育女，巢穴位置多在海拔高为 700 ~ 1300 米处，外界干扰少，巢穴隐蔽，不易受人类侵扰的地方。这样可有效地避免外部环境破坏及其他动物及猛禽的侵害，又可保证产卵育雏的安全。

（3）较为丰富的食物是动物生存的必要条件。尤其黑鹳，对食物选择比较单调，主要是小溪、湿地中的小鱼、小虾、青蛙、蝌蚪等，在食物极为短缺时，如寒冷的冬天，它们也会在溪流、湿地旁的沼泽草滩上寻找一些昆虫，如蚱蜢、甲壳虫、草虫等来填充肚子，以维系生命，熬过严冬，盼来春天。所以它在选择巢址时，尽量要选择觅食和食物较为方便充裕的地方。

（4）黑鹳营巢大都选择为悬崖峭壁背风、保暖、阳光照射充足的地方，而且是较为隐蔽的悬崖岩石浅洞处。由于黑鹳孵化时间要早于其他鸟类，此时的天气还比较寒冷，所以营巢选择在阳光充足、避风保暖的地方，对黑鹳在孵化哺育幼鹳的过程中保持巢穴暖和有利，也有利于幼鹳的成活和发育。每年 2 月下旬至 3 月上旬黑鹳开始忙碌起来，它们对巢穴进行整理修葺，以保证巢穴的温暖、舒适。

（5）黑鹳喜欢在环境优雅、周围植被比较茂盛的山沟选址筑巢。在自然保护区内，发现和观察到，凡黑鹳选择筑巢的地点都是在自然环境比较优雅、山势雄宏、植被水流较好的地方。在观察、调查中发现，黑鹳营巢地方不远处，一般为寺庙所在地或原有寺庙遗址，可谓溪水潺潺、山色幽幽、钟声鸣鸣、山岚袅袅。

（6）黑鹳选址筑巢的地方，有时岩鸽也在其巢旁栖息伴居。在观察中发现，有 2 处鹳巢旁边就有岩鸽居住栖息，可能是鹳巢的选址一般为浅点的岩洞，周围小洞也适合鸽子生存吧。另一方面，在食物上它们互不干扰，黑鹳的食物是以水中生物为主，而岩鸽却是植食性动物，所以它们可以和谐相处，互相照应，睦邻友好。

（7）在观察中发现，黑鹳对筑巢所用柴草也比较讲究，每次衔来鹳巢的树枝都要放到合适的位置，或几次把筑巢的树枝衔起重新多次安放合后，才去选择另一枝筑巢所用的柴草。天气变化对黑鹳筑巢有一定的影响。它们一般选择天气明朗、阳光灿烂的日子，选择在上午 10 时开始到下午 4 时的时间衔柴筑巢，可能是一方面为了选择干燥的柴草，一方面衔的巢材便于太阳晒一晒，保持巢穴不潮湿，有利于产卵孵化增温。

3. 保护黑鹳繁育　刻不容缓

黑鹳作为濒危珍禽，成活率较低，数量稀少，巢居分散，觅食活动范围较大而且生性机警，喜欢清洁、宁静的环境。加强保护黑鹳繁育发展刻不容缓。一是应引起各级有关领导、部门高度重视，采取有效措施进行保护。二是要加大保护力度，投入一定的经费进行有效保护。三是要运用现代科技手段进行保护，特别是对黑鹳栖息繁殖地域，利用有效科技手段进行监测保护。四是依法进行保护，切实加强执法力度，对破坏珍禽黑鹳栖息繁殖地、觅食区域的违法行为由公安等有关部门依法严惩。五是成立专门研究机构进行研究保护，由有关专家进行观察研究，寻找规律性，使黑鹳数量有效增多，促进生物多样性的发展。

四、山西灵丘黑鹳省级自然保护区冬季鸟类资源调查[*]

山西灵丘黑鹳省级自然保护区地处山西东北边缘灵丘县境内，位于东径113°59′~114°29′，北纬39°02′~39°24′之间，是晋冀两省寒温交界地带，地理落差较大，保护区内最高海拔1917.6米，最低550米，气候温暖湿润，为温带半干旱大陆性季风气候，年均气温9.9℃，年均降水量500~560厘米，无霜期160~180天。保护区内小气候特征明显，山溪性河流较多，野生动植物资源较为丰富，区内既有高寒植物分布，又有亚热带植物生长，区内植被覆盖率为76.8%。主要保护对象是黑鹳、青羊（斑羚）和珍稀树种青檀及森林生态系统。鸟类与人类具有十分密切的关系，调查研究鸟类冬季生存活动情况，对于探求鸟类活动规律，寻求有效保护鸟类的措施，进一步研究鸟类生态规律，保护好鸟类资源，服务于可持续发展战略，具有十分重要的意义，也是自然保护区义不容辞的职责。因此，从2009年10月至2010年2月底，我们对保护区内冬季鸟类活动情况进行了为期近5个月的调查。

1. 自然保护区概况

相对于夏季而言，冬季鸟类在北方地区相对减少，活动领域缩小。针对这一特点，我们在保护区内采取带状法调查选择了8条有代表性的样线，从实验区、缓冲区一直到核心区域，每条长约3000米，半径约400米，对冬季鸟类的生态环境进行了调查。人员分组，采用每组人员呈"S"型同时并进的方法进行调查观察，行走速度1000米/小时。调查时间每周1次，从早晨能看见物体开始到下午太阳落山为止，共计调查观察16次。调查观察所借助工具有计时器、记录所需等物品、8×12倍双筒望远镜、GPS、《鸟类观察识别手册》，用以辅助调查发现鸟类种类，数量以及生存环境等情况。由于鸟类来回飞行，虽然尽量按照飞出计飞回不计原则，但有可能在同一地域重复记录的情况。调查地域的海拔最高为1320米，最低处为650米，8条样线区平均海拔为985米。调查区间植被地形情况为

　　*　作者：王春；张智；赵明；刘伟明

　　载《现代农业科技》2010年第21期。

4 种类型，一是针阔混交乔木林，主要植被为松柏树、杨柳树等；二是灌林丛，主要以照山白、胡枝子、茅草等植物为主；三是河流湿地杂草，主要为沟谷河流及两边湿地及疏林地；四是植被稀疏的岩石裸露山沟地。

2. 调查结果

本次调查共发现记录了不同鸟类 7 目 18 科 61 种。其中国家一级重点保护鸟类 2 种，国家二级重点保护鸟类 7 种，具有保护价值的鸟类 52 种。从植被类型方面调查中发现，鸟类数量最多的地域为灌林丛中及河流湿地边，以雀形目小鸟种类数量最多；次之为针阔混交乔木林中，为中型鸟类，主要有喜鹊、红嘴蓝鹊、戴胜等鸟类及鸡形目雉鸡类为最多；植被稀疏岩石裸露沟谷主要有鸽形目鸠鸽等鸟类、隼形目鹰科鸟类为主。调查到优势种约 40 种，常见种 21 种。调查情况见表 12 - 3。

表 12 - 3　灵丘黑鹳省级自然保护区冬季鸟类调查情况

目	科	种	地理生境	保护级别	居留类型
鹳形目 CICONIIFORMES	鹭科 Ardeidae	苍鹭 Ardea cinerea	c + d		留
	鹳科 Coconiidae	黑鹳 Ciconia nigra	c + d	I	留
隼形目 FALCONIFORMES	鹰科 Accipititridae	鸢 Milyus korschurn	d	II	留
		雀鹰 Accipiter nisus	d	II	留
		大鵟 Buteo hemilasius	d	II	留
		毛脚鵟 Buteo lagopus menzbieri	d	II	留
		金雕 Aquila chrysaetos	d	I	留
		白尾鹞 Circus cyaneus cyaneus	d	II	冬
	隼科 Falconidae	猎隼 Falco cherrug milvipes	d	II	留
		游隼 Falco peregrinus calidus	d	II	留
鸡形目 GALLIFORMES	雉科 Phasianidae	石鸡 Alectoris graeca	b		留
		斑翅山鹑 Perdix dauuricae suschkini	b		留
		鹌鹑 Coturnix coturnix japonica	b		留
		环颈雉 Phasianus colchicus	b		留
鸽形目 COLUMBIFORMES	沙鸡科 Pteroclididae	毛腿沙鸡 Syrrhaptes paradoxus	d		留
	鸠鸽科 Columbidae	岩鸽 Cohumba rupestrts	d		留
		山斑鸠 Streptopelia orientalis	d		留
		灰斑鸠 Streptopelia chinensis	d		留
		珠颈斑鸠 Streptopelia chinensis	d		留
		火斑鸠 Streptopelia tranquebarica	d		留
佛法僧目 CORACIIFORMES	戴胜科 Upupidae	戴胜 Upupa epops saturate	b		留
鴷形目 PICIFORMES	啄木鸟科 Picidae	黑啄木鸟 Dryocopus martius martius			
		大斑啄木鸟 Dendrocops major	b		留
		星头啄木鸟 Dendrocops canicapillus Scintilliceps	b		留

（续）

目	科	种	地理生境	保护级别	居留类型
雀形目 PASSERIFORMES	百灵科 Alaudidae	凤头百灵 *Calerida cristata*	a + c		留
		蒙古百灵 *Melanocorypha mongolica*	a + c		冬
		小沙百灵 *Calandrella cinerea dukhunensis*	a + c		冬
	鸦科 Corvidae	灰喜鹊 *Cyanopica cyana interposita*	b		留
		喜鹊 *Pica pica*	b		留
		红嘴山鸦 *Pyrrhocorax pyrrhocorax*	b		留
		红嘴蓝鹊 *Cissa erythrorhyncha*	b		留
		秃鼻乌鸦 *Corvus frugilegus*	b		留
		大嘴乌鸦 *Corvus macrorhynchos*	b		留
		小嘴乌鸦 *Corvus corone*	b		留
		星鸦 *Nucifraga caryocatactes*	b		留
		寒鸦 *Corvus monedula*	b		留
	鹪鹩科 Troglodytidae	鹪鹩 *Torglodytes troglodytes*	a + c		留
	鸫科 Turdiae	赤颈鸫 *Turdus ruficllis*	a + c		冬
		斑鸫 *Turdus naumanni*	a + c		冬
	画眉科 Timaliidae	山噪鹛 *Carrulax davidi*	a + c		留
		棕头鸦雀 *Paradoxornis webbianus*	a + c		留
		山鹛 *Rhopophilus pekinensis*	a + c		留
	山雀科 Paridae	大山雀 *Parus major*	a + c		留
		煤山雀 *Parus ater*	a + c		留
		黄腹山雀 *Parus venustulus*	a + c		留
雀形目 PASSERIFORMES	山雀科 Paridae	沼泽山雀 *Parus ater pekinensis*	a + c		留
		褐头山雀 *Parus montanus*	a + c		留
		银喉长尾山雀 *Aegithalos caudatus*	a + c		留
	鸤科 Sittidae	黑头鸤 *Sitta villosa*	a + c		留
		普通鸤 *Sitta europaea sinensis*	a + c		留
		红翅旋壁雀 *Tichodroma muraria*	a + c		冬
	文鸟科 Ploceidae	［树］麻雀 *Passer montanus*	a + c		留
	雀科 Fringillidae	燕雀 *Fringilla montifringilla*	a + c		留
		金翅［雀］ *Carduelis sinica*	a + c		留
		黄雀 *C. spimia*	a + c		留
		红交嘴雀 *Loxia curvirostra*	a + c		冬
		普通朱雀 *Carpodacus erythrinus grebnitskii*	a + c		留
		小鹀 *Eaberiza pusilla*	a + c		冬
		田鹀 *E. rustica*	a + c		冬
		灰眉岩鹀 *E. cia. godlewski*	a + c		留
		三通眉草鹀 *E. cioides*	a + c		留

注：a = 针阔混交乔木林；b = 灌木丛；c = 河流湿地杂草；d = 植被稀疏的岩石裸露沟谷地。

从表 12 – 3 可以上看出，《国家重点保护野生动物名录》中的鸟类有 9 种，即黑鹳、鸢、雀鹰、大鵟、毛脚鵟、金雕、白尾鹞、游隼、红隼。《濒危野生动植物种国际贸易公约》中重点保护的鸟类有 3 种，即黑鹳、游隼、红隼。《中国和日本国政府保护候鸟及其栖息环境协定》保护鸟类有 13 种，即黑鹳、毛脚鵟、白尾鹞、鹌鹑、灰斑鸠、寒鸦、斑鸫、燕雀、黄雀、红交嘴雀、普通朱雀、小鹀、田鹀。《国家保护的有益的或者有重要经济、科学研究价值的陆生野生动物》保护的鸟类有 52 种。

3. 结论与讨论

在自然保护区内，不同鸟类群落对于不同的气候环境有着明显的影响，冬季鸟类数量种类上比其他季节相对较少，首先是迁徙鸟类和夏候鸟以及迁徙迷失鸟都在冬季不再出现，由于天气寒冷而且活动范围减小。冬季气候环境对鸟类生境选择与栖息觅食活动有很大关系，河流湿地是鸟类生存栖息的必备条件，在灌丛、河流湿地草丛中鸟类数量较多。在冬季鸟类大多选择生态植被茂密、具有隐蔽物和有食物、环境僻静、比较向阳温暖的区域。人类活动干扰对鸟类活动亦有重要影响，调查中发现，在人为活动频繁区域，鸟类栖息活动就少，更谈不上筑巢繁殖，特别是牛羊群经常践踏的灌丛草坡山地，不仅鸟儿活动少，而且对鸟巢是毁灭性的损害，封山禁牧势在必行。而原生态植被保护好的区域，鸟类活动较多，繁殖巢穴也较多，最多的是一些雀形目鸟类。由于受冬季气温较低，气候寒冷的影响，鸟类归巢夜宿时间较早，栖息时间相对较长，出巢活动时间相对较迟，活动时间相对减少，活动区域相对缩小，食量相对减少，鸣叫次数相对减少。由于技术手段以及相关调查知识、器材缺乏，只能作粗浅的调查，求教于有关专家学者。

斑羚（青羊）是我国二级保护动物，栖居在大山中。它们在我国很多省区都有分布，是食草类动物中的跳远冠军，极善于跳跃和攀登。但是，近些年来斑羚（青羊）的种群数量急剧下降，野外越来越少见到这种可爱的动物了。

五、山西省灵丘县黑鹳巢址鸟类群落结构调查[*]

黑鹳属于国家一级重点保护野生动物，被中国濒危动物红皮书列为濒危种（E）。繁殖于整个欧亚大陆古北区范围，大约在北纬 40° ~ 60° 的整个区域，也繁殖在南非；越冬在西非、东非、非洲东北部和亚洲南部。国内繁殖于新疆、青海、内蒙古、黑龙江、吉林、辽宁、河北、河南、山西、陕西等地；越冬于山西、河南、陕西南部、四川、云南、广西、广东、湖南、湖北、江西、长江中下游和台湾。我国黑鹳总体数量评估大约在 1000 只。

山西省是黑鹳在我国华北重要的繁殖地之一，境内黑鹳繁殖地大致有 10 个区域。位于山西省东北部的灵丘县。由于其独特的地理水文条件，是目前调查所知黑鹳在我国华北地区越冬种群数量最高的分布区，仅在 1 处集群夜宿地数量最高可达 32 只。

＊ 作者：王春；张智；苏化龙

载《2010 年全国鸟类学术研讨会论文集》。

为了对黑鹳繁殖地生境状况进行深入了解，以其对这一濒危物种采取合理有效的保护措施，我们于 2008 和 2009 年的黑鹳繁殖季节，选择一个具有代表性的黑鹳巢址生境，进行了相关繁殖鸟类群落状况的初步调查，现将结果报道如下。

1. 调查区域和工作方法

（1）自然概况

该保护区位于山西省东北边缘灵丘县境内，西与繁峙县、北与广灵县接壤，东与河北省涞源县、南与河北省阜平县毗邻，地理坐标在东经 113°59′~114°29′、北纬 39°02′~39°24′之间，是晋冀两省交界地带。属中纬度温带半湿润－半干旱大陆性季风气候，年均气温 9.9℃，年均降水量 500~560 毫米，无霜期 160~180 天。冬季以强冷空气和寒流为主，降雪少，寒冷干燥；春季升温快，风速大，蒸发强而降水少；夏季降雨量集中，湿热多雨；秋季降温迅速，仲秋雨量骤减。

保护区内海拔落差较大，最高海拔 1917.6 米，最低 550 米。保护区内小气候特征明显，山溪性河流较多，野生动植物资源较为丰富。乔木林以华北落叶松、油松、柏树、辽东栎、桦树、山杨、旱柳、榆、山桃等为主；小乔木和灌木丛以山杏、绣线菊、照山白、虎榛子、迎红杜鹃、蚂蚱腿子、木本香薷、大花溲疏等为主；草丛类主要以白羊草、白草、黄背草、鹅观草、鸦葱等为主；中草药有黄芩、柴胡、远志、车前、百里香、射干、知母等。其中，国家保护的濒危珍稀植物有胡桃楸、青檀、水曲柳、黄檗等 10 多种。保护区内植被覆盖率为 76.8%。该区是太行山系唯一以黑鹳命名的自然保护区，其主要保护对象是国家一级重点保护野生动物黑鹳、二级重点保护野生动物斑羚（青羊）以及珍稀树种青檀和森林生态系统。

由于该保护区地域偏僻，山高沟深，90% 农田为坡耕地，土地贫瘠，生产力低下，当地居民主要以传统的农业耕作方式为主，现代农业机械难以应用，耕种方法还是牛耕田人点种，镰刀收割畜车拉运。有的山村由于山高坡陡路窄，农业生产还得人背驴驮。农作物主要有农作物主要有玉米、谷子、黍子、豆类和薯类，年收一茬，另外亦有少量蔬菜瓜类等。

（2）调查区域

调查区域选择平型关战场遗址东面直线距离大约 7.5 千米黑鹳繁殖巢（位于 GPS 坐标 N 39°20′021″，E114°02′779″，56°角，距离 60 米处峭壁）山谷，范围以山谷两侧山脊线为界，上延至两侧山脊线最高交汇处，下延至谷底山口河流（冉庄河）河漫滩地带（此段河道长度约 750 米），从河漫滩地带至山谷上端两侧山脊线交汇处长度约 1250 米，海拔高度为 1100~1350 米，投影面积约 0.47 平方千米，将其作为黑鹳巢址核心区域。

核心区域分布有较多的裸岩峭壁地带，沟谷堆积有大量崩塌岩石，岩石基质为石灰岩和变质石灰岩。峭壁上有多处风化侵蚀形成的石沿、裂隙、洞穴（可为多种鸟类提供营巢条件），植被以稀疏小乔木灌丛（山杏－绣线菊）草地为主，河漫滩有人工杨树林带，邻近山坡有成片油松中成林。

（3）工作方法

从黑鹳产卵孵化（5月上旬）至幼鸟离巢出飞（7月中旬）期间，定点观察并采取线形梳理的方法进行踏勘，主要观察鸟类活动状况，并寻找地面灌草丛、石隙洞穴、高大乔木、悬崖峭壁等处的繁殖鸟巢。每隔半个月进行一次实地观察，对黑鹳巢周边的鸟类分布活动状况进行调查记录。

确定鸟类繁殖巢数量主要以观察到的巢数为准；对于人员难以接近的陡峭山坡或峭壁地带的营巢鸟类，根据鸟类繁殖活动行为如鸣叫、育雏、宣示领域等确定大致巢位。

对于在核心区域未寻找到繁殖巢，也未观察到繁殖行为，仅观察到其飞行、觅食等活动现象的鸟类，将其作为黑鹳巢址外围区域繁殖鸟类。外围区域范围限定于距离调查区域边界700～800米距离，涉及到农田、村落（目前有27户的居民）、森林等生境。

2. 调查结果和讨论

（1）调查结果

历时2个繁殖季节（2008和2009年）在核心区域观察到黑鹳巢址生境中营巢繁殖鸟类有27种（另有纵纹腹小鸮、普通夜鹰这2种鸟在核心区域内外均发现有活动现象，但未能确定具体繁殖巢址），在外围区域范围繁殖的鸟类有17种（包括未能确定具体繁殖巢址的2种鸟），另有不营巢的3种杜鹃在2个区域均有活动现象，合计有47种繁殖鸟类。调查结果见表12-4。

表12-4 黑鹳营巢生境的繁殖鸟类

目	科	编号	种名	保护级别	贸易公约附录	濒危物种红皮书	繁殖、觅食生境类型							核心区域营巢数	居留类型	外围区域	觅食范围	从属区系
							森林乔木	灌草丛	草地	裸岩洞穴	水域	农田	人类居住区					
鹳形目	鹳科 Coconiidae	1.	黑鹳 *Ciconia nigra*	I○	II	E				+*	+	-		1	SR	少	▲○	古
隼形目	隼科 Falconidae	2.	猎隼 *Falco cherrug*	II	II	V	-	+	+	+*	-	+		1	RP	少	●▲	古
		3.	红隼 *F. tinnunculus*	II	II		+	+	+	+*	-	+	+	1	R	常	●▲	广
鸡形目	雉科 Phasianidae	4.	石鸡 *Alectoris graeca*					+	+	+		-		>10	R	常	●	古
		5.	斑翅山鹑 *Perdix dauuricae*					+	+	-		-		>4	R	常	●	古
		6.	雉鸡[环颈雉] *Phasianus colchicus*				+	+	+			+		>6	R	常	●	古
鸽形目	鸠鸽科 Columbidae	7.	岩鸽 *Columba rupestris*					+	+*			+		>16	R	少	▲○	古
		8.	山斑鸠 *Streptopelia orientalis*				+	-				+	-	2	R	常	▲	广
		9.	珠颈斑鸠 *S. chinensis*				+					+	+		R	常	▲	东

（续）

目	科	编号	种名	保护级别	贸易公约附录	濒危物种红皮书	繁殖、觅食生境类型 森林乔木	灌草丛	草地	裸岩洞穴	水域	农田	人类居住区	核心区域营巢数	居留类型	外围区域	觅食范围	从属区系
鹃形目	杜鹃科 Cuculidae	10.	鹰鹃 Cuculus sparverioides				+	+							S	常	●▲	东
		11.	四声杜鹃 C. micropterus				+	−				+			S	常	●▲	广
		12.	大杜鹃 C. canorus				+	+	+			+			S	常	●▲	广
鸮形目	鸱鸮科 Strigidae	13.	雕鸮 Bubo bubo	Ⅱ	Ⅱ		+	−		+*		−		1	R	少	●▲	广
		14.	纵纹腹小鸮 Athene noctua	Ⅱ	Ⅱ		+	+	+	+*		+	−	不详	R	少	●▲	广
夜鹰目	夜鹰科 Caprimulgidae	15.	普通夜鹰 Caprimulgus indicus jotaka	⊙⊙			+	−						不详	S	少	●▲	广
雨燕目	雨燕科 Apodidae	16.	白腰雨燕 Apus pacificus	⊙ ■			+	+	+	+*	+	+		>8	S P	常	●▲	广
佛法僧目	戴胜科 Upupidae	17.	戴胜 Upupa epops				+	+	+	+*	−	+	+	1	S	常	●△	广
䴕形目	啄木鸟科 Picidae	18.	黑枕［灰头］绿啄木鸟 Picus canus				+					+	−		R	常	○▲	广
		19.	大斑啄木鸟 Dendrocopos major				+					+	−		R	常	○▲	古
		20.	星头啄木鸟 D. cunicapillus	⊙			+								R	少	○▲	东
雀形目	燕科 Hiundidae	21.	岩燕 Ptyonoprogne rupestris				−	+	+	+*	−	+		>12	S	常	●▲	古
		22.	家燕 Hirundo rustica gutturalis	⊙ ■			−	+	+	−	+	+	+		S	优	○▲	古
		23.	金腰燕 H. daurica	⊙			−	+	+	−	+	+	+		S	优	○▲	广
	鹡鸰科 Motacillidae	24.	白鹡鸰 Motacilla alba	⊙ ■			−	+	−		+	+	+	1	S	常	●▲	广
	伯劳科 Laniidae	25.	楔尾伯劳 Lanius sphenocercus	⊙			+	+	−			+		1	R	少	●△	古

（续）

目	科	编号	种名	保护级别	贸易公约附录	濒危物种红皮书	森林乔木	灌草丛	草地	裸岩洞穴	水域	农田	人类居住区	核心区域营巢数	居留类型	外围区域	觅食范围	从属区系
雀形目	黄鹂科 Oriolidae	26.	黑枕黄鹂 *Oriolus chinensis*	⊙ ○			+					+	-		S	少	○ ▲	东
	卷尾科 Dicruridae	27.	黑卷尾 *Dicrurus macrocercus*				+	+				+	-	1	S	常	● ▲	东
	椋鸟科 Sturnidae	28.	灰椋鸟 *Sturnus cineraceus*				-	-	+			+	-		S	常	● ▲	古
	鸦科 Corvidae	29.	红嘴蓝鹊 *Urocissa erythrorhyncha*				+	-				+	-		R	常	● ▲	东
		30.	喜鹊 *Pica pica*				-	-	-			+	+	2	R	优	● ▲	古
		31.	星鸦 *Nucifraga caryocatactes*				+	+							R	常	○ ▲	古
		32.	红嘴山鸦 *Pyrrhocorax pyrrhocorax*						+	+ *		+		>14	R	常	● ▲	古
		33.	小嘴乌鸦 *Corvus corone*				+	+				+	-		R	少	○ ▲	古
	鸫科 Turdidae	34.	北红尾鸲 *Phoenicurus auroreus*	○				+	+	+	-	+	+	1	S	常	●	古
		35.	白顶䳭 *Oenanthe hispanica*					+	+	+ *		-		2	S P	常	●	古
		36.	蓝矶鸫 *Monticola solitarius*					+		+ *		+		1	S	少	●	广
	画眉科 Timaliidae	37.	山噪鹛⊕ *Garrulax davidi*				+	+						2	R	常	●	古
		38.	山鹛⊕ *Rhopophilus pekinensis*				+	+	-			-		4	R	常	●	古
	鸦雀科 Parad- oxornithidae	39.	棕头鸦雀 *Conostoma webbianus*				+	+	+			+		>3	R	常	●	广
	山雀科 Paridae	40.	大山雀 *Parus major*				+	+	-	-		+	+		R	优	○ ▲	广
		41.	黄腹山雀 *P. venustulus*				+	-	-			+	-		R	常	○ ▲	东
		42.	煤山雀 *P. ater*				+	+	-						R	常	○ ▲	古
	文鸟科 Ploceidae	43.	麻雀［树麻雀］ *Passer montanus*					+	-			+	+		R	优	○ ▲	广

（续）

目	科	编号	种名	保护级别	贸易公约附录	濒危物种红皮书	森林乔木	灌草丛	草地	裸岩洞穴	水域	农田	人类居住区	核心区域营巢数	居留类型	外围区域	觅食范围	从属区系
雀形目	文鸟科 Ploceidae	44.	山麻雀 *P. rutilans*	○			+	+	-	+*		+	+	5	S	少	●△	广
	雀科 Fringillidae	45.	灰眉岩鹀 *Emberiza cia*	○			-	+	+			+	-	2	R	常	●	古
		46.	三道眉草鹀 *E. cioides*				-	+	+			+	-	3	R	常	●	古
		47.	金翅 *Carduelis sinica*				+	+	+			+	+	2	R	常	●▲	古

表注：

种名标记：⊕仅分布于我国的特有种。

生境类型："+"号为主要生境，如繁殖地、觅食场所等；"-"号为次要生境，如短时间停留、短时觅食、或与其他生境利用有一定的关系等。

调查营巢数：调查区域中分布有繁殖巢的鸟种以巢数表示，如2、10等，标有"＞"为最少巢数，表示很可能还有未确定的巢；毗邻区域繁殖的鸟类数量级为大致确定，主要依据调查中的遇见率，"优"为优势种，"常"为常见种，"少"为少见种，"稀"为稀有种。

居留类型：为依据调查遇见季节时大致确定，"R"为留鸟，"S"为夏候鸟，"W"为冬候鸟，"P"为旅鸟；标有双字母的表示复合居留型，如"RP"为留鸟＋部分旅鸟。

生境类型：洞穴、裸岩生境中，包括裸岩山地、裸岩峭壁、石堆石隙等多岩石生境；标"＊"号者，偏重于裸岩生境。

觅食范围："●"号为核心区域内觅食，"▲"号为核心区域外觅食；双符号为2区域均有觅食，其中"○△"者为表示少见觅食行为。

保护级别：Ⅰ和Ⅱ为国家重点保护野生动物级别；⊙为省级保护动物；○属于中日候鸟保护协定保护鸟类；■为中澳候鸟保护协议保护鸟类。

贸易公约附录：CITES（Conservation on International Trade in Endangered Species of Wild Flora and Fauna）濒危野生动植物种国际贸易公约附录级别。

濒危物种红皮书：《中国濒危动物红皮书 鸟类》（汪松等，1998）濒危等级评估标准，如：E＝濒危，R＝稀有，V＝易危，I＝未定。

从表12-4可以看出，黑鹳营巢繁殖生境中调查到的鸟类分属于11目23科。居留型为夏候鸟18种（38.30%），留鸟29种（61.70%）。从属区系为古北界鸟类23种（48.94%），广布种鸟类17种（36.17%），东洋界鸟类7种（14.89%）。

包括黑鹳在内的47种繁殖鸟类中，有国家一级重点保护野生动物1种，国家二级重点保护野生动物4种；省级保护动物4种；中日候鸟保护协定保护鸟类10种，中澳候鸟保护协议保护鸟类3种；中国特有种鸟类2种。共计18种（有些鸟种既属于国家级重点保护野生动物又属于中外保护协定［议］保护鸟类，或者既属于省级保护动物又属于中外保护协定［议］保护鸟类）。

（2）繁殖生境利用特征

①食物资源　在核心区域内营巢繁殖的 27 种鸟类中：观察到未利用本区域食物资源的鸟类有山斑鸠 1 种（3.70%）；主要利用本区域外食物资源的鸟类有黑鹳和岩鸽 2 种（7.41%）；本区域内外食物资源均利用的鸟类有猎隼、红隼、雕鸮、白腰雨燕、岩燕、白鹡鸰、黑卷尾、喜鹊、红嘴山鸦、金翅等 10 种（37.04%）；以利用本区域内食物资源为主的鸟类有戴胜、楔尾伯劳、山麻雀等 3 种（11.11%）；仅利用本区域内食物资源的鸟类有石鸡、斑翅山鹑、雉鸡［环颈雉］、北红尾鸲、白顶䳭、蓝矶鸫、山噪鹛、山鹛、棕头鸦雀、灰眉岩鹀、三道眉草鹀等 11 种（40.74%）。

核心区域内以仅利用本区域内食物资源的营巢鸟类比例最高，其次为本区域内外食物资源均利用的鸟类，主要利用本区域外食物资源的鸟类和未利用本区域食物资源的鸟类比例最低。

②巢址利用　包括黑鹳在内，偏重于选择裸岩地带如峭壁石沿、石隙、岩洞等处作为巢址的有 12 种鸟类，占核心区域内营巢繁殖鸟类总数的 44.44%。

③种间关系　由于调查力度原因，未能观察到不同鸟种间明显的相互作用关系，也未观察到种间的捕食和被捕食现象。仅观察到一些互相回避、驱赶和骚扰行为。

①回避行为　猎隼和红隼 2 巢相距约 300 米，猎隼巢址位于坡位上方，为峭壁裂隙，巢口幼鸟明显可见；红隼巢址位于坡位下方，为峭壁石沿深处，巢口隐蔽，至幼鸟快出飞时方可见到在巢外石沿处活动。猎隼从核心区域外捕食归来一般是从山坡上方飞到巢边，红隼多为从山坡下方。在育雏中后期的亲鸟频繁捕食期间（高峰时间隔5~8分钟，甚至3分钟喂食 1 次），猎隼明显表现出主要在核心区内捕食。

以望远镜观察这 2 种隼，育雏食性以大型昆虫（蝈蝈、蝉、蝗虫、甲虫）和蜥蜴为主，未观察到猎隼在核心区域内捕食到岩鸽等鸟类的现象，但观察到猎隼企图捕食岩鸽的行为（短距离猛然起飞追逐岩鸽，而后快速飞往其他方向）。当地护林员观察到过猎隼有时从远处捕获到鸽子、斑翅山鹑，甚至石鸡的现象。

②驱赶和骚扰行为　黑鹳巢址位于猎隼巢下方，当黑鹳亲鸟从猎隼巢上方归巢喂食时，经常遇到猎隼的紧密追逐。黑鹳幼鸟初离巢时，如果停落在猎隼或红隼巢附近的陡峭岩石上，会遭到猎隼或红隼长时间对其头部的反复扑击，直至黑鹳幼鸟起飞停落他处为止。

红嘴山鸦有时纠集多只对归巢喂食暂时停落在山岩上的黑鹳亲鸟进行骚扰性扑击，而且在空中对归巢喂食黑鹳亲鸟的追逐现象甚至多于猎隼，但对于哺喂幼鸟后飞走或暂时停落在巢附近的黑鹳亲鸟，一般不进行追逐。

③讨论　由于黑鹳食物资源主要来自远离巢址的水域地带，黑鹳巢址核心区内营巢繁殖鸟类的食性，基本与黑鹳不形成种间竞争。初离巢出飞的黑鹳幼鸟在巢附近停落时，很可能觅食一些大型昆虫（蝗虫类），但巢址下方的河漫滩地带有林蛙繁殖，加之水流中的小鱼虾等，可以维持初离巢黑鹳幼鸟的部分能量需求。

将裸岩、峭壁地带作为巢址的不同鸟类物种，对巢址岩石构型要求有所差异，难以形成种间竞争现象。例如：猎隼和红隼尽管习性、食性相近，但由于体型和性情差异，猎隼巢口较大（有的猎隼洞穴巢甚至人可以钻入），甚至往往呈现开放型，而红隼巢口多数较小，且隐蔽性强。岩鸽与红嘴山鸦虽然体型相近，且均有集聚营巢习性，但岩鸽多选择巢口有石沿、石阶或石台的巢址，红嘴山鸦多选择峭壁上能直接飞行进入的石洞作为巢址。类似差异的还有黑鹳和雕鸮，黑鹳巢明显可见且阳光照射时间较长，雕鸮巢较为隐蔽且阳光照射时间较短。

六、冰雪环境下黑鹳生态观察[*]

2009～2010年秋、冬、春3个季节是黑鹳自然保护区气候最为特殊的季节，与正常年景同期相比，雨雪较为频繁，气温持续偏低，大风天气较多，河流湿地结冰期长，积雪深度、积雪日数、连续降水日数均逼近历史同期极值，在这种冰雪环境下，黑鹳的栖息、觅食规律与正常年景相比较出现了许多较为反常的特点。鉴于此，从2009年9月至2010年4月对黑鹳在冰雪气候环境下下栖息觅食及群聚越冬等活动情况进行了观察，对研究黑鹳在冰雪气候环境下的栖息活动规律及对这一濒危物种采取合理有效的保护措施等具有一定意义。

1. 研究区自然概况

山西灵丘黑鹳省级自然保护区位于山西省东北边缘灵丘县境内，西与繁峙县、北与广灵县接壤，东与河北省涞源县、南与河北省阜平县毗邻，地理坐标在东经113°59′～114°29′、北纬39°02′～39°24′之间，是晋冀两省交界地带。保护区内山大沟深、悬崖峭壁、峰峦叠嶂、林草茂盛、溪流潺潺，相对高差大，属中纬度温带半湿润—半干旱大陆性季风气候，年均气温9.9℃，年均降水量500～560毫米，无霜期160～180天。冬季以强冷空气和寒流为主，降雪少，寒冷干燥；春季升温快，风速大，蒸发强而降水少；夏季降雨量集中，湿热多雨；秋季降温迅速，仲秋雨量骤减。主要河流有5条穿越流经保护区（唐河、上寨河、下关河、独峪河、冉庄河），水源充沛、溪流密布，在各流途中均有清泉溪水，这些清泉溪水都为暖泉温水，沿河两岸有较好的湿地和良好的植被，部分河流冬季不结冰，河流溪水中小鱼、小虾、蛙类等浮游生物较多，并有鲜活嫩绿的水草生长在其中，为黑鹳越冬栖息准备了充分的食物。独特的地理环境气候，营造了适宜黑鹳栖息、繁殖、越冬的良好场所。

据有关资料和专家记述，黑鹳在西班牙为留鸟，在其他地方均为候鸟，而在灵丘黑鹳省级自然保护区部分却为留鸟。而且黑鹳有春夏季节分巢繁殖，秋冬季节群聚越冬的生活习性。群聚地点一般选择在地处深山，人迹稀少，山势陡峭，悬崖浅洞、温泉溪水较多，而且冬季不结冰，食物来源较多，黑鹳觅食比较方便的深山悬崖地域。

2. 调查方法

相对于春夏繁殖哺育季节而言，黑鹳在秋冬季一般数十只群聚在一起，觅食时往往按

* 作者：王春；刘伟明
载《现代农业科技》2011年第6期。

照较为固定的路线区域活动，范围可以达到数千米，食物短缺时，为了寻找更多的食物，觅食行程会更远。针对这一特点，我们选择了黑鹳栖息觅食地和群聚夜栖地，从 2009 年 9 月 1 日开始，按照每旬 1 天全天候进行观察，观察其活动规律、数量、出巢和归巢时间、飞出、飞回方向、黑鹳觅食时间长短、食物成分构成、站立及走动、嬉戏、飞翔等生命活动进行情况以及区域生境特点包括河流水质、冰雪覆盖及结冰情况等。调查观察所借助工具有计时器、8×12 倍双筒望远镜、数码照相机、摄像机、GPS、鸟类观察识别手册等。

3. 调查结果

（1）2009~2010 年的秋、冬、春季气候变化情况

与正常年景相较，2009~2010 年的秋、冬、春 3 季灵丘气候较为反常，平均气温、最低气温、一日最大降水量、最大积雪深度等多项数据与正常年景相比下降明显。特别是入冬头场雪降得早，2009 年 11 月 10 日即降入冬第一场雪，比正常年份早了 1 个月，连续降雪日数为 4 天，降水量为 20.4 毫米，一日最大降水量为 8.5 毫米，最大积雪深度为 10 厘米。11 月份平均气温 -3.5℃，比正常年景低了 6~7℃，11 月份最低气温达 -17.1℃，比正常年份低了最低气温低了 10~11℃，整个 11 月份雨雪天气 7 日，积雪日数 21 天。2010 年 1 月份最低气温已达 -25.1℃，接近该月历史最低气温 -26.5℃，最大积雪深度达 6 厘米。整个冬春季节降雪达 13 次，连续降雪超过 3 天的 3 次，甚至到了 2010 年 4 月 26 日，在正常年景早已春暖花开，仍然连续降雪 2 天。可以说从 2009 年 11 月到 2010 年 4 月底整整 6 个月都在严寒中度过（具体气象资料见表 12-5、表 12-6），由此导致了保护区内黑鹳的群聚越冬、觅食、栖息、繁殖等生命活动都受到了严重影响。

表 12-5　2009 年秋季至 2010 年春季气象资料

时间 (年-月)	平均气温(℃)			最低气温	雨雪天气日数(天)		日最大降水量(毫米)	日最大积雪深度(厘米)	最长连续降水日数		积雪日数(天)
	上旬	中旬	下旬		雨	雪			日数	降水量	
2009~09	17.5	17.3	15.9	2.1	11	–	38.2	–	5	54.2	–
2009~10	14.2	10.6	9.8	1.4	5	–	20.2	–	2	5.4	–
2009~11	6.0	2.7	1.9	-5.4	1	–	3.6	2	1	0.4	1
2009~12	-3.5	-5.7	-7.2	-11.3	–	2	3.2	2	2	3.0	2
2010~01	-10.1	-6.6	-6.2	-19.2	–	3	3.7	3	2	0.5	2
2010~02	-5.5	-6.0	5.1	-11.1	–	2	2.3	2	2	3.0	2
2010~03	6.4	8.8	12.6	-4.8	2	–	7.0	1	2	4.0	1
2010~04	12.4	13.8	15.1	3.2	4	–	5.3	–	2	6.4	–
2010~05	18.7	18.4	19.2	4.5	13	–	15.9	–	3	16.9	–

表 12 - 6　正常年景秋季—春季气象资料

时间 (年 - 月)	平均气温(℃)			最低气温(℃)		雨雪天气 日数(天)		日最大降 水量(毫米)		日最大积 雪深度(厘米)		最长连续 降水		积雪 日数 (天)
	上 旬	中 旬	下 旬	数 值	历史 极值	雨	雪	数 值	历史 极值	数 值	历史 极值	日 数	降水量 (毫米)	
2009 - 09	16.5	16.3	14.9	2.1	-2.4	11	–	30.2	55.7	–	–	6	55.2	–
2009 - 10	12.2	8.6	8.8	-2.4	-11.3	5		30.2	25.2	–	8	2	5.5	–
2009 - 11	2.0	-7.7	-4.9	-17.1	-22.8	2	5	8.5	18.9	10	13	4	20.4	21
2009 - 12	-5.6	-9.4	-10.1	-20.1	-27.4		1	00	6.6		8			
2010 - 01	-11.6	-8.8	-7.1	-25.1	-26.5		3	3.1	5.7	6	9	2	0.5	16
2010 - 02	-5.8	-7.0	1.1	-17.1	-28.1		8	3.4	7.9	8	14	3	6	7
2010 - 03	-4.4	0.8	3.5	-14.9	-19.9		8	9	18.3	11	14	3	6	8
2010 - 04	6.8	5.9	5.4	-5.4	-12.1	7	3	5.1	25.9	1	10	3	7.4	1
2010 - 05	15.5	15.3	18.2	1.5	-2.7	12		15.8	42.6			3	16.9	

（2）黑鹳生存环境及栖息规律变化情况

①正常年份黑鹳越冬栖息情况。通过观察记录比较，我们发现正常年份，在灵丘自然保护区黑鹳一般活动聚居地栖息环境为：地处深山，气候温和，黑鹳越冬活动的河水溪流一般都为暖泉温水河段，冬天不结冰，或结冰期非常短，水质清澈透明，浮游生物丰富，水温比较适宜黑鹳活动，食物充足。很少出现草滩湿地被冰雪覆盖的情况。

在正常年份，冬季黑鹳觅食的地方也比较固定，一般都在距离黑鹳栖息的巢穴附近，活动半径也比春夏季节小，觅食的地域为巢穴周围 5～20 千米范围内河流不结冰、水湿度较适宜的河流草滩湿地中，而且这些小河溪流中鱼类等浮游生物以及其他食物较多。

正常年份在灵丘保护区群聚越冬的黑鹳的活动范围根据自身的体质状况和栖息地的食物来源而决定，部分体质强健、飞翔能力强的成鹳相继向周边地区较远的区域进行觅食活动，部分体质较差的老成鹳和年幼亚鹳留在本区域较近处觅食栖息，到了傍晚归巢群聚夜栖。黑鹳栖息活动较有规律性，在出巢活动时基本是统一行动，在归巢时也是很有时间性，可以说是早出晚归，一般冬季每日早晨 6：00 太阳一露头就从群聚栖息的悬崖穴洞中相继飞出，三三两两的绕山涧旋转一两圈后向觅食地飞去。到了傍晚 17：30 太阳落山时开始飞归巢穴。从出巢和归巢方向来看，黑鹳早晨飞出巢穴觅食的方向和傍晚飞回的方向较为规律，早晨均从栖息地向西北和东北方向飞去，傍晚还从原飞去方向归来。

②栖息环境变化情况。在冰雪气候环境下黑鹳的栖息活动情况受到了很大影响：由于 2009～2010 年秋冬春季节保护区内气温明显偏低，河流封冻时间早，甚至一些往年不结冰的河流从 11 月初头场雪过后也开始结冰，直至翌年 3 月份。而黑鹳活动较为频繁的草滩湿地则被厚厚的积雪覆盖。据调查，在黑鹳群聚活动栖息地域约 80%～90% 的草滩湿地被

积雪覆盖，积雪厚度平均在 3 ~ 4 厘米，最深处达 6 厘米。90% 以上的山泉溪流均结冰，结冰期从 2009 年 11 月中旬直至翌年 3 月份，冰层厚度在 0.5 ~ 1.5 厘米之间。即使不结冰的河流，河水中浮游生物也大为减少。黑鹳作为大型涉禽，食物所需量比较大，是鸟类之中有名的"大肚汉"。据观察，黑鹳一次要吃 20 多条长约 1.5 厘米的小鱼，停歇十几分钟后继续开始觅食。因此在冰雪严寒气候条件下黑鹳的食物来源大大减少，给黑鹳生存带来很大影响。

③觅食区域变化情况。在冰雪天气下由于冰雪覆盖，觅食困难，黑鹳的觅食半径较往年明显增大。方圆 20 ~ 50 千米范围内均发现觅食黑鹳，有的种群最远到达周围县区如广灵以及河北省一些地区觅食。飞行距离延长，觅食增加困难。

④栖息时间变化情况。与正常年景比较，由于天气寒冷，觅食困难，食物短缺，在冰雪气候环境下黑鹳的出巢时间推迟 2 小时，归巢时间则提前 1 ~ 1.5 小时。一般情况下每天早晨 8：00 飞出，下午 16：00 ~ 16：30 飞回。活动半径则明显增大，出巢和归巢时间变得不规律，出外觅食距离长的归巢较晚。

⑤活动规律变化情况。小群分散活动出现。在正常年景黑鹳栖息活动较有规律，出巢、归巢、觅食一般都是集体行动。在冰雪天气下则分成最多 6 只，最小 2 ~ 3 只的小群分散活动，一般早晨从群聚栖息的悬崖穴洞中相继飞出，但傍晚不一定全部归巢。究其原因，可能是有的黑鹳就可能因觅食路途较远或受风雪侵袭而掉队或受伤不能归巢。另外，经观察发现，黑鹳在冰雪天气下觅食过程中经常在一地站立不动达数十分钟，而走动、嬉戏则明显减少，可能是为了节省体力。

⑥受伤死亡数量增多。因觅食遭遇风雪受伤甚至冻饿而死的数量较往年明显增多，观察期间就发现受伤黑鹳 6 只，因冻饿而死的黑鹳 4 只。

⑦食物构成发生变化。通过解剖受伤死亡黑鹳发现，在冰雪气候下，由于河水中浮游生物减少，不能满足黑鹳取食需要，在北方严寒气候下其食物构成也发生了变化。除了小鱼、小虾外，大量的湿地草丛中的甲壳虫、死蚂蚱、蛙类、软体动物、昆虫等都成为黑鹳的食物。

⑧越冬数量较往年减少。从 2007 年 11 月开始，连续 3 年对黑鹳在灵丘自然保护区越冬情况进行了观察，在正常年景保护区内越冬黑鹳大约在 40 ~ 50 只。仅以花塔、唐河峡谷 2 处洞巢为例：2007、2008 年，花塔洞巢群聚数量一般开始为 3 ~ 5 只为小群，最多时为 12 只，唐河峡谷一处巢穴内，最多时为 32 只。而 2009 年冬季冰雪气候下保护区内黑鹳群聚越冬数量则较往年明显减少，花塔洞巢群聚数量最多仅 7 只，而唐河峡谷洞巢最多仅发现 19 只黑鹳群聚栖息，较往年同期群聚数量减少近 2/3，由于技术手段难于认定其原因。具体观察情况见表 12 - 7、表 12 - 8、表 12 - 9。

表 12 - 7　2007 ~ 2008 年黑鹳种群数量观察统计表

观察时间（年 - 月 - 日）	出巢时间	数量（只）	归巢时间	数量（只）
2007 - 09 - 01	6：00	10	17：10	10
2007 - 09 - 11	6：10	11	17：00	9
2007 - 09 - 02	16：20	11	16：50	12
2007 - 10 - 04	6：10	12	17：20	16
2007 - 10 - 14	6：20	16	17：00	18
2007 - 10 - 24	6：10	18	17：30	22
2007 - 11 - 03	6：30	25	17：20	32
2007 - 11 - 13	6：20	29	17：30	32
2007 - 11 - 23	6：30	32	17：30	32
2007 - 12 - 03	6：20	32	17：10	32
2007 - 12 - 13	6：30	25	17：20	25
2007 - 12 - 23	6：30	24	17：10	24
2008 - 01 - 02	6：20	20	17：30	18
2008 - 01 - 12	6：30	20	17：30	20
2008 - 01 - 22	6：30	24	17：20	24
2008 - 02 - 01	6：35	25	17：30	25
2008 - 02 - 01	16：20	25	17：30	24
2008 - 02 - 02	16：20	24	17：30	20
2008 - 03 - 03	6：30	16	17：20	15
2008 - 03 - 13	6：20	16	17：30	16
2008 - 03 - 23	6：20	16	17：30	16
2008 - 04 - 10	6：10	12	17：20	11
2008 - 04 - 20	6：10	13	17：40	10
2008 - 04 - 30	6：00	8	17：30	7

注：观察地点为唐河峡谷，卜表同。

表 12 - 8　2008 ~ 2009 年黑鹳种群数量观察统计表

观察时间（年 - 月 - 日）	出巢时间	数量（只）	归巢时间	数量（只）
2008 - 09 - 01	5：40	5	18：20	5
2008 - 09 - 11	5：50	4	18：10	4
2008 - 09 - 21	6：00	6	17：40	5
2008 - 09 - 30	6：10	7	17：50	7

（续）

观察时间（年－月－日）	出巢时间	数量（只）	归巢时间	数量（只）
2008－10－10	6：20	5	17：40	5
2008－10－20	6：20	7	17：40	8
2008－10－30	6：20	12	17：40	12
2008－11－09	6：30	10	17：30	13
2008－11－19	6：20	15	17：30	15
2008－11－29	6：30	17	17：30	16
2008－12－09	6：20	17	17：10	17
2008－12－19	6：40	22	17：30	20
2008－12－29	6：30	24	17：30	24
2009－01－08	6：20	30	17：20	30
2009－01－18	6：30	30	17：10	30
2009－01－28	6：20	24	17：10	24
2009－02－08	6：20	24	17：20	24
2009－02－18	6：30	20	17：30	19
2009－02－28	6：40	18	17：10	18
2009－03－10	6：20	16	17：20	15
2009－03－20	6：40	15	17：20	15
2009－03－30	6：30	10	17：30	6
2009－04－10	6：20	10	17：50	10
2008－04－20	6：00	5	18：10	5
2008－04－30	6：00	6	18：20	6

表 12 － 9　2009～2010 年黑鹳种群数量观察统计表

观察时间（年－月－日）	出巢时间	数量（只）	归巢时间	数量（只）
2009－09－01	5：40	3	18：40	3
2009－09－10	5：45	5	18：20	4
2009－09－20	5：55	4	18：00	4
2009－09－30	6：00	6	17：50	5
2009－10－10	6：20	6	17：40	7
2009－10－20	6：20	7	17：40	8
2009－10－30	6：20	12	17：40	12
2009－11－09	6：30	10	17：30	13

（续）

观察时间（年–月–日）	出巢时间	数量（只）	归巢时间	数量（只）
2009 – 11 – 19	7：20	10	16：30	10
2009 – 11 – 29	7：30	13	16：30	8
2009 – 12 – 09	7：20	14	16：10	10
2009 – 12 – 19	7：40	12	16：40	10
2009 – 12 – 29	7：30	14	16：10	12
2010 – 01 – 08	7：20	15	16：20	10
2010 – 01 – 18	7：10	13	17：10	8
2010 – 01 – 28	7：20	14	16：50	14
2010 – 02 – 08	6：40	12	17：20	11
2010 – 02 – 18	6：50	10	17：10	9
2010 – 02 – 28	6：40	8	17：10	7
2010 – 03 – 10	6：20	6	17：20	5
2010 – 03 – 20	6：40	5	17：20	5
2010 – 03 – 30	6：30	10	17：30	6
2010 – 04 – 10	6：30	8	17：20	7
2010 – 04 – 20	6：40	9	17：10	8
2010 – 04 – 30	6：20	8	17：20	7

（4）保护建议

①加强宣传教育，使广大人民群众特别是处于自然保护区内群众，发现因冻饿而受伤的黑鹳及时报告野生动物救护部门加以救助，提高有效保护的自觉性，为黑鹳生存营造良好的自然环境和社会环境。

②加大冬春季节依法管护力度，依法打击各种破坏自然环境、特别是对自然保护区内濒危珍稀动物繁殖栖息地的破坏行为。

③建议上级有关部门在黑鹳集中繁殖栖息地建设黑鹳救护及繁育基地，建设小鱼塘、小水库等，按时投放补充食物，有效地补充冰雪天气下黑鹳的食物来源。

④加强科研力度。黑鹳现存野外种群数量不断减少，为了抢救性保护这一濒危物种，建议有关科研部门选择适宜地区建立黑鹳人工繁育基地，有效扩大其种群数量，拯救濒危物种。

⑤希望能够引起有关专家学者注意，将受冰雪等自然灾害影响下黑鹳的生命活动规律等列为研究课题，对于促进黑鹳生物学研究，探索黑鹳就地保护有效措施，促进黑鹳野外种群数量的稳定和逐步增多，促进生态建设具有重要意义。

七、关于黑鹳解剖的初步研究[*]

黑鹳俗称老油鹳，属鹳形目鹳科。世界濒危珍禽，国家一级重点保护动物，被列入1998 年版《中国濒危动物红皮书（鸟类卷）》中，是一种喜好清洁、宁静环境的浅水大型涉禽。黑鹳起初是广泛分布于欧亚大陆、朝鲜半岛、日本及印度、泰国和非洲的鸟类，是较常见的大型涉禽，但近几十年来世界范围内，其种群数量骤减，在瑞典、丹麦、比利时、荷兰、芬兰等国已绝迹。国内大部分黑鹳在新疆、青海、甘肃、内蒙古、黑龙江、吉林、陕西、山西、河北、河南、北京和辽宁等地繁殖，在长江流域及以南地区越冬。据我们多年观察，黑鹳不仅在灵丘的自然保护区内生活栖息，而且还在此繁殖和越冬，为留鸟。目前种群数量中国约有 1000 只，而且数量还在不断减少。在山西灵丘黑鹳省级自然保护区内，黑鹳种群数量估计约有 50 只，2008 年冬季发现最大种群数量为 32 只。近年来全国加大了黑鹳的保护力度，但关于黑鹳的研究，特别是关于黑鹳解剖研究的文献与报道非常少见。为了更好地、有效地保护黑鹳种群，除了保护和改善其生存环境外，有必要对黑鹳的身体外观、内部生理机能及结构等进行更加深入的了解，因此，本文就黑鹳的解剖做了初步研究。

1. 材料与方法

2010 年 2 月，山西灵丘黑鹳省级自然保护区内 1 只亚成年黑鹳不明死亡。我们对其进行解剖，所用解剖器具有解剖桌、剪刀、骨钳、解剖刀、解剖剪、解剖针、各种镊子、棉线或尼龙线、棉花、吸水纸等专业医用医疗器械、记录本和笔、刻度尺、照相机等。先测量、研究外观，再对其进行剥皮，取出骨架和内脏，对骨架及内脏进行分别研究与分析。每一步都进行了详细地拍照与记录。只发现了肾脏（或是睾丸），没有发现卵巢，所以确定这是 1 只雄性黑鹳。

2. 结果

该黑鹳头颈部羽色略带黑灰色（成鸟为黑褐色），上喙中间部分为黑红色，腿及脚均橘红色（成鸟腿与喙为朱红色），由此判断其为亚成年黑鹳。该黑鹳体羽上有金属紫绿色光泽，颏、喉至上胸为黑灰色，下体余部纯白色。嘴、围眼裸区为朱红色。身上羽毛里有许多的鹳虱。解剖发现，嘴内和喉内有 2 条长约 4.5 厘米未消化的小鱼；发现腹部有长9.5 厘米，宽 10.3 厘米被钝物撞击的淤血伤痕；喉部和大肠内发现有许多直径为 3 毫米的球状凝血块状物（可能是某种疾病）。具体的死亡原因不明。整个解剖过程做了详细的记录。

（1）外形观察量度

黑鹳身体呈纺锤形，体表被羽，具流线型的外廓。身体可分为头、颈、躯干、尾和四

* 作者：王春；赵明；张智；支改英

载《野生动物》2012 年第 1 期。

图 12 - 1　黑鹳

肢等部分（图 12 - 1）。全身被黑羽和白羽。喙与腿脚为朱红色。体重 1900 克、体长 97 厘米、体高 72 厘米、背长（包括腰）24 厘米 1、背宽 11 厘米。喙楔形，朱红色，中部显黑红色，喙长（包括蜡膜）16.5 厘米，喙粗周长（最粗位置）8.2 厘米，喙最大张度 14.2 厘米（图 12 - 2）。古箭头状，尖端角质化，舌之后为咽，通向腹面的喉头和背面的食道，舌长 4.9 厘米（图 12 - 3）；外鼻孔，1 对，位于蜡膜可下面两侧，呈裂缝状，裂缝长度 2.2 厘米，宽度 0.2 厘米；眼大而圆，有活动的眼睑和半透明的瞬

图 12 - 2　黑鹳喙

图 12 - 3　嘴内喉部

图 12 - 4　黑鹳眼和鼻

膜，眼圈前后长 3.2 厘米，高 1.5 厘米（图 12 - 4）。眼球直径 2 厘米，瞳仁直径 1.2 厘米；耳位于眼的后下方，外观为一椭圆形的孔，耳孔外覆以羽毛；额宽 3.5 厘米；顶宽 5.5 厘米，长 6.5 厘米。枕宽 4.5 厘米，长 4 厘米。颈细长，灵活，长 27 厘米，颈粗（周长）7.5 厘米。躯干略呈卵圆形，紧密坚实，不能弯曲。泄殖孔位于躯干的后端腹面，尾的下面。翼弯曲成 Z 形，翼长：50 厘米，翼展度 165.2 厘米，小覆羽长 5 厘米，中覆羽长 11.3 厘米，大覆羽长 16.3 厘米，初级覆羽长 19.5 厘米，初级飞羽长 32.5 厘米（图 12 - 5、图 12 - 6）。羽数根节骨上 12 根，梢节 17 根。

黑鹳体表被黑白两色羽，腹部、翼腋和尾羽下为白羽，正羽的下面是绒羽。长 29.3 厘米，数量 18 根。次级飞羽下有白羽 12 根，长度为 7.8 ~ 17.8 厘米。双翼下根部为白羽，其长 9.5 ~ 16.5 厘米，每个翼下有长白羽 8 根。尾羽：黑尾羽长 26.2 厘米，数量 12 根。白尾羽，长 19.4 厘米，数量 11 根（图 12 - 7 ~ 12 - 13）。腿和趾上着生朱红色六边形角质鳞片（图 12 - 14），全腿长 41.5 厘米，骨节 2 节。胫长 18 厘米，直径 1.1 厘米，胫上部分被羽，裸露胫长度 7.4 厘米；跗庶 23.5 厘米，直径 0.8 厘米；膝关节长 3 厘米，正面宽

图 12 - 5　翼的上面

图 12 - 6　翼的下面

图 12 - 7　黑色正羽

图 12 - 8　白色正羽

图 12 - 9　小白羽

图 12 - 10　小黑羽

图 12 - 11　绒羽

1.4 厘米，侧面宽 2.7 厘米；趾数 4 个，3 前 1 后，先端具爪，为半蹼足（图 12 - 15）。半蹼宽度 2.4 厘米（图 12 - 16），后趾长 2.1 厘米，趾节数 4，内趾节数 3，中趾长 8 厘米，趾节数 4，外趾节数 5；爪长 1.2 厘米。

（2）内部解剖观察

①运动及骨架系统

腿部骨骼中空，腔中注有黑红色骨髓。骨骼壁厚度约为 2 毫米。每条腿筋数 10 条，

图 12 - 12　羽根的剖面

图 12 - 13　羽轴剖面

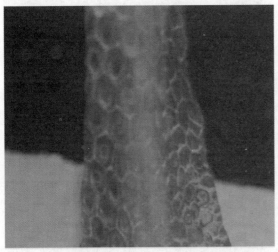

图 12 - 14　腿上六边形角质鳞片

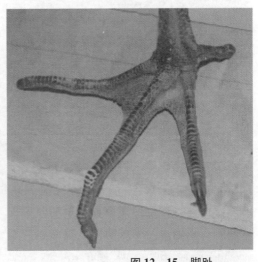

图 12 - 15　脚趾

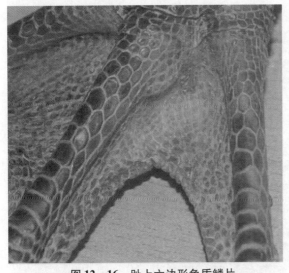

图 12 - 16　趾上六边形角质鳞片

宽 2.5 毫米 1 条，宽 4.5 毫米 1 条，宽 12 毫米 1 条，宽 1.2 毫米 4 条，宽 1.2 毫米 2 条，宽 3 毫米 1 条。翼骨由膊骨、尺骨、桡骨、掌骨、指骨组成，每个翅有筋 4 条，4 毫米宽 2 条，3 毫米宽 1 条，2 毫米宽 1 条；颈部颈椎椎体为异凹型，颈骨有 13 节（图 12 - 18），每节长约 2.2 厘米。颈下筋 2 条，1 条宽 4 毫米，1 条宽 3 毫米。颈上筋 7 条，1.5 毫米宽 2 条，2.5 毫米宽 5 条；肋骨：左右各 5 根，每根宽 5 毫米，厚 2～3 毫米；胸肌 2 块，其面积约占身体全部的 1/3，胸肌很发达（图 12 - 17）。

②呼吸系统

气管与喉门相通，由环状的软骨环支持，沿颈部下行，进入胸腔后分为左右 2 支气管入肺，长约 2 厘米，直径 0.9 厘米（图 12 - 18）；肺分左、右 2 叶，粉红色，呈海绵样的

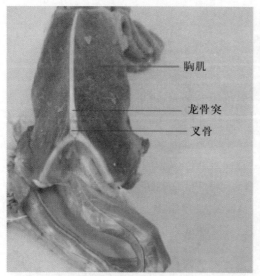

图 12 - 17 胸肌

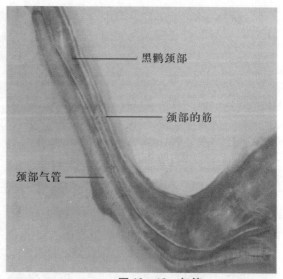

图 12 - 18 气管

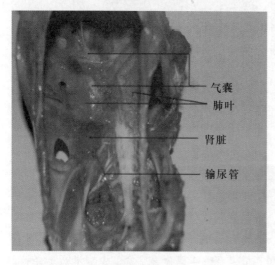

图 12 - 19 肺

构造（图 12 - 19），并紧贴于胸腔背方脊柱两侧的肋骨。支气管进入肺后分出很多分支，其中一些末端延续成为气囊。

③消化系统（未见有嗉囊）

前胃肠长 10 厘米，直径 1 厘米（图 12 - 20）；腺胃又称前胃（圆球状）直径 3.5 厘米，与肌胃紧连（图 12 - 20）。肌胃椭圆形，长 9.5 厘米，宽 7.5 厘米，厚 3.2 厘米。胃肉剖面厚度 1.1 厘米。胃内角质膜厚 2 毫米，外壁胃肉厚度 5 毫米。胃内容物：黑色，杂草与泥状物，未见有砂粒（图 12 - 24）；连胃十二指肠长 41 厘米，直径 1.1 厘米（图 12 - 21）；小肠长 114 厘米，

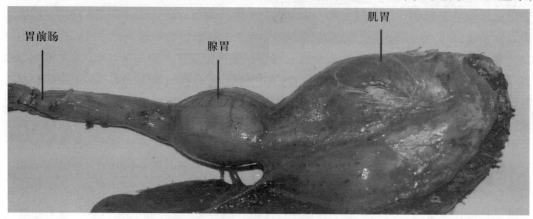

图 12 - 20 前胃（腺胃）和肌胃

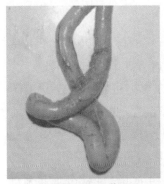

图 12 - 21　指肠

图 12 - 22　小肠

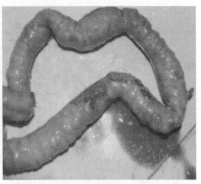

图 12 - 23　大肠

图 12 - 24　胃容物

直径 0.8 厘米（图 12 - 22）；大肠长 61 厘米，直径 1.7 厘米（图 12 - 23）；肝叶呈赤褐色，分左、右两叶，最长处 5.6 厘米，厚 2.3 厘米（图 12 - 25），未发现胆囊；胰脏粉红色，脾脏赤褐色（图 12 - 26）。

④泄殖系统

肾脏 1 对，赤褐色，椭圆形，长 2.4 厘米，宽 2 厘米，厚 0.7 厘米，紧贴于体腔后部脊柱的两侧，有透明输尿管与泄殖孔相连，未发现膀胱。

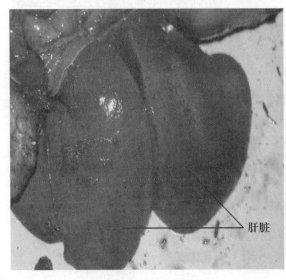

图 12 - 25　肝脏

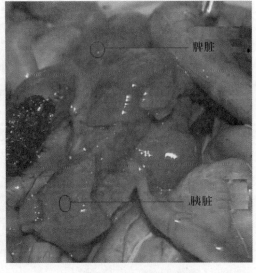

图 12 - 26　脾脏与胰脏

3. 讨论与分析

黑鹳食性较单一，以鱼、虾、蛙、蟹等为主。黑鹳的保护，一直以来只着重于其生境的保护，而对其内部生理机能及结构的研究很少，几乎没有这方面的文献和报道。为了更好地保护黑鹳种群，有必要对黑鹳个体的内部结构和生理机能进行更深层次的了解，故此我们对黑鹳做了解剖，对其进行初步地研究。研究发现：未见黑鹳的嗉囊，而且砂囊（肌胃）内也没有发现砂粒等，说明黑鹳的消化能力较弱，不能消化谷粒类硬质的食物。这可能是决定黑鹳食物面较窄的一个主要原因。黑鹳的消化道很长，前胃肠长 10 厘米，连胃十二指肠长 41 厘米，大肠长 61 厘米，小肠 114 厘米，4 部分加起来总长达 226 厘米。所以食物和粪便停留在体内时间较长，加重了体重，这些决定了它不利于长时间飞行。

本次解剖有几点遗憾和值得思考的问题。

（1）没有对黑鹳的心脏进行测量研究，可能是由于黑鹳受到了外力撞击的原因，其心脏完全破碎，致使没法对其测量研究。

（2）没有发现嗉囊、胆、膀胱，可能黑鹳身上根本就没有这些器官，对此还需进一步深入研究。

（3）泄殖系统，没有发现睾丸，可能黑鹳的肾脏和睾丸合二为一。

（4）由于现有的硬件设备、技术和专业知识水平的限制，对泄殖系统、神经系统、血液循环系统没有去做深入研究。这些都是我们今后探索研究的项目。

八、珍禽黑鹳生存现状与保护研究[*]

黑鹳属鹳形目鹳科鹳属，列为国家一级重点保护野生动物，为世界濒危鸟类之一。黑鹳成鸟体态高大优美，羽色艳丽鲜明，给人一种高雅端庄、雍容华贵的感觉，而有"鸟中君子"之称。成鸟一般身高约 90～100 厘米，身长 100～120 厘米，上体覆黑羽而胸腹部羽色洁白。嘴鲜红靓丽长而直，腿细长而鲜红。在阳光的照射下，其全身映幻出多种色彩，有绿色、紫色、橄榄色，还有青铜色等光辉，具独特的观赏价值。黑鹳在两千多年前，就被古人发现并认知，在中国古文献中多处可见对其形态、习性等的记载，如三国时陆玑撰《毛诗陆疏广要》提到："鹳，鹳雀也。一名负釜，一名黑尻，一名背灶，一名皂裙。""鹳，似鸿而大、长颈、赤喙、白身、黑尾翅。"《禽经》："鹳俯鸣则阴，仰鸣则晴。仰鸣则晴是有见于上也，俯鸣则阴是有见于下也。"从古文献记载来看，黑鹳在古代分布十分广泛，北方的东北地区、晋、豫、陕、甘以及南方的两湖、两广、江浙、福建等地都有分布。如在黑鹳的主要分布地山西灵丘，历史上百只以上的种群也并不鲜见。但是，近十几年来黑鹳种群数量急剧下降，繁殖分布区严重萎缩，生境破碎化、孤岛化严重，亟需

＊　作者：王春；刘伟明
　　载《第十三届全国鸟类学术研讨会论文集》。

加强保护。

1. 黑鹳生存现状

（1）黑鹳繁殖地的分布

黑鹳曾经繁殖于整个欧亚大陆古北区范围，大约在北纬40°~60°的整个区域，也繁殖在南非。国内有繁殖记录的大约有新疆、青海、内蒙、黑龙江、吉林、辽宁、河北、河南、山西、陕西等地；越冬于山西、河南、陕西南部、四川、云南、广西、广东、湖南、湖北、江西、长江中下游和台湾等省份。

但近十几年来种群数量在全球范围内都明显下降，繁殖分布区急剧缩小，从前的繁殖地如瑞典、丹麦、比利时、荷兰、芬兰等国目前已绝迹（ICBP，1985）。在其他一些国家，如德国、法国、希腊和朝鲜半岛，目前亦很难见到。在我国黑鹳繁殖地也明显缩小。综合各地近年来报道，黑鹳繁殖区约集中在北方辽宁朝阳、山西灵丘、宁武、四川理塘等地（表12-10），大的种群也不多见。

表 12 - 10　我国的黑鹳繁殖区域及种群数量情况

地点	生活类型	数量（只）	发现时间	资料来源
辽宁朝阳	栖息、繁殖	8（4）	1996.6	闫占山等，2002
辽宁朝阳	栖息	12	2004.8	周正，2005
北京十渡自然保护区	越冬	20	2004~2007	鲍卫东等，2006，2007
北海	栖息	2	2003.3	邹优栋，2003
山西宁武	繁殖	5~9	1996~1998	邱富才等，2001
山西芦芽山	繁殖	16	1998~2000	郭建荣等，2002
山西天池	栖息	3~7	1984~1986	刘焕金、苏化龙，1990
四川理塘	繁殖、栖息	52	1994.4	韩联宪、邱明江，1995
陕西渭南三河湿地	栖息	23	2002.12	王晓卫、王健，2003
湖北仙桃市沙湖	越冬	14	2007.1	楼利高、罗祖奎等，2008
山西灵丘	繁殖、越冬	7~32	2006~2008	王春、张智等，2008
河北平山县冶河湿地	繁殖、栖息	7~14	2005~2010	李剑平、武明录，2011.4

（2）黑鹳的种群现状

在中国，1999年6月报道仅存2000只，10余年过去了，目前黑鹳的数量已极为稀少，比许多种珍稀鸟类还要少的多。据近几年来我国鸟类学工作者的调查研究结果来看，现在全国约有350~500对，计1000只。且数量呈逐年下降趋势。在我国最大的水禽集中越冬地——鄱阳湖，冬季的白鹳、天鹅均在千只以上，而在鄱阳湖越冬的黑鹳多年来均只有10多只，2008年最多，为20只。在越冬地尚可观察到白鹳的几十只乃至上百只的群体活动，而黑鹳一般只能见到三五成群现象，种群数量7只以上即为罕见了。黑鹳在北方的越冬地北京十渡、山西灵丘一带2007年尚可见到30余只的黑鹳群聚越冬种群，近年来10只以上也较为少见了（表12-11）。由于种群数量急剧下降，目前国际上已将黑鹳列入濒危野生动植物物种国际贸易公约，其分布区大多数国家也分别将其列入本国濒危动物红皮书。我国于1989年将黑鹳列入国家重点保护动物名录，为Ⅰ级重点保护动物。同时被中国濒危动物红皮书列为濒危种。

表12-11　山西灵丘黑鹳省级自然保护区越冬地种群数量观察统计表

时间（年．月）	地　点	最大越冬数量（只）	最小越冬数量（只）	10只以上观察到次数
2007.9~2008.4	唐河峡谷	32	7	23
2008.9~2009.4	唐河峡谷	30	4	17
2009.9~2010.4	唐河峡谷	15	3	12
2010.9~2011.4	唐河峡谷	17	3	13
2011.9~2012.4	唐河峡谷	13	2	7
2012.9~2013.4	唐河峡谷	10	2	6
2013.9~2014.2	唐河峡谷	13	2	7

（3）黑鹳濒危因素分析

①天敌因素。黑鹳为大型涉禽，成体黑鹳有着坚实的双翼及坚硬灵巧的长喙，使得许多猛禽望而却步。黑鹳的天敌并不多，一般的大型食肉兽难以在开阔的水域地带接近停落的黑鹳。黑鹳性情机警，幼鹳从能够在巢中站立起，就具备了用嘴猛烈而准确地喙击来犯之敌眼睛的本领。黑鹳筑巢区域有金雕、大鵟、隼类等猛禽和有偷食鸟卵习性的寒鸦、红嘴山鸦、喜鹊等营巢繁殖，但从未发现过猛禽袭击黑鹳雏鸟的现象，也未见到鸦类能找到偷食卵雏的机会，仅有部分隼类如猎隼、红隼会对归巢喂食的黑鹳亲鸟进行追逐，但对黑鹳幼雏不会产生大的危害。加之成体黑鹳只有待雏鸟有了一定自卫能力后，才放松护雏，因而黑鹳的卵雏损失率很低。黑鹳飞行高度多在300米以上，不仅能鼓翼飞行，还可以长时间在空中翱翔。黑鹳巢址大多选择人迹稀少、僻静、植被茂盛、觅食较为方便的地方，在我国，黑鹳多在山地峭壁的凹处石岩或浅洞处营巢，地势险峻，安全系数较高。总之，由于黑鹳体型较大，有高超的飞行技巧和坚实有力的长嘴为武器，加之多栖居于悬崖峭壁之上，所以较少受到其他野生动物的攻击。

②自身及人为因素。

食物短缺：作为大型涉禽，黑鹳对繁殖、迁徙和越冬期间的生活环境都有很高的要求，尤其是觅食的水域，要求水质清澈见底，水深不超过40厘米，食物比较丰盛，冬季不能结冰。黑鹳的捕食范围狭窄，成体黑鹳食物以鱼类为主，鱼类中条鳅、泥鳅进食比例最大，进食的鱼大多不超过4厘米。有鳞鱼类较少，其次为蛙类，甲壳类。但成体黑鹳很少捕食，多为幼鸟和亚成鸟捕食。秋冬季节由于缺少基本食物被迫也进食昆虫、蚯蚓、蝼蛄、蜗牛、草籽等软体动物和植物性食物。但黑鹳作为大型禽类，食物所需量比较大，是鸟类之中有名的"大肚汉"。据观察，黑鹳可将头及颈部伸入水中觅食，一次要吃20多条长约1.5厘米的小鱼，停歇十几分钟后继续开始觅食。因此在冬季野外食物数量很难达到黑鹳进食需求。因此黑鹳常有在冬季冻饿而死。

环境及水域污染：黑鹳巢区多为偏僻山区悬崖峭壁地段，交通闭塞但矿产资源丰富，由于近年来资源型经济发展，矿产资源得到开发的同时也给环境带来了严重破坏。在许多采石场、矿场附近，均能能见到黑鹳和一些猛禽的放弃的旧巢。黑鹳的一些僻静、偏远、无污染的良好水域觅食地，也受到旅游事业发展和疗养设施建设的巨大威胁。至于水源污染对黑鹳的数量和分布的影响更为严重，由于黑鹳寿命较长，性成熟较晚，加之以鱼类为主食，由于河水受到污染，水中浮游生物减少，对黑鹳进食食物威胁较大。另外，环境污染特别是水质污染很容易造成体内有害物质积累中毒。导致了死亡或是孵化率较低，从而使种群数量进入到濒危境地。

越冬栖息地环境条件的恶化：黑鹳在我国越冬地大部在华南，近年来发现在山西灵丘、北京十渡等北方局域地区也有越冬黑鹳集聚。但据报道南方的许多湖泊中泥沙沉积严重，修建的水利设施导致江河注入湖泊水量减少，再加上围湖造田，使得湖泊水面日趋缩小，面临着干涸或已经干涸的局面。即使象鄱阳湖这样尚存有一定水域面积的大湖，水也在逐年变浅。据报道，鄱阳湖候鸟自然保护区越冬水禽这几年增多，似乎是由于这里实行了保护鸟类的有效措施，或者这里越冬栖息条件良好的缘故。但另一种令人担忧的可能性是存在的，就是其他地方水禽越冬地的自然条件严重恶化，使得那些地方的越冬水禽大量向鄱阳湖集聚。由此看来，我国华南黑鹳越冬栖息地的环境条件并不十分理想。在北方由于自然环境恶劣，冬季仅在少数环山、温暖、避风、暖泉温水不结冰、食物较为丰富地段有越冬黑鹳存在（如山西灵丘花塔），但由于近年来人为因素影响，越冬种群数量也在下降。

黑鹳巢址分散，就地保护困难：黑鹳由于数量稀少，活动范围广，且筑巢地址选择较为分散，每个巢穴直线相距至少在数十千米以上。由于人为因素环境污染导致生境破碎化、形成一个个孤岛，不利于集中保护，也是导致濒危的重要因素。

2. 保护策略探讨

（1）加强黑鹳保护管理体系建设

在黑鹳繁殖地、迁徙停歇地及越冬地建立以保护黑鹳为主的自然保护区，以形成保护区网，使其处于全面的保护中。加强自然保护区组织和机构建设，在立法、执法、管理机构性质、资源保护、生态监测等方面加大工作力度，减少人为活动对黑鹳的干扰，使自然保护区真正成为黑鹳生存繁衍的天堂。

（2）改变目前各自为战情况，成立全国性黑鹳保护机构

应像保护大鸨、朱鹮等珍稀鸟类一样，成立全国性的黑鹳保护协会，将黑鹳主要栖息繁殖地的自然保护区、森林公园等吸纳为会员，每年召开黑鹳保护学术研讨会，构建高标准的交流保护平台。

（3）提出国家层面的保护方案，并细化为项目，按省实施

建议由中国野生动物保护协会、国家林业局等单位牵头组织专家制定全国性的黑鹳保护方案，从栖息地保护、繁殖习性研究、人工繁育、繁殖地保护、越冬水源管理等层面细化为项目，按省实施。

（4）与世界专业保护组织对接

与世界鸟盟等专业鸟类保护机构加强沟通联系，探索基因片段技术、红外远程跟踪等

技术在黑鹳保护中的应用。

（5）探索在黑鹳保护中创新保护模式

①加强黑鹳食性拓展与引导。总体来说，黑鹳以鱼类为主要食物，鱼类中条鳅、泥鳅进食比例最大，进食的鱼大多不超过 4 厘米。其次为蛙类，甲壳类。软体动物和植物性食物也在秋冬季节有进食记录。从以上可知，黑鹳食性不仅只鱼类、虾类等，在某些客观条件下甲壳类、软体动物甚至植物性食物都可成为黑鹳的食物。因此是否可假设在人工繁育黑鹳或对其进行人工投食时，对其食性加以引导，使其由较为单一食性的动物变为杂食性动物，拓宽其食物来源，对于探索黑鹳食性等生物学习性，探索就地和迁地保护方式均有借鉴意义。

②建设国家级的人工繁殖基地

对一个物种的保护，最重要在于保护和恢复其栖息环境。许多珍稀濒危动物可以通过建立保护区得到保护，而黑鹳由于数量极为稀少，活动范围广、巢址分散、栖息地破碎等原因，仅靠就地保护一种模式很难达到预期效果，因此可参考大熊猫保护经验，按照四川卧龙大熊猫繁殖基地模式在全国选择 5 至 10 个黑鹳集中繁殖栖息地建设国家级的人工繁育基地。通过特殊的保护措施，提升黑鹳繁育成活率，每年向大自然放飞一定数量的黑鹳，加快黑鹳种群扩张，有效拯救濒危物种。

九、山西灵丘黑鹳省级自然保护区黑鹳巢穴的调查研究[*]

黑鹳俗称老油鹳，属鹳形目鹳科。为国家一级重点保护动物。目前，黑鹳世界范围内种群数量在 2000 只，国内种群数量不足 1000 只。山西灵丘黑鹳省级自然保护区以其独特的生态环境，成为中国仅存的少数几个黑鹳繁殖地和越冬地之一，2007 年中动协授予山西灵丘为"中国黑鹳之乡"。目前，国内外还没有关于黑鹳巢穴的结构，分布规律的调查研究。为了更好的保护黑鹳，对保护区黑鹳巢穴数量、结构、分布规律等进行调查研究相当必要。为了扩大黑鹳在山西灵丘黑鹳省级自然保护区种群数量，2014 年 2～10 月，保护区工作人员对灵丘黑鹳保护区的黑鹳巢穴数量、结构、分布规律等进行了深入细仔的调查。

1. 研究地区概况

山西灵丘黑鹳省级自然保护区位于山西省东北边缘灵丘县境内，西与繁峙县、北与广灵县接壤，东与河北省涞源县、南与河北省阜平县毗邻，地理坐标为东经 113°59′～114°29′，北纬 39°02′～39°24′之间，海拔为 550～2234 米，是晋冀两省交界地带。属中纬度温带半湿润—半干旱大陆性季风气候，年均气温 9.9℃，年均降水量 500～560 毫米，无霜期 160～180 天。冬季以强冷空气和寒流为主，降雪少，寒冷干

* 作者：赵明
载《第十三届全国鸟类学术研讨会论文集》。

燥；春季升温快，风速大，蒸发强而降水少；夏季降雨量集中，湿热多雨；秋季降温迅速，仲秋雨量骤减。保护区内山大沟深、悬崖峭壁、峰峦叠嶂、林草茂盛、溪流潺潺，乔木以落叶松、油松、辽东栎、桦树、青檀等为主，灌木以照山白虎榛子、迎红杜鹃木本香薷、绣线菊等为主，农作物有玉米、谷子、豆类、花生等。主要河流有 5 条穿越流经保护区（唐河、上寨河、下关河、独峪河、冉庄河），水源充沛、溪流密布，在各流域中均有清泉溪水。这些清泉溪水都为暖泉温水，沿河两岸有较好的湿地和良好的植被，部分河流冬季不结冰，河流溪水中小鱼、小虾、蛙类等浮游生物较多，并有鲜活嫩绿的水草生长在其中。独特的地理环境气候，营造了适宜黑鹳栖息、繁殖、越冬的良好场所。

2. 研究方法

（1）研究对象

山西灵丘黑鹳省级自然保护区内已知的 11 个黑鹳巢穴。

（2）仪器

OPTI－LOGIC400 测距仪、GARMIN－GPS、罗盘、望远镜、Nikon D60 相机、皮尺、电脑等。

（3）方法

①黑鹳巢穴的寻找。第一，跟踪黑鹳寻找。太阳落山时，有黑鹳在山顶盘旋的地方，山中大多有黑鹳巢存在，如觉山寺 1#和 2#巢及刁旺巢就是这样找到的。第二，保护区老百姓指引寻找。保护区老百姓常年生活在当地，特别是常年以放羊为生的老百姓，对当地黑鹳的分布相当清楚，保护区内的其他 8 个巢穴就是老百姓帮助找到的。

②保护区工作人员爬上鹳巢所在的大山，用 OPTI－LOGIC400 测距仪与皮尺分别测定每一个巢穴直径、洞穴高度，巢穴相对巢底坡面的高度等。用 GARMIN－GPS 测定每个巢坐标，海拔高度，巢下山坡的海拔高度，巢附近河流水平面的海拔高度。用罗盘测定每个巢的朝向北偏东角度。

③应运电脑测算每个巢与附近河流、村庄的直线距离。分析所有测定的巢穴在地图上的分布规律。

3. 研究结果

（1）黑鹳巢穴的构造特征

黑鹳巢穴的结构模式相似；巢穴都修筑在陡峭的悬崖峭壁之上；巢穴的最外面是茅草穴，茅草穴里面是天然石洞或石檐。茅草穴为半圆型，直径约 1.2～1.5 米，厚度约 1.4～1.6 米。石洞或石檐的高度约 1.4～1.5 米，深度不一，有的是很深的洞，有的只是个石檐（如冉庄羊山巢穴及檀木沟巢穴）。巢的主体用略为粗长的乔、灌木树枝构成，其它部分特别是巢的内部用细长的小灌木树枝，干燥苔藓，细软的草根、草茎、羊毛、枯叶或破布条等。图 12－27 为黑鹳巢的结构及保护区不同的鹳巢。

图 12 - 27　黑鹳巢

（2）黑鹳巢穴的空间位置调查

黑鹳巢的空间位置调查如下表 12 - 12。

表 12 - 12　山西灵丘黑鹳省级自然保护区鹳巢调查表

序号 NO.	地理位置	坐　标	海拔高度（米）	朝向（度）	巢与河流直线距离（米）	巢与居民区直线距离（米）
1	花塔峡门口	39°6′ 113°58′	726	160	61	780
2	花塔峡谷内 2#	39°6′ 113°58′	771	340	238	846
3	花塔峡谷内 1#	39°6′ 113°58′	774	340	239	845
4	花塔檀木沟	39°7′ 113°58′	966	132	299	843
5	刁旺村	39°22′ 114°17′	996	53	163	244
6	觉山寺巢 1#	39°22′ 114°18′	1007	264	350	594
7	城头会村 1#	39°23′ 114°18′	1046	215	221	670
8	觉山寺巢 2#	39°22′ 114°18′	1061	252	340	590
9	城头会村 2#	39°22′ 114°17′	1072	149	149	437
10	冉庄（羊山）	39°16′ 114°01′	1184	240	466	810
11	古路河村	39°20′ 114°2′	1296	207	360	642
	平均		991	220	262	663

4. 分析讨论

（1）山西灵丘黑鹳省级自然保护区黑鹳巢穴的结构及位置选择模式趋向类同性。

根据表12－12，做出图12－28。通过图12－28可以清楚看到鹳巢在空间分布上有集居现象。山西灵丘黑鹳保护区内的鹳巢大至集中在A、B、C 3个区，其中A区有4个鹳巢，B区有5个鹳巢，C区有2个鹳巢。同一区内各个巢之间的距离最大为C区的两巢，相距约6.4千米，巢穴之间最近距离只20～100米。而A、B、C 3个集居区之间最近距离为17.7千米（A区距C区），最远为40.4千米（A区距B区）。从分布集中区域可看出，黑鹳巢穴有集居现象，至于是不是家族关系集居，还需今后进一步深入研究。另外，从图12－28（卫星图）也可看出，A区（唐河大峡谷）和B区（花塔）两地最适宜黑鹳筑巢栖息繁殖。

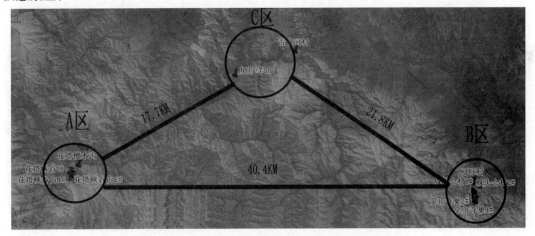

图12－28 灵丘黑鹳自然保护区巢穴分布卫星图

②根据表12－12中每个鹳巢海拔高度数据做出如图12－29。实际调查巢穴发现，鹳巢都筑在刀劈斧削的悬崖峭壁之上。通过图12－29（鹳巢散点分布）发现，鹳巢海拔高度在991米上下波动。海拔最高巢穴为古路河巢为1296米，海拔最低巢为花塔峡谷口巢为726米。鹳巢的平均海拔高度在991米。此次调查也表明，灵丘黑鹳自然保护区内没有发现在树上或其他建筑物上的鹳巢。

序号	巢址名称	海拔高度（m）
1	花塔檀木沟	966
2	觉山寺巢1#	1007
3	觉山寺巢2#	1061
4	刁旺村	996
5	花塔峡谷内1#	774
6	花塔峡谷内2#	771
7	花塔峡门口	726
8	冉庄（羊山）	1184
9	城头会村2#	1072
10	城头会村1#	1046
11	古路河鹳	1296
	平均高度	991

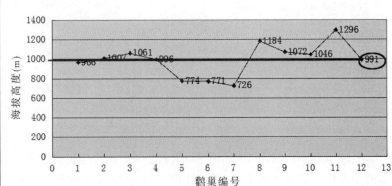

图12－29 鹳巢海拔高度散点分布图

实际颧巢调查时发现，每个鹳巢附近都有一条清澈的河流。测定了每个鹳巢与河流的直线距离（表 12 – 12）。根据表 12 – 12 中鹳巢与附近河流直线距离数据，做出图 12 – 30。通图 12 – 30 数据分析发现，每个鹳巢与附近的河流的直线平均距离为 262 米。距离河流最远为冉庄（羊山）巢 446 米，距离河流最近为花塔峡门口巢 61 米。通数据分析可知，河流是黑鹳赖依生存非常重要的必须条件。

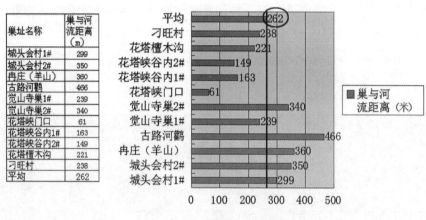

巢址名称	巢与河流距离（m）
城头会村1#	299
城头会村2#	350
冉庄（羊山）	360
古路河鹳	466
觉山寺巢1#	239
觉山寺巢2#	340
花塔峡门口	61
花塔峡谷内1#	163
花塔峡谷内2#	149
花塔檀木沟	221
刁旺村	238
平均	262

图 12 – 30　鹳巢与河流距离

通过鹳巢调查的数据，在卫星图上测算与周边最近村庄的直线距离，把测算数据绘成图 12 – 31。通过散点分布图分析，发现鹳巢大多距村庄不太远。鹳巢与附近村庄平均直线距离在 663 米上下波动，最远为花塔峡谷内 2# 巢 846 米，最近刁旺村巢为 244 米。图 12 – 31 说明鹳喜欢与人类和谐相处，其原因还需今后进一步的研究。

编号	巢址名称	巢与村庄距离（m）
1	觉山寺巢1#	670
2	觉山寺巢2#	810
3	城头会村1#	780
4	城头会村2#	843
5	冉庄（羊山）	845
6	古路河鹳	846
7	花塔峡门口	244
8	花塔峡谷内1#	590
9	花塔峡谷内2#	437
10	花塔檀木沟	594
11	刁旺村	642
12	平均距离	663

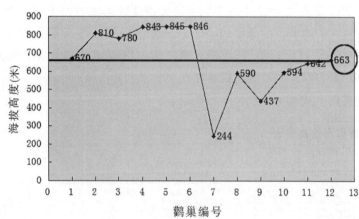

图 12 – 31　巢与村庄距离散点分布图

③实际调查中，测定了每个鹳巢的方向角度（北偏东角度值）。通过表 12 – 12 中每个鹳巢的角度值，绘制了图 12 – 32。图 12 – 32 中可以清楚发现，鹳巢的朝向多分布在东南

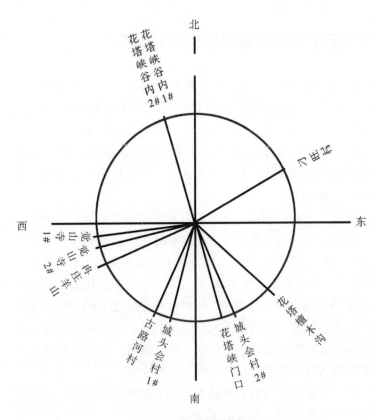

图 12 – 32 鹳巢的方位

向和西南向，平均角度为 220°，只有花塔峡谷内 1#、2#和刁旺 3 个巢朝向东北和西北。说明黑鹳喜欢向阳方向筑巢。

调查中发现，鹳巢多选在避风避雨的山洞或石檐下。巢的结构为外有茅草窝，里面是天然洞穴或石檐，起到遮风避雨的作用。

调查中发现黑鹳有沿用旧巢的习性。目前调查的这 11 个鹳巢，据当地老百姓介绍都存在 20 年以上，目前大部分仍在居住（花塔峡门口巢与花塔峡谷内 2#巢已废弃）。黑鹳为啥近年来没有新筑巢穴？一方面说明黑鹳喜欢沿用旧巢，另一方面也说明近年来黑鹳数量没有明显增加，或者说新增加的黑鹳不喜欢在灵丘居住了。

（2）综合以上各黑鹳巢穴分析，得出以下结论。

①黑鹳筑巢具有集居性。

②山西灵丘黑鹳自然保护区内，花塔与唐河大峡谷是最适宜黑鹳筑巢、栖息、繁殖的地方。

③黑鹳巢穴多筑在海拔 991 米的悬崖峭壁之上。

④黑鹳巢穴多筑在近河流的地方。

⑤黑鹳巢穴多筑在村庄附近。

⑥黑鹳巢穴为巨大的毛草巢，多筑在避风雨向阳的山洞或石檐下。

⑦黑鹳有沿用旧巢的习性。

⑧灵丘黑鹳保护区内黑鹳数量没有增加，或者是新增黑鹳已迁走，灵丘保护区的环境已不适合黑鹳居住了。

⑨灵丘黑鹳自然保护区鹳巢没有筑树上或其他地方的。

以上 9 项就是山西灵丘黑鹳自然保护区内鹳巢的特性，如加强保护黑鹳，扩大种群，必须考虑到以上的条件。

十、山西灵丘苍鹭集群营巢繁殖地初步调查*

苍鹭为鹳形目鹭科鹭属的大型水边鸟类。其头、颈、脚和嘴均甚长，成鸟雄性体长75～110厘米，雌性体长75～100厘米，雄鸟头顶中央和颈白色，头顶两侧和枕部黑色，由4根细长的羽毛向后形成羽冠，状若黑色辫子，颏、喉白色，颈的基部有呈披针形的灰白色长羽披散在胸前；胸、腹白色，前胸两侧各有较大一块紫黑色斑，沿胸、腹两侧向后延伸，眼裸露部分黄绿色，嘴黄色，腿部羽毛白色。被列入《国家保护的有益的或者有重要经济、科学研究价值的陆生野生动物名录》。

黑鹳自然保护区南部，有一条南北走向的山沟，其东侧有苍鹭筑巢在山坡上的两棵油松树顶部筑巢。山坡坡度40°，海拔高度约为665米。苍鹭营巢的树，一株树高约15米，胸径约80～100厘米，一株高约18米，胸径约100～120厘米，两树相距20米，树龄不详。比较高的油松树上有14个巢，小点的油松上有12个巢。由于苍鹭数量较多，栖息居住时间较长，两株树干及树下草地被鹭粪染得一片白色。距两株油松正北方约200米处也有同样两株大油松，但未住苍鹭，也不栖息。区内属大陆性季风气候，无霜期180天，降水量480～560毫米，气候温和湿润，生态植被良好，乔灌木生长茂盛。区内山涧溪水较多，水质清澈，河水中小鱼、蛙类等浮游生物较多，为苍鹭的食物来源。

为了掌握该鸟的生活习性，我们采取选择观察点守候观察和走访调查的方法，对其集群营巢繁殖、觅食等情况进行了初步观察调查，得到以下结果。

1. 迁来营巢

从上一年1月份开始，我们对苍鹭栖息繁殖情况开始进行调查观察。来此地栖息繁殖的苍鹭绝大部分为夏候鸟，每年早春2月中旬结群陆续迁来，当年秋分后，即9月中旬开始飞迁。此外，有少数留在此处越冬，最多时观察发现有5只。

苍鹭一般沿用旧巢修整后进行孵化繁殖，每年春季苍鹭迁来后便开始整修巢穴，采集一些树枝扎巢外围，巢内用一些松软的茅草铺垫，形状犹如一个浅浅的筛子。人到苍鹭筑巢的大树附近观察时，惊起的苍鹭飞向大树上方，边盘旋、边发出呱——呱的叫声，盘旋几圈后落到周围山崖高处的石块上，伸长脖子四处观望，待人离开后又迅速飞回巢穴或落在树顶进行观望。

在保护区内的大树上，苍鹭集群筑巢现象十分罕见。在大油松顶部鹭巢有的紧紧相连，有的相距仅十几厘米。在山坡上用望远镜观察和用眼直接目测，巢穴外围大小不相一致，有的约100厘米大小，有的50厘米，巢高15～20厘米，巢内深度约5～10厘米，用绒草、松针等小草铺垫，巢顶无有遮蔽物。苍鹭繁殖早于一些小型鸟类，每年3月上旬便开始在修整巢穴，大约用1周的时间修整完成。

* 作者：王春；张智

载《湿地科学与管理》2009年第5卷第4期。

2. 产卵孵化

由于苍鹭集群栖息，产卵孵化时间不相一致，到3月下旬有的苍鹭就开始在巢中产卵，最迟的到4月上旬也产卵完毕，均进入孵化阶段。每巢产卵数也不尽相同，最少4枚，最多7枚，4~5枚居多，卵的色泽为青淡蓝色，椭圆状无斑点。从产下第一枚卵开始，雌雄苍鹭便轮流卧巢孵化看护，雌鹭卧巢孵化时间较多。雄鹭外出觅食归来后，雌鹭再外出觅食，孵化过程中每隔1小时，成鹭站立翻动卵。晴天太阳照射充足温暖时，还要让阳光照射卵一段时间后，成鹭再卧下孵化。孵化23~25天，小鹭便开始陆续出壳，有的小鹭出壳时苍鹭妈妈还轻啄喙壳边沿帮助小鹭出壳。初步统计，观察到两株大油松树上孵出小苍鹭有近百只。

3. 辛勤育雏

刚出壳的小苍鹭毛为白灰色，几只小鹭偎依在成鹭的胸翅下面，看上去十分惬意。雏鹭出壳就要食物，开始几天食量较小，主要以小鱼、蝌蚪等为主，由雌雄苍鹭轮流看护和外出取食。到1周以后雏鸟食量逐渐增大，由于附近食物短缺，成鹭还得飞到更远的地方去寻找食物来哺育小鹭。我们曾经到离鹭巢半径50千米外的河北曲阳、山西繁峙、代县一带水库、湿地去调查、观察到有苍鹭在此觅食，看到成年苍鹭在那里觅食后飞向远方。在育雏的日子里，雌雄苍鹭天刚亮也就是4时就开始飞出，上午8~9时才飞回喂食。观察到有的亲鸟觅食回来能带回有250克的鱼，太阳落山后才飞归巢穴，真是口口美食会有苍鹭亲鸟的极大辛苦。苍鹭开始时对小鹭饲喂次数较多，每次喂的较少，大约到1周半以后，次数少了，但喂食量增加了。当小苍鹭长到30天时，开始在巢内展翅练习飞翔，每天上午8、9点钟在太阳照射下，数十巢内的小苍鹭开始展翅练习，一鸟展翅，众鸟响应。小鸟站在巢穴边展翅好似偏偏起舞，景观十分优美。由于筑在大树顶部的鹭巢无遮盖，遇有暴雨或大风时对哺育中的雏鹭会形成很大威胁。每遇此种情况，雌雄亲鸟紧紧卧在巢内用翅膀把雏鹭压在下面，任凭风吹雨打，紧搂小鹭不动。雨过天晴，成鸟还要寻找些干燥松软的茅草回来给小鹭铺垫上。即便这样呵护小鹭，也有意外发生。除暴风雨、冰雹的袭击外，还发现有小苍鹭落巢夭折现象。发现6只小苍鹭在树下被野猫等动物吃掉，还有一只由于翅膀卡在树枝中被吊死。

4. 引导试飞

随着小苍鹭渐渐长大，从出壳哺育到1个月以后，它们便开始在亲鸟的带领下练习试飞。刚开始小苍鹭先在巢边树枝上扇动着双翅跳跃试飞，约1周半以后便试着向相距不远的另一棵大树飞去，在树上活动约半小时，又飞回到原来的大树上。这样反复飞行后就离巢向附近的山崖石块上飞去，在山石上站立一段时间开始向较远的山石或小河、水塘边飞行。在试飞的日子里，亲鸟护卫在小苍鹭的左右，有时先由一只亲鸟飞到要到达的地点，然后再由另一只亲鸟带领着飞去。到45~50天后，全家便开始向远方试飞。绿地、蓝天、白云、苍鹭，景色十分美丽。

5. 出巢觅食

经过一段时间的带飞练习，当小苍鹭逐渐能够独立生存后，它们就要跟随亲鸟飞离巢穴，到稍远的地方去觅食。

据当地群众介绍，以前在苍鹭聚集栖息繁殖的区域，河流湿地较多，水中浮游生物丰富，像现在这条苍鹭栖息繁殖的山沟以前就是一条很长的河流，水中浮游生物也很多，对栖息在这里的苍鹭而言，取食较为方便。而目前随着山沟这条河流濒于枯竭或断流，鱼类等水生物不断减少，而哺育的小苍鹭数量较多，最少的每巢也有四五只，所需食物量也很大，附近河流湿地的缩小给苍鹭的食物所需带来极大的困难，生存受到威胁。它们不得不在成年苍鹭的带领下飞向很远的地方去寻找食物。在观察中发现，每天天刚亮大苍鹭便带着小苍鹭呱呱地叫着飞去，有的到傍晚太阳落山时才飞回巢穴，这一阶段也有的巢穴晚上没有苍鹭，可能是飞行觅食较远，没有力气返回，就在外过夜栖息了。

苍鹭何时来到此地大树上筑巢栖息繁殖，就此我们走访了附近居住的老人。据 83 岁的何巨宝老人介绍，苍鹭在这两株大油松树上筑巢栖息繁殖最少在 50 年以上，两棵油松树龄也在五、六百年以上。近年来由于保护自然生态的宣传力度不断加大，当地群众对野生动物的保护意识也不断增强，对苍鹭筑巢繁育不去侵扰，没有发现人为侵害现象。

6. 几个问题

我们发现苍鹭居住的大树上鹭巢周边都被苍鹭的粪便染成了白色，筑巢的两株大树枝上也染成了白色，有的树枝针叶近于干枯。没住苍鹭的大树没有发现这个现象，还是一片葱郁。调查中还有一点不解：在苍鹭筑巢繁殖的大树附近，过去周围的山沟水源丰富，小鱼、蝌蚪等食物也很多，近年来河流逐渐减小，水中浮游生物也随之减少，但苍鹭一直还在此地筑巢栖息繁殖。这么多大苍鹭，再加上孵化出巢的近百只小苍鹭，周围环境很难满足所需的食物，它们要到很远的地方去觅食，为什么不迁移到食物较为丰富的地方去呢？

十一、北方家燕繁殖生态观察[*]

家燕属于雀形目燕科燕属，古人又称其为玄鸟，民间称其为燕子。家燕嘴小而尖，头稍大，双翼尖长，具剪刀形的尾羽。上体及背部为黑色，也称钢蓝色，额和喉部为红棕色，下腹部白色，与白腹相隔处有一条黑线，尾如剪刀分叉细长。当年出巢的小燕（亚成鸟）尾羽短。眼周虹膜为褐色，嘴及脚部黑色。燕子为候鸟，适应性强，飞行敏捷。

燕子飞翔喜欢集群高空盘旋、贴近地面低飞或浮略水面捕食，食物主要以蚊子、苍蝇、蝗虫、条虫等昆虫为主，一般落在电线或树枝上休息，很少落在地面上。营巢于村庄居民的屋内房梁上或屋檐下的横砌梁上，面向正南，能遮太阳光直射。如果没有外界侵扰，有沿用旧巢进行孵化习性。

家燕为奥地利国鸟。在我国将该物种列入国家林业局 2000 年 8 月 1 日发布的《国家保护的有益的或者有重要经济、科学研究价值的陆生野生动物名录》。家燕为人类的益鸟，几乎遍布世界各地。当风和草绿、柳树抽芽的春季到来之时，它们成群结队从南方归来，

* 作者：王春；赵明
　载《山西林业》2010 年第 1 期。

又开始栖息繁育后代；当秋风凉、树叶黄的季节，它们又成群结队飞向南方温暖的地方去越冬。

早春3月，一个偶然的机会，我们在山西灵丘县一农家院子屋檐下的横梁上发现有3个燕子巢，经向主人了解得知，燕子在这里筑巢繁殖栖息多年，2009年春天有一巢燕子归来栖息繁育后代，其余两个巢燕子没有归来。对此，我们对筑巢栖息在此处的燕子进行了专门观察。观察方法：一是定时定点观察；二是相机拍摄；三是经房东介绍。

1. 修巢

从5月上旬开始观察。燕子归来数日后，每天天刚亮便开始忙碌，它们精心衔泥构筑修整旧巢。用嘴把湿润的泥土和分泌的唾液混合成一小口一小口的泥巴块，垒在窝边沿上，泥块里还掺和一些头发、牲畜毛屑或茅草细叶等，以加强窝的坚固粘连程度。经过7天修整后，又开始给窝内衔入一些细软茅草、羽毛、小布条等绵软的铺垫，以使雏鸟出生后感觉舒适。

2. 孵化

到5月28日，即农历的"端午节"前后，家燕开始产卵孵化。由于燕子窝上口紧顶屋檐巢口上方，距屋顶仅不到10厘米，所以无法看清巢内有几枚卵。在孵化过程中，一只燕子在巢内孵化，一只外出觅食，隔1小时回来轮换一次。有时一只燕子在窝中孵化，另一只燕子守候在窝旁的电线上鸣叫不停。叫一阵子后便接替巢中燕子进行孵化。在孵化过程中也有其他燕子前来造访，有时1只，有时2只或3只，落在院子的电线上，喊喊喳喳叫上一阵子就飞走了。

3. 育雏

育雏延续到6月18日，经过约21天的孵化，雏鸟开始出壳。雏鸟出壳时，亲鸟不再轮流觅食，而是一直守护在巢边。当雏鸟出壳后，亲鸟把卵壳衔起抛到其他地方后，又立即返回守候。经过近两天的孵化出壳，雏鸟全部孵出来。观察发现，这一窝燕子孵化出5只（据房屋的主人讲，燕子一窝孵化成活5只，为近年来少见）。刚孵出的小燕子浑身紫红色，嘴叉宽大，鹅黄色，身上仅有很稀疏的绒毛。从孵出第一只小燕子开始，亲鸟就开始忙于觅食哺育后代了。

为了哺育后代尽快成长，亲鸟每天天刚亮就飞出去捕获食物来喂雏鸟，一直到傍晚太阳落山才回来。落在窝旁的电线上或屋檐边守护着雏鸟安全地在夜间栖息。雏鸟孵出约10天内，它们一般把粪便排在巢内，由亲鸟用嘴叼出，十多天后每次排泄粪便时雏鸟便把尾部扭出巢沿排出巢外。

据观察，雏鸟在巢中的排列也是有一定规律的，它们从大到小依次排序。亲鸟叼食飞回饲喂的时候也是依次轮流喂食。当雏鸟长到15日龄时，便把头和上半身露出巢边外，而把小一点的雏鸟排挤在后面。因为巢的大小是固定的，而雏鸟随着身体的不断成长，在巢内所占位置也不断增大。由于巢小，所以它们把个体小的"小垫窝"排挤在巢后面了，但亲鸟在喂食时，并没有把排挤在巢后面的雏鸟漏喂，而是按照饲喂次数、顺序来平等对待每一只。在观察中发现，燕子外出觅食，每隔5分钟就飞回喂食一次。在觅食哺育期间，每只亲鸟每天捕食喂养雏燕在 15 小时。按平均 5 分钟 1 次计算，每只亲鸟每天要捕食饲喂 180 次。2 只燕子共计 360 次。行程更是无法计算。雏鸟每只每天得到喂食 70 次，按每次进食 3~4 只昆虫计算，每只雏鸟每天要吃掉 300 多只昆虫，那么从饲喂到出巢约 30 天，累计要吃掉 1 万多只昆虫。有资料记载，燕子是捕虫能手，在一年中吃掉的虫子，如果一个一个排列起来，其长度可以达到 3 千米之多。

4. 带飞

待雏鸟成长到 20 天时，便开始站在窝边上轮流展翅练习试飞。轮流反复练习约 7 天。在巢内哺育成长约 30 天后，7 月 18 日早上 7：30 由亲鸟领着出巢试飞。

在亲鸟的带领下，它们喊喊喳喳地先飞落在院子内的电线上或屋檐下。有的雏鸟可能是由于胆子小，不敢离巢试飞，亲鸟便用嘴或翅膀驱使它们飞出巢外。刚出巢的雏鸟有的在电线上，有的在屋檐下嬉戏玩耍或互相对话，喊喊喊、喳喳喳叫个不停。休息一会儿后，开始在院子上空盘旋，累了后就又落在电线上休息，待上十几分钟，亲鸟又带领它们在院子上空盘旋飞翔。这样反复练习，直到上午 9：30，它们在亲鸟的带领下飞去。直到中午时分，有 1 只亲鸟飞回巢内栖息约 2~3 分钟后，又飞向远方。但离巢的雏鸟中午没有返回，直到下午 18：00，它们才在亲鸟的带领下归来落在院子的电线上。

当雏鸟们在电线上休息时，亲鸟又飞去为它们寻食了，天黑以前还在辛勤地饲喂雏鸟。我们在院子中观察到，每隔 4~5 分钟，亲鸟寻食归来对落在电线上的雏鸟进行喂食，一直到太阳落山，天色完全黑下来后才停止喂食。

5. 撵巢

雏鸟在亲鸟的引导下，从 7 月 18 日早晨出巢开始试飞，一直带飞 15 天，此时雏鸟已能独自飞翔、独立生活了，成鸟就不再给雏鸟喂食，也不让它们再回巢跟随亲鸟生活。雏鸟们即使依依不舍，但亲鸟也会狠心地撵它们飞走，让它们去开辟自己新的生活天地。雏鸟离开亲鸟独自生活以后，亲鸟又开始忙碌第二窝的繁殖育雏准备了。

十二、灵丘黑鹳省级自然保护区红嘴蓝鹊繁育生态观察*

红嘴蓝鹊，又称赤尾山鸦、长尾山鹊、长山鹊、红嘴山鹊等，属雀形目鸦科。红嘴蓝鹊是一种益鸟，体态美丽，成鸟身长在 65~70 厘米，嘴粗壮呈朱红色，头、颈、胸部为有光泽的蓝黑色，背、肩和腰部羽色呈紫灰色，下腿及脚部为橙色，尾羽长。

红嘴蓝鹊为国家"三有动物"**，羽毛华丽鲜艳，既有极高的观赏价值，又是捕食森林害虫的益鸟。

1. 观察研究地点概况

山西灵丘黑鹳省级自然保护区位于山西省东北边缘的灵丘县境内，西与山西省繁峙，

---

* 作者：王春

载《第十二届全国鸟类学术研讨会论文集》。

** 国家保护的有益的或者有重要经济、科学研究价值的陆生野生动物。

北与广灵、浑源接壤；东与河北省涞源县，南与阜平县毗邻。地理坐标为东径113°59′~
114°29′，北纬39°02′~39°24′，为晋冀两省交界地带，属中纬度温带半湿润半干旱大陆性
季风气候，年平均气温9.9℃，年均降水量500~580毫米，无霜期160~180天。冬季以
强冷空气和寒流为主，降雪少且寒冷干燥；春季升温快，风速大，蒸发强而降水少；夏季
降水量集中，湿热多雨；秋季降温迅速，仲秋雨量骤减。由于保护区是战争年代的革命老
区，其地理特征是山大沟深，悬崖峭壁，峰峦叠嶂，林草茂盛，山溪潺潺。海拔落差较
大，区内最高海拔1918米，最低海拔550米。保护区内小气候特征明显，是大同市及周
边地区生物多样性较为丰富的区域。乔木林以华北落叶松、油松、柏树、辽东栎、桦树、
山杨、旱柳、榆、山桃等为主；小乔木和灌木丛以山杏、绣线菊、照山白、虎榛子、迎红
杜鹃、蚂蚱腿子、木本香薷、大花溲疏等为主；草丛类主要以白羊草、白草、黄背草、鹅
观草、鸦葱等为主；中草药有黄芩、柴胡、远志、车前、百里香、射干、知母等。其中，
国家保护的濒危珍稀植物有胡桃楸、青檀、水曲柳、黄檗等10多种。保护区内植被覆盖
率为46.8%。该区是太行山系唯一以国家一级重点保护野生动物黑鹳命名的自然保护区，
其主要保护对象是国家一级重点保护野生动物黑鹳、二级重点保护野生动物斑羚（青羊）
等，以及珍稀树种青檀和森林生态系统。

　　由于自然保护区地域偏僻，山高沟深，90%农田为坡耕地，土地贫瘠，生产力低下，
当地居民主要以传统的农业耕作方式为主，现代农业机械难以应用，耕种方法还是牛耕田
人点种，镰刀收割畜车拉运。有的山村由于山高坡陡路窄，农业生产还得人背驴驮。农作
物主要有农作物主要有玉米、谷子、黍子、豆类和薯类，年收一茬，另外亦有少量蔬菜瓜
果、花椒等。

　　我们把调查区域选择在保护区内南部山区山大沟深，人迹稀少的龙须台、二岭寺一带
的河谷山林地域，海拔在850米，主要植被为油松、落叶松、辽东栎、杨柳树和槐树等针
阔混交林带，沟中有小溪河流四季常流，水中有小鱼等生物，还有自然村庄的几户人家散
落在山涧沟谷中。这种人为干扰少的生境为红嘴蓝鹊等鸟类提供了良好的生息场所。选择
观察的地域范围为东西走向，拐进南北走向的山沟河床林地，观察范围宽约1平方千米；
观察时间为3月初开始，到当年10月底结束。每周观察1天，人员分3组，每组观察2
巢，共计观察6巢。

　　借助的工具为7×50望远镜，GPS等，对红嘴蓝鹊的繁殖生态情况进行观察。

2. 观察情况及分析

2009年3~10月，进行了7个月的观察。

（1）活动地域

红嘴蓝鹊在该区域为留鸟，繁殖筑巢的生境主要在8~10米以上的大树杈中，且选择
在树高林密、山涧小溪多的地带。观察巢数为6巢。

（2）筑巢

红嘴蓝鹊较其他雀科鸟类繁殖孵化时间较早些。在当地一般小雀类孵化期有"农历三
月茅草四月蛋，五月小鸟乱个窜"的说法。而红嘴蓝鹊要早于一般小型鸟类7天，5月中

旬至 6 月间为产卵繁殖哺育期。如果没有受到外界侵害,红嘴蓝鹊一般沿用旧巢来孵化,修整巢窝一般用 1 周的时间。巢窝为椭圆形,直径大约 50～70 厘米,外部边缘较高,当中较低,呈锅状。外部用较为硬粗直径约 1～1.5 厘米的树枝架搭,内部用一些小树枝网织,里层有草根和茅草类铺垫。

（3）产卵

巢窝修整或筑成后,雌雄亲鸟便产卵孵卧,每窝产卵 4～6 枚,一般为双数,最多 6 枚,卵为椭圆形,一头稍尖,一头稍秃,约重 5～30 克,外表为淡褐黄色,上面有褐红色斑点。在孵卧期间,由雌雄亲鸟轮流孵卧,但雌鸟卧卵的时间较长。一只孵卧,另一只外出觅食或守候在巢窝周围的树上。在孵化过程中,如果有其他鸟类靠近巢窝,雌雄亲鸟便一齐对其进行驱赶及攻击,但有同类鸟飞来则没有发现此种现象。

（4）哺育

在巢内孵卧期为 20～22 天,5 月 20 日开始产卵,一直孵卧至 6 月 12 号,小鸟开始破卵出壳。如果窝中孵化卵较少（在 4 枚以下）,18 天即可全部出壳。未出壳情况比较少见,仅见一巢有一卵未孵出。当小鸟出壳后,由雌雄亲鸟共同哺育。刚出壳的小鸟,全身无羽,为裸肉红色,背面仅有稀疏的小白细绒毛;头大,嘴粗,颈较长,腿细,肚子圆鼓,双眼不睁,发出叽叽的叫声,3～4 天开始睁眼,1 周后慢慢长出黄白色羽毛,然后渐变为灰褐色、灰色。雌雄亲鸟开始了艰辛的觅食哺育幼鸟的历程。刚开始一周内,由一只亲鸟在巢中守候,另一只外出捕食衔回饲喂小鸟。开始的食物为水中蝌蚪和昆虫等软体昆虫等。等到 2 周之后,小鸟羽毛渐渐丰润。

据当地百姓讲,红嘴蓝鹊如果首次产卵后被人掏去,还有继续产卵孵化现象,但所产卵数较之第一次少,最多 4 枚,但成活率很高,几乎 100% 成活,可能是由于育雏较晚,但食物较丰富,再加上气候比较温暖等因素所致。

（5）带飞

小鸟在巢内哺育到 3 周时,便由亲鸟带到巢外进行练翅,可能是随着小鸟个体长大,而巢小所为,但它们白天在巢外,晚上又回到巢内。这样每天练习试飞,到一周以上时,7 月中旬便离巢了,但还在一起生活,再由亲鸟带领在巢周围开始飞行。

（6）食物

在育雏食物构成上,绿色昆虫占多数,还有部分树花、树叶、树籽以及粮食颗粒等食物。

（7）红嘴蓝鹊繁育生态的观察分析及问题

①红嘴蓝鹊为杂食性鸟类,但主要以捕食昆虫为主,为人类的益鸟,特别是对林间害虫的危害起到很好的控制和保护作用。

②在灵丘黑鹳自然保护区内产卵时间要比其他地域早 10 天,这可能与气候环境有关。因为气候温暖,食物充足,育雏生态环境适宜,亲鸟可能产卵孵化变早。

③红嘴蓝鹊巢穴与喜鹊巢穴在筑巢用材上都选用树枝和红软茅草草根、树叶等,但巢穴形状不同,喜鹊筑巢呈椭圆封闭状,在背风处留一小口供喜鹊出入。而红嘴蓝鹊筑巢呈椭圆锅状,又像个筛状,顶部不封闭。可能是由于红嘴蓝鹊尾部较长,羽毛艳丽,为了保

护羽毛而为吧。

④观察发现红嘴蓝鹊喜欢集群生活，营巢相互之间也比较靠近。

⑤红嘴蓝鹊一般选择在树冠茂盛，树木较大的枝杈上营巢，且喜欢靠近村庄。

⑥红嘴蓝鹊作为留鸟，是否有近亲繁殖现象，有待有关专家学者进行研究。

由于红嘴蓝鹊为鸦科鸟类，防范能力较强，营巢树木高大，再加上观察器材的缺乏，人员不能靠近巢窝观察，所以没有测定雏鸟这段时间生长情况及巢内活动情况，雌雄也不能有效确认。有待进一步观察研究。

十三、大鸨在灵丘自然保护区迁徙停歇观察[*]

据相关资料记载，大鸨隶属鹤形目，鸨科，鸨属。大型陆栖鸟类，全长约 100 厘米。雄鸟头、颈和前胸表灰色；喉部近白色，细长的纤羽在喉侧向外突出如须；雌鸟喉部无须。上体余部大部淡棕色，满布黑色横斑；两翅大部灰白而飞羽黑色，中央尾羽栗棕色，黑斑稀疏，羽端白色。下体自胸以下纯白色。嘴铅灰色。脚褐色。栖息于广阔的草原、半荒漠地带及农田草地。大鸨不善飞行，喜在草原上奔驰。主要以植物的嫩叶、嫩芽、嫩草、种子和蛙类、昆虫等为食。春末夏初繁殖，筑巢于草原坡地或岗地，每窝产卵 2 ~ 3 枚，卵暗绿或暗褐色，具不规则块斑。雌雄轮流孵卵，孵卵期 28 ~ 31 天。35 天幼鸟具飞行能力，秋季结群南迁越冬。列为国家一级重点保护野生动物。

位于山西省东北边缘的山西灵丘黑鹳省级自然保护区，总面积 134 667 公顷，是山西省目前为止最大的自然保护区，也是太行山系唯一以国家一级重点保护野生动物黑鹳命名的自然保护区，主要保护对象是黑鹳、青羊（斑羚）和稀有树种青檀及森林生态系统。保护区地理区位条件、气候、生物多样性等均在山西省及全国具特殊性。

1. 保护区处于晋冀两省寒温交界处，地理落差大

保护区处于暖温带与寒温带交界处，同时也是五台山、恒山、太行山三大山脉交接处。由于三大山脉所处造山构造阶段不同，因而境内地质构造较为复杂，地理落差较大，既有群峰林立、山大谷深、悬崖峭壁、峰峦叠嶂的区域，也有处于群山环护、三面环水，气候温暖湿润、植被茂盛的区域。海拔 1500 米以上的山峰 55 座，2000 米以上的 3 座，最高峰海拔 2234 米。同时保护区独峪乡花塔海拔仅有 550 米。特殊的地理位置和较大的地理落差使保护区内野生动植物资源极为丰富，在山西省及全国较为特殊。

2. 气候温暖湿润

保护区内气候为温带大陆性气候，年均气温 9.9℃，年均降水量 480 ~ 560 厘米，无霜期 160 ~ 180 天，雨量丰沛。由于处于寒温带与暖温带交界地带，加上相对高差大，在周边区域高峰林立、山林郁郁葱葱、白雪皑皑终年不化，保护区特别是核心区由于地处大山

---

* 作者：刘伟明

载《第十三届全国鸟类学术研讨会论文集》。

深处，形成了迥异于外部的小气候特征，人称"塞上小江南"。该区域气候温暖湿润、溪流遍布、乔灌草漫山遍野，为珍稀动植物栖息繁衍生长提供了较为优越的气候条件。黄檀、梓树、天南星等主要分布在南方的珍稀植物在当地均有分布。

3. 河流、湿地较多，水资源丰富

区内主要河流有 5 条穿越流经保护区（唐河、上寨河、下关河、独峪河、冉庄河），这些河流均属山溪性河流，在各流途中均有清泉溪水注入，几乎沟沟有水，山有多高、水有多高。这些清泉溪水都为暖泉温水，河水中浮游生物丰富，沿河两岸孕育了较大面积的湿地和良好的植被，区内湿地面积达 1940 公顷，占保护区总面积的 1.4%，占山西省湿地面积的 0.84%。为黑鹳、大鸨、金雕、大天鹅、秃鹫等国家一二级重点保护珍禽提供了充分的食物和优越的栖息繁衍地和迁徙停歇地。

4. 保护区内生物多样性丰富

目前已调查发现的野生植物有 400 多种，占全国植物总数（353 科 3 万多种）的 1.4%，占山西省植物总数（3000 多种）的 25%，既有亚热带植物分布，又有高寒植物生长。高层林以落叶松、油松、辽东栎、杨柳、桦树、青檀等为主，灌木以照山白、虎榛子、胡枝子、荆条、迎红杜鹃、旱榆、绣线菊等覆盖，农作物有玉米、谷子、马铃薯、豆类、花生等，其中有国家珍稀濒危植物 10 多种（樟子松、核桃楸、青檀、黄芪、蒙古黄芪、刺五加、水曲柳、黄檗等）。去年还在区内新发现了黄檀、梓树、天南星等十多种主要分布在南方，以前从未在自然保护区内发现过的植物。优越的气候地理条件，丰富的植物资源，为黑鹳、金雕、大鸨、大天鹅、秃鹫、豹、青羊（斑羚）等国家一二级重点保护野生动物的栖息繁衍提供了得天独厚的有利条件。据初步调查，区内鸟类有 14 目 37 科 170 多种，占全国鸟类总数（81 科 1330 多种）的 14%，占山西省鸟类总数（320 多种）的 51.8%；兽类有 6 目 15 科 30 多种，占全国兽类总数（44 科 500 多种）的 6.6%，占山西省兽类总数（70 多种）的 42.2%；两栖类有 1 目 3 科 5 种，占全国两栖类总数（10 科 280 多种）的 2.3%，占山西省两栖类总数的 38.5%；爬行类 3 目 6 科 10 多种，占全国爬行类总数（21 科 370 多种）的 3.1%，占山西省爬行类总数（20 多种）的 37%。鱼类有鲤鱼、链鱼、红鳟鱼、鲫鱼、条鳅、白条、鳔鳅等十多种；昆虫上千种。在野外调查中还发现青羊（斑羚）较大种群（约十几只）在区内活动，近年来甚为少见。2008 年秋季又新发现两只野生豹在区内出没，表明了保护区的生物多样性在逐步提高。

5. 保护区是候鸟在国内迁徙的主要通道

据有关资料介绍，目前世界上有 8 条候鸟迁徙路线，一是大西洋通道，二是黑海地中海通道，三是东非西亚通道，四是中亚通道，五是东亚澳大利亚通道，六是美洲太平洋通道，七是美洲密西西比通道，八是美洲大西洋通道。其中经过我国主要有 3 条路线，一条是从阿拉斯加等到西太平洋群岛，经过我国东部沿海省份；第二条路线主要是从西伯利亚到澳洲，经过我国中部省份；第三条路线是中亚到印度的迁徙路线，主要是从中亚各国到印度半岛北部，实际是从南亚、中亚各国到印度半岛北部，经过西藏，翻越喜马拉雅山，经过青藏高原等西部地区。具体迁徙路线为：西部路线——在干旱草原地带，包括内蒙古、

甘肃、青海等省份的候鸟，主要沿青藏高原向南迁徙到达四川以及更南部的云贵高原。我国西藏地区的候鸟有一部分飞到印度去越冬。东部路线—我国东北、华北地区的候鸟主要沿着这条路线飞到华东、华南地区，有些甚至飞到东南亚，更远的飞到澳大利亚。中部路线—包括内蒙古东部、华北西部以及陕西省，候鸟主要沿着太行山、吕梁山越过秦岭、大巴山飞到四川以及华中、华南地区去越冬。

灵丘黑鹳省级自然保护区即处于候鸟迁徙中部路线，也处于大鸨从黑龙江、吉林、辽宁、内蒙古等繁殖地向黄河中下游地区迁徙越冬的路线上。由于地处寒温交界带，气候温暖，湿地河流较多，生物多样性丰富，食物较充足，是大鸨等候鸟集群迁徙的重要中途栖息、停歇地，每年有数万只候鸟在此停留栖息觅食，为保护区开展对候鸟栖息、迁徙、停歇规律的观测提供了得天独厚的基础条件。保护区成立以来我们每年都在春秋季候鸟集群迁飞季节进行观察巡护。仅上一年就发现了大鸨、大天鹅、秃鹫、黄斑苇鳽、黑翅长脚鹬、凤头䴙䴘等国家重点保护候鸟在保护区栖息停歇。

由于地理区位、气候、水文、生态环境等因素影响，灵丘黑鹳省级自然保护区为大鸨南北迁徙的重要中途停歇、觅食地。灵丘历史上就有多次发现大鸨，据调查，大鸨在灵丘历史上是常见的鸟类之一。

保护区成立以来，多次在保护区唐河流域、独峪乡花塔等地发现大鸨。据观察，大鸨在本保护区主要栖息、迁徙、停歇于保护区的南北水芦、独峪河、三楼河、花塔、檀木沟、回龙湾、上寨河、唐河沿河湿地、下关河、谢子坪、龙堂会、宽草坪等区域沿河湿地等。其中南北水芦、门头、西庄等地地势平坦开阔，河流众多，植被茂盛，昆虫及水生浮游生物众多，为大鸨理想的栖息停歇取食地；三楼河流域花塔、檀木沟、回龙湾一带海拔仅550米，处于群山环抱中，地势较为平坦，三面环水，溪流密布，气候温暖湿润，为国家珍稀树种青檀在华北唯一的原生地，也分布有黄檀、梓树等主要分布在南方的国家重点保护植物。生物多样性极为丰富，与周围群山峻岭相比仿佛是世外桃源，也是大鸨停歇取食的理想地段。唐河沿河湿地、上寨河、下关河、谢梓坪、龙堂会、宽草坪等地也处于大鸨迁徙主要路线上，是大鸨的重要取食地。我们观察到数量最多的一次是2008年冬季，在野外调查中发现了3只大鸨在保护区内栖息停歇，为多年来罕见。其中一只大鸨因翅膀、腿部等部位受伤再加上疲劳、饥饿等因素奄奄一息，虽被保护区工作人员接回救治，但仍救治无效。后将其制作成标本供科学研究、科普教育等用。

大鸨是世界性濒危动物，目前数量减少的原因一是由于目前草原的过度开垦和过度放牧使它们丧失了适宜的栖息地；二是农业机械和农药的大量使用直接威胁繁殖的雌鸟、卵和幼雏；三是人类各项生产活动的干扰间接影响大鸨的繁殖；四是农田附近架设的电力线以及偷猎等，目前数量呈急剧下降的趋势。需加强保护，努力消除这些不利因素，使这一珍稀濒危鸟类得以恢复和发展。为此我们建议如下。

（1）加强大鸨保护的宣传教育力度。保护自然环境和野生动植物，特别是保护濒危珍稀动物，需要全社会共同行动，需要大众共同关注，人人来自觉进行保护。加强宣传教育使广大人民群众，特别是处于自然保护区内群众，提高有效保护的自觉性，提倡文明生活方式，拒食野生动物，形成爱鸟、护鸟的良好氛围，为濒危动物大鸨生存营造良好的自然生态环境。

（2）加强依法管护力度，依法打击各种破坏自然环境特别是对自然保护区内濒危珍稀动物繁殖栖息地的破坏行为，为珍稀鸟类的迁徙和栖息停歇创造良好的生态环境条件。

（3）农田特别是自然保护区内倡导使用绿色环保肥料，逐步减少化肥、农药的使用量，使大鸨这一农田益鸟与人类和谐共处。

（4）应引起各级领导特别是上级主管部门领导重视，解决专项经费，采取有效措施进行研究保护。同时希望能够引起有关专家学者来研究其生存规律，扩大种群数量。

（5）探索研究大鸨人工饲养繁育技术。在适宜地区建立大鸨繁育观察研究基地，对大鸨的繁殖栖息规律进行观察探索，并进行大鸨人工繁殖试验，同时有计划地将放养成活的大鸨放归自然，使大鸨野外种群逐步扩大，使这一濒危物种得到有效保护。

十四、山西灵丘黑鹳省级自然保护区珍珠斑鸠生态习性观察*

珠颈斑鸠，又名环颈斑鸠、鸪雕、鸪鸟、中斑、花斑鸠、斑颈鸠、斑甲。主要分布在南亚、东南亚地区以及我国中部和南部。西抵四川西部和云南，北至河北、山东，南至台湾。香港和海南岛都有珠颈斑鸠活动。属鸠鸽科斑鸠属。已被列入《国家保护的有益的或者有重要经济、科学研究价值的陆生野生动物名录》。

国内外对珠颈斑鸠生活习性等研究仅有零星报道。从 2013 年开始，我们在黑鹳自然保护区内，通过定点定时观察，走访基层群众、查阅资料等方式，对珠颈斑鸠的生活习性和雏鸟的生长发育进行了初步研究。2014 年 1 月至 2015 年 7 月，通过直接观察法对保护区内珍珠斑鸠生态习性进行初步研究。现将情况汇报如下。

1. 研究区域及方法

（1）研究区域

本项研究在山西灵丘黑鹳省级自然保护区进行。

（2）研究区域基本情况

山西灵丘黑鹳省级自然保护区位于山西省东北边缘灵丘县境内，地理坐标为东经113°59′~114°29′，北纬30°02′~39°24′之间，是晋冀两者交界地带。属中纬度温带半湿润—半干旱大陆性季风气候，年均气温 9.9℃，年均降水量 500~560 毫米，无霜期160~180 天。冬季以强冷空气和寒流为主，降雪少，寒冷干燥；春季升温快，风速大，蒸发强而降水少，夏季降雨易集中，湿热多雨；秋季降温迅速，仲秋雨量骤减。保护区内小气候明显，山溪河流较多，野生动植物资源较为丰富，植被覆盖率为 76.8%。是太行山系唯一以国际一级重点保护野生动物黑鹳命名的自然保护区。其主要保护对象是黑鹳、斑羚（青羊）、珍稀树种青檀和森林生态系统等。

由于自然保护区地域偏僻，山高沟深，90% 农田为坡耕地，土地贫瘠，生产力低下，

* 作者：王春；白海河；支福
载《第十三届全国鸟类学术研讨会论文集》。

当地农名主要以传统的农业耕作方式生产，现代农业机械难以应用。耕种方式还是牛耕田人点种，镰刀收割，畜车拉运。有的山村由于山高坡陡路窄，农业生产还得人背驴驮。农作物主要有玉米、谷子、黍子、豆类和薯类，年收一茬，另外也有少量瓜果蔬菜。

（3）研究方式方法

从 2014 年 1 月份开始，每年在自然保护区内选择 3 巢珠颈斑鸠，借助 GPS、望远镜等设备，进行定期（每星期一次）观察，记录，采集珠颈斑鸠生活习性变化等基础性资料和数据。其次，在保护区内，走访和探问常年从事放牧、种植并生活在农村的群众，调查了解珠颈斑鸠情况，作为这次研究活动的补充资料。第三就是查阅了相关书面资料。

2. 结果

珠颈斑鸠属小型鸟类，体长 27~34 厘米。头为鸽灰色，下体粉红色，后颈有宽阔的黑色，其上布满以白色细小斑点形成的领斑，在淡粉红色的颈部极为醒目。尾甚长，外侧尾黑褐色，末端白色，飞翔是极为明显。嘴暗褐色，脚红色。

在观察中发现，珠颈斑鸠在久雨初晴和久晴欲雨是鸣叫特别频繁。喜欢在开阔及稀疏的森林、农田地、人类居住区活动，常飞到地上、旱田或小溪边觅食。生性胆小，人若靠近，则常转身以背相向。觅食活动多以 7：00~9：00 和 15：00~17：00 较为活跃，平时都栖息在跨空电线、屋顶、树林中。晚上则一般成对或单只栖息在常绿或有较多横向干枝的树枝上。

珠颈斑鸠常小群活动，有时亦与其他斑鸠混群。常三三两两栖息于相邻的树枝头。栖息环境较为固定，如无干扰，就可以长时间不变。鸣声响亮，鸣叫是作点头状，鸣声似"ku—ku—u—ou"反复鸣叫。

据当地老百姓反映，珠颈斑鸠的主食是果实、谷物和其他植物的种子，也会捕食昆虫。主要是在地面上觅食。有水时也会喝水，它们喝水的方式是俯身吸水。如果地点许可，它们也会用水清洗身体。它们是典型的陆生鸟类，一般在草地和农田中觅食。常能在树木、建筑物的边沿甚至地面上发现它们的巢穴。

定点观察的 3 巢珠颈斑鸠都是在每年 5 月初开始选择巢址。巢址选定后，晚上就栖息在拟建巢穴或附近的树上，早晨天亮后飞走觅食。如此反复观察一周时间后，雌雄珠颈斑鸠开始衔细小树枝共同筑巢。筑巢所用材料很简单，用 10~15 厘米长，火柴棍一般粗细的小树枝放在树权上，反复用嘴和脚提压，认为稳妥后飞走再叼。另一只斑鸠飞回来再放上小树枝进行搭建，一样认真仔细，搭建很简单，都呈平盘状。

每年 5 月 10 日，雌斑鸠开始产卵，前后大约相差一天，每窝一般产卵 2 枚。雌雄两只亲鸟共同负责孵化，轮流卧巢 2 个半小时。直到 5 月末，小斑鸠孵化破壳而出。在观察的三巢珠颈斑鸠中，孵化率非常高，达到 100%。养育小斑鸠也是由雌雄亲鸟轮流照料。一般经过两周时间的抚育，也就是 6 月中旬，小斑鸠开始出巢试飞。最早观察到出巢试飞是 6 月 16 日早上 8 点。但到傍晚和晚上时，又都回到巢中栖息。到 6 月末 7 月初，雏鸟发育长大，与父母亲鸟成群结伴出入。两年观察到珠颈斑鸠繁殖成活率非常高，均达到了 100%。

3. 讨论

在对鸟类生态观察的研究中发现,鸟类种群大小与对生存、繁殖环境要求、取食范围具有很大相关性。珠颈斑鸠和处于同一生境的黑鹳的生长繁殖具有很好的对比性。珠颈斑鸠对筑巢和生存环境要求不苛刻,食谱广,生存能力强,生存率就高,数量多,分布广。相反,黑鹳不论在巢址的选择上,还是生存环境、食物来源上,都要比珠颈斑鸠要求严得多,受外界因素影响较大。数量总体上较少,分布狭窄。二者唯一相似之处,就是筑巢简单。

珠颈斑鸠的孵出率、成活率非常高,在观察到的 6 巢中,均达到了 100%。这种较高的繁殖能力,可能与黑鹳自然保护区管理局近几年加强自然资源保护和宣传力度,减少人为伤害、惊扰,指导村民减少农药化肥用量,发展有机农业,自然环境得到极大改善有关。

十五、鹳鸣于垤　俯仰阴晴[*]
——珍禽黑鹳科研保护亟待加强

鸟中君子　珍禽黑鹳

黑鹳在两千多年前就被我国古人发现并认识,在中国古文献中多处可见对其形态、习性等的记载,如在被人们称为"诗歌之祖"的《诗经·东山》中就有:"鹳鸣于垤,妇叹于室。"的记载,三国时陆玑在《毛诗陆疏广要》中提到:"鹳,鹳雀也。一名负釜,一名黑尻,一名背灶,一名皂裙。""鹳,似鸿而大、长颈、赤喙、白身、黑尾翅。"《禽经》中有:"鹳俯鸣则阴,仰鸣则晴。仰鸣则晴是有见于上也,俯鸣则阴是有见于下也。"从文献记载来看,黑鹳在古代分布十分广泛,北方的东北地区和晋、豫、陕、甘,以及南方的湖南、湖北、广东、广西、江苏、浙江、福建等地都有分布。在黑鹳的主要分布地山西灵丘,历史上百只以上的种群也不鲜见。

数量减少　国际濒危

黑鹳曾经繁殖于整个欧亚大陆古北区范围,大约在北纬 40°~60°的整个区域,其中也包括南非。国内有繁殖记录的地方有新疆、青海、内蒙古、黑龙江、吉林、辽宁、河北、河南、山西、陕西等地;越冬于山西、河南、陕西南部、四川、云南、广西、广东、长江中下游省份和台湾等省份。

但近十几年来,黑鹳的种群数量在全球范围内都明显下降,繁殖分布区急剧缩小,从前的繁殖地如瑞典、丹麦、比利时、荷兰、芬兰等国目前已绝迹。在其他一些国家,如德国、法国、希腊、朝鲜和韩国,目前亦很难见到。在我国,黑鹳的繁殖地明显缩小,约集中在辽宁朝阳,山西灵丘、宁武和四川理塘等地,大的种群已不多见。

* 作者:王春;刘伟明

载《大自然》2016 年第 3 期。

据近几年来我国鸟类学工作者的调查研究结果来看，现在全国约有 350～500 对黑鹳，共约 1000 只，且数量呈逐年下降趋势。在我国最大的水禽集中越冬地——鄱阳湖，冬季的白鹳、天鹅均在千只以上，而在鄱阳湖越冬的黑鹳多年来均只有 10 只左右，2008 年最多，为 20 只左右。在越冬地尚可观察到白鹳几十只乃至上百只的群体活动，而黑鹳一般只能见到三五成群现象，种群数量 7 只以上即为罕见了。黑鹳在北方的越冬地北京十渡、山西灵丘一带 2007 年尚可见到 30 余只的黑鹳群聚越冬种群，近年来 10 只以上也较为少见了。由于种群数量急剧下降，目前国际上已将黑鹳列入濒危野生动植物种国际贸易公约，其分布区的大多数国家也分别将其列入本国濒危动物红皮书。在 1989 年被列入我国国家重点保护野生动物名录，列为一级重点保护野生动物。同时被中国濒危动物红皮书列为濒危种（E）。

黑鹳是典型的湿地鸟类，其栖息环境分为繁殖期栖息环境和非栖息期栖息环境。在我国，黑鹳繁殖期巢址大多选择在人迹稀少、僻静、植被茂盛、觅食较为方便的地方。多在山地峭壁的凹处石岩或浅洞处（山西、北京、陕西、吉林），或在绿洲湿地高大的胡杨树上（新疆塔里木河中游）营巢，比较安全。非繁殖期栖息地主要是指黑鹳迁徙季节的短暂停歇场所以及在北方越冬期的越冬场所等。这些环境包括黑鹳繁殖区内的山涧河流、崖缝山洞以及平川区的河流、水域、湿地等。

在我国，黑鹳主要在华南地区越冬，近年来在山西灵丘、北京十渡等北方局部地区也发现有越冬黑鹳集聚。南方的许多湖泊中泥沙沉积严重，湖泊水面日趋缩小，有的已经干涸。即使像鄱阳湖这样尚有一定水域面积的大湖，水量也在逐年变少。由此看来，我国华南黑鹳越冬栖息地的环境条件并不十分理想。在北方由于自然环境恶劣，冬季仅在少数环山、温暖、避风、暖泉温水不结冰、食物较为丰富地段有越冬黑鹳存在（如山西灵丘花塔），但由于近年来人为因素影响，越冬种群数量也在下降。

保护黑鹳 刻不容缓

近年来由于生态环境变化，在山西灵丘，黑鹳的栖息地逐渐破碎化，特别是唐河、上寨河、冉庄河等干流由于水土流失、违法采选矿等行为的破坏，水资源遭到不同程度的污染。导致黑鹳的觅食地逐渐缩小，水中小鱼小虾和蛙类等浮游生物也在减少，特别是黑鹳冬季觅食更为困难，有限的环境承载量很难满足黑鹳野外种群取食的需要，严重威胁了黑鹳的生存。

2007～2011 年，每年均发现受伤及死亡个体，特别是幼鸟比例较高，越冬种群数量呈下降趋势。而由于本地食物不足，黑鹳不得不到附近广灵、浑源、蔚县等周边县区觅食，但是随着觅食距离拉长，受伤死亡比例也随之增高。如 2009 年观察发现冬季黑鹳受伤 6 只，因冻饿而死 4 只。黑鹳野外种群数量逐渐下降。

为了更好地保护黑鹳，我们提出以下建议。

加快对我国《野生动物保护法》等法律的修订。黑鹳等濒危珍禽由于活动范围大、巢穴分散，栖息地也较为分散，不是集中在一地，有时也不是单单划到自然保护区内就能完全得到保护的。其栖息地的丧失、分割阻断或面积减小，都将直接引起野生种群的绝灭、濒危或减少。因此，需要从法制层面加大对黑鹳的保护力度。

加强黑鹳保护管理体系建设。建议在黑鹳繁殖地、迁徙停歇地及越冬地建立以保护黑鹳为主的自然保护区，形成保护区网，使其处于全面的保护中。同时进一步加强自然保护区组织和机构建设，在立法、执法、管理机构性质、资源保护、生态监测等方面加大工作力度，减少人为活动对黑鹳的干扰，使自然保护区真正成为黑鹳生存繁衍的天堂。

成立全国性黑鹳保护机构。希望像保护大鸨、朱鹮等珍稀鸟类一样，成立全国性的黑鹳保护协会，将黑鹳主要栖息繁殖地的自然保护区、森林公园等吸纳为会员，每年召开黑鹳保护学术研讨会，构建高标准的交流保护平台。

提出国家层面的保护方案。建议由国家相关部门制定全国性的黑鹳保护方案，从栖息地保护、繁殖习性研究、人工繁育、繁殖地保护、越冬水源管理等层面细化为项目，按省实施。

与世界专业保护组织对接。应与世界鸟盟等专业鸟类保护机构加强沟通联系，探索基因片段技术、红外远程跟踪等技术在黑鹳保护中的应用。

建设黑鹳科研繁殖基地。可参考大熊猫保护经验，按照四川卧龙大熊猫繁殖基地的模式，在全国选择 5 ~ 10 个黑鹳集中繁殖栖息地建设国家级的人工繁育基地。通过特殊的保护措施，提升黑鹳繁育成活率，对于加快黑鹳种群扩张、防止近亲繁殖、提高种群数量，有效拯救濒危物种具有重要意义。

保护亮点 最新进展

山西灵丘黑鹳省级自然保护区从 2012 年开始试验性建设了两处黑鹳觅食小型场地，并在每年冬春季节定期人工投喂鱼类作为越冬食物补充，还联合东北林业大学野生动物资源学院，通过红外相机和人工观察人工投食对黑鹳越冬种群的影响进行研究，发现黑鹳越冬种群数量保持在 16 ~ 18 只，2012 年至今没有发现冬季因冻饿死亡个体，说明人工投食有助于降低黑鹳越冬种群死亡率，稳定种群数量。人工投食对黑鹳越冬行为有显著影响：投食后黑鹳会提前离开夜栖地、推迟回归，昼间休息时间明显增加，觅食时间明显减少，觅食高峰期为早晨 6：30 ~ 8：30，下午 14：30 ~ 17：30，与未投食黑鹳行为节律存在明显差异。

2014 年，保护区对灵丘黑鹳保护区的黑鹳巢穴数量、结构、分布规律等进行了深入细仔的调查。通过对调查数据的分析研究，发现鹳巢都筑在平均海拔 991 米的悬崖峭壁之上，每个鹳巢外有茅草窝，内有石洞或山檐，巢直径平均约 1.2 ~ 1.5 米，茅草窝平均高度约 1.4 ~ 1.6 米，巢的朝向平均角度为北偏东 220°；每个巢附近都有河流和村庄，距附近河流的平均直线距离为 262 米，距村庄平均直线距为 663 米；鹳巢分布有集居现象。

2015 年 1 ~ 3 月，东北林业大学野生动物资源学院的研究人员于对山西灵丘唐河流域段越冬黑鹳实践分配模式和活动节律进行了研究分析，通过分析黑鹳年龄、食物、气候对越冬行为的影响，发现黑鹳越冬个体（共 17 只）群聚夜栖地在峡谷悬崖凹陷处，日出离开、日落回归，白天活动于唐河、河岸及其岸边农田，生境单一。

十六、山间跃动的精灵——斑羚（青羊）*

在绵延起伏的群山中，有这样一群精灵——它们号称动物界的跳跃冠军，每每矫健的身影在山间小道快速闪过，当你凝神细看时，却早已不见踪影。它们就是国家二级重点保护野生动物斑羚（也称青羊）。我国的动物小说家沈石溪根据斑羚（青羊）的生活习性，创作了小说《斑羚飞渡》，并已入选初中语文课本。作者的生花之笔让斑羚（青羊）这一原本生活在深山老林且不为人知的小动物几乎家喻户晓。斑羚（青羊）面对绝境所表现出的智慧、勇气，它们的群体意识、团结友爱和自我牺牲的精神，让人感到极大的震撼；它们飞渡悬崖的美丽身影也像彩虹一样永远停留在人们的心灵深处。

那么，斑羚（青羊）究竟是怎样一种动物呢？

一、美丽斑羚（青羊）　分布广泛

斑羚，也叫青羊，别名山羊、野山羊、岩羊、青山羊，属于哺乳纲偶蹄目牛科斑羚属，是国家二级重点保护野生动物，1996 年列入《中国濒危动物红皮书中》的易危等级。虽然日常生活中很难见到，但是很久以前斑羚（青羊）在我国的分布还是比较广泛的，从东北的黑龙江、吉林到华北的河北、内蒙古，再到陕西、湖南、浙江、福建及西南的四川、云南等省份均有分布。在国外则分布于尼泊尔、印度、缅甸、不丹、巴基斯坦以及西伯利亚等地。

据资料报道，斑羚（青羊）共有 7 个亚种，在我国分布的亚种有：华南亚种，分布于陕西、安徽、浙江、福建、江西、湖北、湖南、广东、贵州和广西等地；西南亚种，分布于西藏、青海、甘肃和陕西、四川、湖北和云南等地；华中亚种，分布于宁夏、山西、河北、吉林、黑龙江和辽宁等地；喜马拉雅亚种，仅分布于西藏南部边境的狭窄地带。山西省是斑羚（青羊）华中亚种在我国的主要分布地。在当地，斑羚俗称为青羊或野山羊，主要分布在晋东南东山、西山和吕梁山、晋东北五台山、恒山山脉等处，地处晋东北大同市的灵丘县正是斑羚（青羊）的传统分布地区。为了更好地保护这种珍稀动物，拯救濒危物种，山西省人民政府在当地成立了山西灵丘黑鹳省级自然保护区（以下简称：黑鹳保护区）。

斑羚（青羊）的外形如家养的山羊，初次见到斑羚（青羊）的人可能分不清它们与家养山羊的区别。其实细看起来，它们还是有明显区别的：斑羚（青羊）虽体形大小如家养山羊，但并无胡须；四肢较为短小，体长约 110～130 厘米；它们的面部特征为眼睛大，向左右突出；耳朵较长；雌雄羊都有黑色的角，向后上方斜伸，近角尖处略向下弯曲；角

＊ 作者：王春；刘伟明

载《大自然》2016 年第六期。

上除近角尖一段外，其余部分均有明显的横棱；身体毛色一般为灰棕褐色，但也会随地区、个体不同而有所差异，可以起到保护色的作用。此外，斑羚（青羊）的尾巴较短，与家养山羊区别也比较明显。可以说，斑羚（青羊）健美、矫健，擅长奔跑和跳跃。

二、林中栖息　跳跃冠军

斑羚（青羊）为典型的林栖动物，主要栖居于较高的山林中。在山西灵丘黑鹳省级自然保护区内主要栖息在花塔、刘家坟、道八后山，和烟墨洞、对维山一带的针阔混林和灌丛中。这里是保护区的核心区，生态环境好，植物资源丰富，历史上这里就有斑羚（青羊）的分布，还有以其命名的村庄"山羊住"。

斑羚（青羊）栖居在陡峭险峻的山地密林中，有时也在孤峰悬崖和陡峭崖坡出没活动，在岩石堆积处、岩洞或林荫小道上隐蔽。性孤独，常独自或集小群活动。据我几年来的长期观察，斑羚（青羊）野生种群一般为 2~5 只，偶尔有 10 多只一起活动。最多的一次是 2008 年发现过 12 只，其中 3 只个体较小。而近儿年来发现的大多仅为 1~2 只，野外种群数量明显减少，其活动栖息范围在没有人为和其他猛禽干扰的情况下基本固定。

斑羚（青羊）是食草类动物中的跳远冠军，极善跳跃和攀登。按水平距离，身体健壮的斑羚（青羊）能跳出五米之远，老斑羚（青羊）和小斑羚（青羊）能跳 3~4 米。斑羚（青羊）的攀登跳跃本领很强，能跃过 1.5 米多高的障碍物，在悬崖绝壁和深山幽谷之间奔走如履平地，有时纵身跳下 10 余米高的深涧也安然无恙。其视觉、听觉极为灵敏，叫声似羊叫。性情机警，如遇危急情况则迅速飞奔而逃。

斑羚（青羊）栖居在较高的山林中，常在山顶的岩石堆和人们不易到达的地方活动。春季喜欢在距离食物与水源地较近、隐蔽条件较好、远离干扰的中低山的中坡位活动，也常在坡度约 30°~50°的针阔混交林和落叶阔叶混交林活动。夏季，在日出之前觅食，食饱后则隐身于树荫或岩崖下休息；冬天，大多在阳光充足的山岩坡地晒太阳；其他季节常置身于孤峰悬崖之上。斑羚（青羊）多在早晨和黄昏觅食活动，在没任何干扰的情况下，一般在固定的范围内活动，以各种树叶、嫩枝芽及杂草为食，发现安全的饮水处后，几乎每天定时到达。斑羚（青羊）在森林灌丛中采食后，会到附近山涧溪流处饮水。

斑羚（青羊）的食物很杂，各种青草和灌木的嫩叶、果实以及苔藓都是它爱吃的食物。春夏季多以青草、嫩树叶、乔灌木嫩枝条为食，冬季主要以枯草、苔草、落叶和当年生枝条、灌木的幼枝和苔藓等为食。

斑羚（青羊）的寿命一般为 15 年左右，到 2 岁左右时性成熟。每年秋末冬初（11~12 月份）开始发情交配，此时雄羊之间会为争夺雌羊展开一场激烈的搏斗，它们以角相抵或用后肢站立、前肢搏击，胜出者获得雌羊的交配权。雌羊的怀孕期为 6 个月左右，每胎产 1 仔，有时产 2 仔。幼仔刚出生后，妈妈会用舌头舔去小羊身上的羊水，小羊在几分钟后就可以站立了，大约 1 小时后就可以随羊群进行短距离的行动。斑羚（青羊）哺乳期约 2 个月，寿命 15~17 年。由于乱捕滥猎，斑羚（青羊）的数量日趋下降。在人工繁育方面，黑鹳保护区未进行过驯养试验，需进一步探索研究。

三、数量濒危　亟待保护

我国迄今尚未对斑羚（青羊）种群做过专项调查，所以全国野生种群的数量尚不清楚。但综合 20 世纪 80 年代至今公开的数据：四川西部横断山区及川北地区作为斑羚（青羊）主要分布区，过去野生种群至少有 2 万~3 万只，如今种群数量也大幅减少，西藏自治区有 2485 只 ±629 只；广西东北部山区的斑羚（青羊）种群数量也十分稀少；斑羚（青羊）在广东北部山地也有记载曾分布，但从 20 世纪 50 年代开始的历次考察中均未获过标本，说明数量已经十分稀少；浙江和安徽地区也已难见到；东北和华北地区的种群数量情况迄今不详。

山西省作为斑羚（青羊）在我国的传统栖息繁殖地，目前除晋东北灵丘等极少数地区尚有零星种群出现外，其他地区均已绝迹。仅以山西灵丘为例，这里历史上就是斑羚（青羊）的栖息繁殖分布区。过去斑羚（青羊）是当地常见动物，2003 年至 2008 年，三五只乃至十余只的种群也能见到，但现在 5 只以上的野生种群已极为少见了。老乡们均表示过去斑羚（青羊）很常见，有时他们在山坡放羊时斑羚（青羊）甚至常混入羊群，很难分清，傍晚返回时斑羚（青羊）方才独自离去。但是最近十几年，山上劳作放牧的群众很难见到斑羚（青羊）的踪影了。可见，过去几十年间，斑羚（青羊）种群数量下降极为严重，在很多过去的传统分布区已绝迹，亟待加强保护。

四、加强保护　任重道远

斑羚（青羊）栖于森林山地中，可以说，森林就是它们的家。而在过去的数十年间由于自然及人为活动的影响，特别是周围居民开垦及采石、挖沙、开矿等行为，导致林木被大量砍伐，山上密林急剧减少，植被遭到严重破坏，觅食水源也受到污染，导致斑羚（青羊）适宜栖息地不断丧失，生存空间日益缩减、分割和破碎化，这是斑羚（青羊）致危的主要因素。还有一个重要因素就是对斑羚（青羊）的保护力度不够。虽然我国自 1962 年起就把斑羚（青羊）列为保护动物，并于 1989 年列为国家二级重点保护动物，但因宣传教育不够，当地群众仍在经济利益的驱使下对斑羚（青羊）大量捕杀，造成其野生种群日渐稀少。

成立自然保护区后，保护区的工作人员在加强宣传教育的同时，集中对乱捕滥猎、违法采选矿等违法行为进行了有效打击，并逐步恢复森林植被，使斑羚（青羊）栖息地生境逐步改善，目前斑羚（青羊）种群数量已开始恢复。我们从 2008 年至今开展了数次斑羚（青羊）野生种群数量调查，最多的一次是 2009 年 3 月份在核心区花塔鸡冠刃发现 5 只。在 2007 年初春的调查中，发现多达 10 余只的斑羚（青羊）野生种群在保护区的深山密林中出没行动。从 2013 年开始，利用红外相机在斑羚（青羊）经常出没的山间小道等地区监测斑羚（青羊）种群的动态，至今已先后 10 余次拍摄到野生斑羚（青羊）。2014 年 8 月，拍摄到的斑羚（青羊）照片还被制成新闻短片在大同电视台等地播放，引起了较大的反响。

目前，斑羚（青羊）得到了一定的保护。但是仅靠某个部门的努力仍很难改变斑羚

（青羊）种群日益减少这一严峻的现实。为了更好地保护斑羚（青羊），我们提出以下建议。

加强斑羚（青羊）保护管理体系的建设。建议在全国范围内组织斑羚（青羊）种群数量的专项调查，查清斑羚（青羊）分布现状。并在调查的基础上在斑羚（青羊）栖息繁殖觅食地建立以保护斑羚（青羊）为主的自然保护区，形成保护区网，减少人为活动对斑羚（青羊）的干扰，使斑羚（青羊）的栖息生境得到很好的保护，使自然保护区真正成为这一珍稀物种生存繁衍的天堂。

成立全国性的保护机构。希望像保护华南虎、金钱豹等珍稀动物一样，成立全国性的斑羚（青羊）保护协会，将斑羚（青羊）主要栖息繁殖地的自然保护区、森林公园等吸纳为会员，定期召开斑羚（青羊）保护学术研讨会，构建国内高标准的交流保护平台。同时由国家相关部门制定全国性的斑羚（青羊）保护方案，按省实施。

建设斑羚（青羊）的科研繁殖基地。可参考大熊猫的保护经验，在全国斑羚（青羊）集中繁殖栖息地建设国家级的人工繁育基地。通过特殊的保护措施提升繁育成活率，对于加快斑羚（青羊）种群扩张、防止近亲繁殖、提高种群数量和有效拯救濒危物种等工作具有重要意义。

亲爱的读者朋友，如果你也喜欢斑羚（青羊）这一可爱的生灵，就请你告诉更多的人，不要去打扰它们自由自在的生活，就让它们在山间快乐地奔跑跳跃吧！

十七、黑鹳·党山·悬空寺*

很久很久以前，在古邑灵丘的大南山中，居住着一种大鸟，它个头高大，体态优美，羽色亮丽，嘴脚赤红，远远望去，像个油黑发亮的油罐子，所以，当地百姓叫它"老油鹳"。这种大鸟的学名通称黑鹳，属于鹳形目、鹳科，是世界濒危珍禽，国家一级重点保护动物，被列入1998年出版的《中国濒危动物红皮书》（鸟类卷）中。近几十年来，黑鹳在世界范围内种群数量骤减，在瑞典、丹麦、比利时、荷兰、芬兰等国已绝迹。

黑鹳作为候鸟在我国东北地区、山西、河北、新疆及甘肃等北方地区繁殖，在长江流域及以南地区越冬，目前种群数量仅存2000只，由于黑鹳对越冬的生活环境要求很高，过去世界上只有在西班牙为留鸟，而经过观察证明，黑鹳在灵丘自然保护区内也为留鸟。黑鹳作为一种大型珍稀鸟类，性情机警，常出入于河流、湖泊及水泡湿地，具有很高的观赏价值和经济价值，以鱼类、蛙类和小虾、昆虫等为主要食物。黑鹳在灵丘的大南山区栖息了多少年代，无从考证。

黑鹳栖息居住的地方，主要在大山深处人烟稀少、幽静安全的地方。鹳巢大多筑在悬崖峭壁半腰处的石凹处或石洞里，有的在山崖半腰的石塘石缝之中，巢穴背风向阳，远离人群，亲近小溪，主要为了取食河水中的小鱼、小虾、蝌蚪等水中浮生物。黑鹳所选巢穴

　　* 作者：王春
　　载《平型关文艺》，2008年第2期。

很为奇特，一般鸟儿筑巢垒窝都有松软的茅草，而黑鹳却用手指般粗细的木棍来搭建，美观、大气、坚实、漂亮，错落有致地搭建成一个椭圆形状，其"建筑风格"很像北京奥运会主场馆——鸟巢，里边再垫上些松软的苔草、绒毛，远眺，也像挂在半山腰的吊楼。

相传，在灵丘城南唐河大峡谷中，也是在黑鹳筑巢栖息的地方，有一个小山村叫觉山，村里有一处寺庙叫觉山寺，骊道元的《水经注》中亦有载述。据灵丘县志记载，北魏孝文帝"值太后升遐日哭于陵，绝膳三日不辍声，思答母恩"。北魏太和七年（公元483年）孝文帝途经此地，看到这里的山势层峦壁立，形似仙掌，尖耸挺拔，奇特无比，真乃"石山疑无路，云开别有天"。看到悬崖峭壁半腰处有美丽的大鸟黑鹳翱翔天际。他登高而望，山光水色，交相辉映，顿觉感情奔放，心旷神怡，不觉自语"真乃风水宝地也"。"南巡于灵丘邑东南，溪行逶迤二十里，有山曰觉山，岩壑幽胜，为报母恩，劈寺一区，栖息于内，衣糇毕具。仍勒六宫侍女，长年持月六斋，其精进内典者，并度为尼"。由于寺庙规模雄宏，又是皇帝拨银两所建，一时名声大振，香火旺盛，声名远播。游人来到这寺庙游览进香，看到这觉山寺庙四周景色十分美丽壮观，寺院犹如座在莲花盆中，唐水绕寺而过，不禁会油然而生出"人间胜景"的感叹。在临近寺庙的四周悬崖峭壁半腰上，居住栖息着一巢巢黑鹳，这黑鹳白天在寺庙周围的唐河水流中觅食嬉戏，饱食之后悠闲地翱翔在寺庙的上空，晚上栖息于这寺庙周边的洞巢中，春夏之季在这里生儿育女，秋冬季节在这里栖息越冬。那背部透若紫铜色光泽的羽毛在阳光下散射着美丽的色彩，那亮红的眼圈、又长又红的纤细腿儿，还有那红筷子似的细长嘴，在水中悠闲地漫步寻找着可口的食物，轻巧地在水中夹起一条条银色的小鱼来，犹如一位俏丽的山中少女在河边浣纱，那情景不禁使人想起王维的《山居秋暝》中那种悠然的意境来，"空山新雨后，天气晚来秋……"

就是这黑鹳筑在半崖腰的巢穴，却引发出了名扬中外、空前绝后的一处名胜古迹的建筑灵感来，那就是堪称中华民族之瑰宝，世界级文化遗产——恒山悬空寺。

话说北岳恒山的部分寺庙正在兴建之中，由于资金短缺，几个和尚便到当时香火旺盛的觉山寺来化缘。当他们来到觉山寺院内，看到空中盘旋的大鸟黑鹳美丽的身姿，十分迷人，便追寻到河边山地，当几个和尚看到黑鹳在悬崖半腰的一根根修筑的巢穴，顿生灵感。心里想到，恒山对面不也是河水环绕，悬崖峭壁吗，那半崖腰处也有凹进去的洞穴，咱也学学那大鸟筑巢，在那悬崖之腰用木棍造它个空中寺庙！几个和尚一合计，好主意，便回到恒山向老和尚汇报，并把受大鸟黑鹳在半山腰筑巢的启发，如何在恒山对面西山悬崖处建空中寺庙的想法谈了出来。老和尚听后，觉的有道理。那大鸟用木棍筑巢又美观又安全，又新奇又好看，咱恒山有的是大树木料，那建皇宫撑大殿的巨柱就是从咱这里运去的。不妨学学大鸟建巢，用木柱、木料建个悬空寺。于是，他们用化缘的钱雇上能工巧匠，再次来到灵丘觉山寺观瞻鹳巢，学那黑鹳筑巢的技巧。在山腰凿洞打上木桩，用木档支顶木板做墙建起寺庙，在靠里的洞穴中盘上热坑，和尚住在里边又避风寒又暖和，把庙门一关，又安全又舒适。整个寺庙全部用木料搭建，层层叠叠，错落有致，结实美观。这样，北魏后期，终于将这，寺庙建在了这刀劈斧砍的峭壁半腰中，它凌空修筑，由90根长短不一的木柱支撑，这就是美观奇特的空中建筑——悬空寺。

十八、黑鹳自述*

在蔚蓝的天空上，有我们矫健的身影，在清澈的山溪边，有我们欢快的歌声，我们有着黑白红三色相映犹如燕尾服般靓丽的羽毛，有着绅士般优雅的体态。曾几何时，被人们称为“鸟中大熊猫”的我们是这个星球上的一个大家族，伴着人类一起生活、成长。人类为我们起了一个非常形象的名字——黑鹳。后来又有了老油鹳、捞鱼鹳、锅鹳等昵称。这些称呼一开始我也不知是怎么来的，后来和人类相处得久了才明白可能是由于我的体型像过去人们盛油的黑黑的扁扁的油篓子吧，所以叫我老油鹳（罐）；又因为我的食物主要是吃鱼，所以人们有的又叫我老（捞）鱼鹳。我的身体从远处看又像一只黑黑的大锅，因此有的人又叫我锅鹳。我想，这就和人们给小孩子起小名一样吧，代表着亲昵和友好。好吧，不论怎么叫，我就是我，一只高大美丽，举止优雅，与人为友的鸟。

说起我们的历史，那就说来话长了。听我们的祖辈讲，要追述我们黑鹳的历史，可能要比人类的历史还要早吧。据记载，鸟类最先出现在侏罗纪时期，最早的鸟类大约出现在1.5亿年前。而人类学家运用比较解剖学的方法，研究各种古猿化石和人类化石，一般认为古猿转变为人类始祖的时间在700万年前。这样看来，人类还得尊称我们一声前辈呢。

两千多年前，人类就认识到并记述了我们这种鸟类，从古文献记载来看，我们鹳类家族在古代分布十分广泛，中国北方的东北地区、晋、豫、陕、甘以及南方的两湖、两广、江浙、福建等地包括世界上其他一些国家都有记载。

比如在被人们称为“诗歌之祖”的《诗经·东山》中就有：“鹳鸣于垤，妇叹于室。”的记载，《关雎》中有：“关关雎鸠，在河之洲。”的记述，这里所记述的雎鸠也可能是我们鹳类。《诗经》约在公元前六世纪中叶编纂成书，这说明在这之前我们鹳类就存在并被人们关注着。

在春秋时代的《禽经》和宋代的《埤雅》都有：“鹳，水鸟也。”的记载。

最早的词典《尔雅·释鸟》还有：“鹳鷒，鶝鶔如鹊，短尾，射之，衔矢射人。”的提法。

《毛诗陆疏广要》曰：“鹳，鹳雀也。一名负釜，一名黑尻，一名背灶，一名皁裙。”

三国时，吴国陆玑撰《毛诗陆疏广要》书中记载：“鹳，鹳雀也，似鸿而大、长颈、赤喙、白身、黑尾翅。”其所描述的黑鹳形态特征，还和现在我们的形态特征完全一样，把我们鹳类描述的十分美丽。还有《雚经》对我们黑鹳的形态做了较为细致的描述：“绿觜、修颈、皓身、黑翅、赤脚、皂帔、胸釜、背灶、短尾、高大、类鹤而顶不丹。”对于天气的变化，我们的祖先就能进行预测。《禽经》曰：“鹳俯鸣则阴，仰鸣则晴。仰鸣则晴是有见于上也，俯鸣则阴是有见于下也。”说明我们的祖先们对生态环境气候变化是经过长时间积累而形成的，对于我们的朋友人类认识大自然，总结自然规律是很有帮助的。

---

* 作者：王春；刘伟明

载载《平型关文艺》2012 年第 4 期、2012 年 10 月 11 日《大同晚报》。

《本草纲目》和《格物总论》中均对我们黑鹳有"巢于高木绝顶处"的记载。

不仅如此，明代的老中医李时珍老先生还在他编著的《本草纲目》书中专门记述了以我的名字命名的一种中草药叫老鹳草，说起来还有一段鲜为人知的传奇来历。相传在隋唐时期，中国著名的医药学家孙思邈云游四川峨嵋山上的真人洞，并在洞中炼丹和炮制多种治疑难病的妙药以解除病人的疾苦。

由于四川属盆地气候，湿度很大，上山求医的患者大多都患风湿病，而孙思邈用遍所有方法仍束手无策，陷于一片苦思之中。一天，孙思邈带着徒儿上山采药，忽然发现有一只老鹳鸟在陡峭的山崖上，不停地啄食一种无名小草，随后拖着沉重的躯体缓慢地飞回密林的鹳鸟窝中。过了几天，孙思邈又见到这只老鹳去啄食此草，奇怪的是这次老鹳比上次飞得雄健而有力了。于是，孙思邈对徒儿说：老鹳鸟长年在水中寻食鱼虾，极易染上风湿邪气，老鹳鸟能食此草说明此草无毒，食用该草后此鸟疾飞更有力，表示该草对动物有一定益处。随即命徒儿采回很多这种无名小草，煎熬成浓汁，让前来应诊的风湿病患者服用，并带些药草回去自己熬汤服用。几天之后，奇迹发生了，患者原来双腿及关节红肿的症状均已肿消痛止，并且可下地而行走了。喜讯惊动了各地山民，人们奔走相告，慕名前往治病的络绎不绝。有许多经过治疗痊愈的风湿病人，请孙思邈给此药草起一个名字，孙思邈略思片刻称道：此药草是老鹳鸟认识发现的，应归功于老鹳鸟，故取名为"老鹳草"吧！

由于中药老鹳草对风湿病确有显著的疗效，民间习用的老鹳膏和老鹳草外用膏药治疗风湿痹症一直流传至今，经久不衰。

从祖辈上我们就是迁徙鸟类，每年冬天去往长江以南，春天去往长江以北栖居养育后代，从来不与人类争食争地，更不与人类为敌。但是随着人类对环境的破坏，有的也不再迁徙了，留在原地过着艰难的生活。

在一年四季的生活中，我们为了哺育后代，保持生物链条的延续，吃尽了苦头。每年的早春二月，我们便准备修筑巢穴，为繁育后代开始忙碌了。我们在蓝天中飞翔、歌唱，在高空中盘旋、嬉戏，一对对情侣紧密相随，相互追逐。为美好的生活而歌唱，为下一代的哺育而谋划，呕心沥血。在共同筑巢的过程中，我们也和人类一样有着明确的分工，雄鸟力气大，所以主要负责衔运巢材，雌鸟则负责在巢中铺垫修理。过去周围生态环境好，我们可以选择任何适宜我们生活和觅食的地方筑巢，但是随着人类活动的日益增多及其他野兽侵袭等因素，为了保证宝宝安全，我们筑巢的地段就转移到大山深处的悬崖峭壁半腰的浅洞或石沿下，海拔 700～1300 米之间的避风向阳之处，这样既能避免寒风吹坏巢穴给宝宝孵化带来的危害，又使阳光能够直接照耀到巢穴内，干爽通风，光照暖和，有利于宝宝健康成长。同时筑巢还得靠近河流湿地，最好是溪流密布，水草丰茂，环境优美，水中小鱼、小虾、小蝌蚪等浮游生物以及昆虫较多的地方，便于就近取食抚育孩子。另外，我们也有延用旧巢的习性，多在哺育小宝宝之前对原来的居所进行整理修缮。

为了使房子更结实点，我们将房子建成盘状，高 80 厘米，外沿高，内沿低，直径1～1.5 米，使用长短不等、手指头粗细的乔、灌木树枝筑成巢体外层，用较粗木棍修建巢底，中上层则用细长的小灌木树枝为主。这样我们的房子就又结实又漂亮了。房子建好后，我们就在里边铺垫些苔藓、草根、草茎之类的，既舒服又暖和。整个营巢修建过程大约需一星期。

巢穴筑好后，到 3 月中旬我们就开始产卵生宝宝了。一般每窝产 2~4 枚，有时也有 5 枚的情况。卵一般呈椭圆形、乳白色，每卵重约 80 克。我们在不同地点繁殖的卵出壳期也不尽相同，在我的家乡灵丘自然保护区的孵化期一般为 33 天。孵卵的工作自然是主要由妈妈来承担了，这个时期黑鹳爸爸就比较忙碌了，除了每天固定几次外出觅食外，其余时间都要站在妈妈的身边守护，有时遇到气温下降的天气，还常常得向巢中再运送一些苔藓加垫巢窝。到了孵卵的中期，爸爸有时也得替换妈妈孵化，以便妈妈出外透透气，活动活动、找点喜欢吃的东西。所以说在孵卵期间，黑鹳爸爸是比较辛苦的，好在它们体力好，又新添了宝宝，是不怕的。

我们的宝宝是按照产卵的顺序依次出壳的，刚出窝的宝宝眼睛只能微微睁开，全身布满了白色的胎绒羽，体重一般在 60 克。宝宝出壳后的第二天就可以吃东西了，它们的父母亲将捕到的小鱼吞下后轮流返回巢中，先是嘴对嘴地将食物吐到宝宝嘴里，待 3~4 天后宝宝稍微长大一点时，爸爸妈妈就改变了喂食的方式，它们会将半消化的食物分 3 次吐到巢中，让宝宝自己练习啄食，锻炼他们的生活自理特别是吃东西的能力，盼望着它们快点长大。我们的育雏期长达 4 个月之久，在宝宝出壳后的 20 多天内，父母亲得时刻在巢中守护以防天敌的袭击。哺育期间，由父母亲轮流守护，当宝宝爬到巢穴边缘时，就用细长的红嘴将宝宝拉回巢穴内，防止滑落巢外，跌下悬崖。当太阳光线照射时间长，巢内温度升高时，就展开翅膀站立巢内为宝宝遮挡阳光，给宝宝遮出一片阴凉之地，让小宝宝在遮挡的凉伞下愉快地玩耍。当温度下降或看到天上飞来其它鸟儿时，父母亲会立即把宝宝搂入胸前卧下，用身体盖住宝宝，防止天敌的侵害。当宝宝长到能站立在巢中活动、嬉戏时，父母亲会衔回一些彩色的布片，来装饰巢穴或用来当作宝宝的玩具。晚上父母亲就会双双卧于巢内，母亲在翅膀下搂着宝宝，父亲卧在外围守护母子们。出壳 70 天的宝宝就可以离巢进行试飞了，这时它们仅在房子附近活动，多在险峻的山崖边进行跨越山谷的飞行练习，如果遇到狂风暴雨等恶劣天气则马上返回巢中。100 天以后，宝宝便能够随着父母大范围外出自己寻找食物，有了一定的自理能力了。宝宝长大能够独立生活后，也并不急于离开父母，而是还要在一起生活一段时间。一方面，由于我们身体较大，也是鸟类中有名的大肚汉，食量大，防御能力也比较差，父母还得再带宝宝一段时间，一来为增强宝宝的独立生存能力，比如觅食、对环境的观察、怎样避险等；同时也舍不得孩子那么小就离开自己。同时我们小宝宝也同样是知恩图报的，父母为了它们整整忙了大半年，现在宝宝长大了，在离开父母之前，也要和父母再待上一段时间，帮助寻找些食物，为它们做些服务。乌鸦反哺，我们黑鹳也不例外。过段时间后，宝宝才依依不舍地逐渐离开父母，不再归巢，开始独立生活了。

宝宝长大离巢后，就到了夏秋季节，这是我们最惬意、最愉快、最轻松的时节，气候适宜，景色美丽，山清水秀，食物充裕。经过春夏筑巢哺育宝宝的辛苦，终于含辛茹苦地把宝宝抚育长大，使它们离开自己独立生活了。这样我们可以无忧无虑地轻松轻松了。每天当太阳升起时，我们会双双对对伴随着晨曦飞出巢穴，飞向山清水秀的草丛湿地，溪流水边，开始欢愉地散步、起舞、欢唱、嬉戏。觅食小河之畔，悠然山水之间。

冬天来了，这是我们最难熬的季节，天寒地冻，食物来源也大大减少了。我们这么大个子，抵御寒风能力本来就差，再加上经常觅食的地域河流大都封冻结冰，水中鱼、虾等浮游生物减少，更使我们饥寒难过。如果春夏雨量较多，植物茂盛，河水丰沛，河流湿地之中小鱼、小虾、蛙类以及灌木草丛之中各种昆虫等我们喜欢的食物较多，这样还好些，至少可以为我们越冬所需积攒些食物基础。如果春夏降雨少，河流量小或干涸，植被也不茂盛，各种昆虫也少，冬天就更难熬了。此时我们的食物除鱼、虾等水中生物外，就只能吃一些冬眠于草地、灌丛中的昆虫躯体来稍微补充一点了。

在冬天寒冷的日子里，我们就不再分巢居住了，而是群聚到一起度过这段难熬的时间。一般每到 11 月份就不再回我们自己的家中，而是寻找能避寒保暖且较为安全宁静的石崖洞穴中群聚。冬天我们的活动范围也会大大缩小，一般根据自身的体质状况和附近的食物来源而决定，部分身体强壮、体力好、飞翔能力强的就会稍微飞得远点觅食，部分体质较差的和年幼的孩子就在家附近活动活动，到了傍晚再陆续回来。为了避免受伤掉队情况，尽量大家同出同归，冬季每日早晨 6 点天刚蒙蒙亮时，我们就从群聚栖息的悬崖穴洞中相继飞出，三三两两地绕山涧旋转一两圈后向觅食地飞去。到了傍晚太阳落山时我们开始飞归巢穴，有的对对相伴或三五成群，也有个别单飞，向群聚栖息地飞回。

到了翌年的 2～3 月份，大地开始解冻，春天来了，百鸟争鸣，万物复苏，我们就会对对相伴陆续迁回家中，又开始为今年出生的宝宝而忙碌了。

近年来，随着环境的变迁，到处是人类活动的痕迹，如电线杆、电线塔、信号塔、工厂等各种建筑物使我们栖息的生境支离破碎，严重地破坏了生态系统。由于我们的食性比较单一，食物主要以鱼类为主，其次是蛙类、软体动物、甲壳类，单一的食性及庞大的个体使我们很难有充足的食物，经常处于半饥饿状态，特别是到了冬季，更是处于饥寒交迫状态。我们性成熟较晚，一般到了 4 年龄才开始配对繁殖，且繁殖数量少（每年只产卵 3～4 枚），成活率低。对生境要求非常苛刻，要求环境僻静，山峰林立，溪水清澈，水草丰茂，食物丰富。随着一些人们不断地破坏污染我们栖息地及周围的生态环境，导致适宜我们鹳族生存的地域越来越小，我们这个曾经很庞大的家族成员也日渐减少。据有关研究我们的人类专家统计，现在我们黑鹳在全世界只剩下大约 2000 余只，在世界很多地方已濒临灭绝。

每当眼睁睁看着伙伴们或由于冻饿、或被人类捕杀而死亡时，我的心里都会不禁颤抖，人类，我们和你们相依相伴数千年，我们曾经是最亲密的朋友，而现在我们不得不隐居在大山深处的悬崖峭壁上，整天心惊胆战，以前常去觅食的河流由于人类发展工业，水质不断污染，有的已成为"死水"，别说生物，就连水草也没有了，还发出刺鼻的呛味。对于我们生存就更不言而喻了。包括我们黑鹳在内的鸟类是地球生物链条的重要组成部分，越来越多的鸟类物种灭绝将引发生物链条断裂，对环境、农业及人类社会将产生广泛影响，引发一系列生态问题。美国斯坦福大学的科学家表示，据保守估计，在2100年前将有至少1200种鸟销声匿迹。而这一结论是在深入细致地分析了9787种现存鸟类和129种已灭绝鸟类的分布、生活史、物种灭绝速率、现有的保护措施以及气候和环境变化等因素后得出的。当天空中再也没有我们美丽的身影，当你们只能从过往的文献和纪录片中才能查找到我们黑鹳的时候，我相信到那时，我们这个星球将不知是个什么样子。人们都想健康长寿，我们鸟类也同样盼望着健康长寿，快乐生活。其实人类和其他生物是一个生存的有机整体。世界上植物、动物、微生物三者缺一不可，人类只有保护生态环境，与其他生物和谐相处，才能实现真正意义上的健康长寿。

好在人类及时意识到了这个问题，为了拯救我们这些濒临灭绝的动物，在我们主要活动繁殖的地方建立了许多自然保护区，并将我们黑鹳列为国家一级重点保护动物，在《中华人民共和国野生动物保护法》、《中华人民共和国刑法》、《最高人民法院关于审理破坏野生动物资源刑事案件具体应用法律若干问题的解释》等法律法规中，对我们黑鹳保护的实施与违法行为的处罚等都做了明确规定：国家对黑鹳等珍贵、濒危的野生动物实行重点保护。非法捕杀或者非法收购、运输、出售黑鹳（及其制品）1只即可立案，处5年以下有期徒刑或者拘役，并处罚金；2只为情节严重，处5年以上10年以下有期徒刑，并处罚金；4只为情节特别严重，处10年以上有期徒刑，并处罚金或没收财产。

希望人类能借助先进的科技手段，积极开展扩大我们种群繁育的研究，如探索研究人工繁育技术、恢复周边生态环境等帮助我们繁衍后代，不至于使后代灭绝。我相信，随着广大群众生态保护意识的不断提升，我们黑鹳一定会得到更好的保护，我们必将世世代代与人类共同生存下去，一起迈向光辉灿烂的明天。

十九、黑鹳与生态文化*

黑鹳因数量稀少，被称为"鸟中大熊猫"。黑鹳仪表堂堂，高雅伟岸，生性好洁，被人誉为"鸟中君子"，更因其渊远的历史文化，可以称为生态文化中的一朵奇葩。

文化是指人类活动的模式以及给予这些模式重要性的符号化结构，包括文字、语言、地域、音乐、文学、绘画、雕塑、戏剧、电影等。文化是人类区别于动物的生存方式。人用文化来适应自然环境和社会环境，不断改善自己在自然界中的位置和状态，并通过认识自然，探索自然和改造自然，创造和发展了多种形式的文化。

生态文化是人类认识和探索自然界的形式体现，是人与自然关系的反映。生态文化的内涵是崇尚自然，尊重自然，利用自然，保护自然，与自然相互依存、相互促进、和谐相处，共存共荣。

在自然环境中，一种生物往往与10~30种其他生物共存，某种生物的灭绝会引起严重的连锁反应，甚至造成整个生物链的崩溃，并最终给人类带来毁灭性的灾难。人类的生

---

　　*　作者：王春；支福

　　载《大自然》2014年第2期。

存离不开动物，而动物的生存发展却可以离开人类。野生动物是人类生存不可或缺的重要因素。

鸟类作为动物的一个重要分支，与人类更是关系密切。据考证，目前世界上发现的最早的原鸟化石，距今有2.23亿年的历史。而人类在世界上只有300万年历史。千百万年来，人类与鸟类共同生活在地球上，并建立了伙伴关系。在人类的发展历史中，鸟类卓越的飞翔能力，艳丽的色彩，动听的歌喉，奇妙的本能行为及迁徙过程中神秘的出现及消失，都强烈地吸引着人的注意，带给人以美的享受及科学启示。

人类文明的诸多方面都曾受到鸟类的深刻影响。在人类的文化宝库中，鸟类几乎涉及艺术与文学的各个领域，可以称之为生态文化的源泉。

很多传世之作都是以鸟类为主题，鸟类也出现在器物纹饰、雕塑、建筑以及建筑装饰上。在我国和西欧等地发掘出来的石器时代人类居住的洞穴中，许多壁画和雕刻是各种鸟类，如鸵鸟、海雀、雉鹑、雁、野鸭、鸨、鹰雕及雀形目小鸟。某些壁画是各种鸟头人，反映出史前人类的幻想并具备早期宗教萌芽。以后鸟的图象更多地出现在图腾崇拜、宗教、巫术及占卜术中。在我国出土的新时器时代文物中，陶器上有鸟纹、玉器中的玉鹰；商代陶器上的凤鸟纹；西周时期青铜器上也铸有鸟纹；春秋时期霸国出现的鸟形盉；近代德国名钟鸟钟；古代部落的鸟旗等充分反映了人对鸟类的崇拜与喜爱，鸟类文化伴随着人类文明的产生和发展。在自然科学发展中，最著名的就是人类受鸟类的启示，发明了飞机。传说空前绝后的建筑文化瑰宝——北岳恒山悬空寺，就是受灵丘觉山寺僧人受黑鹳巢穴的启发，设计修建而成。

古代诸多文学家从鸟类受到启发，形成了千百年来脍炙人口的名诗绝句。我国古代《诗经》中所记述的"天命玄鸟，降而生商""关关雎鸠，在河之洲"，王维的《鸟鸣涧》中"月出惊山鸟，时鸣春涧中"。柳宗元《江雪》中"千山鸟飞绝，万径人踪灭"。杜甫《春望》中"感时花溅泪，恨别鸟惊心。"孟浩然的《春晓》中"春眠不觉晓，处处闻啼鸟"。杜甫《望岳》中"荡胸生层云，决眦入归鸟"。陶渊明《饮酒》中"山气日夕佳，飞鸟相与还"。常建《题破山寺后禅院》中"山光悦鸟性，潭影空人心"。李白《独坐敬亭山》中"众鸟高飞尽，孤云独去闲"。贾岛《题李凝幽居》中"鸟宿池边树，僧敲月下门"。王籍《入若耶溪》中"蝉噪林逾静，鸟鸣山更幽"。以及"无可耐何花落去，似曾相识燕归来"。"孔雀东南飞，五里一徘徊"。"杂树生花，草长莺飞"。"千里莺啼绿映红，水村山郭酒旗风"。"晴空一鹤排云上，便引诗情到碧霄"。"黄鹤一去不复返，白云千载空悠悠"。"庄生晓梦迷蝴蝶，望帝春心托杜鹃"。等等脍炙人口的名词佳句，用对鸟类的描写寄托了人类丰富的思想感情。明朝大迁徙遗址山西洪洞大槐树处至今仍有对联："老鹳常牵游子梦，古槐永系故园情。"

在明清时代，当政者将鸟兽的图案用在文官服补子上，作为区分文武官员的品级高低。明代文官一品用仙鹤，二品用锦鸡，三品用孔雀，四品用云雁，五品用白鹇，六品用鹭鸶，七品用鸂鶒（古时指像鸳鸯似的一种水鸟），八品用黄鹂，九品用鹌鹑，杂职用练雀。清代一品仙鹤，二品锦鸡，三品孔雀，四品云雁，五品白鹇，六品鹭鸶，七品鸂鶒，八品鹌鹑，九品练雀。

鹳鸟文化是鸟类文化中起源较早的一种文化，也可以说是生态文化的一种雏形，生态文化的先祖。1978 年河南省临汝县阎村出土了鹳鸟衔鱼缸，就是新石器时代仰韶文化的代表作。陶缸绘有鹳鸟衔鱼，旁边竖立一件石斧的画面，用白色在夹砂红陶的缸外壁绘出鹳、鱼、石斧，以粗重结实的黑线勾出鹳的眼睛、鱼身和石斧的结构，画面效果粗犷有力，实属一件罕见的绘画珍品。

如今，在四川乐安湿地仍广泛流传着一个关于黑鹳的传说。

黑鹳彝族名字叫做"日则累毕"，是一种可以带来不祥征兆的鸟。很久以前，有一个放牧的人，把一只黑鹳打死后拣了回去。不久，几百只黑鹳黑压压地徘徊在牧人所在村子上空，迟迟不肯落下来。突然间，乐安上空乌云密布，闪电雷鸣，接着便下起了倾盆大雨，一直下了几天几夜。周边的村民都受到了不同程度的灾害，而更可怕的是那个打黑鹳的人突然暴病而亡。村里有位姓麻查的老人做了一个奇怪的梦，一只美丽的大鸟托梦给他，说这是因为黑鹳被打死的缘故，只有用两只公鸡在黑鹳被打死的地方做法事，才能保村民平安。果然，村民们请里子家的毕摩做了一场法事后，天气变好了，村民们也平安无事。从此，乐安周边的人再也没有人打过这种鸟，成为当地人心目中一种可以带来吉凶祸福的"神鸟"。至今，乐安乡周边的村民都知道黑鹳死的地方是一个圣地，神圣不可以侵犯，彝语称为"补你火提"，意为神秘莫测。只要是有人侵犯这块禁地，周边的村民都要自发的准备两只鸡到圣地请李子家的毕摩念经，这已成为乐安湿地周边村民代代相传的规矩。

从古文献记载来看，黑鹳在古代分布十分广泛，中国北方的东北地区、晋、豫、陕、甘以及南方的两湖、两广、江浙、福建等地包括世界上其他一些国家都有记载。被称为"诗歌之祖"的《诗经·东山》中就有："鹳鸣于垤，妇叹于室。"的记载，《关雎》中有："关关雎鸠，在河之洲。"的记述，这里所记述的雎鸠也可能就是黑鹳。《诗经》约在公元前六世纪中叶编纂成书，这说明在这之前鹳鸟就存在并被人们关注着。春秋时代的《禽经》和宋代的《埤雅》都有："鹳，水鸟也。"的记载。最早的词典《尔雅·释鸟》还有："鹳鷒，鹳鷒如鹊，短尾，射之，衔矢射人。"的提法。《毛诗陆疏广要》曰："鹳，鹳雀也。一名负釜，一名黑尻，一名背灶，一名阜裙。"三国时，吴国陆玑撰《毛诗陆疏广要》书中记载："鹳，鹳雀也，似鸿而大、长颈、赤喙、白身、黑尾翅。"其所描述的黑鹳形态特征，还和现在我们的形态特征完全一样，把我们鹳鸟描述的十分美丽。还有《蓳经》对黑鹳的形态作了较为细致的描述："绿觜、修颈、皓身、黑翅、赤脚、皂跛、胸釜、背灶、短尾、高大、类鹤而顶不丹。"《禽经》曰："鹳俯鸣则阴，仰鸣则晴。仰鸣则晴是有见于上也，俯鸣则阴是有见于下也。"黑鹳能够帮助人类认识生态环境气候变化，认识大自然，总结自然规律。《本草纲目》和《格物总论》中均对黑鹳有："巢于高木绝顶处"的记载。明代李时珍编著的《本草纲目》一书中，专门记述了以黑鹳命名的一种中草药叫老鹳草。

黑鹳体态优美，体色鲜明，活动敏捷，性情机警的大型涉禽。成鸟一般身高体长约 90～100 厘米，身长 100～100 厘米，体重 2～3 千克。上体、翅、尾及胸上部羽色亮黑，泛有紫铜、紫绿色光泽，胸腹部羽色洁白。眼周裸皮，嘴以及腿、脚为鲜红色，特别是嘴，鲜红靓丽长而直，嘴茎粗壮，嘴端尖细，其腿细长而鲜红。在阳光的照射下，黑鹳或悠然漫步于小河之中，或亭立于青石之上，全身映幻出多种色彩。

黑鹳没有亚种分化，在欧亚大陆和非洲广泛分布，在我国除青藏高原以外几乎遍及的全国各地。黑鹳在世界上为候鸟，只有在西班牙为留鸟，而在灵丘县黑鹳既是候鸟，也是留鸟。每年都有部分黑鹳留在灵丘越冬，2007 年观察到的最大越冬群达 32 只，实属罕见。

黑鹳对繁殖、迁徙和越冬期间的生活环境都有很高的要求，觅食处水深 5～40 厘米，食物主要以鱼类为主，其次是蛙类、软体动物、甲壳类，有时也有少量蝼蛄、蟋蟀等昆虫。平均每小时进食约 20 次，取食长度以小于 4 厘米的鱼类最多，占取食总次数的 65.0%。

黑鹳营巢选择干燥和偏僻环境干扰小的地方。在我国的营巢环境基本上可以分为森林、荒原和荒山 3 种类型。在灵丘黑鹳自然保护区黑鹳都在山涧溪水旁、峭壁的悬岩凹进去的岩石平台上或荒山悬岩上两种不同的环境营巢。鹳巢距觅食湿地、水域等较近。黑鹳有沿用旧巢的习性。每年早春二月，营巢开始，如果当年繁殖成功和未被干扰，则第二年巢还将被继续利用，但每年都要进行修补，有的巢随使用年限的增加而变得愈来愈庞大。

农历 3 月，开始繁殖产卵，每窝产 2～4 枚椭圆形、洁白色的卵，卵重 90～100 克。孵卵主要是由雌鸟来承担，雄鸟除了几次外出觅食外，其余时间均站在雌鸟的身边守护，遇到气温下降的天气，还常常再向巢中运送一些苔藓，供孵卵的雌鸟加垫巢窝。到了孵卵的中期，雄鸟也有时替换雌鸟孵化，以便雌鸟出外活动、觅食。经过 30～38 天的孵化，雏鸟按照产卵的顺序依次出壳，刚出窝的雏鸟眼睛微微睁开，全身布满了白色的胎绒羽，体重一般在 100 克。雏鹳出壳后的第二天就能吃食了，它们的雄雌亲鸟将捕到的小鱼吞下后轮流返回巢中，再将半消化的食物吐出，一般要分三次吐完，任雏鸟自行吞食。黑鹳的育雏期长达 4 个月之久，在雏鸟出壳后的 20 多天内，巢中时刻都有亲鸟守护以防天敌的袭击。出壳 60～70 天后的幼鸟就可以离巢进行试飞，100 天以后，幼鸟便随亲鸟大范围外出觅食。经过一段时间后，幼鹳独立生活，不再归巢。

黑鹳在每年的 3 月份开始由南方向北方迁徙，10 月份开始向南方迁徙越冬。而留在灵丘的黑鹳则是集群越冬，越冬时晚聚早散。

黑鹳在民间一直被奉为"吉祥鸟"，人类对其敬而尊之。黑鹳文化在历史上表现为诗词歌赋、美术作品。而在现代更有其重要的生态价值和黑鹳系列作品、活动等。黑鹳有其独特的文化内涵。

（1）高雅端庄

黑鹳仪表堂堂，高雅伟岸。漆黑油亮的羽毛尤如侠客的风衣，阳光洒在身上显现出紫绿色的亮光，更增添了黑鹳侠客的风度。黑鹳下体是纯白色的羽毛，像侠客的衬衫，加上朱红而直立的长腿，长长伸直的脖颈，高昂的脑袋，粗健的长嘴，仿佛是一展临敌亮剑的雄姿，显示着力量、永恒、刚正、神秘、高贵、坚强。

（2）志存高远

黑鹳具有强大的飞翔能力。在碧蓝的天空，头颈前伸，双腿后掠，飞姿似鹤。黑鹳不仅能鼓翼飞翔，还可长时间在空中翱翔，在有上升气流的地带，双翅平展不动，逐步升入高空，这种飞翔技巧为鹤类远不能及。黑鹳飞翔时还有一个特点就是黑鹳从不低飞，飞行高度都在 300 米以上，飞行时，完全一副志存高远的形态，这与人类志向高远，一展宏志的追求相吻合。

（3）生性好洁

黑鹳因其生性好洁，被人视为"鸟中君子"。它不仅外形颇像，其性格更有充分反映。黑鹳只食清澈见底浅流中的小鱼、小虾、蝌蚪等，对肮脏之物，宁死也不问津。此外，黑鹳好洁的还表现在对清闲空气和晴空的喜好上。在被工业废气迷蒙的地方，绝难看到黑鹳的身影。黑鹳喜欢在早上和接近黄昏的时候出现，雨后天晴也是它们最活泼兴奋的时间，因为那时候的空气是最新鲜清爽的。黑鹳的这种君子品性，与人何其相似。

（4）团结互助

黑鹳越冬时表现为集群越冬，集体觅食，集体活动，集体巢居，团结互助，共渡难关。

（5）尊长爱幼

黑鹳自产卵孵化时，雌雄必有一只守候巢穴，直到幼鹳出壳后，两只黑鹳也是轮流外出觅食，保证幼鹳的绝对安全，直到幼鹳出巢。而幼鹳在能够独立生活后，也并不急忙离开父母，要与父母生活一段时间，为父母做一段时间的服务后，才会远走高飞，开始新的生活。爱幼尊长，又尝不是人间美德。

（6）忠贞不渝，不离不弃

黑鹳在 4 年龄后进入成年，它们选择配偶标准较高，一般"恋爱"期要在一年，在此期间，相互了解，增进友情，生发情感。而一旦结成连理，便雌雄相随，终身不渝，不离不弃，堪称模范夫妻，世间典范。

（7）与人为邻，和睦相处

黑鹳有的远离人群，有的与人共居，但不论哪种，黑鹳都与人和睦相处，黑鹳对人类无丝毫影响，它只是向人类展示优雅的外表、雄健的体魄、高尚的品质，处处折射出与人类和谐共处的美好人性。

弘扬生态文化，对促进人与自然和谐相处，共同发展，对实现人类的永续发展具有十分重要的意义。党的十八大把生态文明建设提高到了前所未有的高度，提出要"大力推进生态文明建设"、"努力建设美丽中国"。将生态文明建设融入经济建设、政治建设、文化建设、社会建设各个方面和全过程。生态文明建设是美丽中国建设的基础，而生态文化建设又是生态文明建设的基础。要推进生态文明建设，真正建成美丽中国，生态文化建设是关键。没有生态文化，人民群众参与生态文明建设的程度就会大受影响。只有大力推进生态文化建设，普及生态观念，生态文明建设才能放到真正突出的位置，不断建设美丽中国才有现实性。

据专家评估，目前黑鹳的数量仍呈下降趋势。黑鹳数量下降很大的原因就是繁殖地生境条件的恶化，特别是工业排放的废水、废气、废渣造成的各种水域的污染，不仅使黑鹳的食物大量减少，也直接威胁到它们的健康发育。另外，人类对湿地的侵占压缩了黑鹳的食源，造成越冬黑鹳因缺少食物而被饿死、冻死的现象，黑鹳已经到了急需拯救的程度，加强有效保护刻不容缓。从某种意义上讲，保护好黑鹳不仅仅是保护了一个物种，更是延续发展了一种生态文化。

只有保护好黑鹳等野生动物，人类才具有良好的生态环境和生存基础，才会拥有一个鸟语花香、莺歌燕舞、生机勃勃的美好家园。为了人类美好的明天，让我们共同努力，保护野生动物，续写生态文化，建设美丽中国。

二十、《走进灵丘黑鹳自然保护区》电视专题片解说词*

我们觅着山歌的声音，循着先人的脚步，走进这片茫茫的大山，这片神奇的沃土。这里天清地爽，高山俊秀，沟谷幽深，乔灌堆绿，洞水涓涓，暖泉处处。这里便是世界濒危动物、国家一级重点保护珍禽、人称"鸟中大熊猫"的黑鹳的栖息、繁殖之地——山西省灵丘黑鹳自然保护区。

山西省灵丘黑鹳自然保护区位于山西省灵丘大南山区，是目前我国唯一以濒危珍禽黑鹳命名的自然保护区，也是山西省面积最大的自然保护区，总面积13.47万公顷，涉及独峪、下关、上寨、白崖台、红石塄、落水河、东河南等7个乡镇，距县城15千米。70年前，震惊中外的平型关大捷就发生在这里。勤劳勇敢的灵丘人民曾经在中国共产党的领导下，为中国革命做出过巨大的贡献。如今他们又以极大的热忱，真情呵护着这片天真地秀、风光独特的自然保护区。

群峰林立，高山大谷，峭壁陡崖，清清流水，繁盛的森林，浓密的灌丛，油绿的草坡，构成了这里特殊的地形地貌。整个保护区内大小山峰达500多座，海拔1500米以上的山峰55座，2000米以上的3座，最高峰太白维山，海拔2234米。

在这片"苍山如海"的神奇之地，乔、灌、草漫山遍野，植被类型属黄土高原丘陵松栎林区，多为暖温落叶阔叶林。植被覆盖率58.1%。既有热带亚热带植物分布，又有高寒植物生长。

保护区内，唐河、上寨河、独峪河、冉庄河、下关河5条河流穿行于高山沟谷之间。流途中，各河均有清泉补给。河的沿岸，孕育了良好的湿地。

这里的地理特殊，气候亦殊。其气温之暖热，空气之湿润、降水之丰沛，天空之明净，日照时间及无霜期之长，季风特征之明显，在山西省北部可谓首屈一指，因而被外界誉为"塞上小江南"。

黑鹳是灵丘黑鹳自然保护区的首要保护对象。别名乌鹳，在山西省灵丘县境内俗称老油鹳，并被人们尊为鸟中君子。黑鹳把巢穴多筑在高崖洞穴或大树上。它们实行一夫一妻制，是一对恩爱夫妻，总是双双出入，很少分开。特别是在卧卵期，黑鹳夫妇更是显示出一种可贵的协作精神。它们不分雄雌，轮替卧蛋。等到幼小的黑鹳顶出蛋壳，黑鹳夫妇又

* 作者：王春；刘伟明

轮替着看护着幼鹳，当淘气的幼鹳走到巢穴的边沿时，看护的成鹳就用它们红竹筷似的长嘴，把幼鹳拨拉进巢穴里。经过黑鹳夫妇一段时间的精心护养，幼鹳长成了，有了父母一样的体型，像父母一样能在高空翱翔，在水波中取食了，幼鹳会反哺一段时间父母。随后便远走高飞，离开父母，独自生活了。

黑鹳在许多地方是候鸟，在山西省灵丘县则跟非洲赞比亚的情形一样，一部分是留鸟，一部分是候鸟。冬天，地处北方的灵丘，河流大部分封冻，小部仍然清流涓涓，加之众多的温泉，因此仍有可供黑鹳越冬的食源，但较之于夏天，食源是大大地缩小了，这就需要年轻体壮的亚成鸟飞到南方越冬。而年老或年幼的成鸟、亚鸟，则留在灵丘越冬。

青羊，别名斑羚、野山羊，濒危种，列为国家二级重点保护动物。

青羊（斑羚）生活于山地森林中，单独或成小群生活。多在早晨和黄昏活动，极善于在悬崖峭壁上跳跃、攀登，视觉和听觉也很敏锐。以各种青草和灌木的嫩枝叶、果实等为食。

目前，灵丘县仅在南山区森林生态最好的几个地方能够见到青羊（斑羚）影子，近来，在保护区内发现了约10多只的青羊（斑羚）罕见种群。这表明灵丘黑鹳自然保护区有着特别适合青羊（斑羚）繁殖、生存的优良环境。

这是一片青檀林。青檀是我国特有珍贵纤维树种。在灵丘县分布在独峪乡花塔村西的白草沟一带，核心区面积约1万余亩，且是华北北部地区唯一的青檀原生地。

青檀又名翼朴、檀树，是我国特有的珍贵纤维树种，属榆科青檀属，落叶乔木。其特点是喜阳喜钙、根系发达，耐干旱，萌芽力强，寿命长，蒸腾速率高，对研究榆科系统发育有独特的学术价值。青檀木材坚实，致密，韧性强，耐磨损，可供家具、农具、绘图板及细木工用材。其茎皮、枝皮纤维是制造驰名国内外书画宣纸的优质原料。

青檀喜生于石灰岩山地，也能在花岗岩、砂岩地区生长，可作为干旱岩石山区的造林树种。目前，灵丘黑鹳自然保护区管理局进行的青檀"扦插"繁育试验取得了初步成功。该项试验成功，可使青檀成为石灰岩山地、花岗岩山地、砂岩山地恢复森林植被的优势树种。

灵丘黑鹳自然保护区可以说是一个巨大的"动物王国"。经初步调查，保护区境内共有脊椎动物230多种，其中兽类6目15科30多种，鸟类14目37科170多种，爬行类3目6科10多种，两栖类1目3科5种，鱼类10多种。

在众多的野生动物中，有许多属世界珍稀濒危物种。目前发现的脊椎濒危动物有30多种。

在灵丘黑鹳自然保护区，具有代表性的珍稀濒危动物主要有：

黑鹳，国家一级重点保护野生动物。

金雕，国家一级重点保护野生动物。

金钱豹，国家一级重点保护野生动物。

乌雕，国家二级重点保护野生动物。

草原雕，国家二级重点保护野生动物。

苍鹰，国家二级重点保护野生动物。

雀鹰，国家二级重点保护野生动物。

松雀鹰，国家二级重点保护野生动物。

鸢，国家二级重点保护野生动物。

鹊鹞，国家二级重点保护野生动物。

猎隼，国家二级重点保护野生动物。

游隼，国家二级重点保护野生动物。

燕隼，国家二级重点保护野生动物。

红脚隼，国家二级重点保护野生动物。

红隼，国家二级重点保护野生动物。

长耳鸮，国家二级重点保护野生动物。

纵纹腹小鸮，国家二级重点保护野生动物。

猞猁，国家二级重点保护野生动物。

青羊（斑羚），国家二级重点保护野生动物。

石貂，国家二级重点保护野生动物。

此外，在灵丘黑鹳自然保护区还有 60 多种中日合作保护候鸟。常见的有黑鹳、大天鹅、绿翅鸭、琵嘴鸭、针尾鸭、山麻雀、燕雀、长耳鸮、鹌鹑、普通燕、普通夜鹰、家燕、金腰燕、毛脚燕、黄雀等。

灵丘黑鹳自然保护区内植物共计 48 科 370 多种，其中裸子植物 3 科 10 多种，被子植物 45 科 360 多种。

值得一提的是灵丘黑鹳自然保护区也是一座中草药宝库，在保护区内目前已发现中草药 340 多种。

在那茫茫如海的绿色植物中，濒危植物约有 10 多种。它们是：

核桃楸，国家二级保护植物。

刺五加，国家二级保护植物。

水曲柳，国家二级保护植物。

蒙古黄芪，国家二级保护植物。

一株生长在下关乡梨园村土窑岭上的穗状核桃树（穗状核桃树在我国塞上极为少见），这是大同市唯一的一株穗状核桃，树龄已有 50 多年，每穗最多结 35 粒。该树抗风寒、抗干旱，具有很高的科研和观赏价值。

得山水之灵气的灵丘黑鹳自然保护区，是大自然的馈赠。保护区内山清水秀，景物奇美，红色、古色、绿色旅游观光资源独特而丰富。相关法律法规规定，在自然保护区的实验区可以开展参观、旅游活动，需由自然保护区管理机构提出方案，经省（自治区、直辖市）人民政府有关自然保护区行政主管部门批准。

依据这一规定，灵丘黑鹳自然保护区管理局对实验区的生态旅游提出"一区、二线、一村"的初步规划。具体地说：

"一区"即平型关红色旅游景区。

"二线"即开辟两条旅游观光线，一条为县城——上寨——狼牙沟，具体观光路线为县城—觉山寺—观鹳巢—桃花谷—毛公山—蝙蝠洞—桃花泉—保护区原生态自然山水风光—上北泉自然生态村—狼牙沟原始峡谷—王二小纪念馆—自然瀑布—早种晚收禅庵寺—白求恩纪念馆等。

一条为县城——平型关——独峪乡花塔。具体路线为县城—平型关—油松林观黑鹳等野生动物—唐代曲回寺—明长城—鹿园—自然山水风光等。

"一村"，是把实验区内的桃花山谷纳入大旅游规划，在桃花山与毛公山山谷之间建设旅游度假村，开发桃花山谷，建设空中旅游观光缆车，并利用桃花泉水，建设矿泉饮料厂，利用交通便捷优势，与周围旅游景观及城市连为一体。

保护好这片得天独厚的自然保护区是党和国家交给灵丘老区人民的又一光荣任务。依据《中华人民共和国野生动物保护法》、《中华人民共和国自然保护区条例》、《中华人民共和国野生植物保护条例》、《山西省森林和野生动物类型自然保护区管理细则》等法律法规，灵丘黑鹳自然保护区管理局的主要职责和任务是：

（1）贯彻执行国家有关法律、法规、政策，开展保护自然资源的宣传教育工作。

（2）制定自然保护区内的管理制度，保护和管理自然保护区内的自然环境和自然资源；

（3）组织调查森林资源和主要保护对象的分布、数量，掌握其消长变化情况；

（4）进行植被、土壤、气象、生态等科学考察和研究，探索自然演变规律和合理利用森林资源的途径；

（5）对珍稀动植物的生态进行观察、研究，负责珍稀动物资源的引种、驯化、保护和发展，拯救濒于灭绝的生物物种；

（6）加强社会协作，为科学实验、教学实习、参观考察服务。

依据有关法律法规，灵丘黑鹳自然保护区划分为核心区、缓冲区、实验区。

自然保护区内保存完好的天然状态的生态系统以及珍稀、濒危动植物的集中分布地，划为核心区。核心区外围划定一定面积的缓冲区。缓冲区外围划为实验区。

禁止在自然保护区内进行砍伐、放牧、捕捞、采药、开垦、烧荒、开矿、采石、挖沙等活动。在自然保护区的核心区和缓冲区内，禁止任何单位和个人进入，不得建设任何生产设施。在自然保护区的实验区内，不得建设污染环境、破坏资源或者景观的生产设施，可以进入从事科学试验、教学实习、参观考察、旅游以及驯化、繁殖珍稀、濒危野生动植物等活动。

灵丘山美、水美、人更美。灵丘民风淳朴，人民心地善良，有着人与自然和谐相处的美德。

2007年农历正月初十，灵丘县武灵镇麻嘴村村民郗二女和丈夫曹占云，在一个工厂的废水塘里，救起一只陷入淤泥里的有病的大天鹅。这是一只黑翅长脚鹬，近年来已较为少见。2007年盛夏的一天，灵丘县豪洋中学的学生在操场拾到了这只可能因病已无力飞翔的鸟，主动送交灵丘黑鹳自然保护区管理局。经过保护区管理人员精心护养，又将它放飞大自然。

亲爱的朋友，保护区山美水美，野生动植物资源极为丰富，真正是物华天宝，人杰地灵。为了让我们的子孙后代生活在蓝天碧水、自然和谐的优美环境之中，灵丘黑鹳自然保护区将坚持以邓小平理论和"三个代表"重要思想为指导，以科学发展观统揽自然保护区工作全局，坚持保护第一、合理利用、加强科学研究、加快建设发展的方针，实现人与自然共和谐，将灵丘黑鹳自然保护区建设成集保护、科研、宣传教育、生态旅游于一体，设施完善、设备先进、科技发达、管理高效、功能齐全、可持续发展的国内领先的自然保护区。

自然保护区是一本书，自然保护区是一幅画，自然保护区是一首诗，自然保护区是一支歌。造物主在造万物之始，就赋予了大自然这美好的景色，当您走进灵丘黑鹳自然保护区，除了惊叹，还有感动。我们相信，有广大人民群众对自然保护区的热心保护和支持，保护区的生态环境一定会越来越好，灵丘黑鹳自然保护区这一造福子孙、润泽后代的事业一定会有更加辉煌灿烂的未来。

二十一、《珍禽黑鹳》电视专题片解说词[*]

在我国晋东北边缘有一片神奇的土地，巍峨的太行山脉与恒山、五台山犹如 3 条蜿蜒的巨龙在此交汇，秀丽的唐河宛似一根玉带在此环绕。这里是"中国黑鹳之乡"——山西灵丘。

黑鹳是一种大型涉禽，鹳形目，鹳科，鹳属。人们又叫它乌鹳、捞鱼鹳、锅鹳、黑巨鸡。

它体态优美，体色鲜明，活动敏捷，性情机警，具有较高的生态观赏和经济、科研价值。黑鹳在灵丘不仅生存繁殖后代，而且还在此栖息越冬，成为留鸟。它被《濒危野生动植物种国际贸易公约》列为濒危物种，列为国家一级重点保护野生动物，珍稀程度不亚于大熊猫，其种群数量还在下降。

让我们打开尘封的史册，寻找国人关于鹳鸟的记忆。在号称诗歌之祖的《诗经》"东山"篇中就有着"鹳鸣于垤，妇叹于室。"的记载。在春秋时代的《禽经》中则认识到："鹳俯鸣则阴，仰鸣则晴。仰鸣则晴是有见于上也，俯鸣则阴是有见于下也。"三国时，吴国陆玑撰《毛诗陆疏广要》中记载"鹳，鹳雀也。一名负釜，一名黑尻，一名背灶，一名皂裙。"并首次描述了黑鹳形态特征："似鸿而大、长颈、赤喙、白身、黑尾翅。"《本草纲目》和《格物总论》都有黑鹳："巢于高木绝顶处"的记载。山西洪洞大槐树下至今仍有"老鹳常牵游子梦，古槐永系故国情"楹联一幅。

灵丘处于我国晋冀两省交界处，具有独特的生态环境，和较为丰富的生物资源，造就了黑鹳较为理想的生存环境，这里是目前调查所知黑鹳在我国华北地区栖息繁衍种群数量

---

　*　王春；刘伟明

较大的分布区之一。2002年6月，山西省政府批准建立了黑鹳省级自然保护区。2010年，中国野生动物保护协会授予灵丘县"中国黑鹳之乡"称号。

据鸟类专家调查，黑鹳为候鸟，仅在西班牙为留鸟，但据山西灵丘黑鹳省级自然保护区工作人员观察研究，部分黑鹳在灵丘也是留鸟，灵丘成为黑鹳永久的家，这与灵丘山峰林立，溪水清澈，水草丰茂，食物丰富，气候适宜有很大的关系。

每年的早春二月，北方大地回暖，熬过寒冬的黑鹳们开始了新的生活。

这时，黑鹳要做的第一件事便是修筑巢穴。它筑巢时往往用略为粗长的乔、灌木树枝构成巢的主体，其它部分则用细长的小灌木树枝，干燥苔藓，细软的草根、草茎、羊毛和枯叶等。整个营巢修建过程大约需要一星期左右，黑鹳生性机警，对营巢环境条件要求很高，鹳巢多建在悬崖峭壁半腰的浅洞或石沿下，海拔约700~1300米之间，可以有效地避免动物侵害，保证栖息和育雏的安全。它营巢时均选择避风向阳之处，使巢穴既能避免寒风吹坏巢穴，阳光能够直接照耀到鹳巢内，有利于幼鹳孵化和健康成长。另外，黑鹳也有延用旧巢的习性，多在产卵繁殖前对旧巢进行整理修缮。

巢穴修缮一新后，黑鹳也进入了产卵期。黑鹳性成熟较晚，一般到了4龄才开始配对繁殖。黑鹳一般在3月中旬开始产卵。每窝产卵2~4枚，有时也有5枚的情况。黑鹳卵的形状呈椭圆形、乳白色，重约100克左右。

而孵卵的任务主要是由雌鸟来承担，雄鸟除了几次外出觅食外，其余时间均站在雌鸟的身边守护，到了孵卵的中期，雄鸟也有时替换雌鸟孵化，以便雌鸟出外活动、觅食。

经过33天左右的辛勤孵化，雏鹳依次破壳而出，新的生命诞生了。刚出壳的小黑鹳眼睛微微睁开，全身布满了白色的胎绒羽，体重一般在100克左右。雏鸟出壳后的第二天就能吃食了，它们的父母将捕到的食物吞入喉咙，轮流返回巢中，嘴对嘴进行饲喂，大约3~4天后稍大时，成鹳就将半消化的食物吐到巢中，让幼鹳自己练习啄食。当幼鹳长到能站在巢中活动、嬉戏时，它们的父母会衔回一些彩色的布片，来装饰巢穴或用来当作幼鹳的玩具。晚上黑鹳夫妇，双双卧于巢内，雌鹳在翅膀下搂着幼鹳，雄鹳卧在外围守护母子们。

幼鹳出壳大约70天后，正是北方夏季最惬意的时候。这时的幼鹳们就开始离巢进行试飞了。开始时，它们仅在巢的附近活动，多在险峻的山崖边进行跨越山谷的飞行练习，如果遇到狂风暴雨等恶劣天气则马上返回巢中。在大约100天之后，幼鹳们便随亲鸟大范围的外出觅食，这时它们逐渐具备了独自生活能力。尽管这样，它们也不愿急于离开父母，而是随父母生活一段时间之后，再开始自己独立的生活。

黑鹳对繁殖、迁徙和越冬期间的生活环境都有很高的要求，觅食处水深一般在5~40cm，食物主要以鱼类为主，其次是蛙类、软体动物、甲壳类，有时也有少量蝼蛄、蟋蟀等昆虫。黑鹳的觅食行为有两种，一种飞行在水面或是伫立在水中突然把长嘴插入水中啄食，一种是在水中一边行走一边吸食。觅食时警惕性很高，常伴随警觉观望。黑鹳在啄食时，可以将头部潜入水中1~4秒，黑鹳头部的潜水功能，可大大提高取食效率。

到了秋季，鱼、蝌蚪及昆虫活体减少，黑鹳的食物主要以湿地中的蝗虫、甲壳虫、树虫等为主，由于食物减少，黑鹳开始向食物比较丰富的湿地集中。受食物条件的限制，加上北方的深秋已经寒气逼人，这时侯，一部分体力较强壮的成年黑鹳不得不选择迁徙至南方越冬，一部分黑鹳便留下来在这里越冬。

　　进入冬季，黑鹳们便群聚在一起，栖息生活在山凹巢穴之中，集群越冬，集体觅食，集体活动，团结互助。严寒中，为了保存体力，黑鹳除了觅食之外，更多的时间就是站立、梳理羽毛。由于冬季食物短缺，觅食困难，为了让黑鹳们有足够的食物不致于饿伤、冻伤，灵丘黑鹳省级自然保护区在暖流区域挖掘了鱼塘，投放泥鳅、黄花鱼等食物，帮助黑鹳们越过难熬的冬季。

　　黑鹳在民间一直被奉为"吉祥鸟"，人类对其敬而尊之。在很多地方广泛流传着关于黑鹳的故事和传说。

　　明代的著名中医李时珍编著的《本草纲目》一书中专门记述了以黑鹳命名的一种中草药叫老鹳草。相传孙思邈云游采药时，发现老鹳常啄食一种草后飞得雄健而有力，于是，孙思邈采回很多这种无名小草，煎熬汤汁，让前来应诊的风湿病患者服用，并带些药草回去自己熬汤服用。几天之后，奇迹发生了，原来双腿及关节红肿的症状均已肿消痛止，并且可下地而行走了。喜讯惊动了各地山民，人们奔走相告，慕名前往治病的络绎不绝。有许多经过治疗痊愈的风湿病人，请孙思邈给此药草起一个名字，孙思邈略思片刻称道：此药草是老鹳鸟认识发现的，应归功于老鹳鸟，就取名为"老鹳草"吧！由于中药老鹳草对风湿病确有显著的疗效，民间习用的老鹳膏和老鹳草外用膏药治疗风湿痹症一直流传至今，沿用至今。

　　黑鹳之所以倍受人们喜爱，在自然界享有"鸟类大熊猫"和"鸟类皇后"的美誉，因其有以下独特的风采：体态优美，高雅端庄；志存高远，豪气冲天；鸟中君子，生性好洁；团结互助，尊长爱幼；忠贞不渝，一生相随；与人为邻，和睦相处。

　　《中华人民共和国刑法》及其司法解释等法律法规明确规定：国家对黑鹳等珍贵、濒危的野生动物实行重点保护。非法捕杀或者非法收购、运输、出售黑鹳（及其制品）1只即可立案，处五年以下有期徒刑或者拘役，并处罚金；2只为情节严重，处五年以上十年以下有期徒刑，并处罚金；4只为情节特别严重，处十年以上有期徒刑，并处罚金或没收财产。

　　亲爱的朋友，黑鹳作为世界性的濒危珍禽是独特的自然资源，珍贵的稀有资源，和谐的人文资源，美丽的景观资源，加强保护任重道远，扩大种群刻不容缓。希望我们一起进一步加大对珍禽黑鹳的保护力度，为构建人与自然的和谐，加强生态文明建设，造福子孙后代作出不懈的努力！

二十二、实现"生态兴省"　自然保护区先行*

胡锦涛总书记在党的十七大报告中提出要深入贯彻落实科学发展观，建设生态文明，基本形成节约能源和保护生态环境的产业结构、增长方式、消费模式，并明确要求要把加快建设资源节约型、环境友好性社会放在推进工业化、现代化发展战略的突出位置。省委、省政府也提出了"生态兴省"，建设"充满活力、富裕文明、和谐稳定、山川秀美新山西"的大战略目标。自然保护区作为生态建设的前沿阵地，不仅保存了较完整的森林、湿地、荒漠等生态系统，最具有保护价值的天然林和野生动植物的栖息地等，同时也为珍稀濒危物种的生存繁衍提供了优良的生境。可以说，自然保护区的发展不仅可以为今后我国经济社会全面协调可持续发展奠定坚实的生态和物质基础，而且对于建设资源节约型、环境友好型社会战略目标的实现，对于"实施生态兴省大战略、建设山川秀美新山西"目标的实现也起着极为关键作用。

一、自然保护区是"生态兴省"战略目标实现的生态保障

自然保护区有森林、灌丛、高山草甸、河流湿地等不同生境类型，为不同类型的野生动植物物种提供了适宜的栖息地和生存环境，蕴藏着丰富的动、植物物种。对于保存种源、调节气候、涵养水源、改善环境、保持水土、维持生态平衡等方面具有重要的作用。特别是在河流上游、陡坡上划出的水源涵养林，能直接起到环境保护的作用。

保护区内植被茂盛，生态环境良好，群山连绵，因而水资源丰富，是当地重要生态屏障和水源涵养林区。区内自然资源和生态状况好坏，直接关系到众多河流流域的水土保持和水源涵养。对地区的生态安全有着重要意义。是实现生态省战略目标的生态屏障。

二、自然保护区是促进整个经济社会全面协调可持续发展的助推器

多年来，由于某些地方简单的把发展等同于 GDP 增长，有的简单地以增长率作为干部政绩的主要考核标准，甚至搞"一俊遮百丑"，导致一些地方为追求一时的经济增长速度，不惜违背经济规律和自然规律，导致经济增长数字上去了，但生态环境却遭到了严重破坏，可持续发展受到损害。这种情况过去在我省也并不鲜见。因此，我省提出要"生态兴省"不要带血的，通过资源整合，对黑色小煤窑关停并转等方式，促进经济社会全面协调可持续发展，建设山川秀美新山西。而通过发展自然保护区事业，不仅可以促进保护区内植被的恢复和增加，可有效地保持水土，控制区内及周边地区的生态系统退化。并且可借助保护区丰富的资源，为周边地区提供良好的生态环境，在促进农牧业高产稳产方面具有显著的效益，成为当地经济社会可持续发展的助推器。其直接、间接的经济价值不可估量。

---

* 作者：王春（2009 年）

载《生态兴省高层论坛专家论文集》（2009 年 12 月）。

三、自然保护区是拯救濒危物种，促进"生态兴省"战略目标实现的科研基地

要实施生态兴省战略、建设山川秀美新山西，必须利用本省各地生态资源优势，大力开展对天然生态系统中物种数量的变化、分布及其活动规律，自然生态平衡、最优生态结构、自然演替、人类活动的干扰与生物群落的自然恢复能力、环境本底监测、濒危物种生物学习性观测研究等生态科研活动。而自然保护区有着得天独厚的优势，保护区保存了较完整的森林、湿地、荒漠等生态系统，典型的生物群落，最具有保护价值的天然林和野生动植物的栖息地等。是开展生态科学观测研究，拯救濒危物种，加强繁育利用的基地。

四、自然保护区是普及生态文化知识，建设生态文明的天然博物馆

自然保护区是野生动植物的家园，生物物种基因的宝库，是生态地位最重要的陆地生态系统的核心，也是体现人与自然和谐相处最直接、最具体的区域，是向公众进行自然与自然保护宣传教育的天然博物馆。自然保护区群峰拱翠，山泉成溪，林壑优美，春天的绿色、夏日的温馨、秋天的绚丽、冬日的银山翡翠等季相景观，以及泉瀑景观、象形山石，丰富的森林资源，独特的地理环境，历史悠久的古迹、具有浓郁地方特色的光辉灿烂文化，可通过模型、图片、录音、录像等设施，利用自然保护区这天然的大课堂，增加人们对自然界的认识。可以说，通过自然保护区进行生态道德文化教育是提高全社会道德水准的最佳途径和方式。

目前我国已建立了超过 2400 个自然保护区，保护区面积占国土面积比例已超过 15%。已有大约 90% 的陆地生态系统类型、47% 的湿地、30% 的荒漠、20% 的原始林、85% 的珍稀濒危野生动植物物种、65% 的高等植物群落得到了较为有效的保护。到 2008 年，山西省已建成 46 个自然保护区，总面积超过 114 万公顷，占全省国土总面积 7.28%；15 种生活在境内的国家一级保护动物，54 种国家二级保护动物得到有效保护。据调查，全省陆生野生动物占到 65.5%，其中大天鹅的越冬地扩大到了运城市沿黄河的 8 个县（市），越冬种群数量增长了 6 倍，达到 6000 余只；褐马鸡、金钱豹、猕猴的种群数量均有所增加。同时新发现遗鸥、小天鹅、蓝尾石龙子、王锦蛇、隆肛蛙等 28 种野生鸟类和两栖爬行类。到 2010 年全省要建成自然保护区 56 处，保护区面积占国土面积的比例提高到 10% 以上，使更多的野生动植物种和自然湿地得到有效保护。

五、目前自然保护区建设管理中存在的问题

虽然近年来自然保护区在数量上有了大幅增长，但是相比数量的增长，在"质量"上仍远远滞后于目前自然保护区发展水平，个别地方、部门和单位对自然保护区工作的重要性仍缺乏认识，据统计，目前全国仍有近 1/3 的自然保护区未建立管理机构，"批而不建、建而不管"的现象仍在延续，即使在建立了管理机构的自然保护区，也存在着体制不顺、管理不力、经费不足等许多矛盾问题，保护区发展步履维艰。

1. 社区发展与保护的关系问题

凡是建立了保护区的地方，往往是经济发展落后，林区群众生活贫困，由于保护生态环境，限制了当地经济的发展。直接触及到当地广大群众的切身利益（如放牧、取暖、烧柴、建房用材等）。因而农、林、牧三者的矛盾日益加剧和突显。仅以山西灵丘黑鹳省级自然保护区为例，该保护区成立于2002年，位于山西省东北边缘灵丘县境内，位于我国晋冀两省暖温带与寒温带交界处，同时也是五台山、恒山、太行山三大山脉交接处。由于当时属于抢救性划建的自然保护区，目前核心区、缓冲区尚有居民居住。而当地地处大山深处，地域偏僻、交通闭塞、土地贫瘠、致富渠道狭窄，社区居民较为贫困，经常在区内开展开荒造地、打坝改水、河滩造地等发展生产活动，对区内特别是核心区和缓冲区的原生态资源造成很大破坏。又如保护区内散养牛羊问题。《山西省封山禁牧办法》规定，自然保护区自2007年10月1日起实施封山禁牧。目前在自然保护区内牛羊依然上山，《办法》并未有效实施。据统计，仅保护区内花塔一个不足200人的小山村，山羊养殖数量就达到4000多只，人均20只。数千头（只）牛羊在山上散养放牧，在对当地生态植被、散布在草丛中的鸟巢、鸟卵、幼雏等野生动植物资源等遭到极大破坏的同时，也对食物和生境造成争抢，造成食物短缺，威胁保护区重点保护对象的生存，严重影响到自然生态环境的有效保护。

2. 土地权属问题

根据国家环保总局、国家计委、财政部、国家林业局、国土资源部、农业部、建设部环发（2002）163号《关于进一步加强自然保护区建设和管理工作的通知》："各地有关部门应按照《条例》等的规定，在当地政府的统一领导下，通力合作，加强协调，加快自然保护区内的土地确权、划界和立标工作，确保自然保护区内土地明确、界址清楚、面积准确、没有纠纷。"而具体到自然保护区，由于我国保护区建设中采取的"先划后建"方式，许多保护区管理机构只有部分甚至根本没有其辖区范围内的土地权。而且按现行法规，即使在核心区、缓冲区保护区管理部门也不一定有土地权或林权。据统计，目前我国超过80%的保护区存在土地权属问题。这样，由于保护区内不同的资源，都有相应的地方主管部门按照其部门管理法规管理，保护区管理机构无权对其干涉。

3. 管护执法力量薄弱

一是人员编制不明确。目前国家对自然保护区管护人员编制配备无明确规定，由于自然保护区多为偏远山区，点多面广，地域偏僻，管护人员数量少、力量薄弱，很难对区域实施有效保护。二是对自然保护区应尽快设立公安派出机构或配置公安特派员。《自然保护区条例》等法律法规规定："根据国家有关规定和需要，可以在自然保护区设立公安机构或者配备公安特派员，行政上受自然保护区管理机构领导，业务上受上级公安机构领导。"而多数保护区内未设专门公安派出机构，由于执法力量薄弱，在面对区内滥捕滥猎珍稀野生动物、滥砍滥伐林木等违法犯罪事件时常常力不从心，不能及时有效依法管护。

4. 基础设施建设经费困难

《中华人民共和国自然保护区条例》第二十三条规定："管理自然保护区所需经费由

自然保护区所在地的县级以上地方人民政府安排。国家对国家级自然保护区的管理给予适当的资金补助"。但由于目前自然保护区均无明确的经费预算计划，保护区无固定资金来源，资金的缺乏已严重制约着保护区的建设与发展。保护区基础设施建设远远滞后于当前发展的需要。应将自然保护区建设与管理纳入各级政府国民经济发展计划和财政预算中，促进自然保护区的建设发展。

5. 人员整体素质与自然保护区实际管护需要不相适应

自然保护区建设与管理涵盖内容十分广泛，从业人员需要具备林业、环保、植物、动物、畜牧兽医、测绘、地质等多学科知识，以具体承担野生动植物资源保护、生态监测、科研观测、疫源疫病监测防控研究、野生动物救护等项工作。而目前大多数保护区管理人员开展工作所必须的专业知识和技能还很缺乏，与自然保护区工作要求不相适应。

六、加强自然保护区建设管理，充分发挥自然保护区功能作用

1. 将保护区建设纳入到当前市场经济体制的大环境中进行思考

当前是全新的市场经济，特别是进入新世纪后，保护区的建设也必须与市场规则和国际化相接轨。可以说，当前，我国自然保护区事业正经历着从抢救性保护到理性管理的转变，从教条式管理到适应性管理的转变，从局部、区域性保护到系统性保护的转变，从局部人群利益牺牲到社会分工的转变。因此一是应充分利用国家和地方对保护区建设和发展的各项政策支持和外商投入，积极筹措资金，搞好工程建设。同时还要盘活现存的资产总量，充分利用可利用的自然资源，发挥自然优势，转化为现实生产力，把保护区建设好。二是要搞好保护区规划。一方面要搞好保护区划界和移民，处理好保护区和周边居民关系。另一方面要搞好保护区科学规划，根据保护对象、受危状况、保护级别，划定不同的功能小区，有的区域虽然划定时处于实验区，但是随着生境的变化，保护对象也有可能其作为主要食源地和栖息停歇甚至繁殖地，也应视情况将其化为重点保护小区，而不是机械地守定功能区界线。

2. 加强领导，列入国民经济发展计划和财政资金预算计划，给予自然保护区一定的政策和资金扶持

保护区建设是百年大计，要从保护自然资源和可持续发展的战略全局去认识。上级部门应对自然保护区建设给予高度重视和支持，明确各级政府对相应级别自然保护区的责任，并将自然保护区建设与管理纳入各级政府国民经济发展计划，在预算中单列，保障自然保护区的经费的来源和稳定，落实保护区机构、编制、土地林权和四至界限，保证生态建设工程的顺利进行。同时实行生态效益补偿制度，按照"谁受益，谁补偿，受益对象明确的，由受益者补偿；受益对象不明确的，由政府补偿"的原则，对自然保护区提供的生态效益给予足额价值补偿。

3. 不断创新保护队伍人才培养机制

野生动植物保护和自然保护区建设，是一项涉及面广的系统工程，涵盖多学科、多领域，需要相应的人才队伍承担。要搞好自然生态资源保护工作，必须坚持以人为本的理

念，充分树立人才是第一资源的思想，不断创新发挥人才作用的体制和机制。针对目前自然保护区工作人员素质参差不齐的现状，应坚持从树立爱岗敬业精神入手，突出实用人才特别是专业技术人才的培养，最大限度地激发现有保护人员的积极性、主动性和创造性。在人才培养上，要做到引进人才和培训现有人员相结合、内部培训与广泛开展对外交流合作相结合，走出去与请进来相结合，不拘一格引进目前急需的专业性人才。要采取有效措施，定期组织开展多种形式的业务培训，并形成制度，在资金允许的条件下，多组织考察活动，达到提高认识、转变观念之效果。从而提高其工作积极性，为保护区的建设做出应有的贡献。

4. 用跨越性思维指引自然保护区发展

一是增强生态意识，树立生态理念，积极推进高标准生态体系建设，改善生态环境，不断提高区内森林资源质量，逐步构建多功能、多层次、带、网、片、点相结合的自然生态体系。二是充分挖掘生态资源优势。野生动植物资源是自然生态系统的重要组成部分，是人类赖以生存和发展的生物基因库，也是自然保护区的最大资源优势。从根本上讲，保护生态环境就是保护生产力，建设生态文明就是发展生产力，符合人民群众的根本利益。要充分发掘保护区实验区丰富独特的原生态景观旅游资源，按照保护自然资源、持续开发利用、构建特色旅游、打造时代精品的总体思路开展"原生态旅游。三是强化主体意识。生态文明建设，自然保护区是主体，是前沿阵地。要充分意识到野生动植物保护管理的重要性。继续加强对现有森林资源的保护管理，加强对国家重点保护珍稀濒危野生动植物资源的巡查管护力度，巩固生态建设成果，为野生动植物的生存繁衍提供更好的生存条件。四是要从保护区区情出发，在切实依法严格保护好保护对象生境的前提下，尽可能支持地方经济发展。除核心区、缓冲区以外的实验区要放活，对关系民生的重大开发项目，例如：当地政府在实验区修建电站、村村通公路等项目，要按照有关规定程序进行开发。要解决林、农、牧业的关系。要考虑到农民的衣、食、住、行，才能搞好自然保护区的保护与管理。保护区要不断拓展发展空间，政府扶持，培养新的产业和经济增长点，扶持社区农牧民参与保护，发展环保产业，提高社区农牧民的生活水平，降低农民直接利用自然资源的程度，缓和保护与农民生存的矛盾，使农民由索取者、破坏者，真正变成共同管理者、保护者。

实践无止境，发展无止境。总之，实施"生态兴省"战略，自然保护区先行。只有以科学发展观为指导，持续不断地解放思想，坚决破除不合时宜的思想束缚，更新观念，勇于创新，才能真正做好新形势下自然保护区工作，开创新的工作业绩，更好地服务经济社会的发展。更好的促进"实施生态兴省大战略、建设山川秀美新山西"目标的实现。

二十三、关于自然保护区内实行封山禁牧情况的粗浅调查*

《山西省封山禁牧办法》（以下简称《办法》）自 2007 年 10 月 1 日正式施行至今已一年多的时间。自然保护区作为《办法》规定实施封山禁牧的区域，目前成效如何，保护区

---

* 作者：刘伟明；李密（2009 年）

群众对此又有何认识？对此，我们深入区域特别是核心区域进行了调查走访。

一、基本情况及存在问题

山西灵丘黑鹳省级自然保护区地处山西省东北部，太行山北端，总面积 71 592.0 公顷，涉及独峪、白崖台、下关、上寨和红石塄 5 个乡（镇），51 个行政村，7588 户，26 816 口人。其中核心区面积 25 268.2 公顷，涉及 11 个行政村，1304 户，7553 口人。由于自然保护区地处偏僻，域内山大沟深，土地贫瘠，生产力水平低下，仅靠传统的广种薄收，很难维持生计，当地群众大多将牛羊养殖作为重要经济来源。据统计，仅独峪乡花塔一个不足 200 人的小山村，山羊养殖数量就达到 4000 多只，人均 20 只。附近的牛邦口、三楼、香炉石等村山羊养殖数量也均在数千只以上。当地散养牛羊数量占到 95% 以上，舍饲圈养的仅占不到 5%。数千头（只）牛羊在山上散养放牧，使当地生态植被、散布在草丛中的鸟巢、鸟卵、幼雏等野生动植物资源等均遭到极大破坏。如分布于独峪乡花塔村的面积达数千公顷的青檀林，为我国华北北部唯一的原生地，生态科研价值极为重要。但由于当地人散养羊群啃食，面积锐减，破坏严重，在生态、科研、经济等方面造成很大损失。因此，在保护区内推行封山禁牧势在必行。《办法》实施以来，通过多种渠道大张旗鼓宣传，山区群众对此均有所了解，但由于种种原因，《办法》推行效果不是太明显。主要存在以下问题：

（1）当地人靠山吃山的传统观念意识蒂固，可持续发展缺乏。多数群众对封山禁牧后的生计问题有种种担心，认为由于地少，如果不让养殖，又无新的致富门路，必然影响今后的生计问题。

（2）当地传统养殖方式主要以散养放牧为主。自然保护区内大多为土地稀少、林地广阔的山区地带，耕地稀少、牛羊圈养所需秸秆饲草、饲料短缺，农民历来依靠并适应传统放牧加补饲的养殖方式进行散养，投入成本小，经济效益较好。山区农户 60% ~ 90% 的经济收入靠牧业。

（3）受信息闭塞、交通不便等客观因素的制约，农民思想观念落后，满足于现状，生产力低下，致富渠道狭窄，思想解放程度不够，在转变思维观念和转型发展等方面办法不多。

（4）当地青壮年劳力多数外出打工，留在村里的大多为老弱妇孺，不具备试验、示范和推广新型实用农业技术的能力，散养牛羊养殖业成为其主要的生活方式和生活来源。

（5）认识上偏差大，生态文明建设理念与意识欠缺，持久重视生态环境保护的理念还没有成为自觉意识和行动。

（6）法律法规意识淡薄，大多数人缺乏起码的法律常识，认识不到封山禁牧关系到其切身利益。往往因眼前利益受损害而抵制封山禁牧政策的推行。

二、建议措施

鉴于上述问题，我们认为实施封山禁牧，不仅关系到当地群众的近期收益与长远利益，而且涉及农、林、牧、水等多个部门，是一项政策性很强的系统工程，需要各部门、各行业密切配合，协调联动。为此，各个方面、各个部门应站在全局的高度和战略的高度，加大协调力度，给保护区群众送三份大礼，即"送法规政策、送技术培训、送项目资金"，真正做到"以封为主，禁牧与圈养、恢复生态和保护农民利益相结合"，以进一步推动当地转型发展，绿色崛起，建设生态文明，造福子孙后代。

1. 送法规政策，加大宣传教育力度

一是要积极通过报纸、广播、电视等宣传媒体，以及培训教育、送法下乡入林到户，广泛深入地宣传封山禁牧的重大意义和有关法律法规，增强山区广大干部群众的法制观念，营造依法封山禁牧的法制环境。让他们树立紧迫感、危机感，认识到封山禁牧关系到自己的切身利益，认识到牧坡、林地是国家的、集体的，破坏生态环境将会导致生境恶化，遗害于子孙后代，没有绿水青山，哪来金山银山，从而提高群众的生态意识，增强其参与生态保护的积极性和创造性。二是要改变那种单一养殖、靠山吃山，破坏自然生态植被的思维和行为习惯，纠正重开发、轻保护，重索取、轻反哺的做法，充分认识封山禁牧的重要意义，树立在保持自然资源质量和持续供应能力的前提下，在不超越环境系统涵容能力和更新能力的前提下，促进经济社会持续健康发展的新观念。三是要完善政策措施。按照既有利于资源保护又有利于永续利用的要求，采取有效措施和办法保护环境，为实施封山、禁牧提供可靠的政策保障。四是要加强执法体系建设，加大执法力度，严肃处理封禁区内乱砍滥伐、乱捕滥猎、乱采滥挖等违法犯罪行为。同时要积极创新依法封山禁牧的监督管理机制，不断探索依法封山禁牧的新路子。

2. 送技术培训，培育群众的造血功能

通过多种形式举办农业科技养殖技术培训，发放科学养殖技术资料，如牛羊改良品种养殖技术，野兔、梅花鹿、蓝狐等野生动物养殖技术，圈养畜禽防疫技术等，使广大农民掌握一技之长，为推广舍饲圈养、野生动物养殖等奠定技术基础。

3. 送项目资金，造血的同时进行输血

要依托资源优势，培育新兴产业，调整传统产业，加快产业转型，选准适宜自然保护区发展的项目，使山区群众在保护自然生境的同时实现增收。一是利用封山禁牧形成的丰富的林木、林下和旅游资源，有计划地发展蘑菇、药材、大棚种植、绿色森林食品加工业等。二应针对当前封山禁牧工作中存在的林牧矛盾，引导、鼓励群众转型发展，从借鉴其他地方先进经验，充分利用当地生态资源优势，大力引进发展野生动物特种养殖，如梅花鹿、狍子、山鸡、野猪等，在自然保护区内形成特色产业，拓宽群众的致富渠道。在这方面，独峪乡花塔村的做法值得提倡推广。据调查，该村个人投资建设的野猪人工饲养场、梅花鹿人工饲养场，其产品野猪肉、鹿肉、鹿皮、鹿角等销路看好，以养殖野猪为例，野猪肉每公斤能卖到 60 元左右，是家猪肉的 2～3 倍还多，一头种猪可卖到 1500 元以上，而且野生动物好饲养，抗病能力强，繁殖成活率高，是山区群众致富的好门路。三是对封禁区内转型发展的项目如野生动物养殖场（小区）等，政府应在建设用地、建设资金、购置饲草加工机械.出台配套政策等方面给予扶持，进一步引导山区群众转变思想观念，拓宽致富渠道，实现转产增收。

二十四、关于进一步加快自然保护区建设发展的建议 *

1. 明确自然保护区管理机构性质

根据《中华人民共和国自然保护区条例》及我国《森林和野生动植物类型自然保护区管理办法》等法律法规规定，山西灵丘黑鹳省级自然保护区管理局为山西省人民政府在自然保护区内设立的依法对自然保护区进行管护的专门管理机构，是国家法律法规规定的具有行政执法和公共事务管理职能的单位。保护区管理机构符合《中华人民共和国公务员法》等法律法规文件中规定的行政执法单位和参照公务员法管理单位的条件。而且有的省份自然保护区管理机构已纳入公务员或参照公务员法管理序列。国家林业局林护发【2011】187 号文件中也明确提出自然保护区争取参照公务员法进行管理。因此建议将自然保护区管理机构纳入公务员或参照我国《公务员法》管理序列，并对省级以上自然保护区实行垂直管理。

2. 在自然保护区设立公安派出机构

我国《自然保护区条例》等法律法规规定："根据国家有关规定和需要，可以在自然保护区设立公安机构或者配备公安特派员，行政上受自然保护区管理机构领导，业务上受上级公安机构领导。"建议在自然保护区建立公安派出所或设置公安特派员，增强自然保护区内执法力度，严厉打击各类涉及到自然保护的违法犯罪活动，为自然保护区建设和发展创造良好条件。

3. 制定统一的省级自然保护区建设标准

目前在国家级自然保护区层面有统一的建设标准，每年建设规划、建设管理经费均有保障。而到了省级及省级以下自然保护区则未有统一的规划和自然保护区建设标准。导致省级及省级以下自然保护区建设标准不一，投资无头绪，很难形成科学高效的自然保护区资源管护体系。建议参照国家级自然保护区建设经验，制定省级自然保护区建设统一规划和硬性标准，在一定年限内每年投入固定数额资金用于自然保护区基础设施建设和主要保护对象保护监测，提升省级自然保护区整体管护水平。

4. 实施核心区移民搬迁

大多数自然保护区地域偏僻、交通闭塞，经济落后，当地经济发展资源依赖性较强，导致区内开矿办厂、开荒造地、打坝改水、河滩造地等建设时有发生，造成生态保护与地方经济发展的一些不相协调。国家《自然保护区条例》规定："禁止在自然保护区内进行砍伐、放牧、狩猎、捕捞、采药、开垦、烧荒、开矿、采石、挖沙等活动"，"禁止任何人进入自然保护区的核心区"，"禁止在自然保护区缓冲区开展旅游和生产经营活动"。但由于保护区内特别是在核心区和缓冲区内仍有乡村居民的存在，居民生产生活等活动特别是改河、造地等对区内特别是核心区和缓冲区的生境造成很大破坏。又如《山西省封山禁牧

＊ 作者：王春；刘伟明（2013 年）

办法》规定，自然保护区自 2007 年 10 月 1 日起实施封山禁牧。但该政策施行多年，保护区内牛羊仍然长年在山上放养，对当地生态植被、散布在草丛中的鸟巢、鸟卵、幼雏等野生动植物资源造成极大的破坏，同时也与保护对象形成食物和生境的争抢，造成食物短缺，生境恶化，威胁保护区重点保护对象的生存。应考虑核心缓冲区居民逐步移民搬迁问题。

建议实施自然保护区生态移民搬迁。在实施移民搬迁和低保等惠民政策上向自然保护区内居民倾斜，首先将核心区、缓冲区内村庄实施移民搬迁，将核心区建成符合规定的无居民区域，这样，既有利于自然保护的建设发展，又有利于区内群众充分享受惠民政策，改变生产生活方式，加快脱贫致富步伐。同时建议在有条件的地区鼓励发展特色养殖业，鼓励社区采取个人承包或家庭承包等形式，建立繁殖场，人工繁殖木耳、食用菌等产品；人工种植一些名贵中草药材；建立良种繁育试验基地，对保护区的珍稀树种进行良种繁育，通过这些项目进行创收。鼓励社区居民养殖多种动物品种，以满足科研和市场经济需求，拓宽社区居民致富渠道，同时使野生资源得到更好的保护。

5. 将省级以上自然保护区生态环境改造和天然林保护列入省级林业建设规划

按照自然保护区的功能定位，自然保护区应是我国生态系统保存最好、最完善、生物多样性最丰富、生态景观最为优美、珍稀濒危野生动植物物种基因保存最好的区域。但是目前从我省自然保护区保护实际来看，在大多数省级自然保护区，即使是核心区在森林覆盖率、物种保护程度等方面也很难达到要求。因此建议启动省级自然保护区生态保护工程，在安排生态林建设、"天保"工程时，应将自然保护区内的森林保护和林业建设纳入专门投资计划，逐步使自然保护区生态环境得到改善，森林资源得到有效扩展和保护。

6. 制定全省林业自然保护区生态旅游统一政策管理标准

根据《中华人民共和国自然保护区条例》、国家《森林和野生动物自然保护区管理办法》、《山西省森林和野生动物类型自然保护区管理细则》等法律法规规定，可以在自然保护区实验区开展生态旅游活动。但是从目前来看，除了少数自然保护区严格按照《总体规划》和省厅批复要求统一规划、统一开发、所得收益按比例与开发商分成外，大多数自然保护区实验区生态旅游开发呈无序状态，小、散、乱。既给实际管理带来诸多困难，又增添了区内生态环境压力。建议省里统一制定全省林业自然保护区生态旅游统一政策管理标准，对于确有特色、确有开发价值的区域统一进行规划开发。同时对不按照规划要求，打擦边球、无序开发的行为进行制止，为实现"保护与开发并重，生态与人文一体，开发与合作同步，目标与效益双赢"目标提供保障。

二十五、关于进一步加强生态文明建设
加快省级自然保护区建设的思考*

党的十八大报告提出，要把全面协调可持续作为深入贯彻落实科学发展观的基本要

* 作者：王春；刘伟明（2013 年）
山西灵丘黑鹳省级自然保护区管理局（2013 年）。

求，全面落实经济建设、政治建设、文化建设、社会建设、生态文明建设五位一体总体布局，促进现代化建设各方面相协调，促进生产关系与生产力、上层建筑与经济基础相协调，不断开拓生产发展、生活富裕、生态良好的文明发展道路。强调把生态文明建设放在突出地位，融入经济建设、政治建设、文化建设、社会建设各方面和全过程。制定了努力建设美丽中国，实现中华民族永续发展的目标。山西省第十次党代会也提出紧紧围绕"转型跨越发展、再造一个新山西"的总体战略，大力推进城乡生态化，致力于建设"四个山西"的目标。自然保护区作为保护濒危物种、维持生态平衡的重要载体，是生态建设首当其充的主力军，是建设"绿化山西"责无旁贷的前沿阵地。其发展不仅可以为今后我国经济社会全面协调可持续发展奠定坚实的生态和物质基础，而且对于建设资源节约型、环境友好型社会战略目标的实现，对于"生态兴省"战略目标的实现也起着极为关键作用。

一、省级自然保护区建设发展概况及存在问题

山西省自然保护区从 20 世纪 80 年代开始起步，经过 30 多年的建设，到目前，全省已建立各类自然保护区 46 个，其中国家级自然保护区 6 个，省级自然保护区 40 个，总面积达到 114 万公倾，占到全省国土面积的 7.28%，初步形成了包括重要自然生态系统、野生珍稀动植物物种及其栖息地、重要的地质遗迹及景观等为主要保护对象的自然保护区网络。

从总体上看，山西省自然保护区的建设与管理，已逐步地走上规范化、法制化和科学化的轨道。但是，我省自然保护区的建设与管理还存在管理体制不顺、人员结构不合理、资金投入不足、科技应用低下、执法力量薄弱、以及保护区与周边社区的关系协调不够等问题。主要有：

1. 生态保护与地方经济发展不相协调

一是生产活动频繁，生态资源破坏时有发生。大多数自然保护区地域偏僻、交通闭塞，经济落后，当地经济发展资源依赖性较强，导致区内开矿办厂、开荒造地、打坝改水、河滩造地等建设时有发生，造成生态保护与地方经济发展的一些不相协调。

二是区内居民活动影响。《自然保护区条例》规定："禁止在自然保护区内进行砍伐、放牧、狩猎、捕捞、采药、开垦、烧荒、开矿、采石、挖沙等活动"，"禁止任何人进入自然保护区的核心区"，"禁止在自然保护区缓冲区开展旅游和生产经营活动"，但是由于保护区内特别是在核心区和缓冲区内仍有乡村居民的存在，居民生产生活等活动特别是改河、造地等对区内特别是核心区和缓冲区的生境造成很大破坏，应考虑核心缓冲区居民逐步移民搬迁问题。

三是补偿机制不完善，居民保护意识淡薄。目前，大多数自然保护区内都存在村庄，有居民居住，野生动物对农作物、畜禽危害较为普遍。但由于目前我省野生动物危害补偿制度仍未出台，群众受到的损失得不到及时补偿，生态保护在区内群众中难以形成共识，群众生态保护意识淡薄。

2. 资金投入不足，基础设施滞后

自然保护区建设是一项长期性的工作，不可能一蹴而就。但省级自然保护区由于经费

短缺，基础设施相当滞后，科研监测设施更是少之又少。由于资金渠道不畅，投资缺乏连续性，很多保护区一期规划开展的综合科研实验楼、宣教中心、生态环境监测、疫源疫病监测、野生动物救护中心等基础设施项目均未启动，很难形成有效的自然生态保护和科研监测网络。可以说，资金匮乏已成为自然保护区建设与发展的最大瓶颈之一。

3. 管护人员不足，管理力量薄弱

一是缺乏编制标准，管护人员不足。大多数省级自然保护区管护面积较大，地域偏僻，山大沟深，日常管护任务相当繁重。

二是专业技术人员短缺，科研工作滞后。要想对自然保护区实施有效管护，就必须对保护对象的特性和内在规律进行研究，但由于缺少专科院校毕业的野生动植物保护与管理专业技术人才，不能独立承担科研项目和任务，许多野生动植物保护、监测及研究课题难以开展，制约了保护区的深入发展。

另外，省级自然保护区的科技设备较少，配备的仪器也是很普遍的照相机、摄像机、望远镜等简单的工具，像野外自动监控、DNA、GPS、GIS、3S等新技术设备在大多数自然保护区很难得到运用。科技应用的滞后，导致保护区管护方法简单落后，管护效率难以提高。同时，由于科研工作滞后，保护区内可利用的资源也缺乏有效的利用方法，长期困扰自然保护区的生态保护与地方经济发展的矛盾得不到很好的破解。

三是职级待遇较低，工作积极性难以调动。由于种种原因，保护区管理局内设科室的职级待遇长年得不到落实，保护区工作人员政治待遇较低，加上自然保护区大都在偏远的深山密林，工作条件艰苦，不能很好地调动职工工作积极性，不少优秀人才甚至想办法调离保护区，很难拴心留人。

4. 执法机构缺失，执法力量薄弱

执法管理是自然保护区一项基础性、重要性工作，对保护区内的自然资源和自然环境，维护自然保护区正常秩序，保持生态平衡，促进自然保护区健康快速发展具有十分重要的意义。由于执法主体不明，保护区执法力量相当薄弱。按照《自然保护区条例》等法律法规规定："根据国家有关规定和需要，可以在自然保护区设立公安机构或者配备公安特派员，行政上受自然保护区管理机构领导，业务上受上级公安机构领导。"而多数保护区内未设专门公安派出机构，区内亦未明确配备公安执法人员，导致滥捕滥猎、滥砍滥伐、非法采矿等违法行为不能得到及时查处，威胁自然资源的生存发展。

5. 无土地权属

由于当时成立保护区时属于抢救性划建，采取的"先划后建"方式，很多保护区特别是省级自然保护区并未取得辖区内林地管理权属。而且按现行法规，即使在核心区、缓冲区保护区管理部门也不一定有土地权或林权。据统计，目前我国超过80%的保护区存在土地权属问题。这样，由于保护区内不同的资源，都有相应的地方主管部门按照其部门管理法规管理，保护区管理机构很难有效行使管理职能。

二、加强省级自然保护区建设的初浅思考

1. 明确自然保护区管理机构地位

应根据《自然保护区管理条例》的规定，明确自然保护区管理管理机构性质，自然保护区管理局机关为行政执法单位，对省级以上保护区实施垂直管理，并将保护区人员纳入公务员或参照公务员法管理序列。这样既有利于形成完整、严密的自然保护区管理体系，又有利于提升保护区管理机构整形象，调动工作人员积极性，提高保护区整体管埋效能。

2. 明确编制标准，增强保护区管护力量

一是上级主管部门统一协调，根据一定的人均管护面积，下达并配齐人员编制，保证保护区各项工作的正常开展。二是配备必要的专业技术人员，优化保护区人员结构，为保护区管护水平的提升提供技术支撑。三是加快落实保护区科室领导职级待遇，为保护区吸引留住优秀人才创造条件。

3. 明确保护区执法主体地位，加强管护执法力度

一是明确自然保护区管理局为行政执法单位，具备执法主体资格，依法行使行政执法权力。二是严格执法程序。对立案、扣押、收缴、处罚、执行等执法环节进行详细规定，规范执法程序，加强执法监督。三是加强执法人员政治和业务培训，提高业务素质和执法水平，做到依法办案，秉公执法。四是在自然保护区建立公安派出所或设置公安特派员，增强自然保护区内执法力度，严厉打击各类涉及到自然保护的违法犯罪活动，为自然保护区建设和发展创造良好条件。五是建议尽快制定《自然保护区法》、《野生动物危害补偿办法》等法律法规，完善自然保护区法律体系。

4. 将省级以上自然保护区生态环境改造和天然林保护列入省级林业建设规划

在安排生态林建设、"天保"工程时，应将自然保护区内的森林保护和林业建设纳入专门投资计划，逐步使自然保护区生态环境得到改善，森林资源得到有效扩展和保护。

5. 实施自然保护区生态移民搬迁

在实施移民搬迁和低保等惠民政策上向自然保护区内居民倾斜，首先将核心区、缓冲区内村庄实施移民搬迁，将核心区建成符合规定的无居民区域，这样，既有利于自然保护的建设发展，又有利于区内群众充分享受惠民政策，改变生产生活方式，加快脱贫致富步伐。

6. 加大投入，改善自然保护区基础设施建设

建议参照国家级自然保护区建设经验启动省级自然保护区一期建设。将自然保护区建设与管理纳入国民经济发展计划，自然保护区所需经费纳入财政计划预算，每年定额投入。通过连续几年不间断投入，彻底改变省级自然保护区基础设施落后的面貌；

7. 统一土地权属

建议将省级以上自然保护区国有林地管理权赋予自然保护区管理机构，区内集体、个人林权按委托、置换等方式由自然保护区管理机构统一管理。

8. 加强业务培训，提升管护人员素养

建议将保护区职工培训工作列入工作日程，予以重视；定期邀请专家教授或委托相关院校对保护区人员进行专业知识和技能培训，提升自然保护区工作人员的工作能力；开辟信息网络等培训方式，拓宽培训渠道；组织开展考察活动，采取走出去的方式，开拓视野，更新观念，提高认识，提升自然保护区管护人员素养，切实提高保护区的科研能力和管护水平。

9. 探索建立黑鹳、青羊（斑羚）等濒危物种繁育基地

依托省级自然保护区资源优势，探索在省级自然保护区内建立一批珍稀濒危物种繁育基地，该基地具有科研、环志、避免近亲繁殖等价值。特别是黑鹳、青羊（斑羚）、大鸨等濒危物种目前在我省野外种群数量极少，如黑鹳目前种群数量极少，青羊（斑羚）目前很少能拍到活体照片、录像资料等，建立濒危物种繁育基地对于拯救黑鹳等濒危物种，实施迁地保护，扩大种群数量，发挥科研教育功能等均具重要意义。

10. 建设乡土珍稀树种实验园

为了进一步加强对省级自然保护区内珍稀濒危乡土树种种质资源的有效保护和扩展，促进区内森林植被的恢复，提高林分质量，加快对优良乡土树种资源发掘、培育、利用步伐，建议在省级自然保护区内建立乡土珍稀树种实验园，通过人工繁育来扩大珍稀树种等植物资源的分布面积，既可作为科普实验和教学基地，又可扩大对特色树种的繁育和推广。对于加快自然保护区建设，加强自然资源科学研究，发展珍稀乡土优良树种，加大宣传教育力度，扩大自然保护区影响，促进生态文明建设等均具有十分重要的意义。

二十六、推进生态文明　建设美丽灵丘*
——关于依托黑鹳省级自然保护区加快生态旅游建设，促进灵丘转型跨越发展的思考

灵丘县位于晋东北边缘，大同市东南端，东临河北涞源，南与阜平接壤，全县总面积2732平方千米。列全省第四位，大同市第一位。这里自古为兵家必争之地，有"燕云扼要"之称。近年来灵丘县依托丰富而独特的旅游资源，大力发展红古绿三色旅游产业，使其逐渐成为灵丘经济社会发展新的增长点。但是同省内和周边省市旅游产业发展好的地方相比，灵丘县旅游资源的开发与产业的发展还仍然处于较低水平，旅游经济基础薄弱，基础设施建设滞后，旅游业占全县经济比重小，带动能力弱，品牌优势提升力不强，乡土文化内涵尚待深入挖掘，知名度不高，远未达到预期效果。党的十八大报告提出要把全面协调可持续作为深入贯彻落实科学发展观的基本要求，全面落实经济建设、政治建设、文化建设、社会建设、生态文明建设五位一体总体布局，努力建设美丽中国，实现中华民族永续发展的目标，灵丘县作为山西省转型综改和扩权强县试点县，在深入贯彻落实十八大精

---

* 作者：王春；刘伟明（2014 年 8 月）

山西灵丘黑鹳省级自然保护区（2014 年 8 月）

神，立足科学发展观，实现转型跨越发展的过程中，只有深入调研和科学论证，依托当地旅游资源特别是在省内乃至全国范围独具特色的山西灵丘黑鹳省级自然保护区实验区原生态旅游资源优势，打造"中国黑鹳之乡"原生态文化旅游品牌，促进和带动旅游产业这一极具优势和潜力的朝阳产业发展，逐步将其培育成为全县新兴的支柱产业。并以此为突破口，进一步优化产业结构，转变发展方式，加速经济转型步伐，切实提高县域经济的运行质量和水平，为县域未来经济社会可持续发展奠定坚实的基础，从而达到推进生态文明，建设美丽灵丘的根本目的。

一、灵丘生态文化旅游资源丰富独特

灵丘历史文化悠久，底蕴深厚。灵丘之名始于战国，因战国时期赵国第六位国君赵武灵王葬于此地而得名。汉高祖十一年（公元前196年），大将周勃奉命讨伐陈于恒山之阳武灵之丘，是年始置灵丘县，属代郡。赵武灵王、北魏文成帝、孝文帝、辽代萧太后、唐末李存孝、明代张俊、清代武状元李广金等人文遗迹积淀为灵丘悠久厚重的历史。雄伟庄重的北魏觉山寺砖塔是我国现有辽塔的典型代表。觉山寺又名普照寺，位于县城东南30华里之外，周围峰峦叠秀，唐水环绕。觉山寺是北魏孝文帝于北魏太和七年（公元483年）专为报答母恩而敕建的一座皇家寺院，为国家级文物保护单位。此处曾为北魏文成帝于和平二年（公元416年）二月南巡途中御射之台。主要建筑分庙宇和砖塔两部分。《魏书》中记述："灵丘南有山，高四百余丈。乃诏群官仰射山峰，无能逾者。帝弯弧发矢，出山三十余丈，过山南二百二十步，遂刊石勒铭。"寺内现保存有北魏和平二年刊立的《皇帝南巡之颂》碑。还有仍保存完好的辽代砖砌密檐式寺塔，为辽建原物。另外，规模宏大的曲回寺唐代石佛冢群，在灵丘境内绵延220余华里，大量敌楼、墩台、烽火台、关门、瓮城、地窖等遗存的明内长城遗址，"太行八陉"中的第六陉蒲阴陉遗址等大批历史遗迹彰显了灵丘深厚的历史文化底蕴。

灵丘是历史人文大县，古代灵丘籍文臣武将、状元、文人墨客、高僧大德众多，其故居、遗迹等历史传统文化资源亟待整理挖掘，如清代道光壬辰科（1832年）灵丘籍武状元李广金，为清代山西仅有的六名武状元之一，初授头等侍卫，官秩正二品。后放外任，为江南松江府参将，提标中军参将，继擢升两江副将、江南总兵等职。后卒于异地。县内至今有状元坟（原灵丘二中西北）遗存；又如明代礼部左侍郎张俊历仕成化、正德、嘉靖三朝，政绩卓著，为国能臣，多次受朝庭恩宠褒封。纵观明清两代，不缘科甲，而官居显职，位致公卿，不仅在灵丘，而且从全国来说也屈指可数。其事迹在《明实录》，省、府、县志都有记载，在清代灵丘祭祀乡贤祠名列首位。目前在县城东北尚存张侍郎茔及记述完整的墓志等。如将其整理挖掘，必将产生深远影响。

抗战时期的灵丘，谱写了又一篇辉煌的篇章，震惊中外的平型关大捷粉碎了日军不可战胜的鬼话，取得了抗战以来的第一个大捷。林彪、聂荣臻、罗荣桓、徐海东、罗瑞卿、王震、杨成武、关向应、李天佑、刘澜涛、白求恩等众多革命先辈，在这片土地上留下了战斗的足迹。据统计，全县在抗日战争时期属根据地的行政村173个，占全县行政村总数的68.9%，仅处于黑鹳保护区内的抗战时期根据地行政村就有40多个。如今平型关战役遗址已成为全国爱国主义教育示范基地，加上国际共产主义战士白求恩在灵丘县杨庄村创办的特种外科医院旧址、八路军 359 旅旅部旧址、灵丘浑源抗日政府遗址、驿马岭战役遗址以及刘庄惨案遗址等仅在南山自然保护区内的革命旧址遗迹就有 20 多处，从而形成了独具优势的红色历史文化。另外灵丘独有的地域文化如"九景十八拗"、罗罗腔剧种、灵丘子母绵掌、大涧道情、红石塄秧歌、白氏剪纸等民间非物质文化，邓峰寺、龙泉寺、白马寺、禅庵寺、天堂寺等古寺名刹的宗教文化、具有悠久历史的黄烧饼及风味独特的苦荞凉粉等系列产品、全国独有别具风味的豆腐、豆腐干、后北城烧鸡等深加工土特产品的饮食文化都有待进一步整理、开发。

灵丘生态环境优越，灵丘黑鹳省级自然保护区实验区原生态旅游资源独具特色。灵丘县处于我国晋冀两省交界地带，同时也是五台山、恒山、太行山三大山脉交接处，生态区位特殊，生态资源独特。境内湿地河流众多，气候温暖湿润。特殊的气候条件造就了优越的自然生态环境，从南到北不仅地质构造较为复杂，地理落差也较大，既有群峰林立、山大谷深、悬崖峭壁、峰峦叠嶂的区域，也有处于群山环护、三面环水，气候温暖湿润、植被茂盛的区域。群山巍峨壮观，林草繁茂。森林资源、动植物资源十分丰富。特别是位于县境内南山区的山西灵丘黑鹳省级自然保护区，更是优势独特。

一是生态区位重要。山西灵丘黑鹳省级自然保护区成立于 2002 年，主要保护对象为国家一级保护动物黑鹳，国家二级保护动物青羊（斑羚）和珍稀树种青檀，是山西省面积最大的省级自然保护区，也是唯一的以黑鹳命名的省级自然保护区，无论是区内地质环境、气候特点、水文土壤、野生动植物资源等在山西省都比较特殊，生态区位较为重要。

二是生物的多样性丰富。区内有黑鹳、青羊（斑羚）等 300 多种野生动物世代在此繁衍栖息，有樟子松、核桃楸、青檀、水曲柳、黄檗、刺五加、银红杜鹃等 10 多种国家保护的珍贵稀有植物以及党参、知母等 300 多种名贵中药材分布。从物种和植物群落的稀有和珍贵性看，极具保护价值。

三是原生态旅游资源丰富，品位高。保护区内山峰林立，景观独特，区内乔灌草漫山遍野，构成保护区的植物群落系统，华北落叶松、油松、桦木等组成的森林景观、春夏秋冬四季季相景观、泉瀑景观、象形山石、地质遗迹、历史文化遗迹等原生态景观遍布区内，无论是景观多样性还是独特性在我省均具优势。

四是环境条件优越。区内森林繁茂，终年空气湿度大，空气负氧离子含量高，是很好的天然氧吧。据测定，保护区内活立木蓄积量达 215 000 立方米，林地每年可吸收二氧化碳 2.805 万吨，年释放氧气达 2.42 万吨。此外，茂密的森林植物还分泌挥发性的芬多精，人吸入后具有降低血压，减缓心跳，刺激副交感神经，消除紧张疲劳等功能，有很好的保健作用，为原生态旅游的开展提供了一个绝佳的环境。

五是"中国黑鹳之乡"品牌独具优势。黑鹳是世界性的濒危珍禽，在我国被列为国家一级重点保护珍禽，珍稀程度堪比大熊猫、藏羚羊。灵丘历史上就是黑鹳繁衍栖息越冬地，目前野外种群数量稳定。2010 年灵丘县被中国野生动物保护协会命名为"中国黑鹳之乡"，成为我国目前唯一被命名为黑鹳之乡的县。这是灵丘独特的自然资源，珍贵的稀有资源，和谐的人文资源，美丽的景观资源，当前，随着我国文化旅游业进入了发展转型期和重要战略提升期，全国各地都在深入挖掘本土文化内涵，提升特色文化品位，加快旅游业转型升级，形成自身旅游文化品牌，如我省晋中市祁太平三县"晋商文化"，临汾市洪洞县"寻根祭祖"文化，运城解州"关公文化"等。灵丘要想在全省乃至全国打响本土文化旅游品牌，实现后来居上，就一定要找准自身特色品牌，"人无我有，人有我优"。中国黑鹳之乡就是灵丘独一无二的资源，是品牌，是荣誉，应作为一张靓丽的名片倍加珍惜。因此灵丘打出"中国黑鹳之乡"原生态文化品牌就可在全国范围内凸显品牌优势，变后发为先发，充分利用黑鹳之乡品牌价值和影响力，将灵丘独特地域文化推向全国、全世界，提升灵丘整体形象，实现灵丘经济社会文化事业跨越式发展。

二、灵丘开发原生态文化旅游正当其时

灵丘开发原生态文化旅游符合国家生态政策要求。党的十八大报告提出要把全面协调可持续作为深入贯彻落实科学发展观的基本要求，全面落实经济建设、政治建设、文化建设、社会建设、生态文明建设五位一体总体布局，促进现代化建设各方面相协调，促进生产关系与生产力、上层建筑与经济基础相协调，不断开拓生产发展、生活富裕、生态良好的文明发展道路。强调把生态文明建设放在突出地位，融入经济建设、政治建设、文化建设、社会建设各方面和全过程，努力建设美丽中国，实现中华民族永续发展的目标。山西省第十次党代会提出了紧紧围绕"转型跨越发展、再造一个新山西"的总体战略，大力推进城乡生态化，致力于建设"四个山西"（即绿化山西、气化山西、净化山西、健康山西）。据 2011 年文化部与中国人民大学发布的报告显示，山西文化产业发展的产业驱动力指数位列全国第二，这说明我省文化产业发展的整体环境得到有效提升。而当前随着《山西省国家资源型经济转型综合配套改革试验总体方案》获批，山西综改区建设进入全面实施阶段。在这一重大历史机遇之中，山西旅游业要结合文化，担当综改区建设先锋。按照省人代会要求，到"十二五"末，山西省文化产业增加值要超过 1000 亿元，占地区生产总值 6%，成为国民经济支柱性产业，而文化旅游将成为重中之重。灵丘县作为山西省首批省级转型综改和扩权强县试点县，应充分利用此次发展机遇，牢牢把握"大力发展绿色旅游产品，使绿色旅游与红色旅游、传统文化旅游结合起来"的生态文明建设方向，在灵丘开发原生态文化旅游。这将为灵丘县域经济发展创造崭新的强劲的增长点，使其成为支柱产业，带动、促进经济全面健康稳定发展。

灵丘开发原生态文化旅游是县域经济发展需要。灵丘县域经济发展步伐明显加快，为原生态旅游业发展提供了强有力支撑。灵丘经济总量近几年实现了大幅跨越，财政实力明显增强，全县人民生活水平普遍提高。2011 年灵丘县地区生产总值达 32 亿元，财政总收入达 5.7 亿元，农村经济总收入 14.8 亿元，农民人均纯收入 4015 元。城镇居民人均可支配收入达到 15 407 元。持续稳定的发展速度，不仅提升了全县县域经济的总体实力，也有效促进了教育、医疗、文体、卫生、社会保障等各项社会事业蓬勃发展，为加速旅游产业发展的进程创造了条件。从目前看，虽然旅游业对全县经济总量和财政收入的贡献还不明显，但对带动农民增收致富却有了明显成效。在有效推动当地特色农产品销售的同时，旅游景点的农民通过开办农家特色餐饮店，从事跑马等游乐服务项目，增加收入。实实在在的效益，使老百姓致富的愿望随着收入的攀升不断增强。政府、集体和农民个人经济条件的好转，可支配财力的增长，以及经过十多年艰辛的积累，全县干部群众对旅游事业态度积极，热情饱满，为旅游业全面快速发展提供强大动力和有力的支撑。

灵丘位于晋东北边缘，是大同通往沿海地区的南大门。并处在大同、张家口、北京、天津、保定、石家庄、太原经济圈的中心位置。境内荣乌高速贯通东西，京原铁路和大涞、天走、京原三条公路干线在这里交汇，县乡公路四通八达，交通极为便利。新建的汽车客运站为城乡、城市间客运提供优质服务和保障。甚至依托大同民航机场，还可吸引全国各地游客。在灵丘县西面有久负盛名的北岳恒山、悬空寺、五台山，南面有河北省平山县西柏坡革命教育基地，东面有十渡、野山坡、清西陵，北面有大同云冈石窟等知名旅游景点。灵丘发展原生态旅游，既可作为五台山、恒山一线向东的延续，也可作为北京、十渡、野山坡一线向西的延续，还可作为这两条旅游线路的中转点。地理位置非常优越。灵丘近几年城市基础建设取得重大进展，县城主街道拓宽并打通东西出口，城中村改造，风和美苑等一批小区高层住宅楼的建成，集中供暖，清洁能源天然气入户使用，使灵丘城焕然一新，处处呈现现代化城市气息。平型关宾馆、明珠国际商务中心、晋银大酒店等高档次，可与星级宾馆相媲美的宾馆，完全能容纳、接待大旅游团，大型会议。工商银行、农业银行、建设银行、邮政储蓄、信用社等金融营业网点遍布县城主要街道，提供全天服务，移动、电信、网通等固定、移动电话网络、宽带网络覆盖全县。还有2005年成立的2家旅行社，现已发展壮大，能够为各地游客提供全方位服务。这些基础设施的建设，为大力开展、开发原生态旅游奠定坚实的基础。

近年来，灵丘县虽然依托当地矿产资源优势，大力发展采矿业、矿产品加工业，县域经济取得了长足发展。但是矿业经济在带来巨大经济财富的同时，也存在着环境压力增大、产业链条过短、私采滥挖行为众多、受国际国内行情影响较大等问题和制约因素，且矿产资源总量毕竟有限，可以预见在不久的将来，由于矿产资源枯竭必将带来矿业经济的大衰退，也必将影响灵丘县域经济发展。因此灵丘县要保持强劲的发展势头，就必须在继续强化资源优势，发展有色金属开采加工业的同时，坚持科学发展、改变经济模式，加快循环经济和绿色经济发展，由一条腿走路变成两条腿走路，把生态优势转化成为经济优势、发展优势和转型跨越的优势。而以旅游文化业为龙头的第三产业，兼具消费性服务业和生产性服务业的双重属性，是现代服务业中最为活跃的因素，不仅可以增加季节性流动人口数量和消费，拉动诸多相关服务业的发展，还可以推动传统服务业向现代服务业转型，并能催生出许多现代服务业的新业态，不断拓宽现代服务业的内涵，培育和带动出一大批新兴市场，为县域经济发展注入无限生机和活力，所以发展中国黑鹳之乡原生态旅游文化产业成为灵丘拓宽发展空间、实现跨越发展的重要途径。

三、加快原生态文化旅游发展，推进原生态文明，建设美丽灵丘

灵丘原生态旅游资源丰富，但开发规划尚不够完善。要针对灵丘现有旅游资源，按照高起点科学规划、高标准建设的原则，不仅着眼与省内、国内，还应放眼国际，按照国际旅游业发展趋势和管理理念，聘请全国知名的旅游规划设计研究机构的专家编制《灵丘县生态文化旅游业发展总体规划》，确立灵丘原生态文化旅游的产业定位和发展方向。将灵丘风景优美、古朴大方、充满活力、开放发展的县域形象，充分展示给外界，将灵丘打造成国内著名、国际知名的原生态文化旅游基地。从而体现旅游业带动作用大，辐射能力强，"倍增经济、倍增文明、倍增环境"，促进县域经济发展由总量扩张向质量提升的根本

转变的功能。

一是提升灵丘旅游整体形象。将整个灵丘县作为更大的旅游产品整体规划设计和形象包装，通过富于灵丘特色的原生态景观、地域文化、主题活动、形象标识等整体塑造灵丘旅游形象，全力打造"中国黑鹳之乡"品牌，突出"自然、文化、绿色、休闲"特色，深入挖掘文化底蕴，积极发展原生态观光、休闲度假、民俗风情三大旅游产业，不断加强重点旅游景点基础设施和服务游乐设施建设，带动全县"绿、红、古"三色旅游全面发展，建成"国内一流、国际知名"的原生态旅游景区。产生国际性的感召力，并形成国际性的知名度和美誉度。

二是优化灵丘旅游环境。尽管近几年县政府下大力气加强了基础设施建设，各项服务能力有了非常大的提高，但距推进生态文明，建设美丽灵丘的要求还远远不够。因此，应从"吃、住、行、游、娱"五大硬件要素入手，以创建国家级卫生城市和省级园林城市为目标，加大城市建设力度，创建满足国际游客旅游消费的环境：基础设施、接待设施、服务设施以及语言环境、旅游服务、市民素质等都遵循国际惯例和国际标准，进一步提高旅游承载能力，能满足主要客源地和国际游客的旅游消费需求，具有国际性的亲和力。逐步把灵丘打造成为京津唐的后花园、中国的原生态旅游胜地、世界游客的度假乐园。

三是开展具全国乃至国际影响力的旅游节庆活动。进一步通过举办有国际影响力的大型节庆活动、国际交流活动，如举办中国"黑鹳之乡"国际旅游节、国际学术研讨会，开展"六个一"旅游促销宣传活动，即在省级以上新闻媒体上设置一个"中国黑鹳之乡"旅游栏目、制作一套光盘、印制一本画册、出版一本书籍、办好一个节会、设立一处旅游咨询服务中心。编辑出版系列文化旅游丛书和光碟，在北京、太原、广州等大城市举办"中国黑鹳之乡"风景画展。从而形成品牌效应，产生持续的国际性影响力。

四是打造独具特色的核心旅游产品。建设具国际影响的旅游品牌，不仅要有国际一流的旅游文化资源，更要按照国际标准从景区规划，基础设施建设如建设黑鹳人工繁育基地，生态博物馆，游乐园，采摘园，狩猎场等方面，打造中国黑鹳之乡原生态游、自然科学考察游、国际游客体验游、生态休闲游等具有国际竞争力的以原生态文化、绿色休闲为主的核心产品，从发展低端观光型产品逐步过渡到发展高端的休闲度假产品，从而产生国际性的旅游吸引力。

五是优化旅游运作模式。灵丘开展原生态旅游运作模式应符合国际惯例，开放旅游市场，具有国际性的适应力。一是整合资源，统筹安排，筹建"中国黑鹳之乡"大旅游县。灵丘虽有众多旅游资源，但权属分散，村、乡、县三级都有。县里又涉及自然保护区、文物、旅游、平型关景区小、宗教、林业、水利、国土等多个部门。为避免各自为政，多头管理，一盘散沙，不成局面的弊端，扎实有效推进生态文明建设，应将原生态文化旅游资源整合到一个部门，依托黑鹳自然保护区，通过政府运作、经营权转让、招商引资等多种方式引进国内外有实力的个体大企业、大集团投资，统一规划，统一运作，统一管理，既符合国际惯例又能提高工作效率。有效推进原生态文化旅游快速发展；二是积极实施文化和旅游资源的整合创新。按照"积极参与、平等协商、共同开发、互利互惠"原则，打破政区界限，充分利用资源型转型综改实验区优势，先行先试，走区域合作联动发展的路子。积极与大同市周边县区、太行山沿线、京、津、蒙等周边地区洽谈衔接，以原生态文化为纽带，努力构建区域旅游圈，形成在原生态旅游产品开发、旅游市场营销等方面合作共赢的新格局，从而形成一个有机整体，相互辉映，相互衬托，实现互利共赢，共同发展。

总之，"中国黑鹳之乡"是灵丘的一笔珍贵财富，一张靓丽名片。要充分发挥灵丘县资源优势，利用"中国黑鹳之乡"品牌优势做好原原生态旅游这篇大文章，逐步向全国著名风景名胜区迈进，向世界知名风景名胜区发展，走出适合灵丘的、有自我特色的原生态文化旅游之路。该项目的实施，必将为实现转型跨越，推进生态文明，建设美丽灵丘作出重大贡献。

二十七、关于依托生态资源优势，建设
生态大同，打造历史名城的建议*
——"同心同力、发展大同"大讨论报告

按照市委和灵丘县委的安排，我局从 10 月初至今，围绕"同心同力，发展大同"这一主题，深入保护区基层乡镇和村庄进行调研，请群众提出意见建议，在综合调研成果及群众意见基础上，组织全体人员开展了两次集体讨论，讨论中，大家围绕如何充分发挥我市生态资源优势，促进经济和生态保护等各项社会事业发展这一主题各抒己见，提出建议等。通过综合大家讨论意见，我们认为灵丘县作为大同的东南大门，毗邻京津冀、地理区位优势突出，文化底蕴厚重，生态资源优势在大同市及周边地区优势明显。我市应紧紧抓住当前重大发展机遇，围绕"十三五"规划建议提出的创新、协调、绿色、开放、共享五大发展理念，以"区域发展差异化、资源利用最优化、整体功能最大化、经济效益最好化"为发展定位，依托灵丘以"中国黑鹳之乡"为代表的独特生态资源优势，深入挖掘生态文化传统内涵和"中国黑鹳之乡"品牌，大力发展生态旅游文化龙头产业，充分发挥产业辐射带动作用，积极对接国家"一带一路"、京津冀协同发展、长江经济带战略，扩大与相关地区的交流合作，加大承接长三角、珠三角等地区产业转移力度，主动融入环渤海经济圈和中原经济区，在实现有为生态建设的同时有效保护自然生态环境，将大同打造成为加快资源型城市转型发展的先行试点城市和宜居宜业宜游的绿色历史名城。

一、基础条件较好，资源优势突出

1. 自然生态资源丰富独特

大同历史悠久、地势险要，是首都之屏障，三晋北方之门户。境内地貌类型复杂多样，山川、湖泊、溶洞、石林、土林、火山、温泉、寒泉、草原等地况地貌兼而有之。这些奇特的地况地貌孕育了本地丰富独特的生物资源。全市天然林主要有桦树、椴树、栎树、杜松等；人工林主要有落叶松、樟子松、云杉、小叶杨等；灌木林主要有山桃、山杏、沙棘、虎榛子、绣线菊等，森林覆盖率达 15.1% 。大同生物资源种类繁多，高等植物有 1180 余种，野生动物有 220 余种，其中有黑鹳、白尾海雕、金雕、大鸨、豹等国家重点保护野

---

* 作者：保护区管理局

生动物。有省级自然保护区 5 处、国家及省级森林公园 4 处，水源保护区 5 处等。生态优势较为明显。灵丘作为全市生态条件最好的地区，同时又具有"中国黑鹳之乡"等全国知名生态品牌，有着发展绿色生态文化产业的资源优势和品牌产业基础。

一是生态环境优越，生物多样性丰富。灵丘县处于我市东南端，也是五台山、恒山、太行山三大山脉交接处，区内地理环境复杂，森林景观丰富多样，有天然次生林和灌木林，还有阔叶林、针阔混交林等，是大同市主要天然林分布区，全县林地面积达 239 万余亩，活立木蓄积量 157 万立方米。在我市均居首位。灵丘在我市属于生物多样性Ⅰ级区（生物多样性重要区即优先保护区），生态资源优势明显。全市 1180 多种高等植物和 220 多种野生动物在灵丘均有分布，其中灵丘独有野生植物 103 种，独有野生动物 17 种，无论是植物丰富度还是动物丰富度在全市各县区均居首位。灵丘是国家一二级保护动物黑鹳、大鸨、豹、青羊、大天鹅、鹊鹞、猎隼、长耳鸮等的主要分布繁殖栖息区，也是国家一级保护动物豹猫、金钱豹的主要活动区域。区内有国家一二级重点保护鸟类 20 多种，占山西省总数的 62.5%。有樟子松、核桃楸、青檀、水曲柳、黄檗、刺五加、迎红杜鹃、天南星、蔓剪草等国家保护的珍贵稀有植物有 10 多种。从物种和植物群落的稀有和珍贵性看，具有极高的科研、观赏和保护价值。

二是具有"中国黑鹳之乡"品牌。黑鹳是世界性的濒危珍禽，在我国被列为国家一级重点保护珍禽，珍稀程度堪比大熊猫、藏羚羊。灵丘县由于气候温暖湿润，自然生态环境条件适宜，历史上就是黑鹳繁衍栖息越冬地，目前野外种群数量稳定。鉴于此，山西省政府于 2002 年在灵丘县南山区设立了山西灵丘黑鹳省级自然保护区，2010 年灵丘县被中国野生动物保护协会命名为"中国黑鹳之乡"，成为我省目前唯一被命名为黑鹳之乡的县。黑鹳不仅是灵丘，也是大同独特的自然资源，珍贵的稀有资源，深厚的人文资源，美丽的景观资源，是发展生态产业独特的品牌。

三是灵丘具有发展生态产业的基础。近年来灵丘县委、县政府顺应经济发展趋势，依托灵丘独特生态资源优势，加快"红古绿"三色旅游和有机农业园区建设等，并将其作为振兴农业增加农民收入的主攻方向，探索实施了车河有机农业社区、润生生物材料基地、绿海金秋有机果蔬生产基地、苦荞综合加工等一批有机农业园区项目和平型关军事文化园、通用航空产业园、觉山寺砖塔保护工程等，努力实现生态、文化和旅游的融合式发展，也是实施精准扶贫的一项有效举措。

2. 地理交通四通八达

我市北邻内蒙，东望京津，毗邻冀中，扼晋、冀、内蒙之咽喉要道，为三代京华、两朝重镇，被誉为"北方锁钥"。境内京包、同蒲、大西高铁和现已开工的大张高铁及京大、大运、得大、荣乌等现代高速公路、铁路形成了覆盖全境、联通京津冀蒙陕等省市的现代化高速交通网络。灵丘县作为大同通往京津冀鲁和沿海地区的南大门，处在大同、张家口、北京、天津、保定、石家庄、太原经济圈的中心位置。境内荣乌高速贯通东西，京原铁路和大涞、天走、京原三条公路干线在这里交汇，县乡公路四通八达，交通极为便利。在灵丘县西面有久负盛名的北岳恒山、五台山，南面有河北省平山县西柏坡革命教育基地，东面有十渡、野山坡、清西陵，北面有我市云冈石窟等知名旅游景点，地理位置非常优越，对于我市以灵丘为依托进一步发挥资源优势，发展现代绿色产业，进一步融入我国当前重点开展一带一路建设、环渤海经济区建设、京津冀协同发展等具有优越的地理区位优势。

3. 境内历史人文景观丰富

我市是 1982 年国务院首批公布的 24 座"历史文化名城"之一。自春秋战国时，赵武灵王"胡服骑射"而置"云中、雁门、代都"以来，以两汉要塞、北魏京华、辽金陪都、明清重镇而闻名华夏，历史上几经辉煌，人文景观丰富。境内现存古建筑、古墓葬、古遗址 2 万余处，灵丘作为我市历史文化悠久，底蕴深厚的县，历史人文景观更为丰富。

灵丘之名始于战国，因战国时期赵国第六位国君赵武灵王葬于此地而得名。汉高祖十一年（公元前 196 年）始置灵丘县。赵武灵王、北魏文成帝、孝文帝、辽代萧太后、唐末李存孝、明代张俊、清代武状元李广金等人文遗迹积淀为灵丘悠久厚重的历史。雄伟庄重的北魏觉山寺砖塔是我国现有辽塔的典型代表。觉山寺周围峰峦叠秀，唐水环绕，寺内现保存有北魏和平二年刊立的《皇帝南巡之颂》碑。还有保存完好的辽代砖砌密檐式寺塔，为辽建原物。另外，规模宏大的曲回寺唐代石佛冢群，在灵丘境内绵延 220 余华里，大量敌楼、墩台、烽火台、关门、瓮城、地窖等遗存的明内长城遗址，"太行八陉"中的第六陉蒲阴陉遗址等大批历史遗迹彰显了灵丘深厚的历史文化底蕴。

在革命战争时期，林彪、聂荣臻、罗荣桓、徐海东、罗瑞卿、王震、杨成武、关向应、李天佑、刘澜涛、白求恩等众多革命先辈，在灵丘这片红色的土地上留下了战斗的足迹。据统计，全县在抗日战争时期属根据地的行政村 173 个，占全县行政村总数的68.9%，仅处于黑鹳保护区内的抗战时期根据地行政村就有 40 多个。如今平型关战役遗址已成为全国爱国主义教育示范基地，国际共产主义战士白求恩在灵丘县杨庄村创办的特种外科医院旧址、八路军 359 旅旅部旧址、灵丘浑源抗日政府遗址、驿马岭战役遗址以及刘庄惨案遗址等革命旧址遗迹有 270 多处，其中平型关大捷革命遗址纪念地 17 处，形成了独具优势的红色历史文化。另外，灵丘独有的地域文化如"九景十八拗"、罗罗腔剧种、灵丘子母绵掌、大涧道情、红石塄秧歌、白氏剪纸等民间非物质文化、邓峰寺、龙泉寺、白马寺、禅庵寺、天堂寺等古寺名刹的宗教文化、具有悠久历史的黄烧饼及风味独特的苦荞凉粉等系列产品、全国独有别具风味的豆腐、豆腐干等深加工土特产品的饮食文化都有待进一步整理、开发，为发展生态文化产业提供了良好基础。

4. 具有珍爱环境、保护生态的独特文化传统

我市历史上生态环境极为优越，野马、披毛犀、大角鹿等野生动植物资源极为丰富。北魏时期郦道元在《水经注》中对当年云冈美景有如下描述。"山堂水殿，烟寺相望，林渊锦镜，缀目新眺"。《云中郡志》中还记载着大同景物"滴翠流霞，川原欲媚。坡草茂盛，群羊点缀。……挹其芳澜，郁葱可冷。"唐吕令问《云中古城赋》曰"阴蔽群山，寒涧众木，……伏熊斗虎，腾鹿聚麋，常鸣悍惊，乍鸳啸。"唐云州亦贡雕翎。可见当时生态环境之优越以及虎、豹、雕、黑鹳等珍稀动物在大同遍布的情形，受到了历代众多文人墨客赞美，留下了无数脍炙人口的诗文名篇，形成了具有地方特色的生态保护文化。如黑鹳在灵丘历史上就被认为象征吉祥而受到了百姓的保护，有的地方就被命名为黑鹳林、黑

鹳坟等。2014 年被县人大命名为灵丘县县鸟。形成了保护环境、珍爱自然的厚重文化积淀。

二、关于我市建设生态大同，打造历史名城的建议

我市建设生态大同，打造历史名城应紧紧抓住国家京津冀协同发展、"一带一路"建设、蒙晋冀（乌大张）长城金三角区域合作、北京－张家口联合申办冬奥会及我省转型综改试验等重大机遇，依托生态资源优势，发挥灵丘"中国黑鹳之乡"等生态品牌辐射带动作用，整合生态文化资源，确定生态产业发展方向，规划实施一批重大项目，培育相关产业集群，促使我市生态文化产业转型升级，努力打造面向京津冀、国内一流、世界知名的宜居宜业宜游的绿色历史名城。

1. 依托灵丘生态优势，打造"中国黑鹳之乡"生态产业集群

一是在灵丘县建设黑鹳科研繁育基地。通过对黑鹳进行人工饲养条件下自然繁育的方式开展黑鹳人工繁育实验，扩大野外种群规模。并联合国内外知名院所和生物学方面专家教授共同开展濒危物研究，每年在灵丘举办二次国家层面的野生动物研讨会，提升灵丘吸引力。并将其打造成为我国以及世界上目前唯一的鸟类科研繁育基地。对于研究黑鹳的巢址选择、产卵繁殖、觅食栖息、食性研究、活动迁徙规律以及黑鹳在生物链中的作用、与人类自身的关系等具有十分重要的意义。同时还可以基地为寄托，探索动物养殖技术，发展养泥鳅、鲫鱼、中华鳖、虹鳟鱼等当地特色养殖业，形成产业群，发挥基地辐射带动作用，带动群众脱贫致富。并以灵丘为中心，进一步打响"中国黑鹳之乡"绿色品牌，有效承接国家关于黑鹳的重点科研项目，接纳相关专业实习师生，承办国内外大规模学术研讨会等学术交流项目等。发挥其辐射带动效应，带动周边县区生态产业发展，提升我市知名度，扩大我市在国内外影响。使"中国黑鹳之乡"成为我市一张靓丽的名片。

二是建设"中国黑鹳之乡"珍稀植物园。灵丘气候温暖湿润，地理区位以及自然条件较好，建议在灵丘县建设华北地区生态珍稀植物园，集保护、科研、宣传、参观、旅游等功能为一体，植物园内规划种植特色植物、花卉、药材、灵丘特色瓜果蔬菜及杂粮等，将具有特殊价值的珍稀植物如青檀等通过引种、人工培育等手段集中种植在园区内，同时依托实验园平台发展有机农业、苗木培育、花卉种植及乡土特色瓜果蔬菜采摘、地方特色生态产品如苦荞茶、干果以及周边县区特色农产品等展览出售等多种生态产业链，同时建设生态博物馆宣传展览山西灵丘地质、土壤、水文、动物、植物、昆虫、珍稀物种、生态历史文化资料等。既可作为科普实验和教学基地，承接国家知名院校教学实习和学术研讨等活动，又可作为当地一道靓丽的风景接受广大人民群众和中小学生的参观学习，还可扩大对我市珍稀特色植物的繁育和推广，提供城乡剩余劳动力就业功能岗位，带动周边地区群众致富。对于加快我市生态产业建设、弘扬特色生态文化、提升城市品味、加强生态植物资源科学研究、宣传和打造宜居、宜业、宜游特色城市、促进生态文明建设等具有十分重要的意义。

三是优化产业结构调整，大力发展现代有机农业等生态产业。建议以灵丘现有有机农业项目为基础，围绕生态绿色有机安全的主线，大力构建京津地区菜篮子和特色农产品供

给基地，发展面向京津冀地区的有机农业产品，如绿色无公害蔬菜种植、牛羊养殖、食用菌种植、中草药材种植、智能温室大棚等。并充分利用灵丘与河北接壤地区的地缘优势和荣乌高速全线贯通这一重要契机，融入环首都三小时经济圈，为融入京津冀一体化发展垫定基础。

2. 大力发展生态旅游

我市原生态旅游资源丰富，应针对现有旅游资源，按照高起点科学规划、高标准建设的原则，依托灵丘在省内乃至全国范围独具特色的原生态旅游资源优势，打造"中国黑鹳之乡"原生态文化旅游品牌，促进和带动旅游产业这一极具优势和潜力的朝阳产业发展，逐步将其培育成为灵丘县乃至全市新兴的支柱产业。

一是提升旅游整体形象。将大同作为更大的旅游产品整体规划设计和形象包装，通过富于大同特色的原生态景观、地域文化、主题活动、形象标识等整体塑造大同旅游形象，全力打造"中国黑鹳之乡"品牌，突出"自然、文化、绿色、休闲"特色，深入挖掘文化底蕴，积极发展原生态观光、休闲度假、民俗风情三大旅游产业，不断加强重点旅游景点基础设施和服务游乐设施建设，建成"国内一流、国际知名"的原生态旅游景区。

二是优化旅游环境。从"吃、住、行、游、娱"五大硬件要素入手，以创建国家级卫生城市和园林城市为目标，加大城市建设力度，创建满足国际游客旅游消费的环境：基础设施、接待设施、服务设施以及语言环境、旅游服务、市民素质等都遵循国际惯例和国际标准，进一步提高旅游承载能力，能满足主要客源地和国际游客的旅游消费需求，具有国际性的亲和力。逐步把大同打造成为京津冀的夏季避暑宝地、中国的原生态旅游胜地、世界游客的乐园。

三是开展具全国乃至国际影响力的旅游节庆活动。进一步通过举办有国际影响力的大型节庆活动、国际交流活动，如举办中国黑鹳之乡国际旅游节、国际学术研讨会，编辑出版系列文化旅游丛书和光碟，在北京、太原、广州等大城市举办"中国黑鹳之乡"风景画展，形成品牌效应，产生持续的国际性影响力。

四是打造独具特色的核心旅游产品。要按照国际标准从景区规划，打造核心生态旅游景区。以灵丘唐河峡谷门头峪口至上北泉村与河北交界地为中心，建设生态旅游基础设施建设，具体可用"三道、五场、三馆、一园"概括。其中"三道"为旅游道路建设。即修建空中索道、古栈道、环保车道等以及旅游公路修缮等；"五场、三馆、一园"为宣教游乐设施建设。包括建设"五场"狩猎场、滑雪场、游泳场、游乐场、休闲购物广场，"三馆"黑鹳之乡生态展览馆及主题雕塑、休闲健身馆、宾馆，"一园"野生动物观光园等；旅游服务设施建设包括游客接待中心、停车场、通讯、供电、供水、公厕、休息点、游客救护中心、工作房、旅游警示提示标志、垃圾处理设施，森林保护防火预警监测与珍稀植物保护、野生动物保护救助设施等。打造中国黑鹳之乡原生态游、自然科学考察游、国际游客体验游、生态休闲游等具有国际竞争力的以原生态文化、绿色休闲为主的核心产品，从发展低端观光型产品逐步过渡到发展高端的休闲度假产品，从而产生国际性的旅游吸引力。

五是积极实施文化和旅游资源的整合创新。按照"积极参与、平等协商、共同开发、互利互惠"原则，打破政区界限，充分利用地区区位优势，积极与京、津、蒙、陕等周边地区洽谈衔接，以原生态文化为纽带，充分发挥灵丘生态文化产业带动辐射作用，带动周边各县优势产业和生态产品向京津冀地区推广，努力构建区域旅游圈，形成在原生态旅游产品开发、旅游市场营销等方面合作共赢的新格局。

3. 注重生态文化研究，着力提升区域发展软实力

要打出生态文化牌，挖掘我市历史上的生态文化遗产，从文化层面拔高发展层次。一是要建立和完善具有大同区域义化特色的生态文化体系，充分发挥人才智力优势，依托在同科研院所等专业机构和社会力量，在发掘整理古代大同生态文化的诗文、论述、民俗等的基础上，吸收国内外最新生态文明建设理念，进一步突出大同生态文化特色，丰富文化内涵、创新生态文明理论，形成大同生态文化创新成果。二是要加快成果转化，将最新研究成果以图书、画册、影视作品、旅游文化产品以及保健产品、餐饮文化等便于公众接受的载体予以推广，特别是要发挥微博微信等现代化通信平台作用，实时发布相关信息，使之成为传播大同特色生态文化，提高公众认知程度，树立独具特色生态文化品牌，促使生态文化成为区域竞争的软实力。

总之，要充分发挥我市生态资源优势，依托灵丘，打响"中国黑鹳之乡"等生态文化品牌，建设生态产业，充分发挥产业辐射带动作用，进一步走出适合大同的、有自我特色的生态文化产业发展之路，使生态优势成为推进我市"绿色历史名城"建设的不竭推动力，加速我市转型跨越发展，推进生态文明，美丽大同建设。

2015 年 11 月 25 日

二十八、保护区遭蚕食　生态游待规范[*]

自然保护区因其独特的生物多样性造就了天然的丰富优美的自然景观，可以说是人类最后的自然遗产，也是人类宝贵的财富和精神家园。

随着社会经济的快速发展，返朴归真、回归自然越来越成为人们新的时尚追求；自然保护区珍贵的自然遗产、优美的自然景观、丰富的自然资源，越来越成为人们放松身心、休闲度假的良好场所，倍受青睐。由于我国大多数自然保护区是抢救性划建，区内不论是核心区、缓冲区，还是实验区，仍有大量的村庄存在，而绝大数保护区也未取得林权、地权，无法实现封闭管理，一些乡村以及一些经济实体依托这些山村窝铺开展自然景观生态旅游、民俗旅游等活动应运而生。

有的村庄利用村落自然环境开展以"生态民俗村"为主题的生态旅游；有的是开发人与当地乡村、政府签订开发合同，村落耕地、破旧房屋变更承包购置，开展生态旅游。另外，不少保护区内也存在一些在建区之前由旅游、文物等部门管理的生态旅游项目。而

---

* 作者：王春；支福

　载 2015 年 9 月 17 日《中国绿色时报》。

且，在经济利益的驱动下，这些旅游项目存在自然保护区不同功能区域。

《中华人民共和国自然保护区条例》第二十七条规定：禁止任何人进入自然保护区的核心区。第二十九条规定：在地方级自然保护区实验区开展参观、旅游活动的，由自然保护区管理机构提出方案，经省、自治区、直辖市人民政府有关自然保护区行政主管部门批准。2002 年国家环保部、国家计委、财政部、国家林业局、国土资源部、农业部、建设部七部委联合下发的《关于进一步加强自然保护区建设和管理工作的通知》（环发〔2002〕163 号）第三条中规定：禁止在自保护区核心区和缓冲区内开展任何旅游和生产经营活动。而现在不少自然保护区的核心区就出现了开展民俗旅游活动，很多实验区的旅游活动也没有履行审批程序。在最近 2015 年 5 月环保部等十部委下发的《关于进一步加强涉及自然保护区开发建设活动监督管理的通知》中明确规定：地方各有关部门要严格执行《自然保护区条例》等相关法律法规，禁止在自然保护区核心区、缓冲区开展任何开发建设活动，建设任何生产经营设施；在实验区不得建设污染环境、破坏自然资源或自然景观的生产设施。

然而，面对保护区内出现的盲目随意、混乱无序、无规划、无自然资源和环境影响评价的旅游活动，由于大多数自然保护区内的土地均为国有或集体所有，保护区没有土地所有权，只有管护权，加上自然保护区相关法规对此类违反规定的行为如何处理没有明确规定，所以保护区管理部门只凭督促教育无法实现有效的管理。尤其是在核心区和缓冲区开展的生态旅游，更是与法律精神、与保护区建立的目的和意义完全背离。

同时，随着社会经济的不断发展，人类对美好自然环境的向往程度不断加深，自然保护区越来越成为人们理想的旅游胜地。从报纸、网络等媒体上看，自然保护区被非法旅游活动蚕食的现象也相当普遍。在自然保护区管理机构没有土地所有权，管护职能无法有效开展的情况下，在经济利益的刺激下，依托自然保护区内山村窝铺，不经规划和审批，擅自开展或变相开展生态旅游的现象已经呈现出愈演愈烈的趋势，而旅游设施的建设和大量游客的进入，势必会对野生动植物和自然环境造成影响。

如何规范自然保护区内的旅游行为，已经成为自然保护区管理面临的重大课题，也是生态保护中不可小觑的问题。为了避免多年努力立起来的保护事业受到破坏，巩固生态文明建设成果，维护生态平衡，为人类永续发展留下宝贵资源，各级自然保护区主管部门应尽快出台操作性强的自然保护区旅游管理办法，以提升自然保护区的科学管理水平，更好地实现保护区生物多样性的功能。

一是从法律法规上对自然保护区内的非法旅游活动如何处罚进行明确规定，明确执法部门。在一定时期内对核心区和缓冲区旅游活动进行清理。

二是按照《中华人民共和国自然保护区条例》相关规定，将实验区旅游资源权属统一划归自然保护区管理，建立相应的管理规范标准，以加强监管。

三是对实验区内旅游活动进行统一规划和环境影响评价，并报相关主管部门批准。

四是在依托实验区旅游实体，将核心区和缓冲区居民迁移至旅游区内，并提供就业岗位，让他们成为自然资源的受益者，实现保护和发展的统一。

五是加大自然保护区执法力度，在自然保护区内设立森林派出所或公安特派员，将自然保护区行政执法委托森林公安部门执行。

六是加强问责追责机制，对自然保护区内旅游活动未经保护区主管部门批准，相关部门擅自批准实施的，严格问责机制，严肃追究责任。

自然环境是人类赖以生存和发展的基础，依法加强自然保护区旅游管理对提升保护区生物多样性保护水平，协调解决保护与发展矛盾，促进人与自然和谐发展具有重要的意义，我们应未雨绸缪，及早谋划，让自然资源开发合理有序，防止自然资源遭破坏，以对子孙后代负责的态度，切实保护好珍贵的自然资源。

二十九、完善自然保护区执法体制　保障生态文明建设有序推进[*]

自然保护区是保护人类赖以生存的生物资源和社会经济可持续发展"战略资源"的重要载体，是维护生态环境安全，发挥生态服务功能的重要生力军，是生态文明建设的前沿阵地之一，在维护物种多样性、保持生态平衡、改善人类和动植物资源的生存繁衍环境等方面发挥着独特的、不可替代的重要作用。

自然保护区的首要职能就是保护自然环境与自然资源，使各种典型的生态系统和生物物种，在有效的保护下，正常生存、繁衍与协调发展；使各种具有科学价值和历史意义的自然历史遗迹和各种有益于人类的自然景观，保持本来面目。为此，国家专门出台了《中华人民共和国自然保护区管理条例》、《森林和野生动物类型自然保护区管理办法》等法规，赋予了自然保护区管理机构众多的行政职能，承担着诸多行政许可、审核、行政处罚等事项。加强自然保护区法制建设，是提高自然保护区依法治区能力，提升自然保护区保护水平的重要手段，是实现自然保护区可持续发展重要举措。

1. 自然保护区行政执法现状

依法行使行政权力，及时查处违法行为是确保保护区资源安全和区内社会秩序稳定的重要手段。自然保护区具有我国《自然保护区条例》法定和林业主管部门委托书委托的林业处罚权。其中《自然保护区条例》中规定的执法条款共有两项，一项是第34条规定：违反本条例规定，有以下行为之一的单位和个人，由自然保护区管理机构责令其改正，并可以根据不同情节处以100元以上5000元以下的罚款。（一）擅自移动或者破坏自然保护区界标的；（二）未经批准进入自然保护区或在自然保护区内不服务管理机构管理的；（三）经批准在自然保护区的缓冲区从事科学研究、教学实习和标本采集的单位和个人，不向自然保护区管理机构提交副本的。另一项是《自然保护区条例》第35条规定：违反本条例规定，在自然保护区进行砍伐、放牧、狩猎、烧荒、开矿、采石、挖沙等活动的单位和个人，除可以依照有关法律、行政法规规定给予处罚的以外，由县级以上人民政府有关自然保护区行政主管部门或者其授权的自然保护区管理机构没收违法所得，责令停止违法行为，限期恢复原状或者采取其他补救措施；对自然保护区造成破坏的，可以处以300元以上10 000元以下的罚款。

---

* 作者：王春；支福
载中国野生动物保护协会保护区委员会网站。

目前，国家自然保护区都配备了森林公安，行政执法由森林公安统一执行。但省级及省级以下自然保护区都未设立公安机构，而且自然保护区行政主管部门对《自然保护区条例》规定的第 35 条的执法授权也不尽相同，而对自然资源破坏严重的行为又恰恰都是在第 35 条规定的处罚内容之中。所以面对严重的破坏行为，自然保护区管理机构只能先行上报，但由于行政主管部门距保护区距离较远，容易造成违法分子逃离转移，无法及时查处打击，导致保护区内滥捕滥猎、私挖滥采、非法修筑设施等违法行为屡有发生，资源破坏较为严重。

2. 存在的问题

（1）执法体制不顺，执法机构不健全

目前，除了国家级自然保护区将全部执法权授予公安机构外，大多省级及省级以下自然保护区未将得到省自然保护区行政主管部门关于《自然保护区条例》中第 35 条的执法授权，自然保护区管理机构不具有全部行政执法资格，自然保护区行政执法体制不顺。

《中华人民共和国自然保护区条例》第二十一条第二款规定："有关自然保护区行政主管部门应当在自然保护区内设立专门的管理机构，配备专业技术人员，负责自然保护区的具体管理工作。"此项规定明确赋予了自然保护区的执法权力。但目前，除国家级自然保护区按规定设置公安派出所作为专门执法单位外，省级以下自然保护区没有设立专门的行政执法机构，无专门的行政执法人员，未设置法制监督机构，行政执法制度不健全，行政执法多以基层管理站为主，执法随意性大，缺乏监督，没有形成完整的执法体系。有的自然保护区由于缺乏和当地政府法制部门的沟通，所在政府法制部门甚至没有将自然保护区纳入行政执法单位范畴，执法机构的缺失和执法体系的不完善，造成保护区在面对资源破坏违法行为时，执法能力软弱，非法猎捕、私挖乱采、修筑设施等破坏自然保护违法行为不能及时有效查处，自然保护工作相当被动。

（2）法律法规滞后，行政执法无所适从

《国家林业局森林和野生动物类型自然保护区管理办法》第 11 条规定：自然保护区的自然环境和自然资源，由自然保护区管理机构统一管理，未经国家林业局或省、自治区林业主管部门批准，任何单位和个人不得进入自然保护区建立机构和修筑设施。《自然保护区条例》第 26 条规定：禁止在自然保护区内进行砍伐、放牧、狩猎、采药、开垦、开矿、采石、挖沙等活动；但是，法律、法规、行政法规规定的除外。第 35 条也对违反此条规定的行为作出了相应的处罚规定。

依照上述法规，如果已经取得相关职能部门许可，但尚未经林业行政主管部门审批的建立机构和修筑设施的行为如何对待？这种行为是否违法，如何处罚？相关法律法规没有明确的规定，保护区管理机构作出正确的处理。

还有在自然保护区内开展参观、旅游活动，依照《自然保护区条例》第 29 条：在国家级自然保护区的实验区开展参观、旅游活动的，由自然保护区管理机构提出方案，经省、自治区、直辖市人民政府有关自然保护区行政主管部门审核后，报国务院有关自然保护区行政主管部门批准；在地方级自然保护区的实验区开展参观、旅游活动的，由自然保护区管理机构提出方案，经省、自治区、直辖市人民政府有关自然保护区行政主管部门批准。但在实际工作中，由于历史等原因，实验区内的旅游主体丰富多样，有属文物部门的，有属旅游部门的等等，这些主体开展旅游活动也不去履行审批程序，甚至有的地处核心区的村庄都要依托自然资源开展生态旅游，但对这些行为如何对待，如何处罚，却没有依据。相关法律法规的滞后，让保护区管理机构无所适从。

（3）执法培训少，执法质量不高

由于自然保护区工作人员大多为自然科学专业技术人员，无执法经验，且很少有机会参加相关法制培训，执决人员的证据意识、程序意识不强，调查取证、文书制作、现场堪查等基本执法业务不能很好掌握，执法过程中容易出现瑕疵，对执法尺度不能很好把握，证据不足，适用不当，载量不准等现象较为普遍，执法质量难以提高，一定程度上限制了保护区的正规化、规范化。

（4）公安派出所缺位，执法效果差

按照《中华人民共和国自然保护区管理条例》规定，自然保护区应设立公安派出所。但目前，国家级自然保护区大多设立了公安派出所，省级及以下自然保护区基本上没有公安执法力量。公安执法力量的缺乏，加上自然保护区违法行为大多处于深山大沟，执法人员在对违法对象采取扣押、没收等措施时，面对当事人阻挠、消极配合、甚至反抗等行为却无能为力，甚至执法人员的人身安全也无法保障，保护区执法权威无法树立，单凭保护区执法力量难以制止震慑破坏行为。

（5）经费短缺，保障软弱

目前，省级以下自然保护区基本上基础设施建设尚且困难，投入到行政执法上的经费更是杯水车薪。而自然保护区的管护除了对保护对象的科学研究外，最主要的工作就是对破坏资源违法行为的查处。大多省级以下自然保护区受经费限制，巡护车辆缺乏，巡护设备陈旧落后，调查取证的办案器材难以落实，与现代形势下的自然保护工作要求相差甚远。经费短缺是制约自然保护区行政执法工作有效开展的一大因素。

3. 加强自然保护区行政执法工作的建议

（1）理顺执法体制，完善执法体系

自然保护区作为自然资源的保护部门，执行相应的法律法规，应在保护区管理机构设立专门的行政执法机构，并将行政执法权力授予自然保护区管理机构，统一对区内违法行为进行查处。设立专职或兼职的法制机构，对执法活动进行监督。建立健全行政执法制度，对立案、调查取证、扣押、查封、鉴定、审批、结案等具体执法行为进行规范，改变保护区行政执法各自为政，单打独斗的局面，形成完整的自然保护区行政执法体系。

（2）健全法律法规，使资源保护有法可依

对保护区管理机构在工作当中遇到的问题，特别是普遍存在的共性问题，及时研究，并对相关法律法规进行修改完善，使保护区管护有法可依，有据可循，为加强自然资源保护提供有力的法律保障。

（3）加强行政执法培训，提升执法人员素养

要加强对自然保护区执法人员法律知识和办案能力的培训，形成培训的长效机制和考核机制，增强自然保护区行政执法人员的思想政治素养和业务能力，提高行政执法人员发

现、查处破坏资源违法案件的能力，打造一支素质过硬的自然保护力量。

（4）设立公安派出所，增强自然保护区执法力度

按照《中华人民共和国自然保护区条例》规定，在自然保护区设立公安派出所或公安特派员，严厉打击各类涉及到自然保护的违法犯罪活动，为自然保护区建设和发展创造良好条件。

（5）加快落实"一区一法"，提升自然保护区执法的针对性

"一区一法"是依据《自然保护区条例》等法律、法规，结合保护区实际情况制订的针对性较强的法规，是对《自然保护区条例》等法律法规的补充，是自然保护区有的放矢开展保护工作的重要武器。要将"一区一法"作为考核自然保护区和当地党委和人民政府的一项重要指标，严格落实，以加强自然保护区的管护。

（6）加大投入，保障自然保护区执法等活动正常开展

将自然保护区建设与管理纳入国民经济发展计划，自然保护区开展行政执法所需经费纳入相应的财政预算。通过规范经费渠道，解决执法车辆、装备、执法经费等问题，提升保护区执法水平。

自然保护区的管理原则是"依法、科学、高效"。依法管理是前提，只有执行好、利用好自然保护区相关法规，严厉查处破坏自然资源和自然环境的行为，让保护区走上法制的快车道，自然保护区才能在生态文明建设中充分发挥职能作用，人与自然才能实现和谐发展。

三十、谱写资源保护新篇章　构建人与自然和谐曲[*]
（2008 年 12 月 17 日在全省生态文明建设总结表彰会上的典型材料）

尊敬的各位领导，与会的各位同志：

我们灵丘黑鹳自然保护区作为自然生态保护事业中的一名新成员，今天能够有这样的机会向领导和同行学习交流，感到十分高兴。

我在这里的简要汇报，就当为推动自然保护区的更好更快发展起个抛砖引玉的作用吧。

灵丘黑鹳省级自然保护区地处山西东北边缘的灵丘县境内南部山区，位于晋冀两省寒温交界处，目前总面积 13.47 万公顷，占灵丘县整个面积的一半，是全省面积最大的自然保护区，也是太行山系唯一以濒危珍禽黑鹳命名的自然保护区，主要保护对象为国家一级保护珍禽黑鹳、国家二级保护动物青羊（斑羚）和珍稀树种青檀及森林生态系统。

保护区管理局自 2006 年 8 月组建两年来，我们按照科学发展观的要求，紧紧围绕生态文明建设，不断加大野生动植物资源管护力度，区域生态环境逐步恢复，为保护生物多样性，维护生态安全，促进当地经济社会全面、协调、可持续发展发挥了积极作用。

---

　*　作者：保护区管理局

一、加强领导，建章立制，全面提高管护队伍整体素质

保护区管理局成立以来，我们从领导做起，内强素质，外树形象，进一步完善领导责任制，努力创建学习型、文明型机关，不断提升干部职工队伍的整体素质，积极打造一支与自然保护相适应的管理队伍。一是局机关领导带头树立正确的权力观和政绩观，带好队伍，把"尊重人、关心人、爱护人、理解人"这一思想政治原则贯穿到整个自然保护工作中，把加强野生动植物资源保护作为建设生态文明第一要务和重要职责，把心思用在人与自然和谐共处上，把精力花在野生动植物资源保护上，党员干部率先垂范，以身作则，全局干部职工爱岗敬业，无私奉献，上山下沟，足迹遍及保护区各个角落，爱心倾注保护区一草一木，爱护资源、保护资源、与野生动植物资源和谐共处成为我们全局上下的"天然本能"。二是依据国家相关管理制度，结合自然保护区实际，编印了《自然保护区工作制度》，并对制度贯彻落实情况进行监督检查，以制度规范人，用制度约束人，机关总体工作效率明显提升。三是制定局机关每周二、五学习日制度和管理站每月 5、15、25 日集体学习日制度，组织全局干部职工深入系统学习自然保护区有关法律法规，并自己着手编印了《自然保护区法律法规手册》、《自然保护区法律法规摘编》、《自然保护区管理概述》等业务学习资料，同时邀请林业、环保、公安、水务、测绘等部门专业人士对涉及保护区的识图、制图、实地调查等业务知识进行了集中讲授，还专门购置《野生动物标本制作》、《中国自然保护史纲》等业务书籍，促使广大干部职工学习知识，掌握技能，精通业务，努力打造一支高素质的专业骨干队伍。四是"走出去，请进来"，组织干部职工到国家级和省级自然保护区进行参观取经、培训学习。五是建立健全党员活动各项规章制度，提高党员党性修养，增强党员的先锋模范意识，增强党的凝聚力，在全局营造了团结共事、积极向上的浓厚氛围。六是开展艰苦奋斗、廉洁自律、团结协作、求真务实的作风建设，打造一流团队。两年来共组织党员干部为困难职工捐款 4 次总计 1 万余元，为南方雪灾捐款 3 千余元，为汶川地震灾区捐款 5 千余元。2008 年，下关基层管理站被团县委授予"青年文明号"荣誉称号，局党支部被县委评为党员教育管理先进基层党组织。

二、明确主题，多管齐下，大力加强生态道德宣传教育

党的十七大报告第一次明确提出"建设生态文明"，并将其作为全面建设小康社会的一项重要目标。建设生态文明，不仅需要法律的约束，更需要道德的感悟。我们通过大力加强生态道德文化宣传教育，不断促进人们生态道德的提升，用生态道德的提升促进人们增强对野生动植物资源的保护意识和变为自觉行动。灵丘是国定贫困县，上世纪末连"吃饭财政"的水平都达不到，本世纪初，县委、县政府为了脱贫致富，依托矿产资源优势，走出一条边发展边规范的路子。目前，"吃饭"问题虽然解决了，但人们的生态保护意识还比较滞后，因此，加大宣传力度，用正确的舆论导向，呼吁全社会对生态环境的关注和保护显得尤为重要。两年来，我们紧紧围绕"保护生态环境、造福子孙后代"这一主题，多管齐下，寓教于乐，积极构建网络、广播电视、书籍、宣传标志牌等多方面、立体化的宣传教育平台。一是以管理站为单位，组织人员深入保护区所在乡镇、村、矿场点张贴发放宣传资料，使广大群众对"重经济轻环境，重速度轻效益，重局部轻整体，重当前轻长

远，重利益轻民生"的片面发展观有了深刻的认识，保护环境意识深入人心，家喻户晓。如今，"既要金山银山，又要绿水青山"和"绿色 GDP"的理念已经和正在渗透到千家万户。二是利用爱鸟宣传周、宣传月等活动，以及抓住灵丘传统的庙会、集市等公众聚集高峰之机，广泛开展自然保护宣传活动。两年来共张贴发放宣传资料 30 000 余份、自然保护区法律法规选编 5000 余册，制作展板 20 多块版，刷写固定宣传标语 100 多条，使生态保护观念逐步深入人心，妇孺皆知。三是积极通过媒体开展自然生态保护宣传活动，已有 3 期信息被省林业厅和国家林业局网站采用，有 22 篇稿件被《中国气象报》、《山西日报》、《大同日报》、《三晋都市报》等报刊及有关网络媒体宣传报道，《黑鹳在灵丘自然保护区越冬观察》、《黑鹳群聚夜栖观察》两篇文章分别被《山西林业》《今日大同》《大同发展》《大同日报》等发表，拍摄的反映自然保护区自然风貌，加强野生动植物资源保护的电视专题片《走进自然保护区》在大同电视台、灵丘电视台播放。还建立开通了山西灵丘黑鹳省级自然保护区网站，设计制作了本区自然保护标志；联合宣传、环保以及社会团体共同印发了"保护自然环境，造福子孙后代"倡议书，在社会上引起了热烈反响。

三、严格执法，加大监管，全面开展野生动植物资源保护工作

加强生态资源管护，是保护区职责的根本。为了切实有效保护生态资源，我们主要抓了以下几项工作：

1. 积极开展对违法采选矿点清理工作

我们报请县人民政府发布了《关于进一步加强灵丘黑鹳自然保护区管理的通告》，并根据县政府有关文件精神，向违法生产的采选矿场点下发迁出通知书 12 份，做调查问话笔录 60 份，贴封条 20 处，制止违法采选矿行为 10 余起，封存暂扣非法采选设施 14 台，有效地保护了生物多样性。还多次配合公安、国土、环保、林业、工商、安监、电力等相关部门开展联合执法检查，通过采取断电、查封、拆除供电设施、停供火工品、吊销营业执照等措施，有力打击了非法破坏行为。

2. 加大野生动植物资源巡护力度，有效遏制违法破坏行为发生

对在野生动物停歇地、栖息地、繁殖地等乱捕滥猎和非法收购、出售野生动物等违法行为坚决予以打击，从源头上预防违法犯罪行为的发生。两年来共制止非法下套、放药、猎杀野生动物事件 12 起，处理教育破坏生态、非法猎捕野生动物人员 19 人次，同时成功救治放飞 11 只受伤的珍稀鸟类回归自然。为了确保森林生态环境安全，在冬春季森林火灾高发期，我们安排部署保护区内森林火灾预防巡护工作，保持了 2006 年、2007 年保护区内无森林火警、火灾。

3. 加强野生动物疫源疫病监测防控，保障保护区野生动物生态安全

成立了野生动物疫源疫病监测防控组织机构，做到"五有"，即有机构、有专职及兼职监测员、有制度、有报表、有档案。并建立了较完善的日报、旬报、月报、年报相结合的信息上报、汇总、分析制度。在地处核心区的保护区周边湿地和下关、上寨、独峪、白崖台 4 个乡镇设立监测点，做到重点区域定点监测和辖区流动监测相结合，专业监测和群众监测相结合，扩大监测覆盖面，做到群防群治有效监控。

四、突出重点，普查本底，积极开展生态观测和研究

加强保护区珍稀动植物资源的科研监测，是资源管护的延伸，也是保护区管理机构的职责所在。

一是开展资源普查，摸清区域资源底数。对保护区各个功能区域的林地状况、河流水系、动植物资源分布，特别是对国家重点保护动植物黑鹳、青羊（斑羚）、青檀等的现存数量、分布、栖息、繁衍及消长变化情况等进行初步调查。我区自然生态条件较为优越，气候温暖湿润，雨量丰沛，植被茂盛，溪水遍布，堪称"塞北小江南"。在保护区内目前已调查发现的野生植物约有400多种，陆栖野生动物约240多种，其中属国家一、二级保护动物30多种。区内历史上就是黑鹳、青羊（斑羚）的重要繁殖、栖息地。2007年观察发现国家一级保护珍禽黑鹳不仅在自然保护区内繁殖而且在区内栖息越冬，候鸟变为了留鸟，去冬最大越冬种群达到32只。同时在野外调查中还发现数量有十余只之多的青羊（斑羚）较大种群在区内出没，近年来甚为少见。此外，还新发现有黄檀、梓树、原生桑树、天南星、黄檗等多种珍稀植物和中草药在区域内生长，极富生态和科研价值。而对保护区内社会经济状况尤其是人为设施、采选矿场（点）情况等进行了全面调查清理，确保核心区、缓冲区生态监测管护和生态安全。

二是充分利用保护区资源优势，以黑鹳、青羊（斑羚）、青檀等的生物特性为重点，积极开展科学观测研究。为了做好观察研究黑鹳、青羊（斑羚）和青檀等濒危珍稀动植物的栖息繁衍、生长繁育规律、生物学特性，我们专门联系中国林科院有关专家教授到保护区进行观测研究。国家气象局也派记者对黑鹳越冬栖息与气候变化等情况进行调研。为了进一步观察研究黑鹳的栖息繁殖规律，今年我们在继续对黑鹳产卵孵化情况进行观察的基础上撰写了有关黑鹳繁育、栖息、越冬等生物特性的科学观察文章。同时在青檀原生地独峪乡花塔村开展了青檀扦插育种繁育初步试验。

另外，我们还积极争取资金，筹建生态植物园，开展珍稀植物的繁育研究，加强对珍稀濒危乡土树种和植物的发掘、培育、利用。

总之，短短两年来，我们在工作经费严重缺乏，无固定办公场所，人员业务素质能力偏低，执法手段软弱的困难情况下，群策群立、迎难而上，开展了一系列扎实有效的工作，使保护区管护工作取得了一定成绩。在这里，我们对省厅和处领导和同志们的大力支持、热情关怀，还有当地党委、政府的正确领导和社会各界的关注支持表示衷心的感谢。但我们也清醒地认识到，与兄弟自然保护区相比，我们还有很大差距。我们将以这次会议的召开为契机，再接再厉，再鼓干劲，积极探索、开拓进取，按照科学发展观的要求，为自然保护区建设做出新的贡献。

同时，也借此机会，在08年即将过去，新的一年即将到来之际，向各位领导和全体与会的同志们拜个早年。

祝各位在新的一年里，身体好，学习好，工作好，家庭好，事业好，一切都好！

谢谢大家！

三十一、加强疫源疫病监测防控　构筑生态资源安全屏障[*]

（2012 年 10 月在全省疫源疫病监测防控经验交流会上的典型材料）

尊敬的各位领导、同志们：

山西灵丘黑鹳省级自然保护区位于山西省东北部灵丘县境内南部山区，2002 年 6 月由山西省人民政府批准建立，总面积 71 592 公顷。是山西省目前面积较大、气候条件较为优越、野生物种较为丰富的自然保护区之一，主要保护对象是国家一级重点保护野生动物黑鹳、国家二级重点保护野生动物青羊（斑羚）和稀有树种青檀及森林生态系统。保护区管理局 2006 年 8 月组建以来，在灵丘县委、县人民政府和山西省自然保护区管理站等上级主管部门的正确领导和大力支持下，在有关部门的紧密配合下，坚持"加强领导科学安排、重点区域定期巡护、认真研究寻找规律、发动群众群防群治"的方针，坚持"勤监测、早发现、严控制"的工作原则，认真开展野生动物疫源疫病监测和防控工作，取得了较为明显成效。

1. 区位重要，气候独特，陆生野生动物资源丰富

（1）生态区位重要

作为山西省疫源疫病监测重点区域，本保护区位于东亚—澳大利西亚全球鸟类迁徙通道的中部，在国际鸟类保护中占有重要地位，同时也是我国候鸟迁徙主要通道之一。由于保护区地处晋冀两省交界区，气候温暖，湿地河流较多，生物多样性丰富，食物较充足，是国家重点保护珍禽大鸨、大天鹅、鹊鹞、苍鹭、灰喜鹊、红嘴蓝鹊、雁鸭类等候鸟集群迁徙的重要中途栖息、停歇地。每年春秋候鸟迁徙季节过境候鸟达数万只。在生物多样性保护方面发挥着重要作用。

（2）气候环境独特

保护区气候为温带大陆性气候，年均气温 9.9℃，年均降水量 480～560 厘米，无霜期 160～180 天，雨量丰沛。气候温暖湿润，形成了迥异于外部的小气候特征，人称"塞上小江南"。区内有 5 条河流穿越流经保护区，在各河流途中均有清泉溪水注入，整个区域溪流遍布。沿河两岸孕育了较大面积的湿地和良好的植被，区内湿地面积达 1940 公顷。

（3）生物多样性丰富

目前已调查发现的野生植物有 400 多种。保护区内鸟类等陆生野生动物资源丰富。据初步查明区内陆生野生动物约有 260 多种，其中鸟类有 14 目 37 科 170 多种。有国家一、二级重点保护野生动物 30 多种，如黑鹳、金雕、大鸨、豹、大天鹅、猎隼、青羊（斑羚）等，占保护区动物种类的 11.87%。

2. 成立机构，做到"五有"，大力推进陆生野生动物疫源疫病监测防控规范化管理

强有力的领导集体，是做好疫源疫病监测工作的保障。保护区于 2007 年经山西省林业厅批准成为省级疫源疫病监测站。为严防鸟类等野生动物感染、传播疫病，配合有关部门做好野生动物疫源疫病防控工作，局机关成立了由局长任组长，分管副局长任副组长，

---

* 作者：保护区管理局

其他党政领导为成员的陆生野生动物疫源疫病监测防控工作领导小组，负责部署指挥、组织协调保护区野生动物疫源疫病监测防治工作。真正做到"五有"，即有机构、有专职人员、有制度、有报表、有档案。

（1）有机构

局机关设置疫源疫病监测站（野生动物救护中心），在核心区和区内鸟类重要迁徙路线、停歇地、越冬地和夏候鸟繁殖区域，以及唐河、上寨河、下关河、独峪河、冉庄河等沿河湿地均设立了监测点。在资金极为紧张的情况下，T管理局充分发挥人员的主观能动性，自力更生，建设了下关、上寨两个监测点办公用房，按国家规范要求为各监测站点配置了电脑、显微镜、部分实验、监测、防护、检测等仪器设备，储备了一些必备的动物救护药品等。为各监测点配置了监测、通讯、定位仪器等设备。提升了监测效能。

（2）有人员

保护区管理局在各个监测点配备了5名专职监测员，并在监测重点区域聘用了20名兼职监测员。为提升人员业务素质，适应监测工作需要，积极联系走出去。2010年组织骨干人员参加了省站组织的业务培训。同时结合实际，购买、编印了《鸟类图谱》、《疫源疫病知识手册》、《自然保护区管理概述》等培训书籍，就涉及的林业、动物、疫病知识、相关法律法规文件等内容进行了集中培训，为开展监测工作提供了技术支撑。

（3）有制度

完善的规章制度，是确保野生动物疫源疫病监测防控工作规范有序、科学发展的前提。为规范监测防控工作行为，保护区管理局制定和完善了一整套监测管理、档案管理、信息反馈、监测巡护、监测人员管理等相关制度，并制作成手册发到每位专职、兼职监测员手中，做到人手一册。根据《山西省陆生野生动物疫源疫病监测防控应急预案》，制定了《山西灵丘黑鹳自然保护区管理局野生动物疫源疫病监测防控应急预案》，做好应急准备，随时处置突发疫情。在制度落实方面，通过组织督查组定期不定期抽查监测情况，运用GPS航迹管理并建立数据库，完善考核机制等一系列措施，加强督导检查和工作考核，形成一把手负总责、分管部门具体管、分兵把守、严密防控的局面。

（4）有报表

保护区管理局把疫情信息报送作为防控工作的关键环节来抓。按照省站要求，坚持按时在网上通过监测平台直报疫源疫病监测信息，从未间断，也受到了省站的肯定。在内部建立了较完善的日报、旬报、月报、年报相结合的信息报告、汇总、分析制度，平时坚持日报，发现问题实行快报，确保监测信息网络畅通，大大保障了监测防控工作的针对性、准确性和有效性。

（5）有档案

保护区管理局每年都要组织人员对保护区内野生动物资源本底情况、野生动物重点疫源和常发疫病及候鸟迁徙规律及路线等进行专项调查，掌握第一手资料。并为疫源疫病监测站配备了专职档案管理人员和专用的电脑、档案柜等，将上级文件、工作材料、培训材料及监测报表、鸟类照片及图表分类归档，并建立了电子档案，数据、报表全部进微机，促进了疫源疫病监测防控档案规范化管理。

3. 深入基层，大力宣传，促进群众疫源疫病防控意识提升

一是深入基层，在陆生疫源疫病监测防控宣传的广度和深度上下功夫。每年都组织基

层监测人员深入保护区内行政村和中小学校开展送法入村、入户及野生动物科普和疫源疫病监测防控宣传资料进校园巡回宣传活动，利用山西省爱鸟周、乡村集会、传统节日等进行鸟类保护和防范鸟类传播疫病科普宣传，制作了野生动物疫源疫病监测防控知识和国家级和省级重点保护鸟类、珍稀濒危鸟类图片、简介及相关法律法规等展板30余版，编印了疫源疫病防控知识问答、宣传资料、折叠彩页等资料。在交通要道及重点区域刷写标语100余条。在保护区出入境口、主要交通干线沿途、乡村集市、候鸟迁徙重要通道、黑鹳等濒危物种主要分布区设立疫源疫病监测宣传牌200余块。发放各种宣传资料50 000余份。通过发放宣传资料、张贴挂图、举办展览、现场讲解等形式，向公众宣传鸟类基本常识、保护鸟类防控疫病的重大意义和相关法律法规等。提升大众防控意识。

二是通过媒体宣传。专门制作了宣传候鸟迁徙动态和防治疫源疫病基本知识的电视宣传短片、知识问答等在大同电视台、灵丘电视台等媒体播放。在《山西日报》、《山西晚报》、《大同日报》、《灵丘报》等媒体发表了50余篇疫源疫病监测防控宣传稿件，使生态保护和疫病防控从我做起的观念深入人心。

4. 加强巡查、定期监测，做好保护区陆生野生动物疫源疫病监测防控工作

野外巡查是所有防控工作的基础。只有巡查工作到位，才能提高防控疫情的针对性和有效性。

一是通过各级监测站点进行专业巡查。根据辖区具体情况和候鸟迁徙规律对各基层监测点的定期监测路线和观察点等进行了科学安排，将保护区内门头峪口、唐河、独峪河、上寨河、下关河、冉庄河等沿河区域及周边湿地设定为固定巡查路线，2012年根据候鸟迁徙规律及实际情况变化，又新增了鸟类救护监测点1处，每周定期巡查一次。各监测点定期对区域内野生动物种群数量、分布区域、活动特点、迁徙规律、伤残病死的情况进行观察，及时掌握野生动物动态变化和健康状况，并作好相应记录。

二是管理站工作人员的兼职巡查。要求他们在野外调查和巡护时，留意野生动物的活动情况，同时履行野生动物疫源疫病的巡查职责。发现情况及时报告。

三是通过兼职协管员、辖区群众、观鸟爱好者的协助巡查。在疫源疫病监测重点区域社区聘请了20名本地群众为兼职协管员，协助对野生动物动态及种群数量变化情况进行监测，有异常情况及时报告。并向社会公布了疫源疫病监测防控和野生动物救护电话，呼吁广大人民群众和观鸟爱好者一旦发现伤病或因冻饿体力不支无法活动的野生动物及时报告疫源疫病监测站。2006年以来共救治国家一级保护动物黑鹳5只，其他珍稀鸟类包括国家一级保护动物大鸨、国家二级保护动物大天鹅、白琵鹭等鸟类50余只。其中60%以上均为群众拨打救助电话或提供线索由保护区救护人员接回救治。

四是联防联控，发挥社区作用。与辖区乡（镇）社区、相关部门配合，建立乡（镇）、社区村组、协管员、监测点4级联防体制，严防滥捕滥猎和非法经营野生鸟类活动，严格控制进入鸟类集中活动重要区域人员，减少与野生鸟类接触，防止疫病感染和传播。同时积极会同有关单位强化监管和隐患排查，努力降低疫病发生和传播风险。

虽然我们就加强陆生野生动物疫源疫病监测做了一些工作，但离国家和省站要求还有一定差距，也存在着一些困难和问题，如：保护区疫源疫病监测专业技术人员仍较缺乏；监测能力尚需进一步提升；监测交通工具短缺等。

今后计划：一是通过积极开展黑鹳等鸟类环志研究来加强疫源疫病科研监测，积极与全国鸟类环志中心联系，争取在保护区内设立鸟类环志站。通过对黑鹳等鸟类环志，对鸟类分布、迁徙、季节运动、种群结构、物种生态学、气候环境变化等方面规律进行了解和研究，为保护珍稀濒危鸟种、加强候鸟疫病科研监测等提供科学的依据。二是强化支撑，积极与上级有关部门和科研院所联系，强化交流与合作，学习利用疫源疫病监测防控先进技术和经验，在重大野生动物源传染性疫病、监测预警、疫病防控技术等方面加强研究，充分发挥科技支撑作用。二是深化疫源疫病防控宣传，充分利用"山西省爱鸟周"等契机，多渠道、多途径开展宣传。四是加强人员培训，走出去，请进来，对监测人员监测业务和技能进行培训，提升人员整体素质。五是继续加强我区疫源疫病监测规范化管理和建设，准确把握本地区重点野生动物疫病、重点疫源物种、重点监控场所和环节，采取有针对性的监测防控措施，有效提升疫源疫病监测防控水平，切实保护野生动植物资源，维护国家公共卫生安全，维护生态平衡。

三十二、加强生态科研宣传　提升自然保护水平[*]
（2015 年 11 月在全省自然保护区工作会议上的典型材料）

各位领导、同志们：

首先感谢省林业厅保护处、感谢徐处长给了我们一个向大家学习取经的机会。刚才听了兄弟保护区的发言，很受启发，收获很大。山西灵丘黑鹳省级自然保护区建立于 2002 年 6 月，保护区管理局成立于 2006 年 8 月。保护区总面积 71592 公顷，主要保护对象为国家一级保护珍稀濒危珍禽黑鹳、国家二级保护珍稀动物青羊（斑羚）、珍稀植物青檀及森林生态系统。2010 年中国野生动物保护协会命名灵丘县为"中国黑鹳之乡"，成为山西省首个被命名为"黑鹳之乡"的县。下面，我就灵丘黑鹳自然保护区科研宣传工作开展情况向各位领导和与会同志作一简要汇报，不妥之处，请给予批评指正。

灵丘黑鹳省级自然保护区成立以来，在各级党委、政府和省、市主管部门的正确领导和大力支持下，我们紧紧围绕国家和我省自然保护区及生态文明建设重点，打造窗口、拓展渠道、突出主题、创新平台、树立典型，大力弘扬生态保护、生态安全、生态文明的发展理念，不断提升大众生态保护意识，不断促进生态保护事业发展。

一、抓窗口建设，全面拓展生态文明宣传渠道

狠抓窗口建设，搭建多层次、全方位、立体化宣传平台，是统筹推进生态文明宣传工作的关键。为此，我们从 3 个方面入手，不断构建完善宣传阵地，全面夯实宣传工作基础，提升生态文明宣传效果。

一是全面开展局机关及基层宣传窗口建设，促进区内生态文明教育。针对局机关宣教设施缺乏，工作人员整体素质有待提升这一现状，我们在局机关建立了生物标本室、多功能电教室、图书阅览室等，编撰《自然保护区管理概述》、《自然保护区法律法规摘编》

＊　山西灵丘黑鹳省级自然保护区管理局

等学习资料，购置《野生动物标本制作》等图书和影像资料，组织开展生态科普知识技术培训教育等，使局机关成为展示保护区形象，宣传生态文明理念的窗口；为了进一步提升区内群众生态保护意识，我们充分运用标识宣传，在保护区出入境口、公路沿线、核心区及缓冲区重点保护区域建立各种宣传标志牌 500 余块，制作墙体标语 100 余条等，形成了以保护管理局为中心、辐射全区的保护宣传网络，促进了保护区生态文明宣传教育工作的进一步开展。

二是全面构建新闻媒体和网络宣传平台，提升保护区影响力。与灵丘电视台、灵丘报等新闻媒体合作设立自然保护知识专栏，每周滚动播出自然保护知识问答、自然保护标语及法律法规知识、生态保护倡议书、宣传片、救助动物新闻报道等，制作报道保护区新闻 60 余条；在《中国气象报》、《山西日报》、《山西晚报》、《大同日报》等报刊发表简报信息 160 余篇，其中 1 篇稿件被《中国绿色时报》采用，2 篇稿件被中国林业网采用，并与国家级刊物《森林与人类》联系制作了黑鹳科普教育及保护专刊等；建立开通了自然保护区网站，设计了保护区标志及网站栏目，充分利用网站平台宣传保护区最新信息、照片资料等，及时对宣传内容进行补充和更新，凸现了展示形象、宣传政策、扩大影响、互动交流等作用。

三是全面加强交流合作，广泛拓展对外宣传交流平台。我们主动与周边保护区如广灵壶流河湿地自然保护区、河北小五台国家级自然保护区等结成科研宣传合作单位，并确定了黑鹳觅食及栖息规律研究、黑鹳繁殖期活动规律研究等野生动物联合观测研究课题，并围绕生态宣传方式及成效、科研人才培育与交流等课题进行积极探讨，计划每年定期召开研讨会，开展联合观测等活动，从而对黑鹳等濒危物种生态习性有了更多更深的认识，促进了科研宣教工作的开展，提升了保护区的知名度。在加强对外交流的同时，我们联合灵丘县委宣传部、灵丘县环保局等部门共同向全社会发出了"保护自然环境、造福子孙后代"倡议书；联合县科协、团县委、法制办等部门每年在县城举办爱鸟护鸟主题宣传及法律法规咨询活动等。共联合组织自然保护宣传活动 10 余次，发放宣传资料 5 万多份。今年 3 月至 6 月份，在县委举办的文秘人员培训班上，我局专门派业务骨干对文秘学员讲授保护区政策、保护现状及保护知识，收到了很好的效果，促进了社会各界群众对生态保护理念的认同和自觉保护意识的提升。

二、抓品牌建设，充分挖掘中国黑鹳之乡生态文化内涵

品牌是一种无形资产，品牌就是知名度，有了知名度就具有了凝聚力和扩散力，自然生态保护有了品牌，就有了生态文化建设的内生动力。我们紧紧围绕"中国黑鹳之乡"这一主题，深入挖掘黑鹳之乡品牌文化内涵，多管齐下，促进了自然保护宣传教育工作开展：

一是广泛开展中国黑鹳之乡宣传。去年灵丘县人大专题会议将黑鹳命名为灵丘县县鸟，借助这一契机，我们每年在县城利用爱鸟周、一二·四全国法制宣传日、"三五"学雷锋日、传统六月庙会等节日联合县人大等部门在全县范围内开展保护县鸟暨中国黑鹳之乡宣传、生态保护摄影展等活动，大造声势，使保护县鸟、保护生态理念在当地蔚然成风。特别是今年 4 月 15 日联合大同市林业局、灵丘县人大在县城举办了以"关注候鸟保护，守护绿色家园"为主题的大同市第 34 届"爱鸟周"暨灵丘县"县鸟"命名二周年活动启动仪式，在全市引起较大反响。宣传成效明显。

二是丰富主题宣传内容。为了丰富生态文化宣传内容，在保护区入口处设立了中国黑鹳之乡主题宣传牌，并先后录制了《走进自然保护区》、《珍禽黑鹳》等多部宣传片，创作了黑鹳保护主题歌曲、《自然保护宣传标语》、《中国黑鹳之乡》等电子相册以及《黑鹳学艺》动画片等，并组织工作人员编撰了《自然保护区管理概述》、《自然生态保护名词术语汇编》、《自然保护知识问答》、《珍禽黑鹳》画册等书籍资料。其中《自然生态保护名词术语汇编》、《自然保护知识问答》等由中国林业出版社出版，并向全国发行，普及了自然生态保护知识，提升了中国黑鹳之乡知名度。

三是查阅大量资料，深挖主题生态文化内涵。灵丘有着珍爱自然，保护黑鹳等野生动物，保护自然的优良历史传统，形成了当地独特的保护生态文化。我们通过查阅不同历史年代的各种《灵丘县志》以及周边各县县志，《山西森林生态史》、《雁北森林生态史》等典籍，对灵丘及雁北地区历史上的资源变迁状况及当代野生动植物分布保护情况和特色生态文化进行了深入挖掘，编撰了全面反映当地资源变迁史及现状、野生动植物资源分布及灵丘黑鹳省级自然保护区发展历程的史志类著作《山西灵丘黑鹳省级自然保护区》，该书即将由中国林业出版社出版。在深挖传统文化的同时，撰写了《珍禽黑鹳》、《黑鹳、觉山、悬空寺》、《黑鹳与生态文化》、《黑鹳自述》等文章在各类报刊发表，在当地形成了独特的生态文化保护氛围。在这里，需要向各位领导特别汇报的是，我们保护区与灵丘税务干部赵云常共同合作，经过多年深入保护区体验生活创作的报告文学《啊！中国黑鹳之乡》，由中国文化出版社出版，并被收录于《2010 年度中国报告文学精品集》，在全国各大媒体频频叫响，引起社会各界的热烈关注。

三、抓基层宣传，使生态保护理念深入人心

基层宣传是生态保护工作的灵魂，生态保护重点在基层，难点在基层，突破点也在基层。我们始终将深入农村基层宣传作为保护区工作的重中之重。

一是加强巡护宣传。以三防一观察一宣传（即：防对野生动物滥捕乱猎、防对野生植物偷砍乱伐、防火灾火险、加强对黑鹳、青羊（斑羚）、青檀等国家重点保护野生珍稀濒危动植物的观察、开展生态保护宣传）为重点，巡护人员下乡带任务，走到哪里宣传到哪里。并利用乡村广播、社戏、庙会等契机组织巡回宣传，发放资料，多年来共组织爱鸟护鸟及野生动物疫源疫病监测防控知识展览 40 余次，组织巡护宣传 30 余次，发放各种宣传资料（手册）10 万余份（册）。

二是充分发挥农村主要文化场所作用。我们与乡（镇）村、社区紧密联合，采取常年在农村主要文化场所如社房、村委会等地摆放宣传展板、建立生态保护知识及法律法规固定宣传栏，广泛宣传发生在身边的生态保护感人事迹。同时结合保护区实际，聘请了 23名常年生活在区内的老党员、老干部为保护区协管员，协助基层站的巡护和宣传工作，通过他们带动整个保护区群众行动起来，共同保护区内生态环境。每年都组织党员干部深入区内每一个行政村和自然村开展自然保护及农业惠民政策宣讲，通过深入群众家中，与群众拉家常，交流感情，结合相关案例送法下乡，收到了良好效果。

四、抓典型宣传，注重发挥基层先进典型示范引领作用

典型的力量是无穷的，典型是标杆，是方向。一个典型就是一面旗帜，代表人们努力

的方向。从保护区成立至今，我们始终注重发挥先进典型在宣传教育工作中的示范引领作用：

一是深挖先进典型事迹。将区内一批热心生态保护事业的普通群众如常年坚持对黑鹳越冬进行观测的红石塄乡刁旺村普通农民李玉太；保护野生动物，几十年如一日主动向群众宣传生态保护知识的上寨镇井上村民何文军；自发巡查森林的上寨镇道八村退休林业干部杨茂盛等树为先进典型。

二是加强模范表彰力度。向县政府建议在每年年底表彰时设立生态文明道德模范、生态文明建设先进单位及个人等奖项，同时每年年底都组织对保护区内生态保护先进典型进行慰问，激励群众学习先进，树立生态文明新风尚。

五、抓宣传成效、提升大众生态文明理念和保护意识

通过连续几年不间断的宣传，保护区内逐步形成了保护生态、保护野生动植物的良好氛围。

一是人民群众生态保护意识逐步增强。主动向保护区报告救助受伤鸟类、举报滥捕乱猎等违法行为不断增多。据我们统计，仅接群众报告救助的各种动物就达50多只，其中包括黑鹳、大鸨、大天鹅、鸳鸯、青羊（斑羚）等国家一二级重点保护野生动物。接群众举报会同相关部门查处的散养山羊、采石挖沙、乱砍滥伐林木、捕猎野生动物等违法行为20余起，处理教育违法人员70余人次，收缴捕获雉鸡等50余只，没收粘网、猎枪等违法工具30余件，一起案件由司法部门立案查处，有力维护了保护区生态安全。

二是宣传覆盖面进一步扩大。通过几年不间断地巡回宣传，不论是地处乡镇中心的村庄，还是偏远山区的群众都主动为保护区工作人员带路、介绍情况、宣传周围村民。而且随着保护区知名度的提升，有更多地外地人也主动投入到保护区生态保护工作中来。如今年春季山西省朔州市摄影协会的一位爱鸟人士就主动联系保护区了解为黑鹳冬季觅食情况，并捐款购买泥鳅等补充食物等。

三是通过宣传，辖区群众与保护区管理局之间的关系更加融洽。特别是保护区工作人员在下乡巡护宣传的同时把谋事要实、创业要实、做人要实和为民办实事办好事相结合，为群众解决实际困难，如由于保护区多数辖区处于偏远山区，交通不便，群众看病、购置生活用品、了解新政策新法规等都不太方便，局基层管理站的同志主动为群众着想，定期帮群众购置各种物品、药品，为群众咨询各种新政策、办事程序等，受到了山区群众的好评，也融洽了与辖区群众的关系。

虽然我们的科研宣传工作取得了一定成效，但仍存在问题和不足，如：滥捕乱猎等违法案件仍时有发生，资源保护力度有待加大；宣传方式单一，与群众互动交流，网络宣传等有待加强；宣传经费投入较少，在扩大宣传规模上力不从心等。

今后我们将认真贯彻落实党的十八届五中全会精神，继续以国家生态建设政策和生态文明建设理念为重点，进一步创新宣传方式，扩大宣传规模，拓展宣传平台，提升宣传效果，促进自然生态保护和生态文明理念深入人心，为推进灵丘黑鹳自然保护区建设，加快实现"美丽中国"战略目标作出新贡献！

谢谢大家！

参 考 文 献

樊龙锁，刘焕金.1995. 山西兽类，北京：中国林业出版社.

樊龙锁，刘焕金.1997. 山西两栖爬行类，北京：中国林业出版社.

翟旺，张士权，赵汉儒.2004. 雁北森林与生态史，北京：中央文献出版社.

翟旺，米文精.2009. 山西森林与生态史，北京：中国林业出版社.

灵丘县三晋文化研究会.2013. 文化灵丘，北京：中共党史出版社.

李林英.2006. 山西植物种质资源研究，北京：中国林业出版社.

山西省灵丘县志编纂委员会.2000. 灵丘县志，太原，山西古籍出版社.

大同市林业局.2012. 大同市生物多样性保护与建设规划.

啊，美丽的黑鹳

（男声独唱）　　词、曲、唱：李兴成

1=F 4/4

♪=60

都说你是　吉祥鸟，　名字叫　黑　鹳。
都说你是　吉祥鸟，　名字叫　黑　鹳。

红红　长嘴　长　腿。身披　黑衣　衫。　都说你是　吉祥　鸟，
峭壁　悬崖　森林　中。搭起　爱的巢　穴。　都说你是　吉祥　鸟，

名字叫　黑　鹳。　长长　脖颈　下，　　胸腹　白羽　穿。
名字叫　黑　鹳。　清澈　河流　中，　鱼虾是　你的美　餐。

啊，　　美丽的　黑　鹳，　高雅　端庄，体态伟　岸，
啊，　　美丽的　黑　鹳，　鸟中　君子，花中牡　丹，
啊，　　美丽的　黑　鹳，　群居　生还，天下奇　观，

啊，　　美丽的　黑　鹳，　爱巢　典范，繁衍环境　不变，

阳光下　色彩斑　斓。　一生珍贵　历经贫　寒。　D.C.　永不迁徙　幸福家
栖息在　世外桃　源。　永不迁徙　幸福家　园。

园。